W0253854

Michael Pötzl

Robuste Brücken

Vorschläge zur Erhöhung der ganzheitlichen Qualität

Aus dem Programm
Thema Brücken

M. Arend
Seilverankerungen
Eine neue Modellvorstellung vom Tragverhalten
von Vergußverankerungen

K.-H. Holst
Schnittgrößen in Brückenwiderlagern
unter Berücksichtigung der Schubverformung
in den Wandbauteilen
Berechnungstafeln

K.-H. Holst
Schnittgrößen in schiefwinkligen Brückenwiderlagern
unter Berücksichtigung der Schubverformung
in den Wandbauteilen
Berechnungstafeln

M. Pötzl
Robuste Brücken
Vorschläge zur Erhöhung der ganzheitlichen Qualität

V. Schreiber
Brücken
Computerunterstützung
beim Entwerfen und Konstruieren

U. Starossek
Brückendynamik
Grundlagen, Methoden, Darstellung

Vieweg

Michael Pötzl

Robuste Brücken

Vorschläge zur Erhöhung der ganzheitlichen Qualität

Ursprünglich erschienen bei Friedr. Vieweg & Sohn Verlagsgesellschaft mbH, Braunschweig / Wiesbaden, 1996
Softcover reprint of the hardcover 1st edition 1996
Der Verlag Vieweg ist ein Unternehmen der Bertelsmann Fachinformation GmbH.

ISBN 978-3-322-83152-1 ISBN 978-3-322-83151-4 (eBook)
DOI 10.1007/978-3-322-83151-4

Inhalt

Meinen Eltern

Vorwort

Dieses Buch stimmt inhaltlich überein mit meiner Dissertation, mit der ich im Juli 1995 an der Universität Stuttgart promovierte. Sie entstand während meiner Tätigkeit als Wissenschaftlicher Mitarbeiter am Institut für Tragwerksentwurf und -konstruktion (jetzt Institut für Konstruktion und Entwurf II). Die Arbeit soll einen Beitrag leisten, potentielle Schwachstellen einer Brücke bereits im Vorfeld von Berechnung und Bemessung zu vermeiden. Notwendig hierfür ist, den Blick stärker auf das Entwerfen, der eigentlichen „Geburtsstunde" einer Brücke, zu richten. Damit kann die Lebensdauer sehr häufig „zum Nulltarif" erhöht werden. Vor dem Hintergrund ständig steigender Unterhaltungskosten ist dies auch volkswirtschaftlich von großer Bedeutung. Das Buch richtet sich daher an alle im Brückenbau tätigen Ingenieure, die mit Ausschreibung und Vergabe, aber auch mit der Auslobung von Wettbewerben sowie mit der technischen Bearbeitung im Büro betraut sind.

Herrn Prof. Dr.-Ing., Drs. h.c. J. Schlaich, Ordinarius am Institut für Konstruktion und Entwurf II, danke ich für die Initiative zu dieser Arbeit und die Übernahme des Hauptberichts. Er hat mich durch sein unermüdliches Eintreten für die Fortentwicklung des Brückenbaus bestärkt, den Versuch einer ganzheitlichen Betrachtungsweise zu unternehmen.

Herrn Prof. Dr.-Ing. H.W. Reinhardt, Ordinarius am Institut für Werkstoffe im Bauwesen, danke ich für die Übernahme des Mitberichts und für seine Anregungen zu Ergänzungen der Arbeit.

Mein besonderer Dank gilt Herrn Prof. Dr.-Ing. K. Schäfer für seine stete Bereitschaft zur fachlichen Diskussion. Seine konstruktive Kritik und wertvollen Hinweise haben wesentlich zum Gelingen der Arbeit beigetragen.

Herrn Dr.-Ing. K. Gabriel danke ich für zahlreiche Diskussionen, die mir den nötigen „background" bei der Bearbeitung dieses Themas vermittelten.

Schließlich sei allen Mitgliedern des Instituts für Tragwerksentwurf und -konstruktion Dank gesagt für intensive fachliche Diskussionen. Besonderer Dank gilt dabei den Herren Dipl.-Ing. C. Jaenke, Dipl.-Ing. M. Duder, Dipl.-Ing. R. Bauer und cand.-ing. P. Haisch, die mich als Hilfsassistenten bei Computer-Berechnungen und redaktionellen Arbeiten tatkräftig unterstützt haben.

Stuttgart, Frühjahr 1996 *Michael Pötzl*

1 Einleitung

1.1 Problemstellung

Brücken sind integraler Bestandteil einer leistungsfähigen Verkehrsinfrastruktur und leisten damit einen wesentlichen Beitrag zur wirtschaftlichen Entwicklung eines Landes. Demgegenüber stehen allerdings enorme Investitions- und Unterhaltungskosten. So verschlingt allein die Erhaltung von Brücken- und Ingenieurbauten in der Bundesrepublik Deutschland jährlich mehrere Milliarden DM. Schon unter volkswirtschaftlichem Aspekt ist eine Begrenzung dieser „Reparaturkosten" geboten.

Der Brückenbau der letzten Jahrzehnte ist gekennzeichnet durch zwei konträr verlaufende Entwicklungen: Einerseits eröffneten neue Herstellungstechniken und Werkstoffe die Möglichkeit, schneller und kostengünstiger zu bauen. Dadurch konnten zunehmend größere und technisch anspruchsvollere Brücken gebaut werden. Auch die Ausführungsqualität ist – zumindest in den Industrieländern – kontinuierlich verbessert worden. Andererseits ist eine gewisse Stagnation in der Entwicklung neuartiger Brückenkonstruktionen zu verzeichnen. Innovationen im Entwurf sind hinter den technologischen Entwicklungen zurückgeblieben. Was beispielsweise F. Dischinger vor 60 Jahren mit der ersten großen, extern vorgespannten Brücke in Aue (Sachsen) realisieren konnte, scheint heute trotz enormer technologischer Fortschritte nur mit Einschränkungen und besonderen Auflagen möglich. Die Folge ist, daß der „Geburtsstunde der Brücke", dem Entwurf, immer weniger Bedeutung beigemessen wird. Bauherren wie Ingenieure begnügen sich in aller Regel mit einer bereits zig-mal gebauten Standardlösung. Kreativität und Mut zur Innovation bleiben damit aber weitgehend aus.

So sind schon gewisse Zweifel angebracht, ob auch moderne Brücken eine derart hohe Lebensdauer erreichen wie ihre historischen Vorgänger. Beispielsweise wird die 150 Jahre alte Göltzschtalbrücke im Vogtland bis heute ohne nennenswerten Unterhaltungsaufwand genutzt. Ob dies für die baukastenartig zusammengesetzte Wälsebachtalbrücke (Bild 1.1-1a) ebenfalls gilt, ist fraglich. Bezeichnenderweise aber wirbt die Deutsche Bahn AG nicht mit ihrer „modernen", sondern mit einer ihrer historischen Brücken (Bild 1.1-1b).

Ein Innovationshemmnis iat auch die gegenwärtige Vergabepraxis, da in aller Regel der preisgünstigste Bieter zum Zuge kommt. Gebaut wird damit häufig aber nur die scheinbar kostengünstigste Lösung, da die Unterhaltungskosten bis heute weitgehend unberücksichtigt bleiben. Das Ergebnis ist, daß mittlerweile ein Großteil von Schäden nicht mehr auf der Baustelle, sondern am Reißbrett entsteht.

Hinzu kommt ein weiterer Aspekt. Die Akzeptanz von Brückenbauten ist in unseren dicht besiedelten Räumen zunehmend von ihrem Erscheinungsbild abhängig. Damit sind nicht nur formal gestalterische Anforderungen, sondern auch kulturell-ideelle Werte des Brückenbaus gemeint. So wird eine bereits nach wenigen Jahren sichtlich schadhafte Brücke sicherlich weniger angenommen werden als eine solide wirkende, „mit Anstand alternde" Brücke.

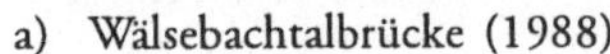

a) Wälsebachtalbrücke (1988) b) Göltzschtalbrücke (1845)

Bild 1.1-1 Brückenbau – heute und gestern –

Der Befund zeigt auch, daß die Qualität unserer Brücken offensichtlich nicht in gleichem Maße mit den immer umfangreicheren Vorschriften Schritt hält. Was die alten Baumeister dank ihres „Überblicks“ noch erfassen konnten, verbirgt sich heute mehr und mehr in einzelnen Fachdisziplinen. Auf der Strecke bleibt die ganzheitliche Betrachtung, vor allem beim Tragwerksentwurf. Die Folge ist, daß zwar durchaus viele „gute Einzelgewerke“ entstehen aber eben nicht zwangsläufig auch ein „gutes Gesamtwerk“.

1.2 Ziel und Vorgehensweise

Mit der „Robustheit“ soll die offensichtlich bestehende Diskrepanz zwischen Anspruch (unterhaltungsfreundliche Brücken) und Wirklichkeit (hohe Unterhaltungskosten) überwunden werden. Ziel ist, die normativen Anforderungen um ein Kriterium zu ergänzen, welches den Blick stärker auf das Gesamttragwerk richtet. Damit sollen die Möglichkeiten für integrale Lösungen verbessert werden.

In Abschnitt 2 werden dazu Defizite der normativen Anforderungen aufgezeigt. Es wird deutlich, daß die überwiegend selektiv geprägte Betrachtungsweise der Normen nicht in der Lage ist, den individuellen und gesellschaftlichen Anforderungen in gewünschtem Umfang gerecht zu werden.

In Abschnitt 3 werden Hilfsmittel zur Bewertung der Robustheit entwickelt. Nach einer Begriffsbestimmung und der Formulierung von Zielvorstellungen werden charakteristische Merkmale robuster Brückentragwerke beschrieben. Darauf aufbauend werden Teilkriterien entwickelt und Ansätze zur rechnerischen Erfassung der Robustheit abgeleitet. Mit dem vorgeschlagenen Bewertungsmodell soll einerseits das Bewußtsein für ganzheitliche Lösungsansätze gestärkt werden, andererseits vor allem das deduktive Vorgehen z.B. einer Wettbewerbsjury unterstützt bzw. abgesichert werden (Bild 1.1-2).

Für lager- und fugenlose Brücken, welche eine Reihe der in Abschnitt 3 formulierten Kriterien der Robustheit in hohem Maße erfüllen, werden in Abschnitt 4 alle zum Entwurf und zur

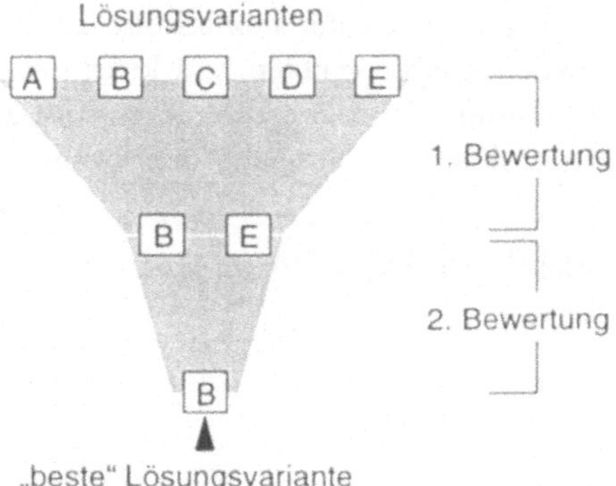

Bild 1.1-2 Deduktives Vorgehen (Bewerten)

Bemessung maßgebenden Einflußgrößen diskutiert. Dabei wird dem fokussierenden Charakter des Entwerfens insofern Rechnung getragen, als sich die Betrachtung vom Ganzen her schrittweise den Detailfragen nähert. Mit Hilfe funktionaler Zusammenhänge kann der Einfluß unterschiedlicher Parameter auf das Trag- und Verformungsverhalten erfaßt und bewertet werden. Im Vordergrund steht dabei die Frage, inwieweit Zwangbeanspruchungen begrenzt werden können. Es zeigt sich, daß mit der fugenlosen Bauweise die Spielräume für den Brückenentwurf bereits durch die konsequente Ausschöpfung aller statisch-konstruktiven Möglichkeiten erheblich erweitert werden können.

Mit dem in Abschnitt 5 angegebenen Bewertungsmodell kann der Entwurf lager- und fugenloser Brücken unterstützt werden. Es stellt die Voraussetzung für ein induktiv-deduktives Vorgehen dar, welches durch abwechselndes Entwerfen (Variantenerzeugung) und Bewerten (Variantenreduktion) gekennzeichnet ist (Bild 1.1-3). Zusätzlich zum streng formalen Vorgehen werden stichwortartig Empfehlungen angegeben.

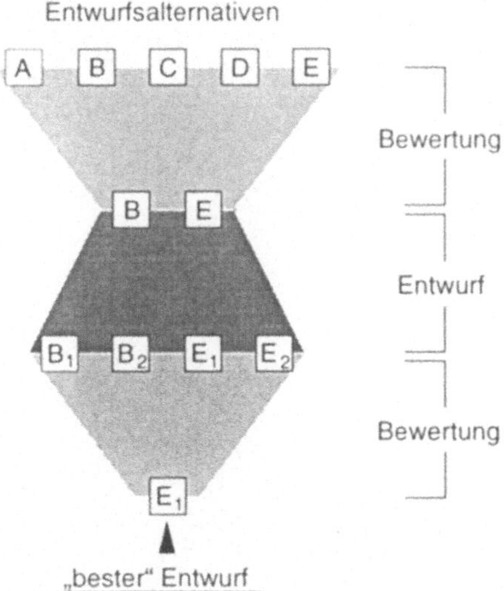

Bild 1.1-3 Induktiv-deduktives Vorgehen (Entwerfen und Bewerten)

In Abschnitt 6 werden die Möglichkeiten der monolithischen Bauweise an zwei Beispielen diskutiert. Beim Vergleich zwischen einer geraden und kreisförmig gekrümmten Fußgängerbrücke wird der überragende Einfluß der Grundrißgeometrie auf die Zwangbeanspruchungen erkennbar. Für eine „konventionell“ gebaute Straßenbrücke werden Alternativen aufgezeigt und beurteilt.

Abschließend werden die wesentlichen Ergebnisse in Abschnitt 7 zusammengefaßt.

2 Anforderungen an Brückenbauwerke

2.1 Individuelle und gesellschaftliche Anforderungen

2.1.1 Allgemeines

Anforderungen an technische Objekte im allgemeinen und Bauwerke im besonderen entwickeln sich aus den individuellen und gesellschaftlichen Interessen bzw. Bedürfnissen der Menschen. Sie bestimmen den Handlungsrahmen der Ingenieure.

Betrachtet man das Bauen nicht allein als technisches, sondern auch als gesellschafts- und umweltveränderndes Handeln, sind neben der Verbesserung der funktionalen und kulturellen Situation auch die damit verbundenen negativen Begleiterscheinungen zu berücksichtigen. Die Schaffung eines Artefakts beinhaltet daher zugleich die Auseinandersetzung mit nicht beabsichtigten Auswirkungen, den sogenannten „Technikfolgen". Sie umfassen all die Beeinträchtigungen und Gefahren, welche mit Herstellung, Betrieb, Abbruch und Entsorgung verbunden sind.

„Technik", so C.F. v. Weizsäcker, 1987, „bedeutet Bereitstellung von Mitteln für Zwecke". Brücken werden gebaut, um Verkehrsverbindungen zu ermöglichen. Ziele einer solchen Maßnahme können die Verkürzung von Fahrzeiten, die Verlagerung von Verkehrsströmen oder die Erschließung neuer Wirtschaftsräume sein. Die Gründe für solche Infrastrukturmaßnahmen sind in erster Linie wirtschaftlicher Natur, obschon dadurch z.B. auch der Erholungswert für die Bevölkerung verbessert werden kann.

Ziel des technischen Handelns ist es, die menschlichen Lebensbedingungen durch Entwicklung und sinnvolle Anwendung technischer Mittel zu sichern und zu verbessern [VDI, 3780, 1991]. Dieses Ziel ist immer vor dem Hintergrund allgemein gültiger Wertvorstellungen von Individuum und Gesellschaft zu sehen. Zu den wichtigsten zählen die in Bild 2.1-1 aufgeführten Grundwerte, welche sinngemäß auch in [VDI 3780, 1991] formuliert sind. Lendi, 1994, spricht in diesem Zusammenhang von ethischen Hausregeln, wie „nicht schaden" oder „intergenerationell denken".

Ideelle Werte	**Sicherheit**	**Wohlbefinden**	**Umweltverträglichkeit**	**Gesamtwirtschaftlicher Wohlstand**
Geistes- und Kulturwerte der Menschen, Tradition, Politik	Lebenserhaltung und körperliche Unversehrheit der Menschen	Physiches und psychisches Befinden (Gesundheit) sowie soziale Einbindung der Menschen	Erhaltung der umgestalteten Natur als Lebensgrundlage des Menschen, Mensch ist Bestandteil der Natur	Gesamtheit der ökonomischen Auswirkungen

Bild 2.1-1 Werte [FOGIB, 1994]

2.1.2 Sicherheit

2.1.2.1 Zum Sicherheitsbegriff

Die Wirkungen von Technik sind ambivalent. Einerseits werden Wohlstand und Lebensstandard des Menschen verbessert, andererseits gerade dadurch Risiken und Gefahren verursacht. Jede Inanspruchnahme technischer Systeme birgt also gleichzeitig die Frage nach deren Sicherheit in sich.

Etymologisch versteht man unter Sicherheit objektiv das Nichtvorhandensein von Gefahr und subjektiv die Gewißheit, vor möglichen Gefahren geschützt zu sein. Sicherheit erreichen heißt demnach, Gefahren zu eliminieren. Da dies in der Realität nicht erreichbar ist, kann lediglich von einer Sicherheit gegenüber eliminierten Gefahren gesprochen werden [Matousek/Schneider, 1976].

Als nichttechnischer Wertbegriff beinhaltet die Sicherheit die Abwesenheit von Gefahren für Leib und Leben und bezieht sich somit auf die körperliche Unversehrtheit und das Überleben des Menschen [VDI 3780, 1991]. Sie stellt ein im Grundgesetz, Art. 2 (2) („Jeder hat das Recht auf Leben und körperliche Unversehrtheit") verankertes Recht dar und ist als ein fundamentales Ziel beim Umgang mit Technik zu betrachten.

Der komplementäre Begriff zur Sicherheit ist das Risiko. Er setzt sich aus dem Schadensumfang bzw. Gefahrenpotential und der Eintrittswahrscheinlichkeit zusammen. Da beide Anteile jeweils von endlicher Größe sind, kann das Risiko nicht ausgeschlossen, sondern allenfalls minimiert werden. Es verbleiben somit immer Restgefahren, welche unbewußt bzw. bewußt akzeptierten Risiken entspringen (Bild 2.1-2).

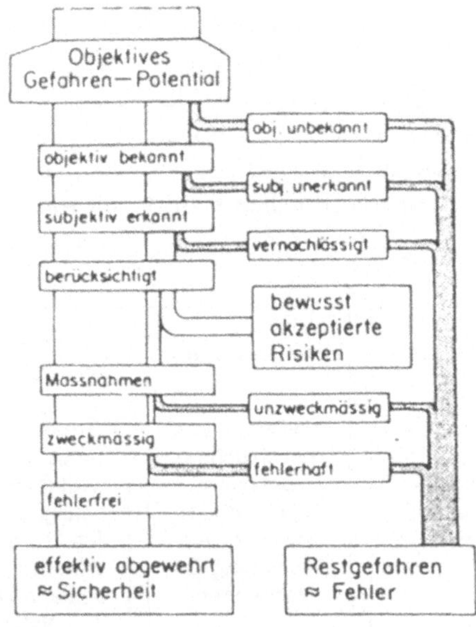

Bild 2.1-2 Gefahren, Restgefahren und akzeptiertes Risiko [Schneider, 1983]

Schon aus ökonomischen Gründen ist es im allgemeinen nicht vertretbar, auch diese Restgefahren vollständig zu eliminieren, da solche Maßnahmen einen unverhältnismäßig hohen Aufwand bedürften (Bild 2.1-3). Es bleibt daher unumgänglich, Risiken bewußt in Kauf zu nehmen bzw. zu akzeptieren.

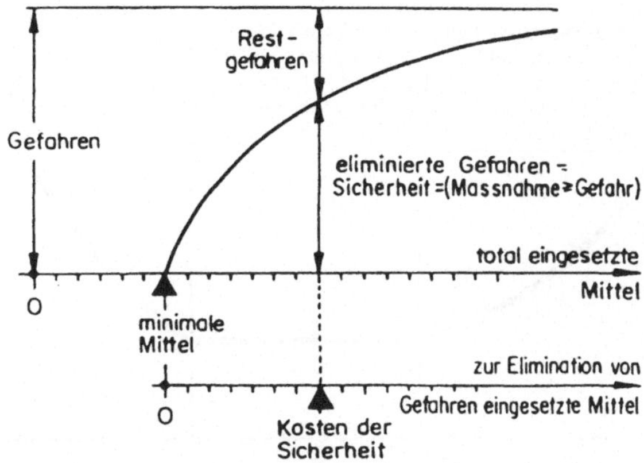

Bild 2.1-3 Eingesetzte Mittel zur Begrenzung der Restgefahren [Matousek/Schneider, 1976]

Sicherheit ist also immer mit einem von der Allgemeinheit akzeptierten Restrisiko verbunden.

Ein bislang nicht zufriedenstellend gelöstes Problem besteht in der Formulierung bzw. Überprüfung von Sicherheitsanforderungen. Die Sicherheit hat eine ethische Dimension und entzieht sich dadurch weitgehend einer Quantifizierung. Zwar sind aus dem Versicherungswesen zahlreiche Methoden bekannt, Menschenleben bzw. Verletzungen zu monetarisieren, doch bleibt damit die moralische Frage unbeantwortet. Auch Ansätze von Stiefel/Scheider, 1985, zusätzliche Sicherheit über Rettungskosten, welche den zur Rettung von Menschenleben eingesetzten finanziellen Aufwand beinhalten, zu berücksichtigen, scheitern an der nur schwer zu realisierenden Erfolgs- bzw. Mißerfolgskontrolle von vorgenommenen Maßnahmen am Bauwerk.

Es liegt somit auf der Hand, die fundamentale Forderung nach Sicherheit im weiteren von der „Gefahrenseite" her zu betrachten. Die Frage richtet sich also nach dem durch Bauwerke verursachten Gefahrenpotential.

2.1.2.2 Einflüsse auf das Gefahrenpotential durch Bauwerke

2.1.2.2.1 Allgemeines

Dem Nutzwert von Bauwerken steht immer ein endliches Gefahrenpotential gegenüber. Dies entsteht dadurch, daß Bauwerke von Menschen geplant, gebaut, genutzt, gegebenfalls erneuert und abgerissen werden müssen. In jeder dieser Lebensphasen wird die Sicherheit von Menschen tangiert, wobei das real existierende Gefahrenpotential sehr stark vom Zeitpunkt abhängig ist.

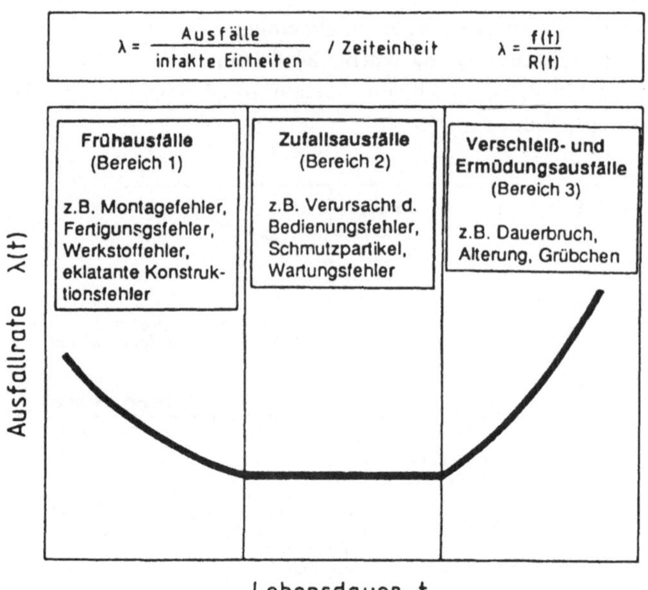

Bild 2.1-4 Darstellung des Ausfallverhaltens („Badewannenkurve") [Bertsche, 1987]

Die aus dem Maschinenbau bekannte, sogenannte „Badewannenkurve", welche das Ausfallverhalten von Bauteilen bzw. ganzer Systeme über die gesamte Lebensdauer beschreibt (Bild 2.1-4), spiegelt ebenso zutreffend die Verhältnisse im Bauwesen wider [de Kraker et al., 1982]. Sie charakterisiert drei Lebensphasen eines Systems.

In der ersten Lebensphase (Bereich 1) treten demnach Schäden auf, die vorwiegend aus Fehlern der Planung und Herstellung resultieren. Kennzeichnend dafür ist ihr frühes, teilweise sogar schon während der Bauausführung mögliches Auftreten. Ist diese Phase überwunden und aufgetretene Schäden behoben, sinkt die Schadenshäufigkeit stark ab. Es folgt ein langer Zeitraum (Bereich 2), in dem Schäden im allgemeinen nur aufgrund unplanmäßiger Einwirkungen oder mangelhafter Unterhaltung auftreten. Er umfaßt den mit Abstand größten Teil der eigentlichen Nutzungsdauer. In der letzten Phase (Bereich 3) schließlich steigt die Schadenshäufigkeit wieder an. Grund dafür sind Alterungs- und Verschleißausfälle, welche auch durch einen erhöhten Unterhaltungsaufwand kaum noch verringert werden können.

Zur Erfassung von Schadensursachen ist eine Erweiterung des betrachteten Zeitraums um die Planungs-, Herstellungs- und ggf. Beseitigungsphase erforderlich. Da es sich bei Bauwerken im Gegensatz zum Maschinenbau nicht um Serienprodukte, sondern im Regelfall um Unikate bzw. Prototypen handelt, sind hier vor allem die Planungs- und Herstellungsphase von Bedeutung. Zahlreiche Schadensanalysen ergeben, daß gerade hier ein erheblicher Teil späterer Schäden „vorprogrammiert" wird (s.a. Abschnitt 2.3.1).

Die unmittelbar von Bauwerken ausgehenden Gefahrenpotentiale sind den in Bild 2.1-5 aufgeführten Ursachen zugeordnet. Unter Gefahrenpotential ist hier das durch Mängel oder Schäden am Bauwerk vorhandene Risiko für den Nutzer zu verstehen. Bei den Ursachen handelt es sich um all jene, welche entweder überhaupt nicht, zu ungenau oder auch aus wirtschaftlichen Gründen bei Entwurf, Berechnung oder Bemessung unberücksichtigt bleiben.

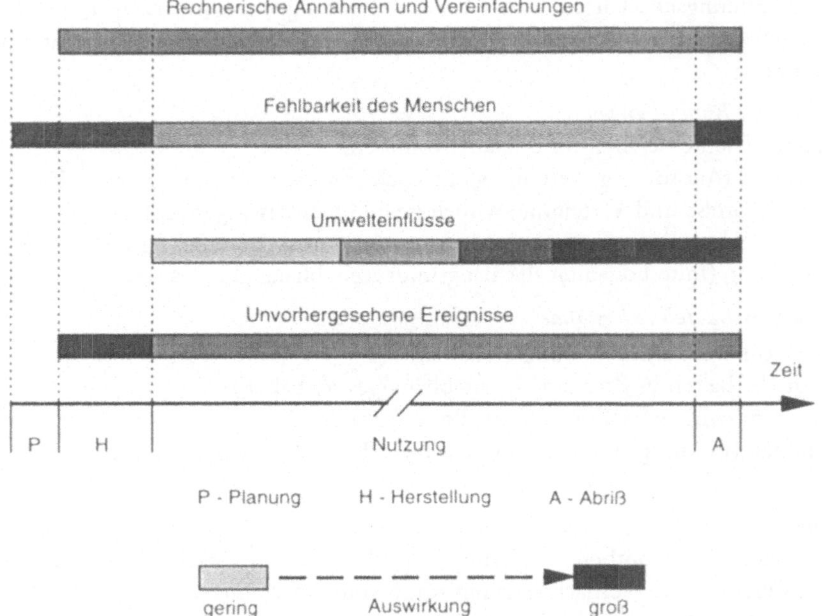

Bild 2.1-5 Ursachen und Zeitpunkt des Auftretens von Gefahrenpotentialen

2.1.2.2.2 Annahmen und Vereinfachungen bei der Berechnung

Annahmen und Vereinfachungen sind wesentliche Voraussetzungen für die Berechnung, Bemessung und konstruktive Durchbildung. Damit wird eine praxisorientierte Behandlung überhaupt erst ermöglicht. Die Folge ist aber, daß die physikalische Realität nur angenähert erfaßt wird. Alle nicht durch eine exakte Theorie zu beschreibenden Zusammenhänge – und dies ist der Regelfall (Bild 2.1-6) – enthalten damit gewisse „Unsicherheiten".

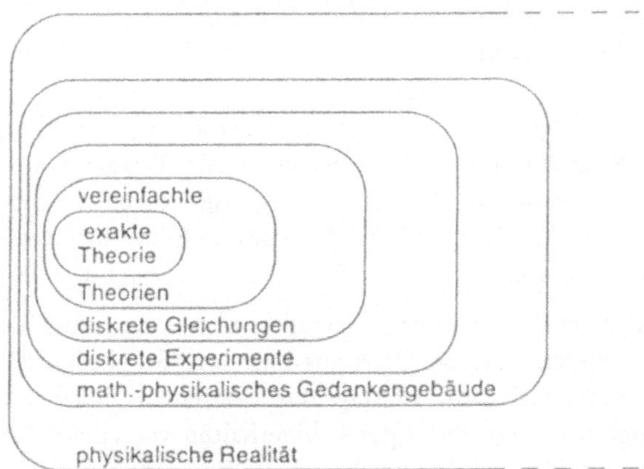

Bild 2.1-6 Möglichkeiten zur Abbildung der physikalischen Realität [FOGIB, 1994]

Derartige „Abbildungsunschärfen" treten bei der Erfassung von Einwirkungen und Bauteilwiderständen sowie bei der rechnerischen Erfassung auf. Nachfolgend seien hierfür einige Beispiele genannt:

(a) *Erfassung von Einwirkungen*
- Eigenlasten (Dichte der Baustoffe, Bauteilvolumen)
- Verkehrslasten (Anordnung, Verteilung, „statisch" angesetzte Lasten, Lastamplituden)
- Windlasten (Größe und Verteilung, wirbelerregte Querschwingungen)
- Temperatur (Schwankungen, Instationaritäten, Lage und Orientierung des Bauwerks)
- Stützensenkung (Inhomogenität des Baugrunds, zeitabhängiges Verhalten)

(b) *Erfassung der Bauteilwiderstände*
- Festigkeit (σ-ε-Verlauf, Ermüdungsverhalten)
- Steifigkeit (Verhalten in Zustand II, zeitabhängiges Verhalten)
- Geometrie (mitwirkender Querschnitt, Imperfektionen)
- Permeabilität (Eindringverhalten von Gasen, z.B. CO_2, und Flüssigkeiten, z.B. Wasser, Chlorid)

(c) *Berechnung*
- Theorie (Bernoulli-Hypothese, Änderung in Dickenrichtung, Sekundärspannungen, Formtreue der Querschnitte, Vernachlässigung von Schubverformungen)
- Statisches System (Systemmaße, Nachgiebigkeit von Verbindungen bzw. Lagerungen, räumliche Tragwirkung)
- Verfahren (Th. 2. Ordnung, infinitesimal kleine Verformungen, Aufteilung in lokale und globale Berechnung)

Die große Anzahl der zur Berechnung eines Tragwerks erforderlichen Annahmen und Vereinfachungen können eine nicht unerhebliche Streuung der Ergebnisse und damit auch des tatsächlich vorhandenen Sicherheitsniveaus bewirken. Bürge/Schneider, 1994, zeigen, daß bereits für eine einfache Konstruktion große Abweichungen bei der Bemessung und konstruktiven Durchbildung auftreten können. Obwohl die Norm-Sicherheit eingehalten ist, kann ein Tragwerk tatsächlich über mehr oder weniger große Reserven verfügen. Und dies ausschließlich aus den zugrunde gelegten Annahmen und Vereinfachungen und ohne daß Fehlhandlungen vorliegen.

2.1.2.2.3 Fehlbarkeit des Menschen

Das Gefahrenpotential ist eng mit der Intensität menschlicher Handlungen verknüpft. Das zeigt die Häufung von Schäden und Unfällen, welche in der Planungs- und Herstellungsphase auftritt (s.a. Bild 2.1-5). Der unmittelbar durch menschliche Fehler verursachte Anteil daran beträgt etwa 80% [Blockley, 1993]. Damit wird der Mensch und nicht etwa das Bauwerk zum entscheidenden „Sicherheitsrisiko".

Menschliche Fehlhandlungen können durch bewußtes und unbewußtes Verhalten hervorgerufen werden. Bewußtes Fehlverhalten resultiert aus Ignoranz, Sorglosigkeit, Nachlässigkeit oder gar Fahrlässigkeit. Den Extremfall stellt Sabotage dar. Bei den am Bau bzw. an der Unterhaltung eines Bauwerks Beteiligten ist ein derartiges Fehlverhalten vor allem durch Maßnahmen zu verhindern, die mit persönlichen Konsequenzen, wie z.B. Geldstrafe, Versetzung etc., verbunden sind [Matousek/Schneider, 1988]. Bei mutwilligen Zerstörungen oder Sabotageakten bleiben mögliche Maßnahmen auf die Sicherstellung einer ausreichenden Unempfindlichkeit von gefährdeten Bauteilen beschränkt. Dies kann dadurch erreicht werden, daß sabotageträchtige, d.h. leicht zu beschädigende oder zu zerstörende Bauteile vermieden werden oder das Ausmaß von Schäden begrenzt wird

Die zweite Kategorie menschlicher Fehlhandlungen resultiert aus unbewußtem Verhalten, wie Unkenntnis, mangelnde Qualifikation, Vergeßlichkeit, Irrtum etc. Sie stellt mit rund 50% den größten Teil der Fehlerursachen dar [Ellingwood, 1987]. Unkenntnis und mangelnde Qualifikation können durch verbesserte Aus- und Weiterbildung vermieden werden. Irrtümer treten verstärkt dann auf, wenn sie „provoziert" werden. So beispielsweise durch fehleranfällige Planungs- und Herstellungsabläufe oder aber durch die Konstruktion selbst. Erstgenanntem Problem wird heute verstärkt durch Maßnahmen der Qualitätssicherung begegnet. Sie umfaßt die Überwachung, Organisation und Prüfung aller wichtigen Abläufe. Das zweite Problem beinhaltet die Frage, inwieweit Fehler durch den Tragwerksentwurf und die Detailausbildung a priori ausgeschlossen werden können. Es zeigt sich, daß Fehler verhaltens- und konstruktionsbedingte Ursachen haben können.

Drei Beispiele mögen dies veranschaulichen: In Bild 2.1-7a) ist die Längsbewehrung von Pfeiler A irrtümlich vertauscht. Die Tragfähigkeit des Pfeilers bzw. der gesamten Brücke ist dadurch gefährdet. Vermieden werden kann eine solche Fehlerquelle entweder durch besondere Kennzeichnung im Bewehrungsplan oder dadurch, daß präventiv eine symmetrische Bewehrung vorgesehen wird. Damit wäre zwar der Pfeilerquerschnitt überbewehrt, doch stünde dieser Mehraufwand in keinem Verhältnis zu den möglicherweise notwendigen Maßnahmen zur Behebung eines Schadens. Bild 2.1-7b) zeigt unvollständig verpreßte Hüllrohre. Ursache hierfür können mangelnde Qualifikation, Nachlässigkeit oder Vergeßlichkeit auf der Baustelle sein. Abhilfe schaffen hierbei zunächst Kontrollmaßnahmen während der Bauausführung. In der Entwurfsphase könnte das Konzept der Vorspannung mit nachträglichem Verbund in Frage gestellt werden. Denn bei einem Verzicht zugunsten der externen Vorspannung würde sich dieses Problem gar nicht stellen. Bild 2.1-7c) zeigt Risse, welche beim Freivorbau durch Verformung des Vorbauwagens entstehen können. Gründe können ein zu frühes Abbinden des Stegbetons beim Betonieren der Fahrbahnplatte, eine unzureichende Steifigkeit des Vorbauwagens oder zu lange Vorbauabschnitte sein. Im Gegensatz zu den beiden vorgenannten Fällen a) und b) bleiben hier die Möglichkeiten zur Vermeidung konstruktionsbedingter Schäden in der Bauablaufplanung darauf beschränkt, z.B. die Vorbauabschnitte zu verkleinern.

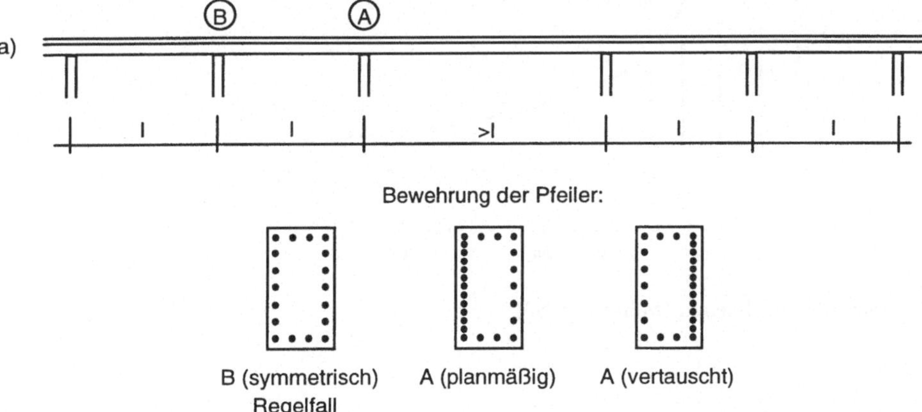

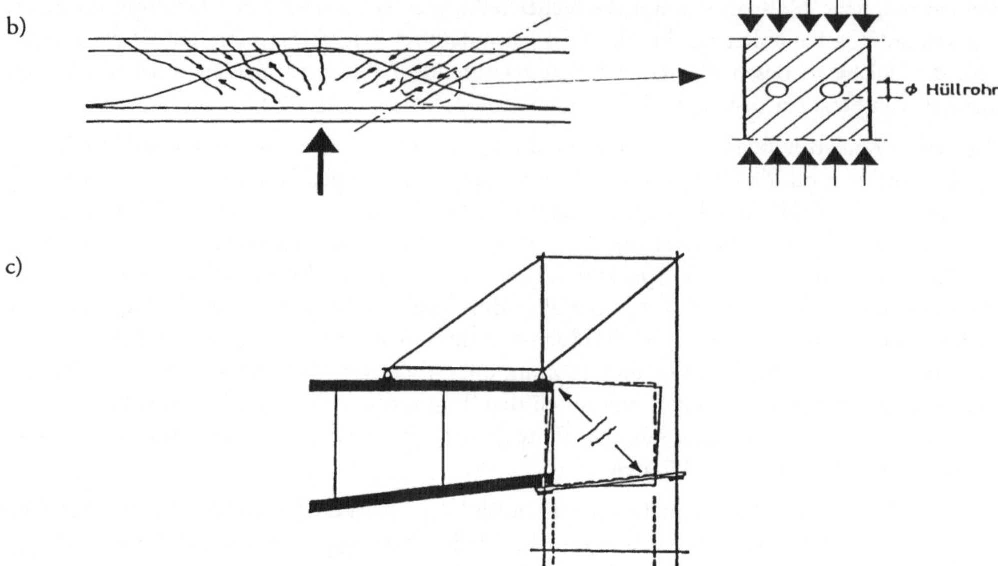

Bild 2.1-7 Beispiele für konstruktionsbedingte Fehlhandlungen

Die Beispiele machen deutlich, daß ein Teil der in der Konstruktion „schlummernden" Fehler bereits in der Entwurfsphase ausgeschaltet werden kann. Gerade hier ist die Einflußmöglichkeit am größten (Bild 2.1-8) .

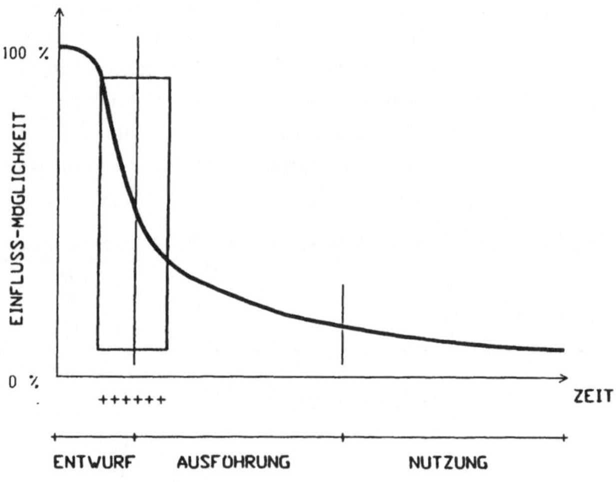

Bild 2.1-8 Einflußmöglichkeiten [Mönnig, 1993]

2.1.2.2.4 Umwelteinflüsse

Bauwerke sind klimatischen und chemisch-biologischen Einflüssen ausgesetzt. Verbunden damit sind Veränderungen, in den meisten Fällen Verschlechterungen der Werkstoffeigenschaften. Im Gegensatz zu Beanspruchungen infolge Last und Zwang können die aus der Umwelt stammenden Einwirkungen nicht vermieden, sondern allenfalls begrenzt werden. Die der Bemessung zugrunde gelegten Werkstoffkenngrößen sind also veränderlich. Und dies vor allem dann, wenn keine wirksamen Schutzvorkehrungen oder regelmäßige Wartungen vorgenommen werden.

Umwelteinflüsse lassen sich in anthropogene und klimatische Einflüsse unterscheiden. Unter erstgenannten Einflüssen sind solche zu verstehen, welche zur Aufrechterhaltung der Nutzung notwendig sind. Dazu gehören das Tausalz und der damit verbundene häufige Frost-Tau-Wechsel ebenso wie lokale, durch Sprühnebel verursachte Feuchteänderungen, z.B. an Pfeilern neben Straßen. Klimatische Einflüsse werden durch Witterungsbedingungen hervorgerufen. Dazu gehören u.a. Temperatur und Einstrahlung, der Wasserdampfgehalt der Atmosphäre oder die CO_2-Konzentration in der Luft. Sie treten unabhängig von den Nutzungsbedingungen auf, sind aber standortabhängig [Bunte, 1993]. Möglichkeiten, die Intensität dieser Einwirkungen zu verringern, sind im Gegensatz zu den anthropogenen Einflüssen eingeschränkt.

Das von den aufgeführten Einflüssen ausgehende Gefahrenpotential entsteht durch Minderung der Tragfähigkeit bzw. Gebrauchstauglichkeit. Einige dieser zeitabhängigen Vorgänge sind rechnerisch erfaßbar und können damit zumindest für definierte Randbedingungen planmäßig berücksichtigt werden. Weil damit werkstoffseitige Aussagen zur Lebensdauer möglich sind, sollen sie hier kurz angesprochen werden.

(a) *Karbonatisierung des Betons*

Grundlage der meisten Ansätze ist das 1. Ficksche Gesetz, das die CO_2-Diffusion in den Beton beschreibt. Betrachtet man die Karbonatisierung als Folge einer stationären CO_2-Diffusion, ergibt sich die Karbonatisierungstiefe $x_c(t)$ z.B. nach [Meyer, 1967] zu:

$$\frac{x_c(t)}{K_c} = \sqrt{t} \qquad (2.1\text{-}1)$$

K_c ist eine von der Diffusion, dem CO_2-Konzentrationsgefälle und der bindbaren CO_2-Menge abhängige Betonkonstante. Schießl, 1976, berücksichtigt zusätzlich den durch die Diffusion verursachten Dichtungseffekt („Karbonatisierungshemmung"). Weitere Ansätze, z.B. von Hergenröder, 1992, basieren ebenfalls auf dem 1. Fickschen Gesetz. Sie zeigen den in Bild 2.1-9 dargestellten schematischen Verlauf.

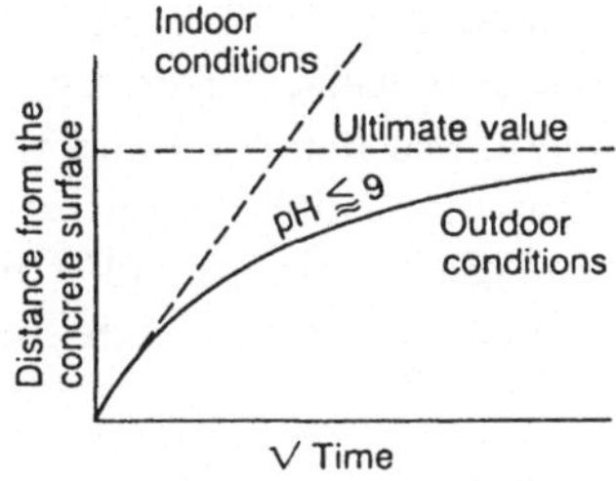

Bild 2.1-9 Zeitlicher Verlauf der Karbonatisierungstiefe [CEB N° 183]

In den Rissen erfolgt die Karbonatisierung von den Rißufern aus. Bei schmalen Rissen (Rißbreiten bis etwa 0,4mm) nimmt die Karbonatisierungsgeschwindigkeit allerdings aufgrund der abnehmenden CO_2-Konzentration mit der Tiefe ab [Schießl, 1986] (Bild 2.1-10). Im Gegensatz zu ungerissenem Beton verringert sich daher die Karbonatisierungstiefe mit zunehmender Dichtigkeit der Betondeckung [Koelliker, 1990].

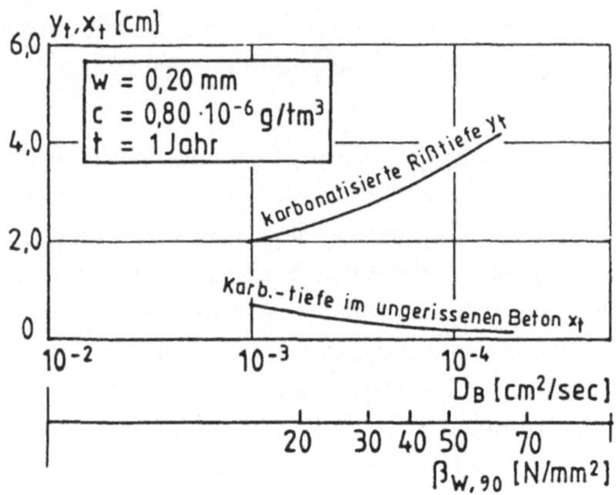

Bild 2.1-10 Karbonatisierungstiefen in Beton [Nürnberger et al. 1988]

(b) *Korrosion von Bewehrungsstahl im Beton*

Voraussetzung für die Korrosion des Stahls im Beton ist eine ungehinderte Eisenauflösung an der Anode, welche durch karbonatisierten Beton oder freie Chloridionen ermöglich wird, die Anwesenheit von Sauerstoff an der Kathode, was durch einen geringen Diffusionswiderstand der Betondeckung gefördert wird, und das Vorhandensein eines Elektrolyten, was durch genügend freies Wasser in den Poren gewährleistet ist. Soll Korrosion ohne zusätzliche Maßnahmen wie z.B. Beschichtung oder kathodischen Korrosionsschutz über die gesamte Nutzungsdauer vermieden werden, darf die Karbonatisierungstiefe die Betondeckung nicht überschreiten. Außerdem muß die Anzahl freier Chloridionen begrenzt bleiben, was aufgrund des Einsatzes von Tausalz nur durch eine dauerhaft funktionsfähige Abdichtung der Fahrbahnplatte möglich ist. Bild 2.1-11 zeigt, daß der für die Auslösung der Korrosion kritische Chloridgehalt von 0,4 Gew.-% bezogen auf den Zementanteil bis in eine Tiefe von mehreren Zentimetern vordringen kann.

Korrosionsbedingte Schäden können durch das Abplatzen der Betondeckung oder durch die Verringerung des Stahlquerschnitts auftreten. Erstgenannter Fall tritt vor allem bei zu geringer und nicht ausreichend dichter Betondeckung auf, kann also technologisch ausgeschlossen werden. Die Minderung der Stahlquerschnittsfläche tritt dagegen vor allem an Querrissen auf. Kann das Eindringen von Chloriden in den Beton verhindert werden, ist die Korrosion auch bei ausreichend dichter Betondeckung und Rißbreiten bis zu 0,4mm auszuschließen. Ist dies nicht der Fall, muß ein ausreichender „Sicherheitsabstand" erhalten bleiben. Die Streckgrenze der Bewehrungsstähle darf im Gebrauchszustand nicht erreicht werden.

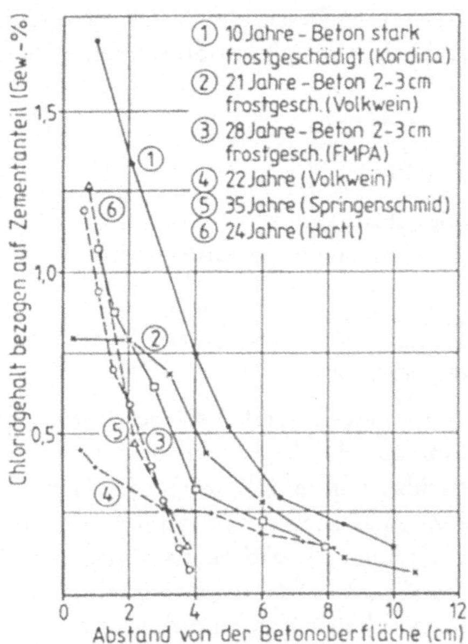

Bild 2.1-11 Chloridverteilung im Fahrbahnplattenbeton von Brücken [Nürnberger et al., 1988]

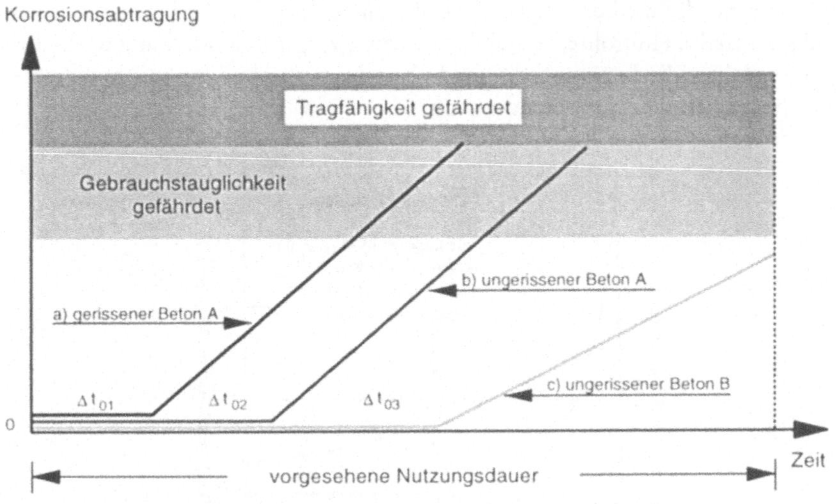

Bild 2.1-12 Schematischer Verlauf der Korrosionsabtragung nach [Bilcik, 1991]

Bild 2.1-12 macht den Einfluß der Risse und der Dichtigkeit (Beton A: niedrig, Beton B: hoch) des Betons deutlich. Die Dichtigkeit bestimmt maßgeblich das passive Stadium (Δt_{01}, Δt_{02}, Δt_{03}).

Die Länge des Zeitraumes t_1 von der Beschädigung der Passivschicht auf der Stahloberfläche bis zum Erreichen der tatsächlich vorhandenen Streckgrenze R_e (aktives Stadium) errechnet sich nach Bilcik, 1991, zu:

$$t_1 = \frac{d_s}{2\,b_1}\left[1 - \sqrt{1 + \left(\frac{f_{yd}}{R_e} - 1\right)}\right] \qquad (2.1\text{-}2)$$

d_s Nenndurchmesser der Bewehrung [mm]

b_1 Regressionskonstante der Korrosionsabtragung

f_{yd} rechnerische Streckgrenze

R_e vorhandene Streckgrenze

(c) *Spannungsrißkorrosion an Spannstählen*

Die Spannungsrißkorrosion ist eine Besonderheit der Spannstahlkorrosion. Man versteht darunter einen plötzlichen, spröden Bruch, wobei nicht unbedingt ein mit dem Auge erkennbarer Korrosionsangriff feststellbar sein muß [Nürnberger, 1990]. Voraussetzungen dafür sind empfindliche Stähle, hohe Zugspannungen und zumindest örtlich einsetzende Korrosion. Außerdem ist ein alkalisches Medium, z.B. karbonatisierter Beton, notwendig. Die Spannungsrißkorrosion selbst wird durch Wasserstoff hervorgerufen. Kritisch sind daher vor allem Sulfide, aber ebenso Chloride, wenn sie in hoher Konzentration auftreten.

Neben zahlreichen technologischen Einflußgrößen, welche an dieser Stelle nicht angesprochen werden sollen, spielen auch hier entwurfs- bzw. konstruktionsbedingte Aspekte eine Rolle. So wirken sich der Kontakt von Spannstählen untereinander bzw. über die Hüllrohre immer dann nachteilig aus, wenn die medienseitigen Voraussetzungen gegeben sind. Das gilt ebenfalls für unvollständig verpreßte Hüllrohre, verbunden mit zu geringer Betondeckung bzw. -dichtigkeit. Bild 2.1-13 zeigt dazu die korrosionsfördernde Kondenswasserbildung in unverpreßten Hüllrohren in Abhängigkeit von der Betondeckung.

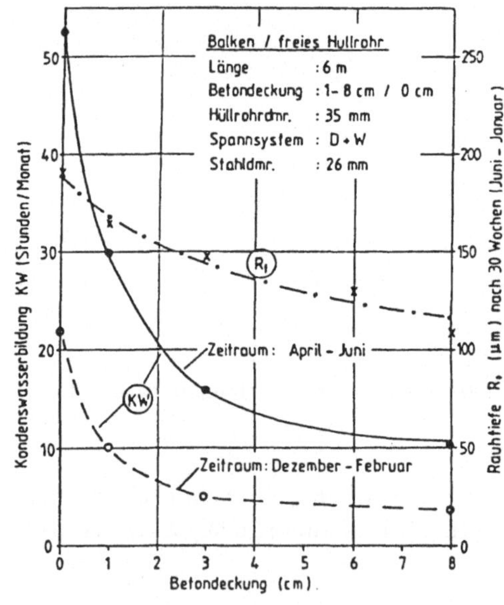

Bild 2.1-13 Kondenswasserbildung in unverpreßten Hüllrohren [Nürnberger, 1990]

In bezug auf die Empfindlichkeit von Spannstählen verhalten sich kaltgezogene Drähte bzw. Litzen günstiger als vergütete Drähte bzw. warmgewalzte Stähle [Rehm et al., 1981]. Die Lebensdauer bzw. Standzeit hängt wesentlich von der Zugspannung und Festigkeit ab. Nach Stolte, 1967, nimmt die Unempfindlichkeit mit zunehmender Festigkeit und aufgebrachter Spannung ab. Es zeigt sich, daß Stähle mit geringerer Festigkeit und höherer Ausnutzung unempfindlicher reagieren als höherfeste Stähle mit geringerer Ausnutzung. Wie Gl. 2.1-3 zeigt, kann so die Lebensdauer (Standzeit) T_L erhöht werden:

$$T_L \cong \frac{C}{\sigma^3 R_m^9} \tag{2.1-3}$$

C Maß für die Widerstandsfähigkeit des Stahls und die Umweltbedingungen

σ vorhandene Spannung

R_m vorhandene Zugfestigkeit

In Bild 2.1-14 wird dieser Zusammenhang für einen perlitischen Spannstahl bei Wasserstoffrißkorrosion deutlich.

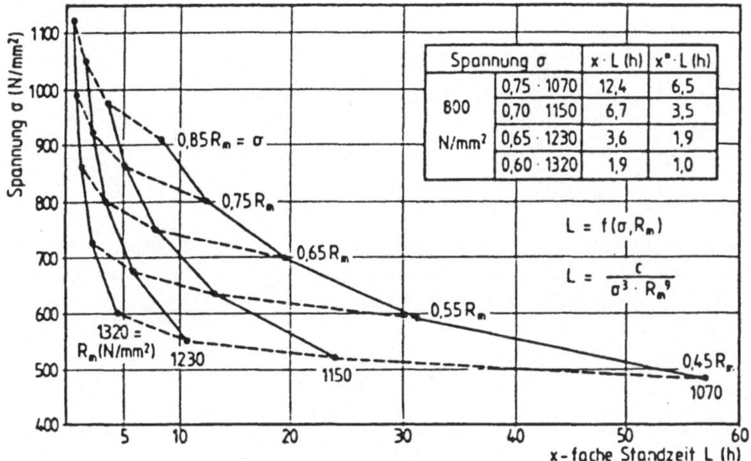

Bild 2.1-14 Abhängigkeit der Standzeit von Festigkeit und Spannung nach [Stolte, 1967]

Betrachtet man die Ursachen für Spannstahlschäden, ist festzustellen, daß ein Großteil aus mangelndem Korrosionsschutz bzw. aus Fehlern bei der Bauausführung herrührt [Nürnberger, 1990]. Bei Brücken spielt darüber hinaus die häufigere Verwendung empfindlicher Spannstähle eine Rolle. Sieht man von der Möglichkeit ab, das Schadensrisiko durch alternative Bauweisen (z.B. fettverpreßte Spannglieder) zu verringern, treten konstruktionsbedingte Schäden selten auf.

2.1.2.2.5 Unvorhergesehene Ereignisse

Bauwerke können während ihrer Lebensdauer auch solchen Einflüssen ausgesetzt werden, welche beim Entwurf, bei der Bemessung oder konstruktiven Durchbildung nicht berücksichtigt wurden. Die Ursachen für eine Nichtberücksichtigung sind unterschiedlich (Bild 2.1-15).

Sie können in individuellen Fehlern liegen, z.B. dem Vergessen eines Lastfalls, sind jedoch durch Überwachung oder Prüfung grundsätzlich vermeidbar. Andererseits können sie auf einem unvollständigen Wissensstand beruhen und bis zu einem möglichen Schadensfall völlig unerkannt bleiben. Der Einsturz der Tacoma-Narrows-Bridge im Jahre 1940, bei welcher der Wissens- bzw. Erfahrungsbereich unbewußt überschritten wurde, ist einer dieser spektakulären Schadensfälle.

Zwischen diesen beiden Extremfällen sind all jene Fälle angesiedelt, bei denen bewußt erkannte bzw. bekannte Einflüsse unberücksichtigt bleiben, weil sie entweder mit zu geringer Wahrscheinlichkeit (z.B. Unterspülung einer Gründung mit der Folge großer Stützensenkung) auftreten oder unverhältnismäßig hohe Kosten (z.B. Vermeidung einer anprallgefährdeten Mittelstützung mit der Folge verdoppelter Feldweiten) erfordern (Bild 2.1-3). Sie sind damit zwar vorhergesehen, aber bewußt unberücksichtigt geblieben. Die den Normen zugrunde gelegten Sicherheitsabstände resultieren eben aus der Konvention, daß Ereignisse mit sehr geringer Auftretenswahrscheinlichkeit rechnerisch nicht mehr abgedeckt werden brauchen.

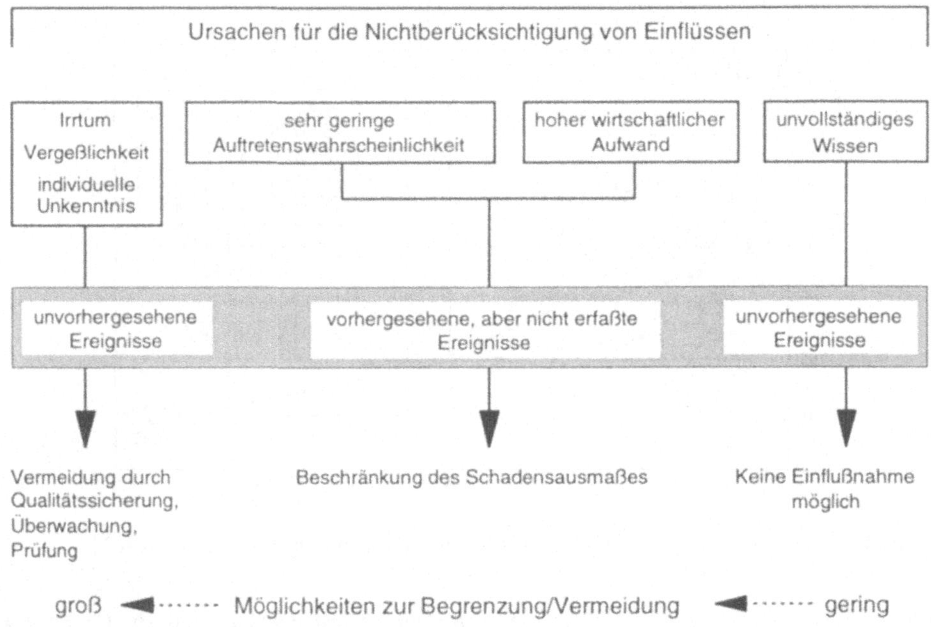

Bild 2.1-15 Unvorhergesehene Ereignisse

Für die Gesellschaft aber kann eine solche Eingrenzung in Einzelfällen völlig unzureichend sein. Dies zeigte die mit dem Bau großtechnischer Anlagen (z.B. Kernkraftwerke) einsetzende Diskussion über deren Sicherheit. Zur Berurteilung wurde der aus dem Versicherungswesen bekannte Begriff des Risikos R_f herangezogen. Er berücksichtigt neben der Versagenswahrscheinlichkeit p_f auch die Versagensfolgen V_f [Spaethe, 1992]:

$$R_f = p_f V_f \qquad (2.1\text{-}4)$$

2.1.3 Wirtschaftlichkeit

Brücken sind unverzichtbarer Bestandteil einer leistungsfähigen Verkehrsinfrastruktur. Durch die Erschließung neuer Räume und die Verbesserung der Flexibilität tragen sie in erheblichem Maße zur gesellschaftlichen und damit wirtschaftlichen Entwicklung bei. Andererseits erfordern derartige Infrastrukturmaßnahmen enorme Investitionen. Sie stehen damit auch unmittelbar „in Konkurrenz“ zu anderen Investitionsvorhaben wie z.B. Schulen oder Krankenhäusern und müssen daher von den verantwortlichen Finanzträgern sorgfältig abgewogen werden.

Zu den Kosten für Neubauten kommen solche aus der Erhaltung (Unterhaltung und Ersatzbauwerke) und Beseitigung bzw. Recycling hinzu. Im Bereich des deutschen Fernstraßennetzes, das Autobahnen und Bundesstraßen umfaßt, entstanden nach Erhebungen des Bundesministeriums für Verkehr im Jahr 1993 allein für die Erhaltung Kosten in Höhe von 650 Mio. DM (alte und neue Bundesländer), wobei damit noch gar nicht alle notwendigen Maßnahmen abgedeckt sind. Prognosen zeigen, daß der Aufwand für die Erhaltung weiter zunehmen wird (Bild 2.1-16).

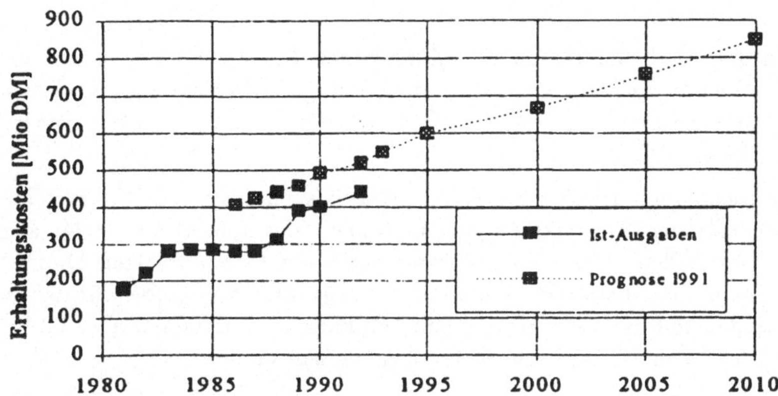

Bild 2.1-16 Prognose der Erhaltungskosten für Brücken und andere Ingenieurbauwerke an Bundesfernstraßen (West) [Standfuß, 1994]

Interessant ist dabei ein Blick auf die Entwicklung der Kosten für die Erstellung und Erhaltung von 1981 bis 1993. In Bild 2.1-17 sind diese für die alten Bundesländer jeweils bezogen auf die vorhandene Gesamtbrückenfläche des Bundesfernstraßennetzes angegeben. Die Erstellungskosten pro m^2 sind auf eine Nutzungsdauer von 100 Jahren bezogen. Als Referenzwert für die Erstellungskosten ist ein Betrag von 2400,– DM/m^2 aus dem Jahr 1985 zugrunde gelegt.

Bild 2.1-17 zeigt, daß die Kosten für die Erhaltung stärker ansteigen als jene für die Erstellung neuer Brücken. Dies gilt auch für die inflationsbereinigten Kosten. Es ist zu erwarten, daß sich diese Entwicklung in den kommenden Jahren weiter beschleunigt, weil dann weitere 40% des Bestands, also die nach 1975 fertiggestellten Brückenbauwerke erstmals unterhaltungsbedürftig werden.

Bei Ermittlung des jährlichen Finanzbedarfs zur Erhaltung werden die Kosten jeweils auf den gesamten Brückenbestand bezogen. Hierbei bleibt die Altersstruktur jedoch unberücksichtigt, so daß auch neuere, noch gar nicht unterhaltungsbedürftige Brücken einbezogen werden. Dies

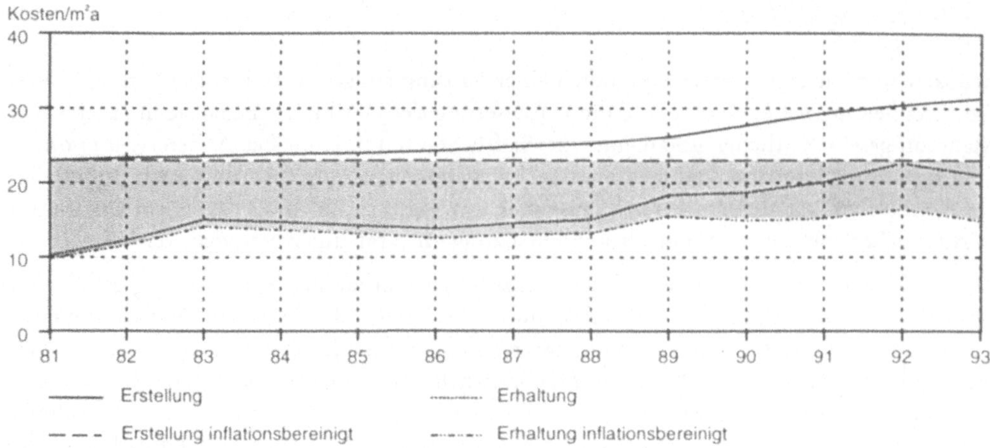

Bild 2.1-17 Kosten für die Erstellung und Erhaltung nach [BMV, 1994]

führt jedoch dazu, daß die auf die Erstellungskosten bezogenen Werte leicht unterschätzt werden. Die Angaben hierzu, welche die Unterhaltung, Instandsetzung und Ersatzbauwerke umfassen, schwanken zwischen 1% und 2,5 % [z.B. Rabe, 1981; Standfuß, 1981; Scheidler, 1982; Menn, 1987].

Unter Berücksichtigung der Altersstruktur des Brückenbestands, der Unterhaltungs- und Austauschintervalle der Bauwerkskomponenten sowie der vom BMV, 1994, angegebenen Kosten errechnet Goller, 1995, für 1992 einen Wert von 1,22% pro Jahr. Dieser beinhaltet jedoch noch keine Ersatzbauwerke, so daß die vorgenannten Werte überschritten werden. In Bild 2.1-18 sind diese Kosten für einzelne Bauwerkskomponenten aufgeschlüsselt. Es zeigt sich eine im Vergleich zu Bild 2.1-17 erheblich höhere Gesamtsumme.

Maßnahmen an	Kosten (1992) [DM/m²]
Fahrbahnbelag und Abdichtung	4,75
Fahrbahnübergänge	1,55
Lager	5,37
Betonkonstruktion	10,83
Stahlbau	3,56
Korrosionsschutz	0,96
Schutzplanken/Geländer	3,05
Sonstiges	6,95
Summe	37,02

Bild 2.1-18 Unterhaltungs- und Instandsetzungskosten

Aufgrund der volkswirtschaftlichen Dimension der „Erhaltungsproblematik" ist auch auf die derzeitige Vergabepraxis hinzuweisen, welche sich immer noch primär an den Erstellungskosten orientiert. Das hat zur Folge, daß im Regelfall das preiswerteste Angebot realisiert wird. Erreicht werden damit im allgemeinen zwar minimale Erstellungskosten, keineswegs aber auch minimale Gesamtkosten.

Untersuchungen zeigen, daß der Unterhaltungsaufwand schon durch geringfügig höhere Erstellungskosten deutlich reduziert werden könnte. Toorn, 1994, veranschaulicht die deutliche Zunahme des zur Sicherstellung der Dauerhaftigkeit von Betonkonstruktionen erforderlichen Finanzbedarfs anhand des „Gesetzes der Fünf". Der Bedarf erhöht sich, bezogen auf den Zeitpunkt der Planung, für spätere Maßnahmen jeweils um den Faktor 5 (Bild 2.1-19). Selbst bei Berücksichtigung von Zins und Inflation (hier 5%) erhöhen sich diese Kosten immer noch beträchtlich (schwarze Balken).

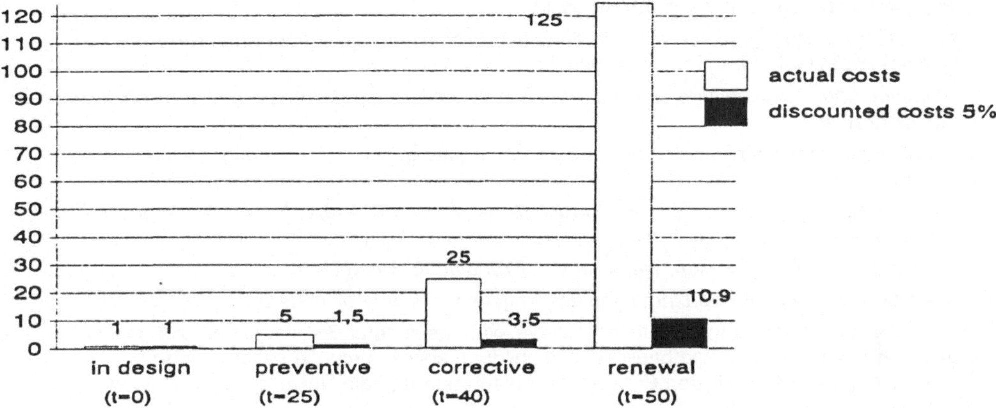

Bild 2.1-19 Abhängigkeit der Kosten vom Zeitpunkt der Maßnahme [Toorn, 1994]

Brücken sind keine Serienprodukte, sondern stellen, obwohl vieles genormt und typisiert ist, Prototypen dar. Im Gegensatz zum Auto, wo die Entwicklungskosten bereits im Kaufpreis enthalten sind, entsteht bei Brücken ein Teil dieser Kosten durch die fehlende, aber eben nicht mögliche Serienreife. Diese durch adäquate Entwurfs- und Bemessungsregeln zu erreichen, ist eine berechtigte Forderung der Gesellschaft an den Bauingenieur.

2.2 Normative Anforderungen

2.2.1 Allgemeines

Grundlage für Entwurf und Bemessung sind die formalen Nachweise, daß die Eigenschaften des Bauwerks den gültigen Regelwerken entsprechen. Die Aussagen dazu haben allerdings einen recht unterschiedlichen Präzisions- bzw. Verbindlichkeitsgrad. In den meisten Normen werden sie in vier Gruppen unterteilt. Die erste Gruppe umfaßt die grundlegenden Anforderungen an Tragwerke. Danach sind zum einen die für die vorgesehene Nutzungsdauer definierten Gebrauchseigenschaften zu erfüllen, zum anderen ein ausreichend großer Widerstand des Tragwerks gegenüber Einwirkungen und Einflüssen, welche während der Herstellung und Nutzung auftreten, sicherzustellen. Diese Anforderungen werden mit den Nachweisen der „Tragfähigkeit", „Gebrauchstauglichkeit" und „Dauerhaftigkeit" erfüllt.

Insbesondere in neueren Normen (Tabelle 2.2-1 und 2.2-2) werden darüber hinaus Bauwerkseigenschaften gefordert, die nicht in vollem Umfang mit den formalen Nachweisen realisierbar sind. Mit diesen zusätzlichen, vor allem den Tragwerksentwurf betreffenden Anforderungen soll erreicht werden, daß Tragwerke auch unvorhergesehene bzw. rechnerisch nicht berücksichtigte Einflüsse aufnehmen können. Vorrangiges Ziel ist hier die Wahrung der Verhältnismäßigkeit von Ursache und Ausmaß möglicher Schäden.

EC 1, 2.1 bzw. EC 2, 2.1

Ein Tragwerk muß ferner so ausgebildet sein, daß es durch Ereignisse wie *Explosionen, Aufprall oder Folgen menschlichen Versagens nicht* in einem Ausmaße geschädigt wird, das in keinem Verhältnis zur Schadensursache steht.

Eine mögliche Schädigung sollte durch die angemessene Wahl einer oder mehrerer der folgenden Maßnahmen begrenzt oder vermieden werden:

- *Verhinderung, Ausschaltung oder Minderung der Gefährdungen,* denen das Tragwerk ausgesetzt ist,
- Wahl eines Tragsystems, das eine *geringe Anfälligkeit* gegen die hier betrachteten Gefährdungen aufweist,
- Wahl eines Tragsystems und eines Berechnungsverfahrens derart, daß der *zufällige Ausfall eines einzelnen Tragwerkteils nicht zum Versagen des Gesamtbauwerks* führt,
- *Vermeidung* von *Tragwerken, die ohne Vorankündigung versagen,*
- Herstellung *tragfähiger Verbindungen* der Tragelemente untereinander.

Die genannten Anforderungen sollten durch die Wahl geeigneter Baustoffe, eine zutreffende Bemessung und zweckmäßige bauliche Durchbildung sowie durch die Festlegung von Überwachungsverfahren für den Entwurf, die Ausführung und die Nutzung des jeweiligen Bauwerks erreicht werden.

EC 1, 2.2

Die geforderte Zuverlässigkeit in bezug auf die Sicherheit und Gebrauchstauglichkeit kann u.a. durch die *Berücksichtigung der Robustheit („structural integrity“)* erreicht werden.

SIA 160, 2.2

Die Sicherheit ist unter Berücksichtigung folgender Grundsätze zu gewährleisten:

- Es ist anzustreben, daß beim *Ausfall eines einzelnen Tragelements nicht unverhältnismäßig große Teile des Gesamttragwerks versagen* (progressiver Einsturz).
- Das *Tragsystem* ist in der Weise zu wählen, daß es gegenüber kleinen Ausführungsungenauigkeiten *unempfindlich* ist.

Tabelle 2.2-1 Grundlegende Anforderungen an Bauwerke (Auszug aus Normen)

Es ist offensichtlich, daß mit den rechnerischen Nachweisen keineswegs alle Anforderungen erfüllt werden können. Und dies liegt nicht nur daran, daß den Nachweisen selbst wiederum Annahmen und Modellvorstellungen zugrunde liegen, welche das wirkliche Verhalten nur angenähert widerspiegeln (s.a. Bild 2.1-6), sondern daß nur wenige Anhaltspunkte und Empfehlungen für die Konzeption des Tragwerks angegeben werden.

So könnten mit einem „intelligenten“ Entwurf rechnerische Nachweise a priori überflüssig werden und die in Tabelle 2.2-1 und 2.2-2 aufgeführten grundlegenden Anforderungen „nebenbei“ erfüllt sein. Exemplarisch ist ein solcher Fall in Bild 2.2-1 angegeben. In Anlehnung an die in EC 2, 2.1 aufgestellte Forderung, wonach Gefährdungen, denen ein Tragwerk

SIA 162, 4.1

Die bauliche Ausbildung und die konstruktive Durchbildung der Tragwerke und Bauteile haben unter Beachtung des *monolithischen Charakters des Stahlbetons zu* erfolgen. Die Abmessungen und die Ausbildung der einzelnen Bauteile müssen auf die Bewehrungsmenge und -anordnung sowie auf die Verbundeigenschaften von Beton und Stahl abgestimmt werden. In Tragwerken muß bei örtlicher Beschädigung infolge außergewöhnlicher Einwirkungen eine *Umlagerung des Kräfteverlaufs* möglich sein. Dazu ist das statische System konstruktiv so auszubilden, daß durch Krag-, Hänge-, und andere Wirkungsweisen der *Einsturz eines größeren Teils des Tragwerks verhindert wird.*

Model Code 90, 8.4

An appropriate structural form should be selected at an early stage of the project, in order to *avoid disproportionately sensitive structural arrangements* and to secure adequate access to all critical parts of the structure for inspection and maintenance.

Adequate detailing of reinforced and prestressed concrete structural elements should ensure the *integrity of critical surfaces or corners and edges* in order to avoid any unforeseen concentration of aggressive influences.

The selected structural form of exposed concrete structures has a decisive influence on the interaction between the structural material and the environment.

The *geometry of exposed structural components* and the form, type and placing of joints, including construction joints, connections, and supports should be chosen such as to *minimize the risks of local concentrations of deleterious substances.*

Placing and special protection of anchorages for prestressing tendons should be selected considering the local exposure.

In exposed structural parts construction joints should be selected with due regard to the

- type of exposure and aggressiveness of the environment at the joint
- the stress level and stress variations foreseen at the location of the joint
- the impact of the joint on the visual appearance of the structure.

Tabelle 2.2-2 Grundlegende Anforderungen an Bauwerke (Auszug aus Normen)

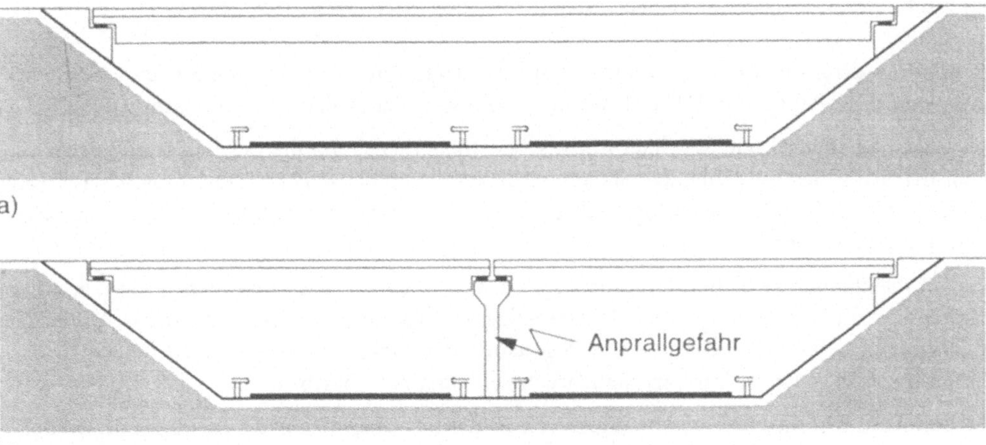

Bild 2.2-1 Minderung des Gefahrenpotentials durch Vermeidung der Mittelstützung

ausgesetzt ist, „verhindert", „ausgeschaltet" oder „gemindert" werden sollten, müßte man folgerichtig auf eine Mittelstützung verzichten. Die Gefahr eines Fahrzeuganpralls und ein damit verbundener Einsturz wären damit gar nicht mehr in Betracht zu ziehen.

2.2.2 Methoden der Sicherheitsanalyse

Die Tragfähigkeit und Gebrauchstauglichkeit eines Bauwerks sind so auszulegen, daß bei Tolerierung eines festgelegten Restrisikos ein ausreichend großer Sicherheitsabstand gegenüber möglichen Grenzzuständen eingehalten wird. Hierfür stehen deterministische und probabilistische Methoden zur Verfügung.

Traditionell liegt, vor allem in älteren Normen, der deterministische Ansatz zugrunde. Darin werden die Materialkennwerte, in der Regel anhand von Fraktilwerten, festgelegt. Die Sicherheitsbeiwerte sind nicht notwendigerweise formal abgeleitet, sondern häufig empirischer Natur. Sie sind das Ergebnis eines Entwicklungsprozesses, in dem Erfahrungen an ausgeführten Bauwerken kontinuierlich eingeflossen sind. Der Sicherheitsabstand hat sich dadurch mit der Zeit einem „optimalen" Wert angenähert (Bild 2.2-2).

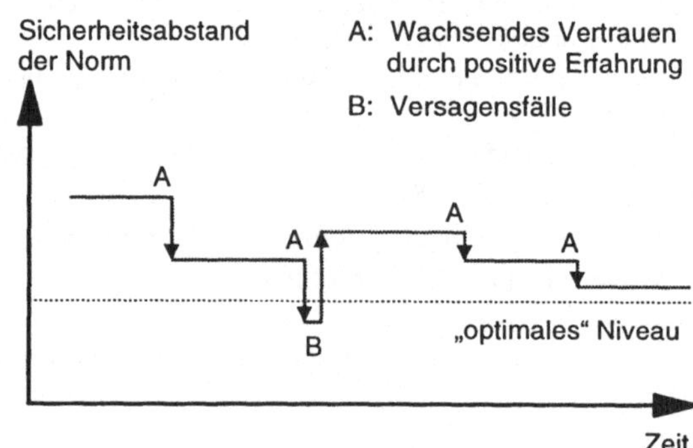

Bild 2.2-2 Veränderung des Sicherheitsabstands

Vertreter des deterministischen Ansatzes sind DIN 1045 mit ihren globalen Sicherheitsbeiwerten sowie DIN 18800, Teil 1(1981) mit dem Nachweis der „zulässigen Spannungen".

Ein wesentlicher Nachteil des deterministischen Sicherheitskonzepts besteht darin, daß eine Quantifizierung des tatsächlichen Sicherheitsniveaus von Bauwerken nicht möglich ist. Ein Vergleich mit der beim Entwurf zugrunde gelegten Versagenswahrscheinlichkeit kann also nicht vorgenommen werden.

Beim probabilistischen Sicherheitskonzept wird das Versagen oder Unbrauchbarwerden eines Tragwerks als Zufallsereignis aufgefaßt. Die Folge ist, daß die statistisch streuenden Größen als Zufallsgrößen behandelt werden. Diese sogenannten Basisvariablen werden durch statistische Kenngrößen (Mittelwert, Varianz, Standardabweichung etc.) beschrieben.

Die Betrachtungen können in Abhängigkeit von der Aussagegenauigkeit auf drei unterschiedlichen Stufen durchgeführt werden. Das sogenannte Level III-Verfahren erfolgt für ein Gesamt- oder Teilsystem unter Berücksichtigung der Verteilungs- bzw. Dichtefunktion aller relevanten Basisvariablen sowie einer exakt formulierten Grenzzustandsfunktion. Es liefert nur für lineares

Systemverhalten exakte Ergebnisse und ist zudem sehr aufwendig. Näherungsweise Berechnungen sind mit der Monte-Carlo-Methode möglich. Sicherheitsmaß ist die operative Versagenswahrscheinlichkeit p_f.

Beim Level II-Verfahren erfolgt der Nachweis über eine linearisierte Grenzzustandsfunktion. Die Basisvariablen werden durch den Mittelwert und die Standardabweichung beschrieben (Methode der 2. Momente). Sicherheitsmaß ist der Sicherheitsindex β, der den Abstand zum Versagensbereich angibt.

Die Elemente der Stufe I (Level I) gehen aus den Betrachtungen der Stufe II (Level II) hervor, erlauben aber unmittelbar eine baupraktische Anwendung. Dies geschieht auf der Grundlage von Teilsicherheits- bzw. Kombinationsbeiwerten (semi-probabilistische Methode), deren Größe vorab in Stufe II bestimmt werden. Voraussetzung ist die Festlegung der operativen Versagenswahrscheinlichkeit p_f bzw. des Sicherheitsindexes β. Für Einwirkungen und Widerstände werden charakteristische Werte, meist als Fraktilwerte, zugrunde gelegt. Damit können formal die Nachweise für unterschiedliche Grenzzustände geführt werden („Limit state design"-Konzept).

Wesentlich für die Genauigkeit der probabilistischen Methoden ist, daß neben den Annahmen für die zugrunde gelegten Basisvariablen auch die Schwächen eines stochastischen Modells zu beachten sind. So kann zwar der mittlere Bereich der Verteilungsdichte recht genau ermittelt werden, das Verhalten in den äußeren Bereichen („Schwänzen") jedoch läßt sich statistisch nicht eindeutig begründen [Spaethe, 1992] (Bild 2.2-3). Da man hier weitgehend auf Annahmen angewiesen ist, können die Ergebnisse, vor allem bei kleinen Wahrscheinlichkeiten, größeren Streuungen unterliegen [Grundmann, 1989]. Gleichwohl kann die Ausdehnung dieser „Schwänze" durch Maßnahmen während der Nutzungsphase beeinflußt werden. So können die Dichtefunktionen auf der Widerstandsseite durch verstärkte Kontrollen und Wartung, auf der Einwirkungsseite durch besondere Betriebsvorschriften, z.B. über eine Beschränkung des zulässigen Gesamtgewichts von Kraftfahrzeugen, „gekappt" werden (Bild 2.2-3).

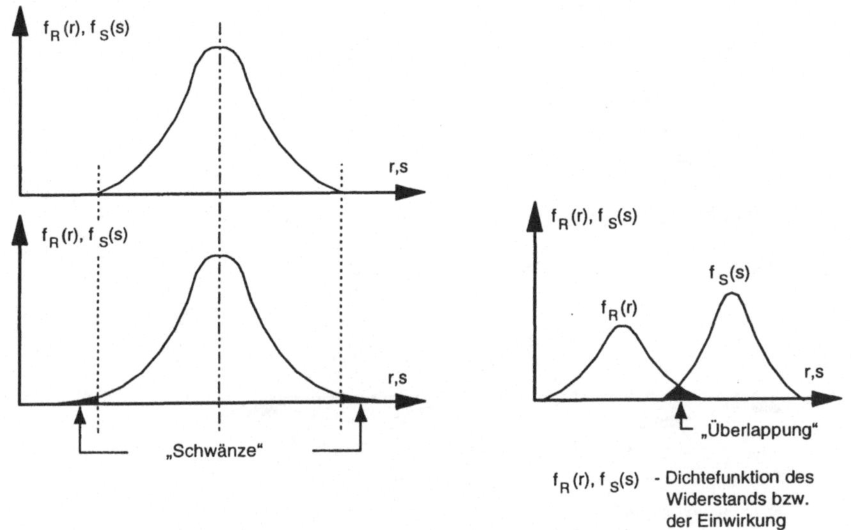

Bild 2.2-3 „Kappung" der äußeren Bereiche („Schwänze") der Dichtefunktion.

Diese und weitere Unschärfen führen zum Begriff der „operativen Versagenswahrscheinlichkeit". Er ist keine reale, sondern eine theoretische Größe, welche als Vergleichswert herangezogen wird. Er stellt damit nur einen Teil der real existierenden Versagenswahrscheinlichkeit dar, so daß das tatsächliche Versagensrisiko auch nur partiell abgedeckt wird.

Im folgenden soll auf der Grundlage des semi-probabilistischen Sicherheitskonzepts (Level I) dargelegt werden, welche Einflüsse bei den Norm-Nachweisen erfaßt und in welcher Form sie rechnerisch berücksichtigt werden.

2.2.3 *Tragfähigkeit*

Mit dem Nachweis der Tragfähigkeit soll der Einsturz des Bauwerks und eine sich daraus ergebende Gefährdung von Leib und Leben verhindert werden. Diese Anforderung gilt nach EC 1, 1.5 allerdings nur für den Zeitraum der Nutzung („design working life").

Kennzeichnend für den Verlust der Tragfähigkeit ist der Verlust des Gleichgewichts, die Instabilität, das Versagen durch übermäßige Verformungen, Ermüdung oder zeitabhängiger Effekte [EC 1, 3.2].

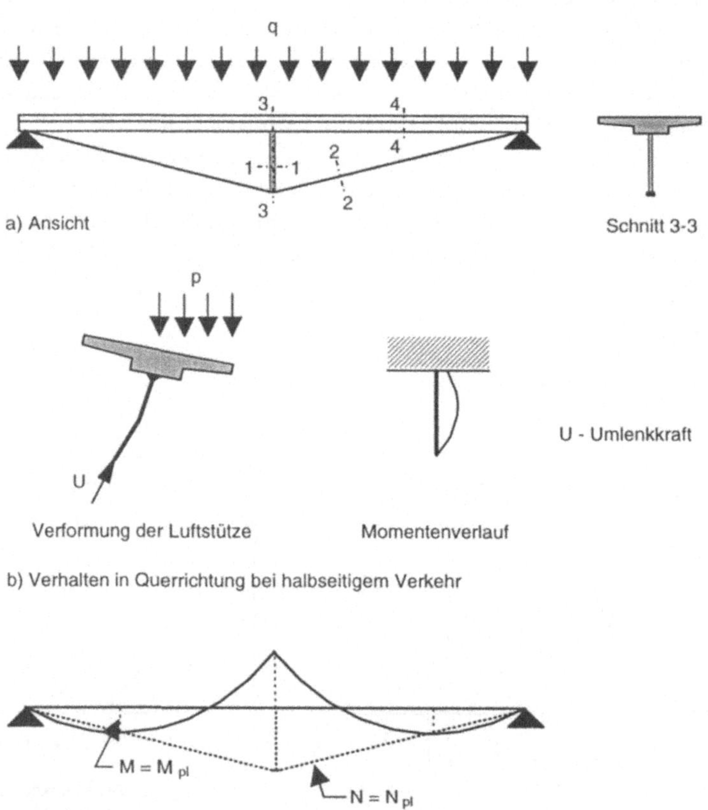

Bild 2.2-4 Mögliche Grenzzustände am Beispiel eines unterspannten Trägers

Formal erfolgt der Nachweis durch Betrachtung eines Grenzzustands, wobei zwischen einer Betrachtung am Gesamtsystem bzw. Teilsystem und am Querschnitt unterschieden werden muß. In allen Fällen ist nachzuweisen, daß die Einwirkungen (Bemessungswerte) den Widerstand (Bemessungswert) des Tragwerks nicht überschreiten.

Die „Standardbemessung" beinhaltet den Nachweis, daß kein Querschnittsversagen eintritt. Eine Aussage über die Tragfähigkeit beschränkt sich damit aber auf den Schnitt, da die Topologie des Tragsystems unberücksichtigt bleibt. Für den in Bild 2.2-4a) dargestellten, einfach unterspannten Träger wäre diese z.B. in den Schnitten 2-2 bis 4-4 als nachgewiesen anzusehen. Aber schon beim Verhalten der Luftstütze (Schnitt 1-1) ist ein Systemeinfluß aus der Verdrehung des Überbaus wirksam, der bei der „Standardbemessung", nicht erfaßt wird (Bild 2.2-4b).

Mit der Plastizitätstheorie (Traglastverfahren) können systemimmanente Reserven berücksichtigt werden. Durch die Bildung von Fließgelenken wird auch der systemabhängige Widerstand ausgeschöpft. Die „sichere" Traglast ist immer dann gefunden, wenn der untere Grenzwertsatz der Plastizitätstheorie erfüllt ist. Für den unterspannten Träger ist dies, vorausgesetzt der Plattenbalken ist duktil genug, dann gegeben, wenn in der Unterspannung die Fließgrenze erreicht wird (Bild 2.2-4c).

Grundlage der Bemessung sind charakteristische Werte für die Werkstoffeigenschaften sowie Lastannahmen, die in den Normen, in Einzelfällen wie bei Sonderbauten, auch vom Bauherrn festgelegt werden.

Beim Level I-Verfahren („partial factor method") wird der Sicherheitsabstand auf die Einwirkungs- und Widerstandsseite „aufgeteilt" (Teilsicherheitsbeiwerte). Auf der Einwirkungsseite setzt sich der Teilsicherheitsbeiwert aus zwei Anteilen zusammen:

$$\gamma_F = \gamma_{Sd}\, \gamma_f \qquad (2.2\text{-}1)$$

Mit γ_{Sd} sollen die Unsicherheiten aus der Modellierung der Einwirkungen und die Unsicherheiten in der Ermittlung ihrer Auswirkungen berücksichtigt werden. Gemäß EC 1, 9.3.2 können darüber hinaus Unsicherheiten aus der Modellierung der Bauteilwiderstände enthalten sein. Für ständige Einwirkungen ist γ_{Sd}=1,15 und für veränderliche Einwirkungen 1,10. In CEB-N° 128, 9.2 werden Tragwerke zur Erfassung der Auswirkungen auch noch hinsichtlich der Werkstoffe unterschieden. So wird für Beton- bzw. Verbundkonstruktionen zusätzlich ein Sicherheitsbeiwert von γ_{F3}=1,125, für Stahlkonstruktionen ein Wert von γ_{F3}=1,075 vorgeschlagen, so daß sich Gl. 2.2-1 um diesen Faktor noch erweitert.

γ_f soll ungünstige Abweichungen der Einwirkungen erfassen. Dieser Anteil beträgt für ständige Einwirkungen 1,174 und für veränderliche Einwirkungen 1,363. Die Differenz zwischen beiden ist aufgrund der stärkeren Streuung der veränderlichen Einwirkungen größer als bei γ_{Sd}.

Breitschaft/Hanisch, 1978, und DIN, 1981, schlagen auf der Einwirkungsseite zusätzlich die Beiwerte γ_{f3} bzw. γ_{sys} zur Erfassung der Systemempfindlichkeit und γ_n zur Berücksichtigung der Schadensfolgen bzw. der Versagensart vor. Sie erfassen Einflüsse, die mit dem Verhalten des Gesamtsystems zusammenhängen. Der Beiwert γ_n ist abhängig vom Maß der Gefährdung. Dazu werden auch drei Sicherheitsklassen unterschieden (s.a. Tabelle 3.2-1).

Während eine Differenzierung nach dem Gefährdungspotential im EC 1 unberücksichtigt bleibt, wird diese in SIA 160 über sogenannte „Gefährdungsbilder" erfaßt. Damit sollen solche Situationen erfaßt werden, welche für die Standsicherheit bzw. die Gefährdung von Leib und

Leben als kritisch anzusehen sind. Hirt, 1990, weist allerdings zu Recht darauf hin, daß es unmöglich ist, die Sicherheit eines Tragwerks allein durch die Mittel der Berechnung zu gewährleisten.

Auf der Materialseite werden durch den Teilsicherheitsbeiwert γ_M Streuungen der charakteristischen Werte (γ_m), Ungenauigkeiten bei der Übertragung der Prüfkörper- auf die Bauteilfestigkeit (η) sowie Unsicherheiten in bezug auf geometrische Größen und beim Modell für den Widerstand (γ_{Rd}) erfaßt [EC 1, 9.3].

$$\gamma_M = \gamma_m \, \eta \, \gamma_{Rd} \qquad (2.2\text{-}2)$$

Der Beiwert γ_m beträgt für Beton 1,25, für Stahl 1,05 und gilt unabhängig von der Standardabweichung [CEB N° 202, 1991]. Der Umrechnungsfaktor η beträgt 1,10 für Beton und 1,0 bzw. 1,05 für Stahl. Häufig ist er Bestandteil der charakteristischen Werte und entfällt in dieser expliziten Darstellung. γ_{Rd} kann je nach Einzelfall zwischen 1,05 und 1,10 (für Beton) sowie zwischen 1,03 und 1,05 (für Stahl) variieren.

Breitschaft/Hanisch, 1978, schlagen darüber hinaus vor, herstellungsbedingte Festigkeitsschwankungen sowie den Einfluß örtlicher Fehlstellen im Bauwerk mit jeweils einem zusätzlichen Sicherheitsbeiwert zu berücksichtigen. Ähnlich wie auf der Einwirkungsseite sollten damit auch hier system- bzw. bauteilspezifische Einflüsse erfaßt werden.

Die Ausführungen zeigen das „Bestreben der Norm", möglichst viele Einflußfaktoren über Sicherheitsbeiwerte zu erfassen. Das hat zwar den Vorteil, daß die Nachweise formalisiert und damit leicht handhabbar sind, andererseits aber den Nachteil, daß eine Hinterfragung einer einmal eingeschlagenen Lösung zumindest solange unterbleibt, bis ein Nachweis nicht mehr erfüllt werden kann. Dies gilt vor allem für eine lokal orientierte Betrachtungsweise der „Bemessung im Schnitt". „Verschenkt" werden mit dieser Vorgehensweise in der Regel all jene Lösungen, für die Nachweise überhaupt nicht erforderlich wären (s.a. Bild 2.2-1a)).

2.2.4 Gebrauchstauglichkeit

Mit der Gebrauchstauglichkeit soll nachgewiesen werden, daß das Bauwerk für die vorgesehene Nutzungsdauer planmäßig genutzt werden kann und das Erscheinungsbild nicht beeinträchtigt wird. Eine planmäßige Nutzung von Brücken setzt beispielsweise voraus, daß Verformungen begrenzt bleiben. Dazu gehört auch der Benutzerkomfort, welcher z.B. bei schwingungsanfälligen Bauwerken eine Rolle spielt. In EC 2, 2.2.1 und SIA 160, 2.3 wird darüber hinaus eine ausreichende Dauerhaftigkeit, z.B. in bezug auf die Rißbreite, gefordert, obwohl diese in gleicher Weise auch die Tragfähigkeit beeinflußt. Außerdem sind Schäden infolge Ermüdung sowie zeitabhängiger Effekte zu betrachten.

Quantitative Aussagen hierzu werden in den Normen mit recht unterschiedlicher Vollständigkeit gemacht. Während in EC 2, Teil 2, 4.4, Durchbiegungsbeschränkungen nur für die Herstellung angegeben werden, finden sich in SIA 160, Tab. 3, Richtwerte für verschiedene Tragwerke. Auch Empfehlungen zu Eigenfrequenzen von Fußgängerbrücken werden in beiden Normen angegeben.

Formal erfolgt der Nachweis der Gebrauchstauglichkeit durch Einhaltung eines definierten Grenzzustands. Die Teilsicherheitsbeiwerte auf der Einwirkungs- und Widerstandsseite betragen im allgemeinen 1. Gleichwohl wird beispielsweise für die rechnerische Rißbreite ein Streuungsfaktor in Höhe von 1,7 berücksichtigt, welcher ein Überschreiten des Rechenwerts $w_{k,cal}$ mit hoher Wahrscheinlichkeit ausschließen soll [Schießl, 1989]. In [DIN, 1981] wird für ungünstig wirkende ständige Einwirkungen ein Teilsicherheitsbeiwert von 1,1 vorgeschlagen.

Auch die Gebrauchstauglichkeit kann wie die Tragfähigkeit nicht ausschließlich durch formale rechnerische Nachweise erreicht werden. Im Regelfall sind auch hier Entwurfs- und Konstruktionsregeln sinnvoller (Scheer et al., 1994). Bild 2.2-5 zeigt, wie die Rißbreite in einer Rahmenecke durch eine Eckausrundung und damit ohne jeden rechnerischen Nachweis, wirkungsvoll begrenzt werden kann.

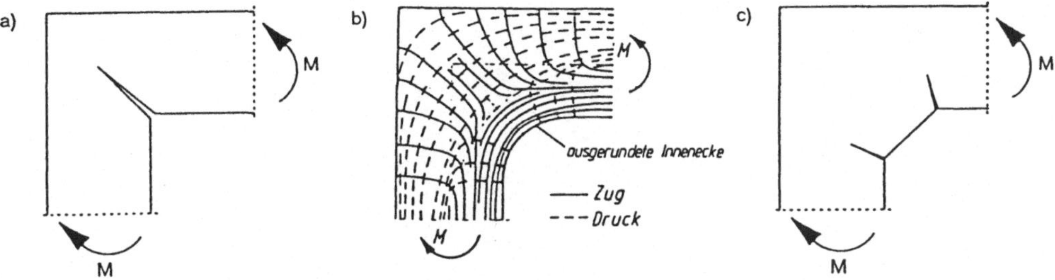

Bild 2.2-5 Beispiel für eine „Rißbreitenbeschränkung ohne rechnerischen Nachweis“

2.2.5 *Dauerhaftigkeit*

Der Begriff „Dauerhaftigkeit“ wird im Gegensatz zu den Begriffen „Tragfähigkeit“ und „Gebrauchstauglichkeit“ nicht immer eindeutig, teilweise sogar widersprüchlich definiert, obwohl damit bestimmte und weitgehend übereinstimmende Anforderungen an Bauwerke verbunden sind. In allen Bemessungs-Normen wird der Begriff verwendet, teilweise aber überhaupt nicht definiert (z.B. DIN 18800, SIA 162).

In [MC 90, 1.5] wird darunter verstanden, daß die Sicherheit und Gebrauchstauglichkeit eines Bauwerks unter den zu erwartenden Umwelteinflüssen ohne hohe Unterhaltungskosten für einen bestimmten Zeitraum erhalten bleibt. Specht, 1982, und Bunte, 1993, bezeichnen ein Bauteil als dauerhaft, wenn es während seiner Nutzungszeit instandsetzungsfrei bleibt. In [Bijen, 1989] wird unter Dauerhaftigkeit die Fähigkeit eines Bauwerks oder einzelner Komponenten verstanden, die Gebrauchstauglichkeit über einen bestimmten Zeitraum zu erhalten. Scheer/Pasternak, 1989, verstehen unter Dauerhaftigkeit, daß sich ein Bauwerk während seiner Lebensdauer funktions- und betriebsgerecht verhält. Jungwirth et al., 1986, fassen die Dauerhaftigkeit als Gleichgewichtszustand zwischen der Widerstandsfähigkeit und den äußeren Einwirkungen auf. In EC 1, 4.1 schließlich gilt die Forderung nach einem angemessen dauerhaften Tragwerk als erfüllt, wenn die Gebrauchstauglichkeit, Standfestigkeit und Stabilität während der vorgesehenen Nutzungsdauer ohne wesentlichen Verlust der Nutzungseigenschaften oder ohne ungewöhnliche und unvorhersehbare Instandhaltungsmaßnahmen erfüllt ist.

Trotz der differierenden Definitionen ist allen der Zeitbezug gemein. Die Dauerhaftigkeit ist demnach kein absolutes Maß, sondern muß immer in bezug auf den Zeitraum, in dem das Bauwerk planmäßig genutzt wird, gesehen werden. Ein Bauwerk kann also nur für eine definierte Zeit als dauerhaft bezeichnet werden. In Anlehnung an EC 2, 4.1 ist ein Bauwerk als dauerhaft anzusehen, solange keine Instandhaltungsmaßnahmen erforderlich werden. Die Notwendigkeit, derartige Maßnahmen durchzuführen, ergibt sich aus einer möglichen Gefährdung der Tragfähigkeit oder Gebrauchstauglichkeit. Ein Bauwerk ist somit auch für solche Zeiträume als dauerhaft anzusehen, welche kürzer als die Nutzungsdauer sind (Bild 2.2-6).

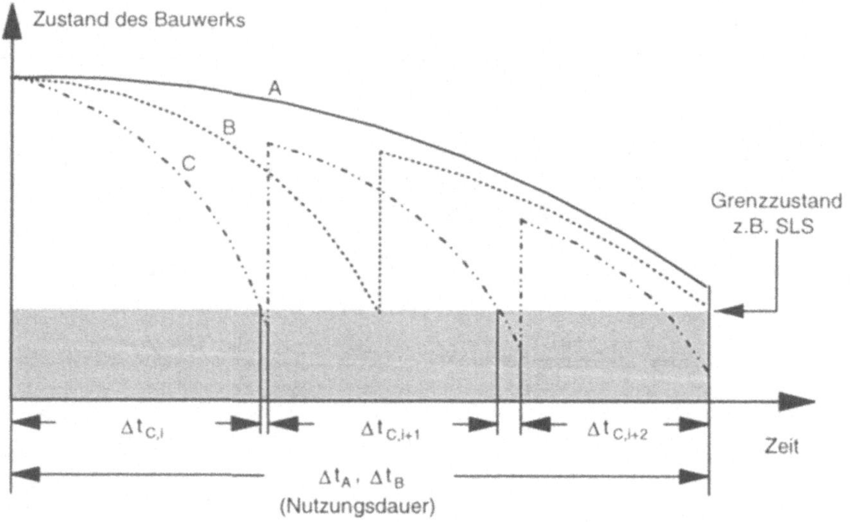

Bild 2.2-6 Veranschaulichung der Dauerhaftigkeit

Der Stellenwert der Dauerhaftigkeit ist in den Normen mit dem der Tragfähigkeit und Gebrauchstauglichkeit vergleichbar. Dennoch kann sie eigentlich nicht als eigenständiges Bemessungskriterium angesehen werden, sondern stellt vielmehr die Voraussetzung zur Erfüllung der Tragfähigkeit und Gebrauchstauglichkeit dar. Beide auf „Dauer" zu erhalten, ist die eigentliche Aufgabe der Dauerhaftigkeit. In [DIN, 1981] wird folgerichtig angemerkt, daß die Anforderungen an die Tragfähigkeit und Gebrauchstauglichkeit für die vorgesehene Nutzungsdauer die Dauerhaftigkeit einschließt.

Anforderungen an die Dauerhaftigkeit sind notwendig, da neben den spannungs- bzw. verformungserzeugenden Einwirkungen, wie Last und Zwang, ebenso Umwelteinflüsse, Abnutzung und Verschleiß auftreten können. Der Bauwerkswiderstand nimmt dadurch mit der Zeit ab (s.a. Bild 2.2-6).

Die durch Last- oder Zwangeinwirkung verursachte Rißbildung wird nur dadurch ein Problem der Dauerhaftigkeit, weil Risse erst aufgrund spezieller Umweltbedingungen, (z.B. Tausalzangriff oder Frost-Tau-Wechsel), „schädigend" wirken.

Konkrete Vorschläge bzw. Regelungen zur Sicherung der Dauerhaftigkeit konzentrieren sich im allgemeinen auf die Begrenzung der physikalischen und chemischen Degradation. Quantitative Aussagen hierzu beschränken sich in den Normen auf technologische Maßnahmen (z.B. Betonzusammensetzung, w/z-Wert etc.), die Einhaltung bestimmter Einbautoleranzen (z.B. Betondeckung) und im Einzelfall auch auf besondere Schutzvorkehrungen (z.B. Beschichtungen). Weitere, vor allem konstruktive Empfehlungen sind vorwiegend implizit, z.B. in Bewehrungsregeln, enthalten. So finden sich Angaben zu Form und Fügung von Bauteilen lediglich in [MC 90, 8.4] (s.a. Tabelle 2.2-1). Hier werden beispielsweise ein geringes Verhältnis der Bauteiloberfläche zum Bauteilvolumen oder die Vermeidung von Bauteilkanten als Merkmale für dauerhafte Konstruktionen angesehen. Unverständlicherweise sind aber gerade solche Empfehlungen, die den Tragwerksentwurf betreffen, nicht in den EC aufgenommen worden. Hier bleibt die Behandlung der Dauerhaftigkeit im wesentlichen auf das einzelne Bauteil bzw. sein „Innenleben" (z.B. Bewehrung) beschränkt.

Nur wenige Veröffentlichungen geben hilfreiche Empfehlungen, um dem Ingenieur das Problem der Dauerhaftigkeit schon zu Beginn des Entwurfsprozesses bewußt zu machen (Bild 2.2-7).

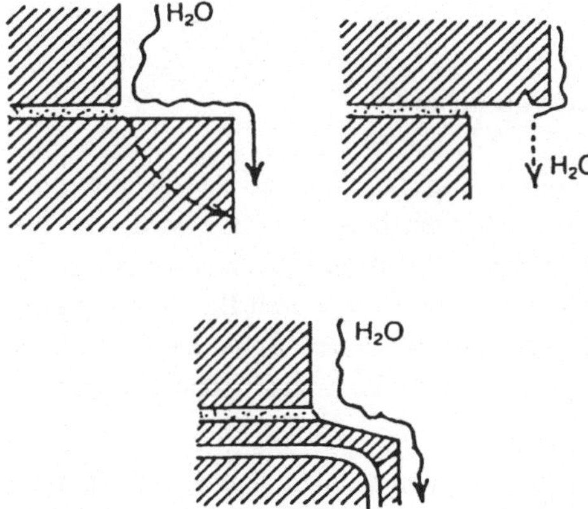

Bild 2.2-7 Verbesserung der Dauerhaftigkeit durch eine geeignete Formgebung [CEB N° 183]

2.3 Defizite bei den normativen Anforderungen

2.3.1 Erfahrungen aus dem Langzeitverhalten von Brücken

2.3.1.1 Allgemeines

Erfahrungen aus dem Langzeitverhalten von Brücken sind notwendig, um rechtzeitig Maßnahmen zur Instandsetzung ergreifen und Konsequenzen für den Entwurf neuer Brücken ableiten zu können. In den meisten Industrieländern werden Brückenbauwerke systematisch überwacht und aufgetretene Schäden registriert. In Deutschland erfolgt dies nach DIN 1076. Dazu werden neben den in einem Bauwerksbuch zusammengestellten Bauwerksdaten auch Prüfberichte angefertigt. Auf diese Weise konnten z.B. die mit Einführung der Vorschubrüstung entstehenden Koppelfugenschäden recht schnell erfaßt und durch Änderungen der Norm auch abgestellt werden.

Eine „flächendeckende" und einheitliche Erfassung der Befunde von Brückenprüfungen ist bislang allerdings noch nicht gewährleistet. Zwar werden z.B. in Deutschland und der Schweiz Datenbanken aufgebaut, doch sind damit bei weitem noch nicht alle Brücken erfaßt. Veröffentlichte Schadensanalysen umfassen im allgemeinen nur eine sehr geringe Anzahl von Brücken. Die Grundgesamtheit entspricht damit aber nur einem Bruchteil des vorhandenen Bestands. Hinzu kommt, daß die Beschreibung und Klassifizierung von Schäden nicht vereinheitlicht ist und so den Vergleich untereinander erschwert.

Dennoch stehen eine Reihe von Schadenserhebungen zur Verfügung, welche wertvolle Hinweise auf Schwachstellen geben. Im folgenden sind Schäden an nahezu 18000 Brücken aus verschiedenen Ländern zusammengestellt und ausgewertet. Diese Anzahl entspricht immerhin fast der Hälfte des Brückenbestands der Bundesfernstraßen.

Von den Bauwerksschäden werden in Anlehnung an [BMV, 1994] Bauunfälle und Beschädigungen unterschieden. Bauunfälle entstehen im Zusammenhang mit der Herstellung, Beschädigungen ausschließlich durch äußere Einwirkungen. In Abschnitt 2.3.1.4 wird darauf kurz eingegangen.

2.3.1.2 Art und Häufigkeit von Schäden

Als Schaden wird jede Veränderung am Bauwerk aufgefaßt, wodurch das Aussehen, die Funktionsfähigkeit oder Standsicherheit beeinträchtigt wird. Die hierfür erforderliche Einteilung der Schäden erfolgt über den Schweregrad, Schadensklassen oder einen Schadensindex SI [Rabe, 1981]. Diese bleibt allerdings in der weiteren Betrachtung unberücksichtigt, da sie nicht einheitlich definiert ist. Als Ursache für einen Schaden liegt entweder ein Mangel auf der Widerstandsseite oder eine physikalische bzw. chemische Überbeanspruchung auf der Einwirkungsseite vor.

Aus zwölf Veröffentlichungen sind von Goller, 1995, Schäden nach Art und Häufigkeit, bezogen auf die jeweils zugrunde gelegte Anzahl der untersuchten Brücken, zusammengestellt worden. Danach treten Schäden an Betonüberbauten vorwiegend durch eine mangelhafte Einbauqualität des Betons auf. Sie äußert sich als Fehlstellen im Beton oder freiliegende Bewehrung, was sehr häufig auf zu dichte Bewehrungslagen oder unzureichende Betondeckung zurückzuführen ist. Unter der Voraussetzung, daß Rißbreiten bis etwa 0,4mm grundsätzlich keinen negativen Einfluß auf den Korrosionsschutz der Bewehrung haben [Schießl, 1986], weisen damit Fehlstellen im Beton und freiliegende Bewehrung die größte Häufigkeit auf. (Bild 2.3-1).

Zu ergänzen ist, daß sich Hohlkästen in bezug auf Rißschäden und freiliegende Bewehrung durchweg erheblich ungünstiger verhalten als gedrungende, plattenartige Querschnitte [König et al., 1986].

Schäden an Ausbauten sind demgegenüber sehr viel stärker durch Verschleiß und Alterung gekennzeichnet. Die in Bild 2.3-2 deutlich erkennbare, insgesamt sehr viel höhere Schadenshäufigkeit hängt nicht nur mit stärkeren chemischen Angriffen (z.B. Tausalz), sondern auch mit der kürzeren Lebensdauer der Ausbauteile zusammen. Als besonderes Problem erweisen

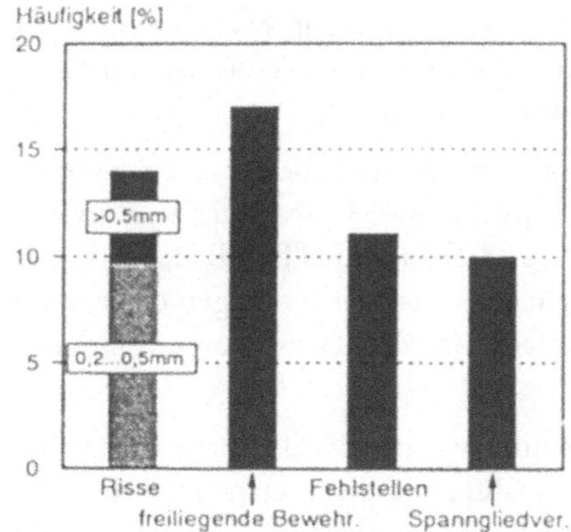

Bild 2.3-1 Schäden am Überbau

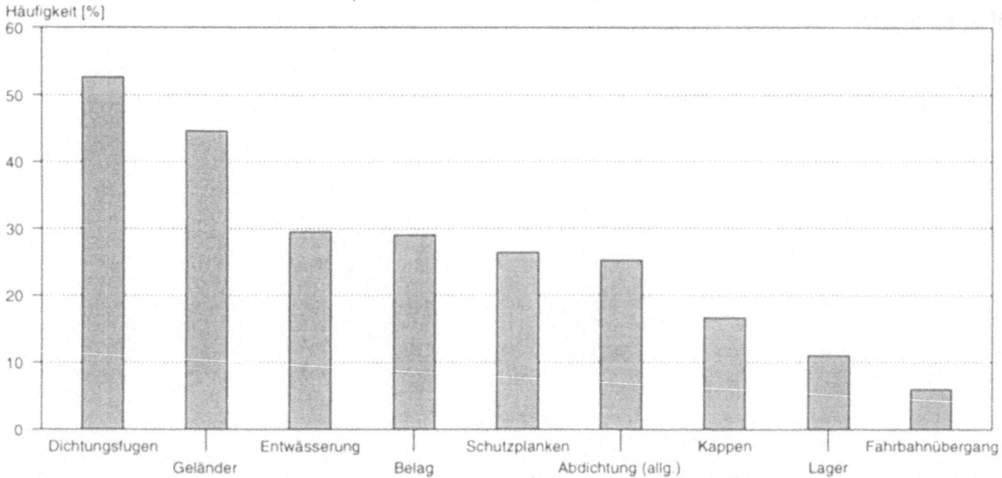

Bild 2.3-2 Schäden an Ausbauten

sich Dichtungsfugen. Sie sind durch mechanische Beanspruchungen und durch Alterung besonders schadensanfällig. Dabei sind nicht nur die Dichtungsfugen selbst, sondern in der Folge auch der angrenzende Konstruktionsbeton und häufig auch die Lager betroffen.

Schäden an den Unterbauten treten weniger häufig auf. Die Konstruktion ist hier vor allem im Einflußbereich von Sprühnebel gefährdet [Käser/Menn, 1988]. Ansonsten ist eine Durchfeuchtung des Betons, verursacht durch eine schadhafte Dichtung oder Entwässerung, am häufigsten unterhalb der Fahrbahnübergänge anzutreffen. Schäden an Pfeilern und Widerlagern, die die Standsicherheit gefährden, sind nicht bekannt.

2.3.1.3 Ursachen von Schäden

Die Entstehung eines Bauwerks umfaßt den Zeitraum von der Idee bzw. gedanklichen Gestaltwerdung (Vorentwurf) über die Ausarbeitung des Entwurfs, die Berechnung, Bemessung und konstruktiven Durchbildung über die Nutzung bis hin zum Abriß. Bei Brücken, die für eine hohe Nutzungsdauer konzipiert werden, nimmt die Entwurfs- und Ausführungsphase einen vergleichsweise kurzen Zeitraum in Anspruch.

Zahlreiche Schadenserhebungen zeigen, daß aber gerade während dieses Zeitraums der größte Teil von Schäden verursacht wird. Eine Auswertung von zwölf Veröffentlichungen [Goller, 1995], von denen allerdings nur drei ausschließlich Brücken betreffen, ergibt die in Bild 2.3-3 dargestellte Einteilung der Schadensursachen. Entgegen einer weit verbreiteten Ansicht werden die meisten Schäden also nicht bei der Herstellung, sondern bei Entwurf und Planung „vorprogrammiert".

Bezieht man die Schadenshäufigkeit im Brückenbau zudem auf die zugehörige Zeitdauer (Entwurfsphase etwa 1/100, Ausführungsphase etwa 1/50 der Nutzungsdauer), wird eine sehr hohe „Häufigkeitsdichte" in der Entwurfsphase deutlich (Bild 2.3-4). Hier entstehen pro Zeiteinheit die meisten Schäden.

Der Vergleich zwischen Bauwerken allgemein und Brücken zeigt auch, daß die nutzungsbedingten Schäden bei Brücken erwartungsgemäß stärker ausgeprägt sind.

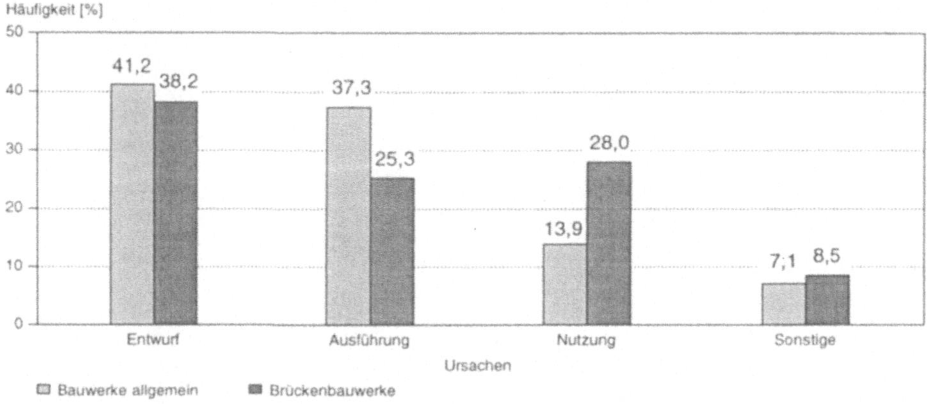

Bild 2.3-3 Ursachen und Häufigkeit von Schäden

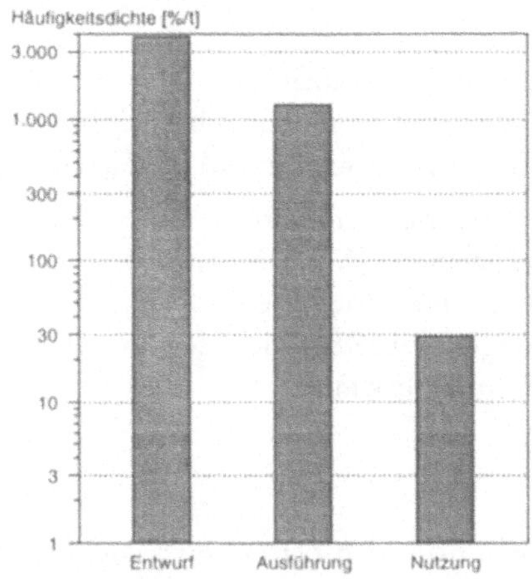

Bild 2.3-4 Häufigkeitsdichte von Schäden an Brücken

2.3.1.4 Beschädigungen

Beschädigungen resultieren ausschließlich aus äußeren Einwirkungen. Die meisten Fälle, die zu einer Gefährdung der Standsicherheit führten, sind auf Beschädigungen des Tragwerks zurückzuführen. Dazu zählen u.a. Überlastung, Anprall, Hochwasser, Sturm oder Explosion. Kennzeichnend für solche Einwirkungen ist, daß sie bei der Berechnung entweder aufgrund der geringen Auftretenswahrscheinlichkeit oder aus wirtschaftlichen Gründen unberücksichtigt bleiben. Treten solche Fälle auf, besteht häufig Gefahr für Leib und Leben.

Beschädigungen, die zu einem Teil- oder Gesamteinsturz führten, sind in Anbetracht des vorhandenen Brückenbestands sehr selten. So ist etwa das Risiko, durch einen Brückeneinsturz getötet zu werden, immer noch um mehrere Zehnerpotenzen geringer, als z.B. durch einen Autounfall ums Leben zu kommen [Stiefel/Schneider, 1985].

Eine der wenigen Erhebungen über Brückeneinstürze der letzten 100 Jahre zeigt, daß in etwa 2/3 aller Fälle unvorhergesehene Einwirkungen verantwortlich für das Versagen waren [Peil, 1977]. Dies gilt auch für einige in den vergangenen Jahren glimpflich, d.h. ohne die Folgen eines Einsturzes verlaufenden Schadensfälle, wie Mainbrücke/Hochheim, Reussbrücke/Wassen, Innbrücke/Kufstein.

2.3.2 Folgerungen

Normen geben eine nur unvollständige Antwort auf gesellschaftliche und individuelle Anforderungen. Folgende Gründe können hierfür zusammenfassend aufgeführt werden:

(1) Normen „denken“ zunächst an den Regel- und nicht an den Sonderfall. Besondere Randbedingungen müssen durch ergänzende Festlegungen erfaßt werden. Geschieht dies nicht im erforderlichen Umfang und fehlen zudem wirksame Kontrollmechanismen, kann die Auftretenswahrscheinlichkeit von größeren Schäden schnell zunehmen.

(2) Das Sicherheitsniveau der Normen berücksichtigt bislang nicht in ausreichendem Maße die Versagens- bzw. Schadensfolgen. Dies betrifft Personen- und Sachschäden. Zwar sind Ansätze hierzu z.B. in [DIN, 1981; NEN 6700 (1989)] enthalten, dennoch wird davon nur bei Sonderbauwerken (z.B. Staudämmen) Gebrauch gemacht. Bild 2.2-1 zeigt, daß sich dieses Problem aber schon in einem sogenannten Standardfall ergeben kann. Es ist leicht einzusehen, daß die Versagenswahrscheinlichkeit der Brücke mit Mittelstützung objektiv höher ist, obwohl die normative Versagenswahrscheinlichkeit beider Brücken gleich groß ist.

(3) Die Berücksichtigung der Einwirkungen bei der Bemessung von Bauwerken wird durch zwei Randbedingungen bestimmt: Die Auftretenswahrscheinlichkeit der Einwirkung und der wirtschaftliche Aufwand zu deren Berücksichtigung. Das heißt, daß ein endliches „Restrisiko“ besteht, da unvorhergesehene Einwirkungen nie auszuschließen sind.

(4) Maßnahmen zur Sicherstellung der Dauerhaftigkeit konzentrieren sich sehr stark auf technologische Aspekte. Für einige Schädigungsmechanismen stehen Berechnungsmodelle zur Verfügung. Begleitende Regeln für den Entwurf und die konstruktive Durchbildung, vor allem in kritischen Detailbereichen, fehlen weitgehend.

(5) Die Betrachtungsweise der Normen ist überwiegend selektiv geprägt, d.h. Nachweise werden lokal entweder für einen Schnitt oder begrenzten Bauteilbereich geführt. Die Folge ist, daß sich die Behandlung einer komplexen Konstruktion in der Regel auf die Summe partieller Lösungen beschränkt. Vernachlässigt werden dabei jedoch häufig wichtige Abhängigkeiten und Zusammenhänge.

Bild 2.3-5 macht anhand einer Fertigteilbrücke deutlich, daß die „Summe guter Teile noch längst kein gutes Ganzes ergibt“. Zwar kann der einzelne Fertigteilträger ein hohes Sicherheitsniveau aufweisen und außerordentlich dauerhaft sein, durch die bloße Aneinanderreihung zu einer mehrfeldrigen Brücke wird jedoch ein hohes Maß an Sicherheit (z.B. durch Anprallgefahr) und Dauerhaftigkeit (z.B. Fugen) unnötigerweise „verschenkt“.

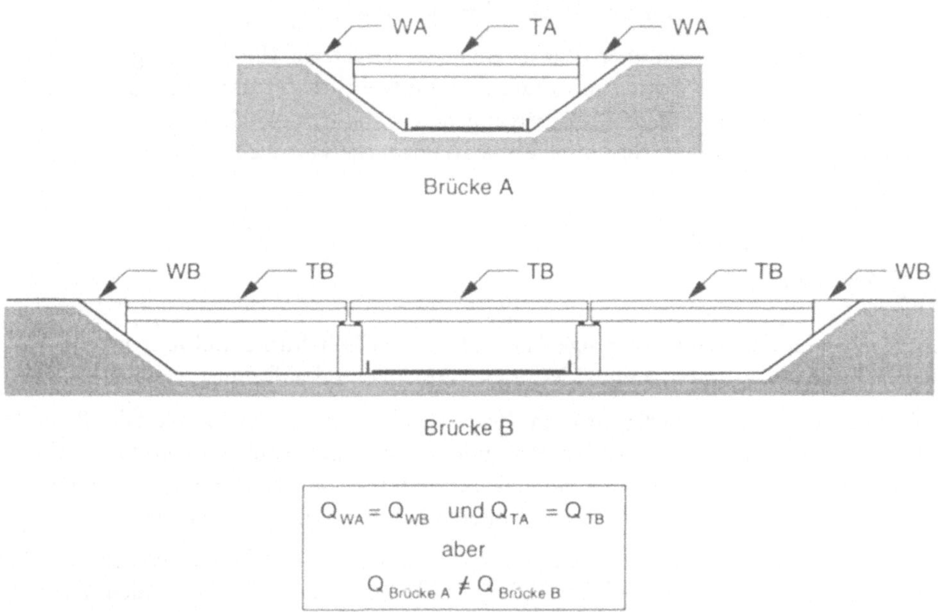

Bild 2.3-5 Folgen einer selektiven Betrachtungsweise (Q ≡ Qualität)

Eine zu starke Beschränkung auf selektive Lösungsansätze führt dazu, daß die an Bauwerke gestellten Anforderungen nicht angemessen berücksichtigt werden können. Die Notwendigkeit einer integralen Lösungsstrategie wird damit offenbar, was wiederum unmittelbar in eine auf den gesamten Entwurfsprozeß gerichtete, also ganzheitliche Betrachtungsweise, mündet.

3 Bewertung der Robustheit

3.1 Der Begriff „Robustheit“

3.1.1 Allgemeines

Die in Abschnitt 2.3 dargelegten Defizite zeigen, daß die im Bauwesen geltenden normativen Anforderungen nicht ausreichend sind, um den gesellschaftlichen und individuellen Bedürfnissen angemessen Rechnung zu tragen. Daraus folgt, daß die Anforderungen an Bauwerke um solche Kriterien ergänzt werden müssen, mit denen ganzheitliche Lösungsansätze möglich sind. Nur dann können zeitliche und räumliche Abhängigkeiten bzw. Zusammenhänge rechtzeitig erkannt und sich daraus ergebende Fragestellungen geklärt werden. Ziel ist, Probleme im Vorfeld von Berechnung, Bemessung und konstruktiver Durchbildung nach Möglichkeit zu vermeiden.

Mit der Robustheit soll eine offensichtlich bestehende „Lücke“ zwischen den normativen Anforderungen und einem heute technisch durchaus möglichen höheren Qualitätsniveau geschlossen werden. Die Erfüllung der „Allgemein anerkannten Regeln der Technik“ stellt hierfür eine notwendige Voraussetzung dar. Sie sind also implizit enthalten. Das Maß für die Robustheit ergibt sich aus einem Qualitätszuwachs, zu dessen Verwirklichung die Normen allein nicht in der Lage sind (Bild 3.1-1). Die Robustheit soll vor allem dort ergänzen, wo eine formale rechnerische Behandlung nicht möglich bzw. unangemessen ist oder eben nicht zum gewünschten Erfolg führt.

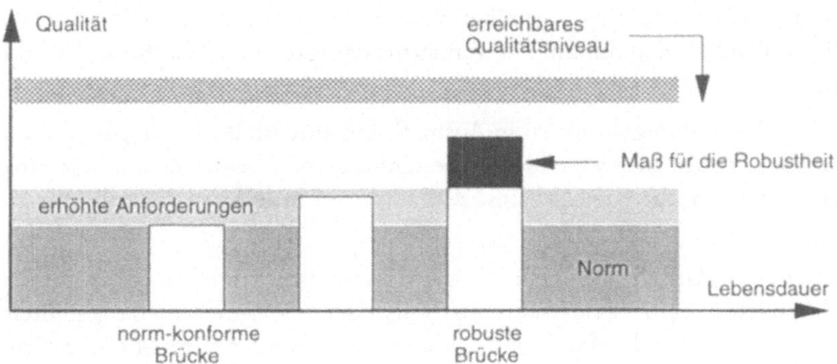

Bild 3.1-1 Robustheit als Qualitätszuwachs

3.1.2 Definition und Abgrenzung

Der Begriff „Robustheit" ist abgeleitet von robustus (lat.) und bedeutet eichen, stark, fest. Er bezeichnet in diesem Zusammenhang allgemein den Grad der Widerstandsfähigkeit bzw. Unempfindlichkeit eines Bauwerks während der gesamten Lebensdauer. Ziel ist, ein Höchstmaß an Sicherheit für den Menschen zu gewährleisten und dazu beizutragen, den durch Betrieb und Umwelt verursachten Erhaltungsaufwand auf ein vertretbares Maß zu begrenzen (s.a. Abschnitt 2.1).

Die Robustheit bezieht sich auf rechnerisch nicht erfaßte bzw. erfaßbare Einwirkungen aller Art [Kersken-Bradley, 1992]. Darunter sind erstens solche Einwirkungen zu verstehen, deren Auftretenswahrscheinlichkeit gering ist und die daher bei der Bemessung nach Norm weitgehend unberücksichtigt bleiben. Zweitens sind damit planmäßige Einwirkungen gemeint, die mit hoher Wahrscheinlichkeit auftreten können, rechnerisch aber nur eingeschränkt erfaßbar sind und daher nicht in vollem Umfang berücksichtigt werden können. Die Robustheit schließt demnach definitionsgemäß alle normativen Anforderungen zur Tragfähigkeit, Gebrauchstauglichkeit und Dauerhaftigkeit ein.

Zu deren Umsetzung bedarf es Zielvorstellungen, aus denen sich konkrete Maßnahmen am Objekt ableiten lassen. Im folgenden sind diese nach ihrer Priorität aufgeführt. Sie bilden den Handlungsrahmen, nach denen eine Brücke entworfen bzw. bewertet werden sollte.

(1) Einwirkungen sollten durch vorbeugende Maßnahmen a priori vermieden werden. Vorrang vor einer aufwendigen Lösung hat die Eliminierung („Vorbeugen ist besser als heilen").

(2) Ein plötzliches Versagen des Tragwerks sollte vermieden werden. Sicherheitsrelevante Schäden müssen so frühzeitig erkennbar sein, daß Abhilfe- und Schutzmaßnahmen möglich bleiben.

(3) Katastrophenartige Einwirkungen sollten keine Gefahr für Leib und Leben darstellen. Das Tragwerk sollte „gutmütig" reagieren.

(4) Geringfügige Abweichungen gegenüber rechnerischen Annahmen sollten nicht zu unverhältnismäßig großen Schäden führen. Die Verhältnismäßigkeit von Ursache und Wirkung sollte gewahrt sein.

(5) Planmäßige Einwirkungen sollten in Ausmaß und Intensität so begrenzt werden, daß die vorgesehene Lebensdauer aller wesentlicher Bestandteile des Tragwerks mit vertretbarem Unterhaltungsaufwand erreicht werden kann. Ziel sind minimale Kosten für die Erstellung und Unterhaltung.

Bild 3.1-2 zeigt exemplarisch, daß auch norm-konforme Brücken in Hinblick auf die Robustheit noch erhebliches Verbesserungspotential aufweisen: So kann im dargestellten Fall die Gefahr eines Fahrzeuganpralls durch Vermeidung einer Stützung im Mittelstreifen gänzlich vermieden werden; damit entfällt nicht nur eine mit Annahmen verbundene rechnerische Behandlung, sondern es wird auch die Wahrscheinlichkeit eines Einsturzes erheblich verringert. Durch Vermeidung werksmäßig gefertigter Lager und Fugen zugunsten betongerechter monolithischer Verbindungen kann der Aufwand für Wartung und Unterhaltung reduziert werden [Pötzl et al., 1996]. Schließlich können schwierige konstruktive Detailausbildungen an Stellen geometrischer Diskontinuitäten, wie hier am Pfeilerkopf oder im Steg des Plattenbalkens gezeigt, durch eine werkstoffgerechte Formgebung verhindert werden. Das Risiko für das

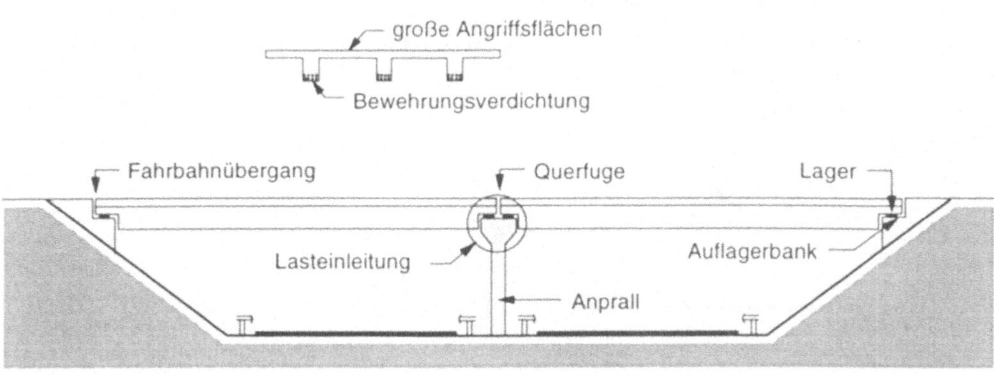

Bild 3.1-2 Beispiel für eine norm-konforme aber nicht robuste Brücke

Auftreten konstruktionsbedingter Schäden an Beton und Bewehrung wird damit erheblich reduziert.

3.1.3 Merkmale robuster Brückentragwerke

Aus der Definition für die Robustheit ergeben sich ganz bestimmte Merkmale für das Tragwerk. Kersken-Bradley, 1992 nennt die Verhältnismäßigkeit von Ursache und Schaden, die Erkennbarkeit von Schäden, die Umlagerungs- bzw. Verformungsfähigkeit von Traggliedern sowie das Vorhandensein rechnerisch nicht erfaßter Reserven als wesentliche Merkmale. König, 1993 schließt auch die Kontrollierbarkeit bzw. Austauschbarkeit kritischer Komponenten mit ein. Am Schadensfall Reussbrücke/Wassen (Schweiz), bei der ein Pfeiler infolge Um- bzw. Unterspülung des Schachtfundaments um 1,2 m absackte, manifestierte sich die Robustheit der Brückenkonstruktion eindrucksvoll [Menn, 1989]. Die große Duktilität des Spannbetonüberbaus verhinderte nicht nur einen plötzlichen Einsturz, sondern ermöglichte sogar die Behebung des Schadens. So konnte der Überbau, begleitet von Verstärkungsmaßnahmen, annähernd wieder in seine Ursprungslage gehoben werden.

Aus dem vorliegenden Schrifttum zur Robustheit wird der enge Bezug zur Sicherheit deutlich. Die meisten Merkmale betreffen unmittelbar die Tragfähigkeit. In Anbetracht der bereits angesprochenen unzureichenden Angaben der Normen, die geplante Lebensdauer mit vertretbarem Unterhaltungsaufwand sicherzustellen, wird die Definition der Robustheit in dieser Arbeit insofern erweitert, als auch die Wirtschaftlichkeit in Form der Unterhaltungskosten Berücksichtigung findet.

Im folgenden werden wesentliche Merkmale robuster Brückentragwerke beschrieben und durch Gegenüberstellung mit norm-konformen Lösungen veranschaulicht:

(a) *Statisch unbestimmt und redundant*

Die statische Unbestimmtheit ist Voraussetzung für Systemreserven. Durch statisch überzählige Kraftgrößen bzw. Zwangsbedingungen können sich mehrere Lastpfade ausbilden. Bei Ausfall einzelner Komponenten verfügt das System somit über alternative Pfade zur Lastabtragung (Bild 3.1-3).

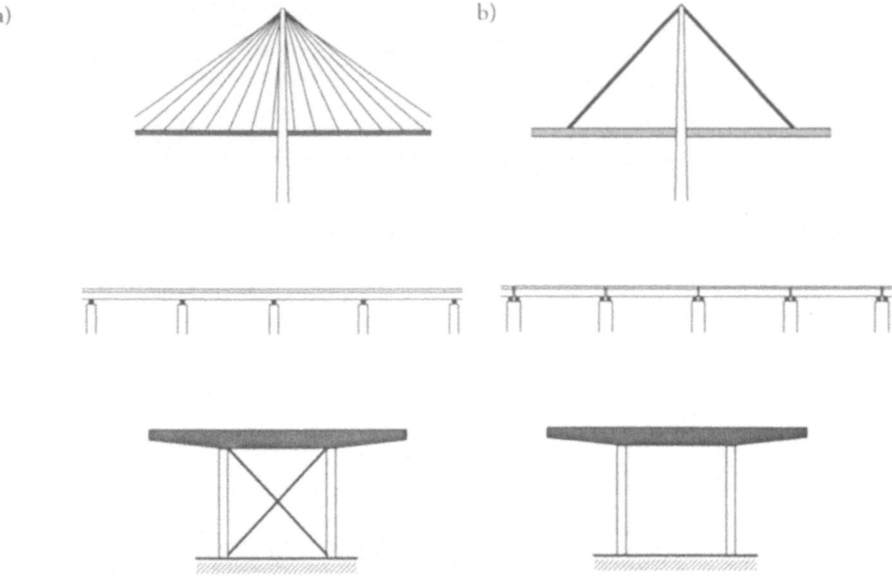

Bild 3.1-3 Systeme mit (a) hohen und (b) geringen Systemreserven

Im Maschinenbau ist die Unterscheidung zwischen logischen Seriensystemen, Parallelsystemen und der Kombination aus beiden ein integraler Bestandteil der Produktentwicklung. Dies gilt vor allem für die Erfassung der Lebensdauer, welche maßgeblich vom Systemaufbau abhängig ist [Bertsche/Lechner, 1986]. Sogenannte Zuverlässigkeitsstrukturen geben Aufschluß darüber, wie sich der Ausfall einer Komponente auf die Funktionsfähigkeit des Gesamtsystems auswirken kann (Bild 3.1-4).

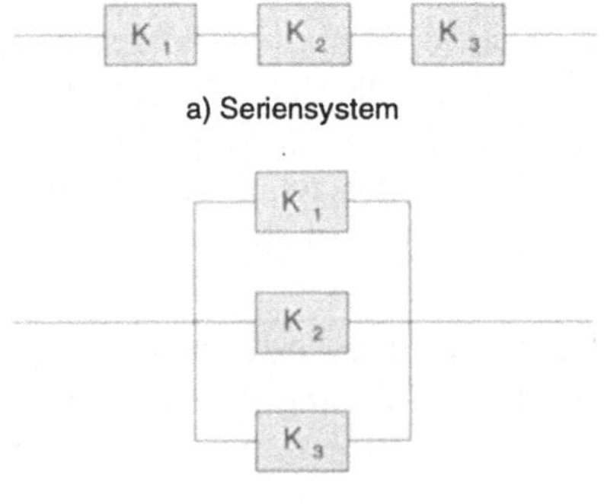

Bild 3.1-4 Zuverlässigkeitsstrukturen

Seriensysteme sind dadurch gekennzeichnet, daß der Ausfall einer einzigen Komponente bereits zum Versagen eines Teilsystems führt. Maßgebend hierfür ist das schwächste Glied (Bild 3.1-5). Charakteristisch für ein Seriensystem ist das Fehlen der Redundanz. Dies ist eine wesentliche Eigenschaft statisch bestimmter Systeme.

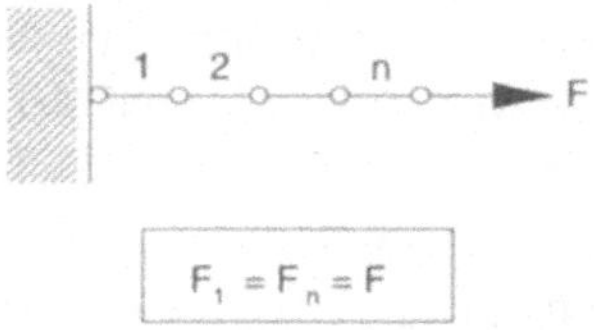

$F_1 = F_n = F$

Bild 3.1-5 Seriensystem

Parallelsysteme hingegen sind redundant, wenn mindestens ein alternativer Lastpfad existiert. Voraussetzung ist, daß das Rest-System bei Ausfall einer oder mehrerer Komponenten die Lastabtragung ermöglicht. Als klassisches Parallelsystem gilt das aus der Mechanik bekannte Daniels-System (Bild 3.1-6).

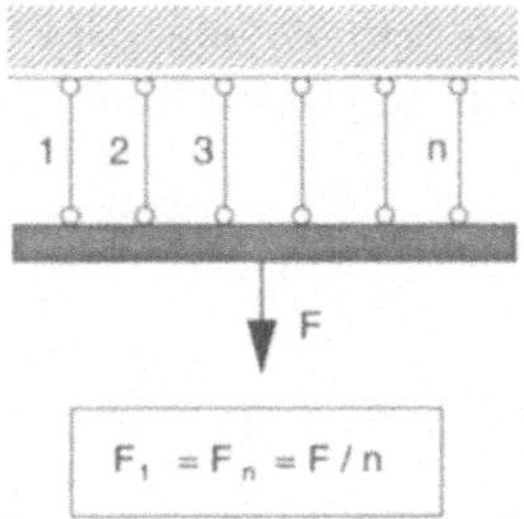

Bild 3.1-6 Parallelsystem

Bei der Kombination von Serien- und Parallelsystemen, den sog. Mischsystemen liegt nur dann Redundanz vor, wenn an jeder Stelle innerhalb des Systems mindestens ein alternativer Lastpfad zur Verfügung steht (Bild 3.1-7a)). So können die in Bild 3.1-7b) und c) dargestellten Fälle nur mit Einschränkung als redundante Systeme bezeichnet werden, weil die Existenz eines alternativen Lastpfades von der Reihenfolge der Einzelausfälle (Versagenspfad) abhängig ist. Zusätzlich kommt hier das unterschiedlich große Schadensausmaß zum Ausdruck. Während der Ausfall des Serienelements 1 (Fall b)) zum Totalversagen führt, trifft dies bei Fall c) und Element 2 nur für das halbe System zu.

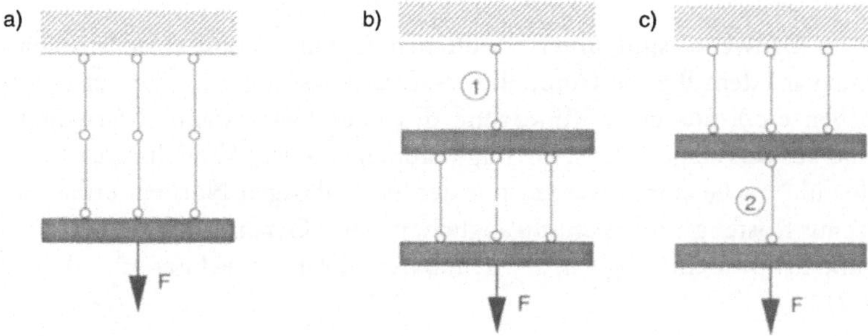

Bild 3.1-7 Mischsysteme

In bezug auf die Mobilisierung einzelner Komponenten vor und nach einem Ausfall unterscheidet man zwischen heißer (aktiver), warmer und kalter (passiver) Redundanz [Birolini, 1991]. Bei aktiver Redundanz beteiligen sich bereits vor dem Ausfall sämtliche Komponenten an der Lastabtragung. Fallen eine oder mehrere Komponenten aus, müssen die verbleibenden den Anteil der ausgefallenen Komponenten in vollem Umfang übernehmen. Bei passiver Redundanz werden einzelne Komponenten erst dann aktiviert, wenn andere ausgefallen sind. Im Gegensatz zur aktiven Redundanz wird der Lastanteil der ausgefallenen Komponenten in erheblichem Maße von der bzw. den passiven Redundanzkomponenten aufgenommen und die aktiven Komponenten entsprechend „entlastet".

Diese im Bauwesen eher seltene Form ist in Bild 3.1-8 am Beispiel einer Schrägseilbrücke veranschaulicht. Durch die Anordnung des Querträgers am Pylon direkt unterhalb der Fahrbahnplatte kann beim Ausfall der in diesem Bereich befindlichen Seile ein lokales Versagen der Fahrbahnplatte vermieden werden. Aufgrund der dazu erforderlichen größeren Durchbiegungen werden allerdings auch die benachbarten, ungeschädigten Seile höher beansprucht. Solche passiv-redundante Komponenten sind deshalb interessant, da sie ein Versagen des Tragwerks quasi „zum Nulltarif" verhindern können.

Die in der Elektrotechnik angewandte warme Redundanz bedeutet, daß die Redundanzkomponenten bis zum Ausfall nicht voll ausgenutzt sind, im Versagensfall also immer noch planmäßig über Reserven verfügen.

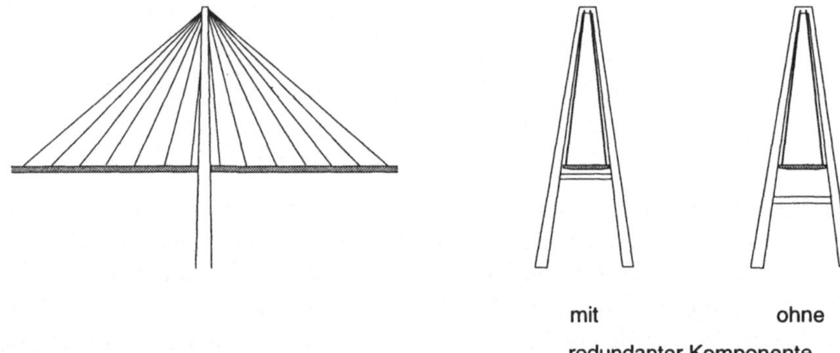

Bild 3.1-8 Beispiel für passive Redundanz

(b) *Ausfallsicher*

Tragglieder eines Bauwerks sind unterschiedlichen Gefahren und Ausfallrisiken ausgesetzt. Gefahren können aus dem Betrieb (Anprall, Brand, Überlastung etc.), aus der Umwelt (Sturm, Schnee, Erdbeben etc.), aus einer Minderung des Bauteilwiderstands (Verschleiß, Alterung, Ermüdung) und aus unsachgemäßer Nutzung (Sabotage, Krieg, Vandalismus) herrühren. Eine Reihe der aufgeführten Gefahren werden mit den einschlägigen Normen erfaßt. Dennoch ist es nicht zuletzt aus Kostengründen unumgänglich, gewisse Gefahren als Risiken zu akzeptieren. Zudem ist es überhaupt nicht möglich, alle denkbaren Gefahren rechnerisch „abzudecken" (s.a. Abschnitt 2.1.2).

Das Merkmal „ausfallsicher“ soll in diesem Zusammenhang primär zur Erkennung möglicher Gefahrenpotentiale dienen. Denn es gilt der Grundsatz: „Erkennbare bzw. erkannte Gefahr ist halbe Gefahr“.

Es soll kennzeichnend sein für solche Tragwerke, deren Bauteile auch bei unvorhergesehenen Ereignissen mit sehr geringer Wahrscheinlichkeit ausfallen. Dies gilt vor allem für Tragglieder, deren Ausfall einen maßgeblichen Einfluß auf das Versagen des Gesamttragwerks hat.

Bezugnehmend auf Ziff. (1) und (3) der Definition für die Robustheit (Abschnitt 3.1.2) bedeutet dies, daß die Vermeidung gefährdeter Tragglieder Vorrang vor aufwendigen Schutzmaßnahmen bzw. Verstärkungen haben sollte (Bild 3.1-9). Ist dies nicht ohne weiteres möglich, kann die Wahrscheinlichkeit eines Einsturzes nur durch redundante Komponenten verringert werden.

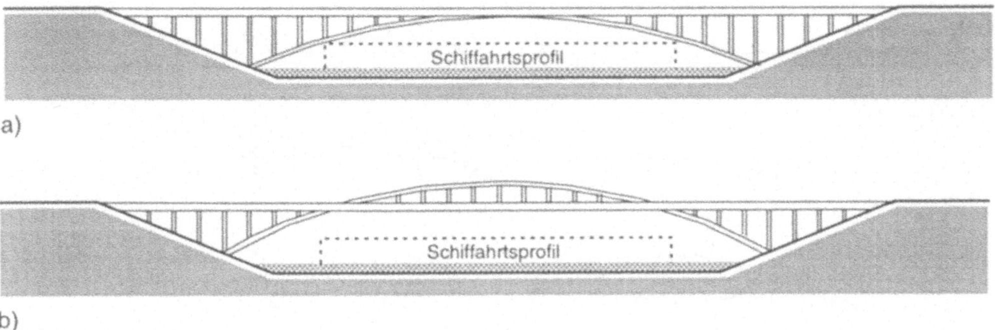

Bild 3.1-9 Tragsystem mit geringer (a) und hoher (b) Ausfallsicherheit

(c) *Stabilisierend*

In Hinblick auf die Lastabtragung sind zug- und druckbeanspruchte Tragsysteme zu unterscheiden. Wie Bild 3.1-10 zeigt, gibt es dazu im Brückenbau eine Reihe von Lösungsmöglichkeiten. In der Regel führt bereits die einfache „Umkehrung“ eines Tragsystems zur komplementären Lösung.

Ein wesentlicher Unterschied zwischen zug- und druckbeanspruchten Konstruktionen ist, daß letztgenannte progressiv versagen können, da die Beanspruchungen überproportional mit der Belastung oder Imperfektionen anwachsen. Demgegenüber wirken zugbeanspruchte Konstruktionen „stabilisierend“. Ein Vergleich zwischen zugbeanspruchter Hängebrücke und dem komplementären druckbeanspruchtem Bogen macht dies ebenso deutlich wie die in Bild 3.1-11 dargestellte Gegenüberstellung von rückverankerter und selbstverankerter Hängebrücke bzw. Schrägseilbrücke.

In bezug auf die in Abschnitt 3.1.2 formulierten Zielvorstellungen bedeutet dies, daß zugbeanspruchte Konstruktionen aufgrund ihrer „stabilisierenden“ Wirkung im Gegensatz zu druckbeanspruchten Konstruktionen als robustere Lösung bezeichnet werden können. Abweichungen bei den rechnerischen Annahmen für Lasten oder Widerstände werden somit „entschärft“. Die Verhältnismäßigkeit von Ursache und Wirkung wird dadurch verbessert. Die im allgemeinen ungünstig wirkende größere Schlankheit von Zuggliedern wird beim Merkmal „Kompakt“ erfaßt.

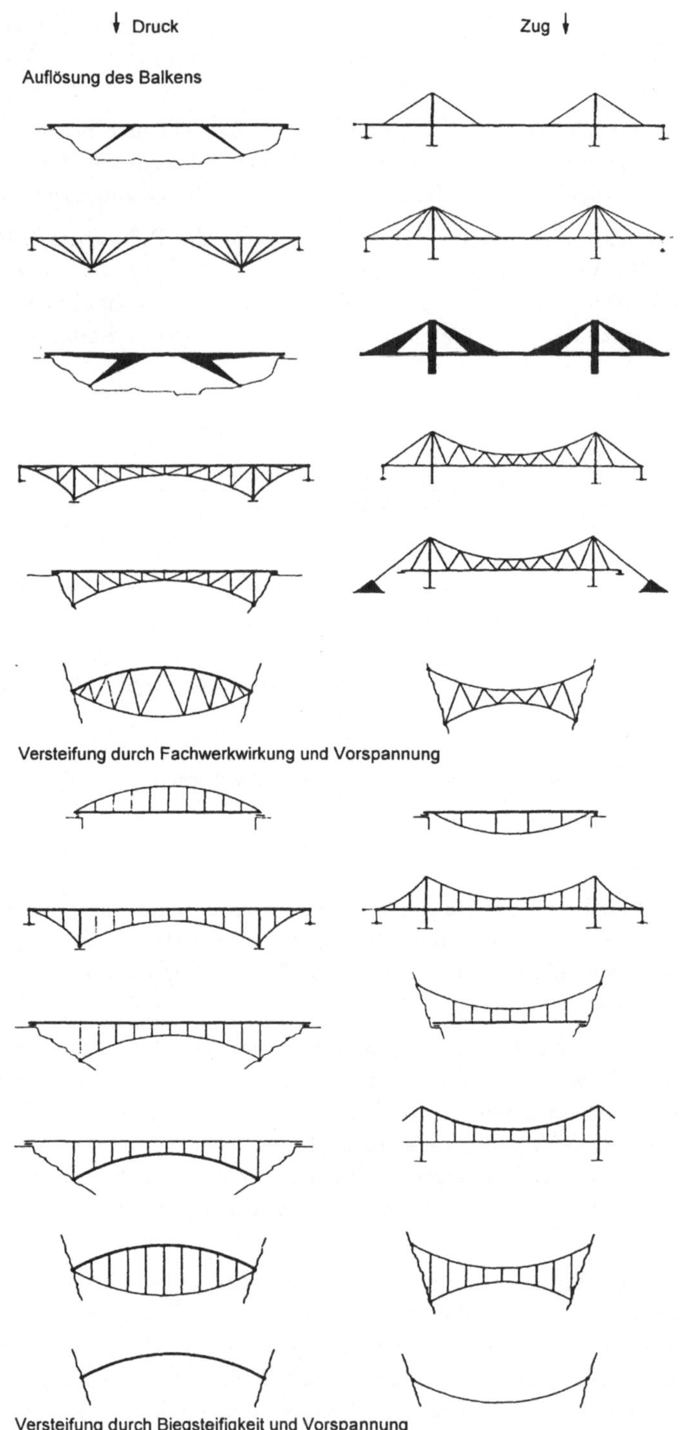

Bild 3.1-10 Druck- bzw. zugbeanspruchte Brückentragwerke [Schlaich/Bergermann, 1992]

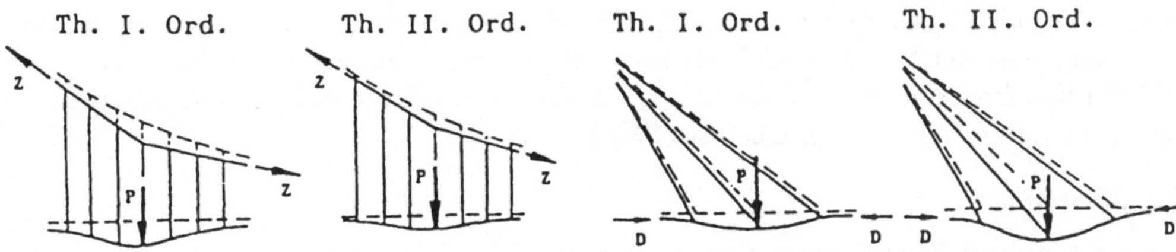

Bild 3.1-11 Unterschiedliches Tragverhalten von zug- und druckbeanspruchten Konstruktionen [Schlaich/Pötzl, 1993]

(d) *Duktil*

Ein wichtiges Merkmal robuster Tragwerke ist ihr duktiles Verhalten. Es ist die Voraussetzung dafür, daß überhaupt systemimmanente Reserven (s.a. Ziff. (a)) durch die Bildung von Fließgelenken mobilisiert werden können (Bild 3.1-12).

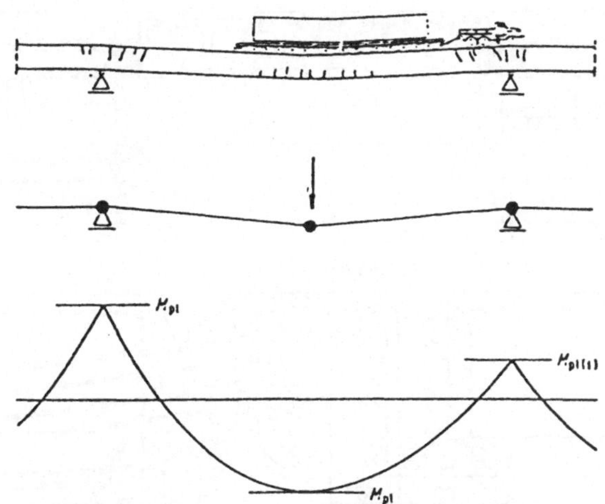

Bild 3.1-12 Erforderliche Fließgelenke zur Aufnahme einer Überlast [König/Maurer, 1990]

Der Nachweis der Duktilität von biegebeanspruchten Traggliedern („Rotationsfähigkeit") gehört zu den normativen Anforderungen, wenn eine begrenzte Momentenumlagerung zugelassen bzw. nichtlineare Verfahren oder Methoden auf Grundlage der Plastizitätstheorie (plastische Verfahren) angewendet werden [EC 2, 2.5.3; EC 3, 5.2.1]. Hierfür stehen unterschiedliche Kriterien zur Verfügung (z.B. Duktilitätsmerkmale der Stähle [EC 2, 3.2.4.2 und 3.3.4.3], Verhältnis x/d [EC 2, A.2.2], Querschnittsklassen [EC 3, 5.3.2]).

Diese „normative" Duktilität ist aber noch kein ausreichendes Merkmal der Robustheit, weil damit zunächst nur die nach Norm zu berücksichtigenden Einwirkungen erfaßt werden. Duktile Eigenschaften machen ein Tragwerk erst dann robust, wenn es erstens auch außergewöhnliche und damit nicht erfaßte oder erfaßbare Einwirkungen aufnehmen kann (Abschnitt 3.1.2) und zweitens ein plötzliches Versagen ausgeschlossen werden kann (Abschnitt 3.1.2, Ziff. (2)). Damit wird ausschließlich dieses „Mehr" an Duktilität zum Maß für den die Robustheit kennzeichnenden Qualitätszuwachs nach Bild 3.1-1. Wie entscheidend dieser Qualitätszuwachs sein kann, zeigt der Schadensfall Innbrücke/Kufstein. Hier verhinderte ein hoher Anteil an schlaffer Bewehrung nicht nur einen Einsturz, sondern ermöglichte auch die Wiederherstellung des bis zu 1,28 m abgesenkten Überbaus [Wicke, 1991].

(e) *Monolithisch*

Die monolithische Bauweise kennzeichnete den Massivbrückenbau bis Anfang dieses Jahrhunderts. Sie brachte außerordentlich dauerhafte Bauwerke hervor (s.a. Abschnitt 4.1). Im modernen Brückenbau dagegen werden aus fertigungstechnischen Gründen sowie zur Vermeidung von Zwangbeanspruchungen Fugen und Lager vorgesehen. Die Folgen sind häufige Schäden und hohe Unterhaltungskosten (Abschnitt 2.3). Diese betreffen nicht nur die aufwendig konstruierten Lager und Dehnfugen, sondern meistens auch die Konstruktion selbst. Bild 3.1-13 zeigt neben einer Schwenktraversen-Dehnfuge, welche als Fahrbahnübergang eingesetzt und etwa alle 15 bis 20 Jahre ausgetauscht werden muß [König et al., 1986], auch die konstruktiven Schwierigkeiten bei der Verankerung von Spanngliedern im Auflagerbereich.

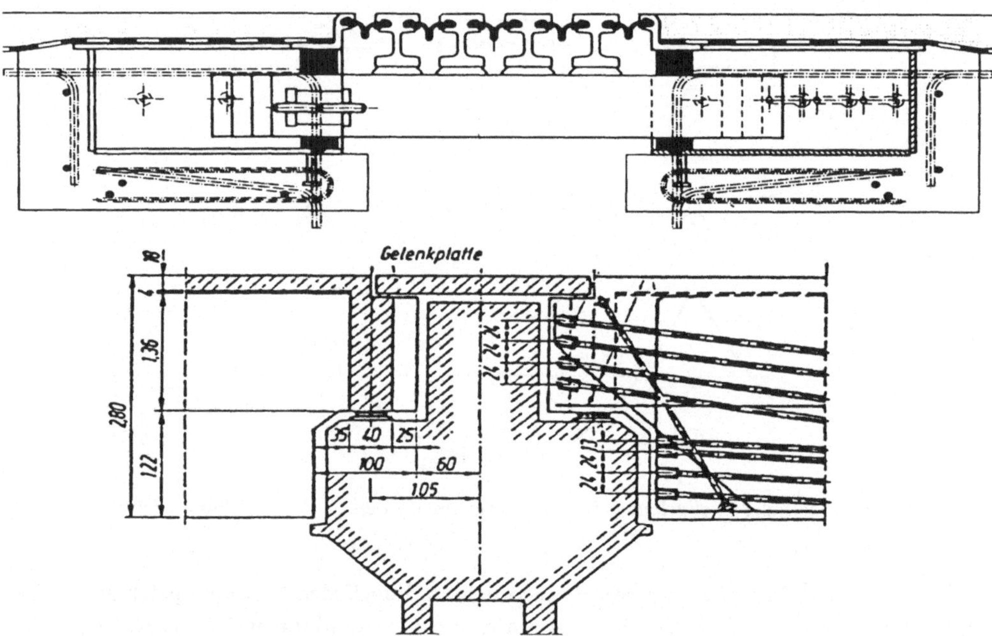

Bild 3.1-13 Auswirkung von Fugen auf die Dauerhaftigkeit der Konstruktion [Prospekt der Fa. Maurer; Rossner, 1988]

Durch die Vermeidung von Fugen kann die Dauerhaftigkeit einer Betonkonstruktion nachhaltig verbessert werden [MC 90, 8.4]. Folgende Gründe sind hierfür ausschlaggebend: Erstens wird der Transport von Feuchtigkeit oder chloridhaltigen Wässern (z.B. zu den korrosionsgefährdeten Lagern) ausgeschlossen. Dies trifft vor allem auf vertikale Fugen zu (Bild 3.1-14). Zweitens wird die Bauteiloberfläche verringert. Und drittens werden punktuelle, Querzugspannungen erzeugende Krafteinleitungen verhindert (s.a. Ziff. (g)).

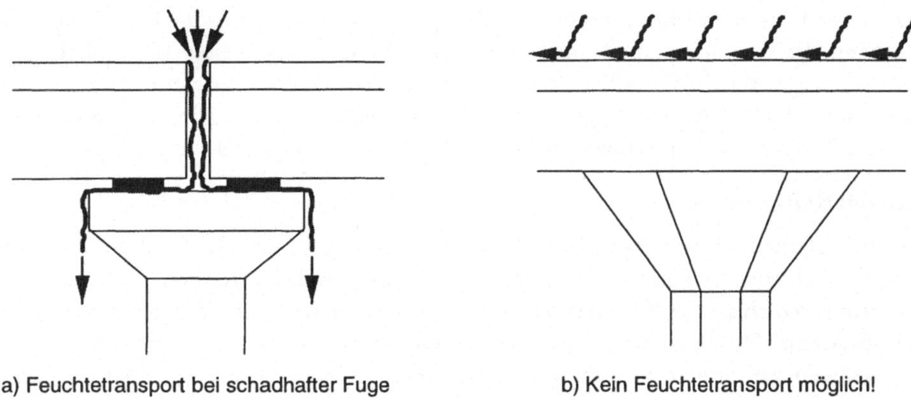

Bild 3.1-14 Schadensanfällige (a) und dauerhafte (b) Detailausbildung

(f) *Verformungsfähig*

Temperaturänderungen und Schwinden bewirken Volumenänderungen der Bauteile. Werden diese behindert, entstehen Zwangbeanspruchungen. Zu unterscheiden ist dabei innerer und äußerer Zwang. Innerer Zwang entsteht durch unterschiedliche Volumenänderung innerhalb eines Querschnitts und stellt einen Eigenspannungszustand dar. Er kann aufgrund der endlichen Wärmeleitfähigkeit bzw. Feuchtediffusion nie ausgeschlossen werden. Der äußere Zwang wird durch die Lagerungsbedingungen und durch den Verformungswiderstand der Tragglieder bestimmt. Verformungen treten entweder „punktuell" an Lagern bzw. Fugen oder „verteilt" durch die Verkrümmung bzw. Dehnung der angrenzenden Bauteile auf (Bild 3.1-15). Der äußere Zwang kann im Gegensatz zum inneren Zwang durch eine statisch bestimmte Lagerung vermieden werden.

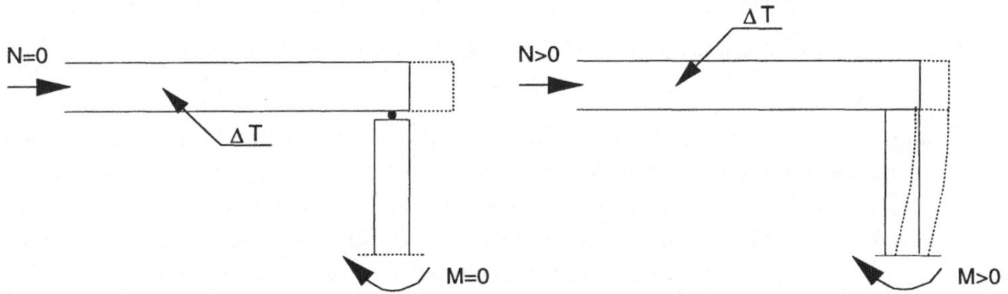

Bild 3.1-15 Möglichkeiten zur Sicherstellung einer ausreichenden Verformungsfähigkeit

Kennzeichnend für ein verformungsfähiges Tragsystem sind geringe Zwangbeanspruchungen. Damit kann die Gebrauchstauglichkeit, z.B. durch Vermeidung breiter Risse, sichergestellt werden. Im Gegensatz zur Duktilität (s.a. Ziff. (d)) bezieht sich die Verformungsfähigkeit hier auf die Nachgiebigkeit ganzer Tragglieder, da deren Verhalten und nicht nur eng begrenzte Bereiche (z.B. Fließgelenke) maßgebend für die Höhe der Zwangbeanspruchungen sind.

(g) *Kraftflußorientiert*

Der Kraftfluß innerhalb von Bauteilen oder Details (innerer Kraftfluß) [CEB N° 150, 1982] wird maßgeblich von der Form bzw. Geometrie bestimmt. In den Bereichen, in denen sich die Bauteilform plötzlich ändert (geometrische Diskontinuität) oder Lasten konzentriert eingeleitet werden (statische Diskontinuität) (sogenannte D-Bereiche nach [Schlaich/Schäfer, 1993]) treten lokal sehr viel höhere Spannungen als im übrigen Tragwerk auf. Betonkonstruktionen müssen deshalb gerade hier stärker bewehrt werden (Bild 3.1-16).

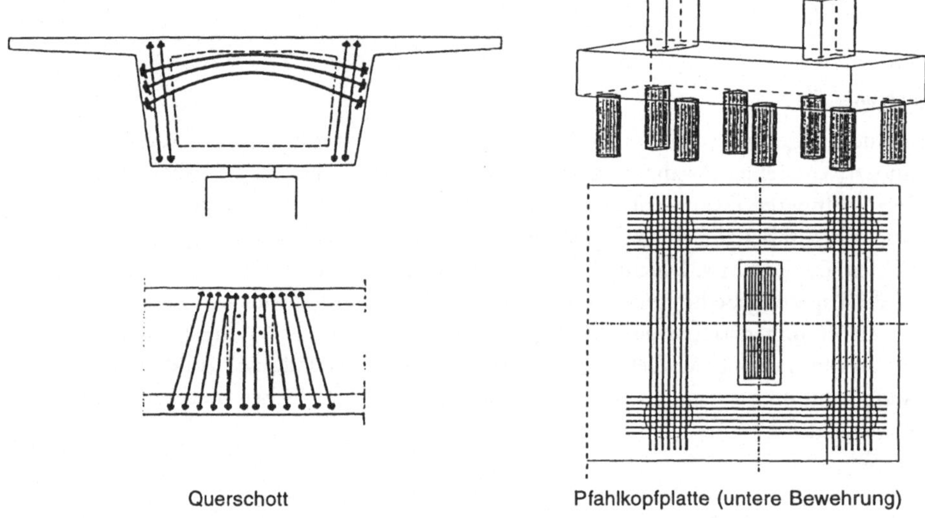

Bild 3.1-16 Beispiele für hoch bewehrte D-Bereiche [Schlaich/Schäfer, 1993; Pötzl, 1993]

Zu dicht angeordnete Bewehrungsstäbe führen jedoch dazu, daß der Beton nicht mehr ausreichend verdichtet werden kann. Die Folge ist, daß sowohl die Dichtigkeit der Betondeckung abnimmt als auch das in den Verankerungsbereichen der Bewehrung maßgebende Verbundverhalten beeinträchtigt wird. Schäden an der Betonkonstruktion von Brücken (z.B. im Bereich von Spanngliedverankerungen oder Auflagern) treten daher vorwiegend in diesen D-Bereichen auf [BMV, 1994].

Kennzeichnend für eine robuste Lösung ist, daß die Bewehrungsdichte durch eine geeignete Formgebung und konstruktive Durchbildung so begrenzt ist, daß der Beton ohne Schwierigkeiten eingebracht und verdichtet werden kann. Dies gilt insbesondere für horizontal bzw. rechtwinklig zur Betonierrichtung verlaufende Bewehrungslagen. Wie der Schadensfall der Betonplattform Sleipner A zeigt, leistet die Erfassung des Kraftflusses einen wesentlichen Beitrag zur Standsicherheit einer ganzen Konstruktion [Schlaich/Reineck, 1993].

(h) *Kompakt*

Kennzeichnend für eine robuste Konstruktion ist eine Oberflächengestaltung der Bauteile, welche eine möglichst geringe Angriffsfläche bietet. So ist es zweckmäßig, hohe Beanspruchungen aus Wind a priori durch aerodynamisch günstige Bauteilformen zu vermeiden. Dies gilt vor allem für schwingungsanfällige Tragwerke [Leonhardt, 1967].

In bezug auf physikalische und chemische Einwirkungen erweisen sich Bauteile mit geringer Oberfläche als robust. Stark gegliederte und kantige Querschnitte begünstigen das Eindringen von schädigenden Stoffen (Bild 3.1-17).

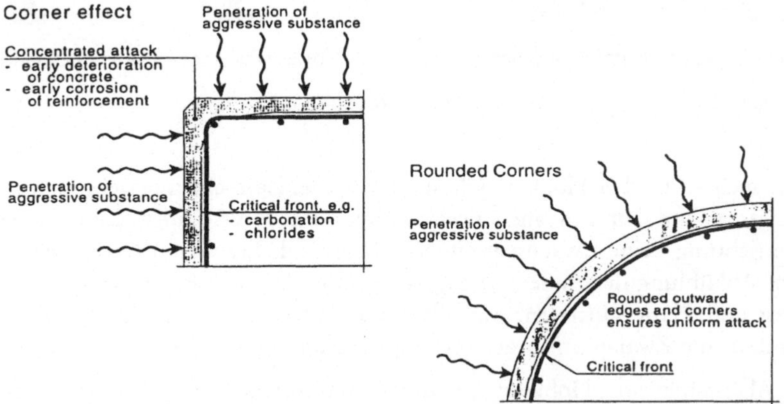

Bild 3.1-17 Abhängigkeit des Eindringverhaltens von der Querschnittsform [Rostam, 1993]

Oberflächen sollten so ausgebildet sein, daß sie die Feuchtigkeit schnell abführen bzw. durch Belüftung abtrocknen können. Dies trifft vor allem auf korrosionsanfällige Stahlkonstruktionen zu (Bild 3.1-18).

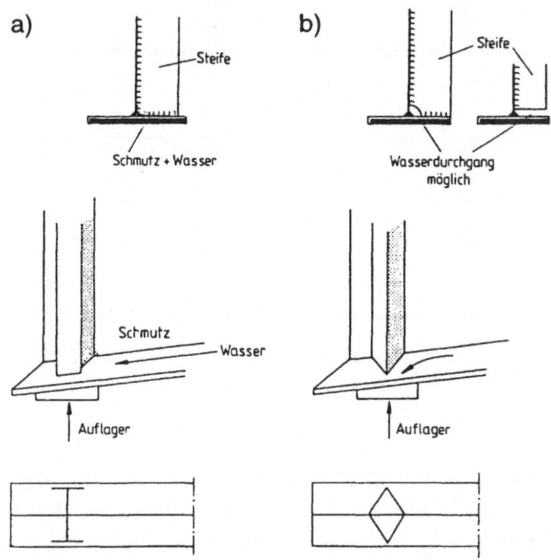

Bild 3.1-18 Schadensanfällige (a) und dauerhafte (b) Detailausbildung [Fischer/Wien, 1988]

Zur Vermeidung von lokaler Rißbildung oder abplatzender Betondeckung sollte die Bewehrung in einem angemessenen Verhältnis zur Bauteildicke stehen. Eine hohe Bewehrungsdichte sollte vermieden werden (s.a. Ziff. (g)). So kann beispielsweise der Bewehrungsgehalt in Überbauten durch externe Vorspannung erheblich reduziert werden. Dies gilt vor allem für unterspannte Tragwerke, da hier meist gedrungene Betonquerschnitte ausreichend sind [Menn, 1990] (Bild 3.1-19).

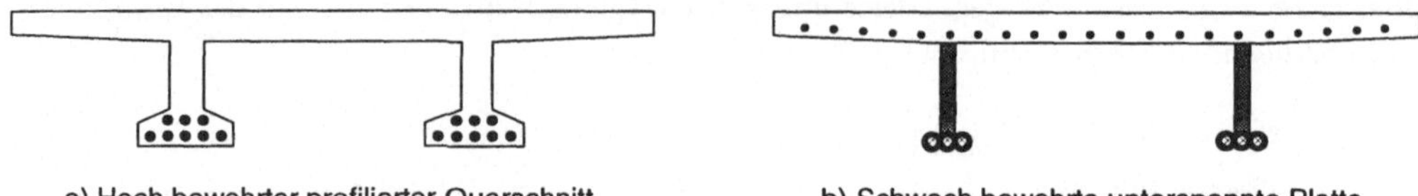

a) Hoch bewehrter profilierter Querschnitt

b) Schwach bewehrte unterspannte Platte

Bild 3.1-19 Schadensanfälliger (a) und dauerhafter (b) Betonquerschnitt

Diese haben auch gegenüber Hohlquerschnitten Vorteile. Zum einen besteht nicht die Gefahr des Wassereintritts und damit möglicherweise verbundener Frostschäden. Zum anderen entstehen in Querrichtung keine Zwangspannungen. Leonhardt/Lippoth, 1970 zeigen, daß durch tageszeitliche Abkühlung der Außenluft zugerzeugende Querbiegemomente an den Außenseiten von Steg und Platte auftreten. Vor allem im Stützbereich, wo Stege und Bodenplatte verstärkt sind, ist die Zwangbeanspruchung aufgrund der größeren Steifigkeit recht hoch.

Als robuste Alternative zum Hohlkasten können daher offene bzw. gedrungene Querschnitte angesehen werden (Bild 3.1-20).

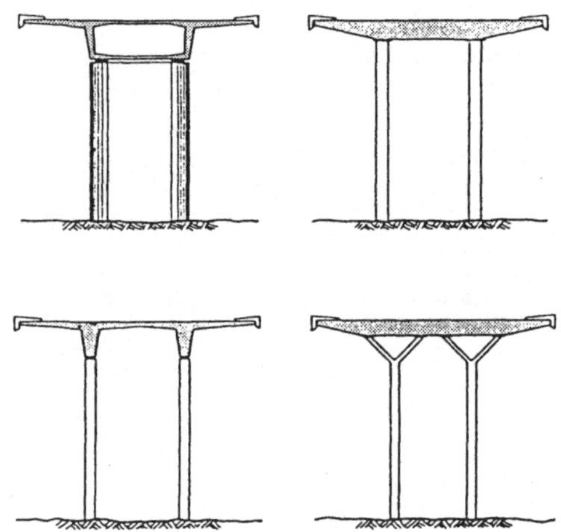

Bild 3.1-20 Alternativen zum Hohlkastenquerschnitt [Schlaich/Pötzl, 1990]

(i) *Austauschbar*

Im modernen Brückenbau werden zahlreiche Bauteile eingesetzt, deren Lebensdauer z.T. erheblich geringer ist als die der Tragkonstruktion selbst. Diese, mit der Anwendung leistungsfähiger Baustoffe und Herstellungsverfahren verbundene Entwicklung (s.a. Abschnitt 4.1) macht es erforderlich, bestimmte Komponenten planmäßig auszutauschen.

Die Austauschbarkeit ist dann ein Merkmal für robuste Brückentragwerke, wenn dadurch die planmäßige Lebensdauer der gesamten Konstruktion mit vertretbarem Aufwand gesichert werden kann. Das setzt allerdings voraus, daß die Anforderungen an die Austauschbarkeit, wie sie z.B. die Deutsche Bahn AG für die Einfeldträger der Neubaustrecken vorschreibt, nicht selbst wiederum höhere Unterhaltungsaufwendungen zur Folge haben. Die Austauschbarkeit macht daher nur Sinn, wenn die planmäßige Lebensdauer der auszutauschenden Bauteile erheblich geringer als die der Tragkonstruktion ist. Folgerichtig werden beispielsweise in Draft British Standard „Guide to life expectancy and durability of buildings and building elements, products and components", 1988 die Komponenten nach ihrer Lebensdauer in auszutauschende und zu unterhaltende unterteilt.

Einen Hinweis auf solche Bauteile, welche zweckmäßigerweise nicht austauschbar sein sollten, liefert ein Vergleich der Kostenanteile für die Erstellung (Bild 3.1-21 a)) und die Summe aus Erstellung und Unterhaltung (Bild 3.1-21 b)) von Brücken.

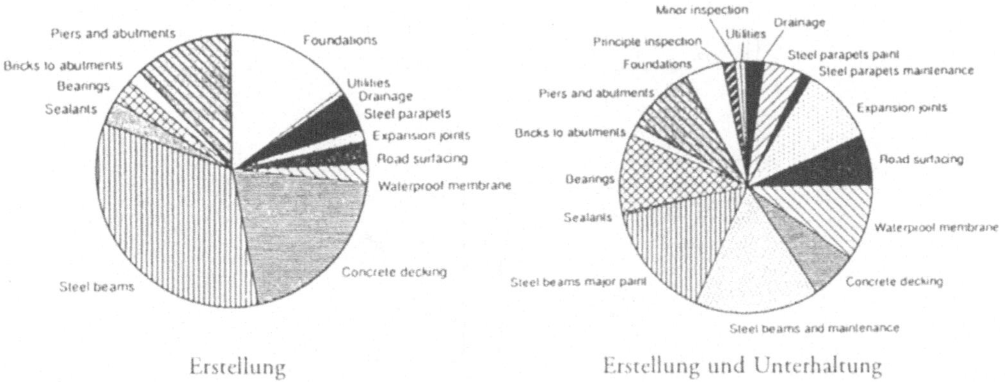

Bild 3.1-21 Kostenanteile aus Erstellung und Unterhaltung von Brücken [White, 1992]

Es zeigt sich, daß Bauteile mit abnehmenden Kostenanteilen für die Erstellung und Unterhaltung (z.B. Betonüberbau) nicht für eine Austauschbarkeit geeignet sind. Anders verhält es sich z.B. bei Lagern und Dehnfugen, deren Anteile an den Gesamtkosten erheblich größer ist. So verursacht beispielsweise der dreimalige Austausch von Dehnfugen bei einer planmäßigen Lebensdauer der Brücke von 100 Jahren ungefähr die sechsfachen Herstellungskosten [White, 1992].

Austauschbarkeit im Sinne der Robustheit bedeutet demnach auch, daß besonders empfindliche Bauteile nach Möglichkeit ganz vermieden werden sollten. Die in bezug auf Austauschbarkeit robusteste Brücke ist diejenige, welche überhaupt keine auszutauschenden Bauteile benötigt und dennoch die geforderte Lebensdauer erreicht (s.a. Bild 4.1-1). Daß selbst bei Sanierungen historischer Brücken mit modernen Baustoffen auf auszutauschende Fahrbahnübergänge verzichtet werden kann, zeigt die 305 m lange Autobahnbrücke über das Nessebachtal in Hessen [Sibo-Information, 1994].

(j) *Anpassungsfähig*

Bauwerke werden für die zum Zeitpunkt der Planung geltenden Randbedingungen konzipiert. Aufgrund ihrer im Vergleich zu anderen Wirtschaftsgütern hohen Nutzungsdauer sind sie häufig Veränderungen unterworfen. Ein robustes Brückentragwerk zeichnet sich dadurch aus, daß es in begrenztem Umfang an veränderte Randbedingungen angepaßt und damit die planmäßige Nutzungsdauer erreicht bzw. erhöht werden kann.

Veränderungen ergeben sich zunehmend aus der unmittelbaren Nutzung der Brücke. Dies betrifft zum einen die Verbreiterung von Fahrstreifen (Bild 3.1-22), zum anderen die Erhöhung von Verkehrslasten. Letztere bezieht sich vor allem auf ältere Brücken, welche den derzeit gültigen Normen nicht mehr entsprechen [Kirsch, 1986]. Zweitens führen strengere Lärmschutzbestimmungen sowie die Tatsache, daß sich Siedlungsgebiete immer stärker ausdehnen, dazu, daß auf Brücken Lärmschutzwände nachträglich vorgesehen werden müssen. Schließlich ist noch die Ertüchtigung bzw. Wiederherstellung der Tragfähigkeit nach eingetretenen Schäden zu nennen [Kupfer/Garske, 1992].

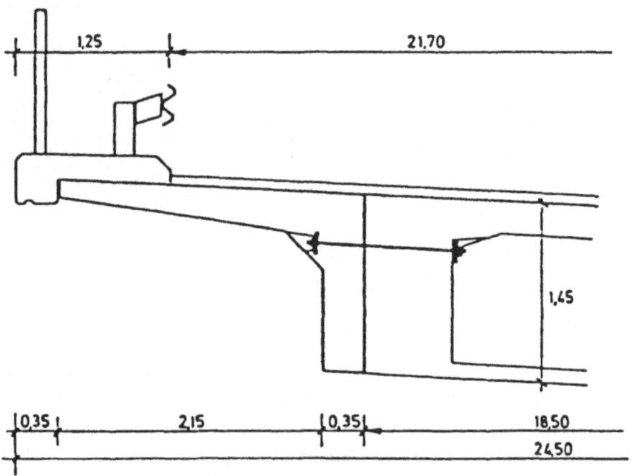

Bild 3.1-22 Verbreiterung eines Brückenquerschnitts durch Quervorspannung [Straninger, 1986]

Die Option, ein bestehendes Brückentragwerk veränderten Randbedingungen anzupassen, kann sich als entscheidender wirtschaftlicher Faktor erweisen. So zeigen beispielsweise die Kosten für die Wiederherstellung der Brücken im Zuge der Autobahn Hof-Dresden, daß Neubauten im Vergleich zu einer Anpassung der bestehenden Brücken an heutige Anforderungen keinerlei Vorteile bringen. So konnten wesentliche Bestandteile der über 50 Jahre alten Steinbogenbrücken erhalten und weiter genutzt werden [Cordes, 1993].

(k) *Fehlerunanfällig herstellbar*

In der Herstellungsphase wird ein wesentlicher Teil von Bauwerksschäden verursacht. Grund hierfür sind vor allem Fehlhandlungen der am Bauprozeß Beteiligten (s.a. Abschnitt 2.1.2 und 2.3.1). Die meisten Schäden wirken sich erst nach Fertigstellung aus. Nur in seltenen, dann aber häufig spektakulären Fällen führen sie zu Unfällen und gefährden Menschenleben [BMV, 1982; BMV, 1994].

Konstruktion und Herstellung stehen in einer Wechselbeziehung zueinander. Einerseits beeinflußt die Konstruktion die Anfälligkeit des Herstellvorgangs in bezug auf mögliche Fehler. Andererseits kann das Herstellungsverfahren selbst Ursache für schadens- bzw. fehleranfällige Konstruktionen sein. Im Brückenbau spielt dies oft die maßgebende Rolle.

Bild 3.1-23 zeigt dazu die Herstellung eines aufgeständerten Nahverkehrssystems mit vorgespannten, bis zu 30 m langen Großfertigteilträgern und deren Auswirkungen auf die Ausbildung der Auflagerungen (z.B. hoch vorgespannte Auflagerkonsole).

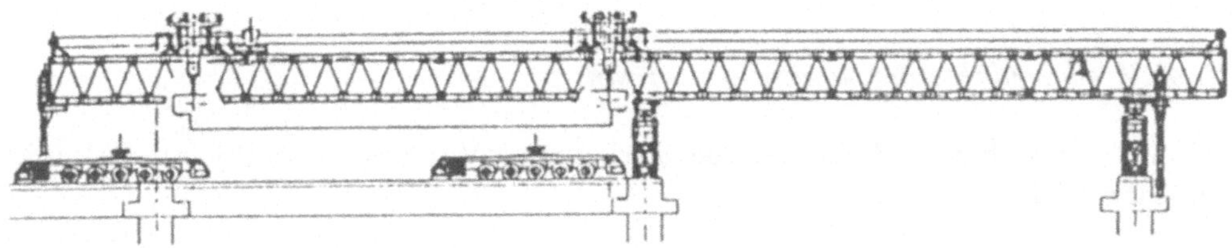

Bild 3.1-23 Herstellungsbedingte Schwachstelle im Auflagerbereich [Schambeck, 1989]

„Widersprechen" die Nutzungsanforderungen dem Herstellungsverfahren, kann es sogar erforderlich sein, daß „nachträglich" Korrekturen am statischen System vorgenommen werden müssen. So werden beispielsweise die Einfeldträger der DB mit kurzen Spanngliedern ohne Verbund gekoppelt, um die Bremskräfte bei hohen Talbrücken nicht in die Pfeiler abtragen zu müssen (Bild 3.1-24).

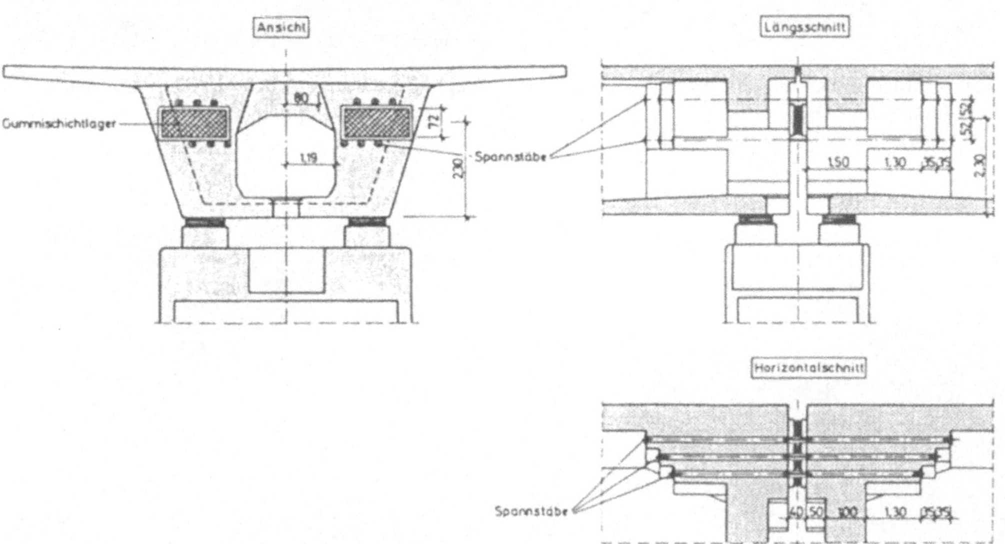

Bild 3.1-24 Längskraftkopplung für Einfeldträger der DB [Leonhardt, 1985]

Kennzeichnend für eine fehlerunanfällig herstellbare Konstruktion ist erstens, daß ausführungsbedingte Abweichungen vom Soll-Zustand auch bei Überschreitung zulässiger Toleranzen nicht zwangsläufig zu Schäden führen. Die Verhältnismäßigkeit von Ursache und Wirkung gemäß Abschnitt 3.1.2, Ziff. (4) sollte gewahrt sein. Zweitens sollten Herstellverfahren unter Berücksichtigung ihrer Schwachpunkte betrachtet werden. Dies gilt vor allem unter dem Aspekt, daß sich Tragsysteme und Bauteilformen häufig aus den Anforderungen der Herstellung ergeben. Damit verbundene Nachteile auf das Verhalten im Endzustand sind zu vermeiden.

3.1.4 Veranschaulichung an ausgeführten Brücken

Anhand von ausgeführten Brücken soll der Spielraum zur Verbesserung der Robustheit deutlich gemacht werden:

(a1) Rahmenbrücke mit nur einer Querfuge („*statisch unbestimmt*“)

(a2) Mehrfeldrige Brücke mit Einfeldträgern („*statisch bestimmt*“)

(b1) Großer Abstand des ausfallgefährdeten Bogens vom Schiffahrtsweg („*ausfallsicher*“)

(b2) Gründung des ausfallgefährdeten Bogens im Gewässer („*nicht ausfallsicher*“)

(c1) Aufgehängter Überbau („*stabilisierend*")

(c2) Unterstützter Überbau („*destabilisierend*")

(d1) Gedrungener Betonüberbau mit kleinen Feldweiten („*duktil*")

(d2) Profilierter Betonüberbau mit großen Feldweiten („*fragil*")

(e1) Pfeilerkopf ohne Fugen und Lager („*monolithisch*")

(e2) Vertikal und horizontal aufgetrennter Auflagerbereich („*zusammengesetzt*")

(f1) Dünne Fahrbahnplatte („*verformungsfähig*“)

(f2) Steifer Hohlkasten („*zwangempfindlich*“)

(g1) Werkstoffgerechte Formgebung der Pfeilerköpfe („*kraftflußorientiert*“)

(g2) Beanspruchungen durch geometrische Diskontinuitäten („*nicht kraftflußorientiert*“)

(h1) Geringe Bauteiloberflächen („*kompakt*“)

(h2) Große Bauteiloberflächen der Pfeiler („*gegliedert*“)

(i1) Seile mit geringem Aufwand austauschbar („*austauschbar*“)

(i2) Vorgespannter Zügel quasi nicht austauschbar („*schwer austauschbar*“)

(j1) Unterspannung durch zusätzliche Seile verstärkbar („*anpassungsfähig*“)

(j2) Massiver Überbau nur mit hohem Aufwand verstärkbar („*wenig anpassungsfähig*“)

3.1.5 Abgeleitete Kriterienstruktur und grundsätzliche Vorgehensweise

Die in Abschnitt 3.1.4 beschriebenen Merkmale kennzeichnen robuste Brückentragwerke und werden deshalb als bewertbare Objekteigenschaften bzw. Kriterien aufgefaßt. Aus der Summe aller Merkmale wird im folgenden eine inhaltlich adäquate Kriterienstruktur abgeleitet (Bild 3.1-25).

Die Kriterien stellen ein Begriffssystem dar, mit dessen Hilfe Ist-Zustände (Beschreibung einer Brücke) durch Bezug auf einen Soll- oder Optimal-Zustand (angestrebtes Entwurfsziel) untereinander verglichen werden. Der sich daraus ergebende Zielerfüllungsgrad stellt ein Maß für den durch das Kriterium repräsentierten Teil (z.B. Ausfallsicherheit) der Robustheit dar.

Als zweckmäßig hat sich hierfür die systematische Trennung in einen Beschreibungs- und Bewertungsgraphen erwiesen. Während der Beschreibungsgraph in verschiedenen Hierarchie-

Bild 3.1-25 Kriterienstruktur zur Bewertung der Robustheit

ebenen bzw. Detaillierungsgraden alle das Objekt betreffenden Angaben enthält, stellt der Bewertungsgraph die Gliederung bzw. Verknüpfung der Kriterien zur Bildung eines Gesamturteils über die Robustheit dar. Diese Trennung hat den Vorteil, daß eine Vermischung von beschreibenden und bewertenden Begriffen vermieden wird. Außerdem bietet es die Möglichkeit, eine vom jeweiligen Objekt unabhängige und damit allgemeingültige Kriterienstruktur zu formulieren.

Die Abbildung des Beschreibungsgraphen auf den Bewertungsgraphen erfolgt durch sogenannte Robustheits- bzw. ROB-Kennzahlen. Sie komprimieren die für die Bewertung wesentlichen Objekteigenschaften zu einer einzigen Maßzahl (s.a. Abschnitt 3.2.1, Bild 3.1-26).

Die Gesamtbewertung ergibt sich aus den Einzelbewertungen der Kriterien (s.a. Abschnitt 3.2) sowie deren anschließende Zusammenfassung bzw. Aggregation (s.a. Abschnitt 3.3).

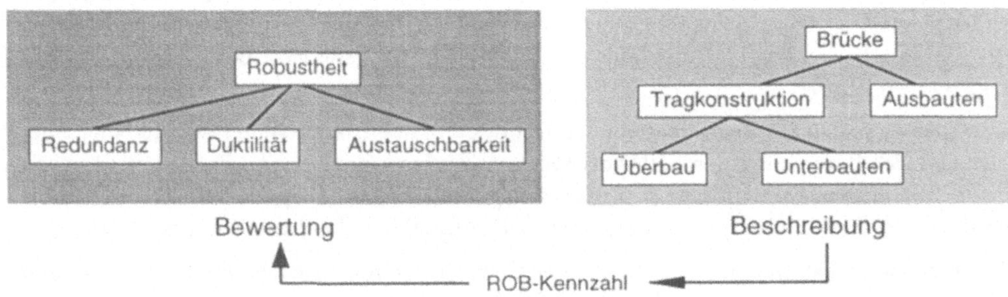

Bild 3.1-26 Begriffstrennung für den Bewertungsprozeß

3.2 Kriterien der Robustheit

3.2.1 Definition und rechnerische Erfassung

Grundlage für die Bewertung der Robustheit ist die in Abschnitt 3.1.5 aus den Merkmalen abgeleitete Kriterienstruktur. Sie stellt das formale Hilfsmittel dar, um die Vielzahl der Einflußgrößen systematisch erfassen und den einzelnen Kriterien eindeutig zuordnen zu können. Das bedeutet auch, daß die Einzelbewertung eines Kriteriums im allgemeinen noch kein brauchbares Ergebnis ergibt. Erst die abschließende Verknüpfung bzw. Aggregation aller relevanten Kriterien liefert ein ganzheitliches Bewertungsergebnis (s.a. Abschnitt 3.3).

Die Formulierung von Kriterien setzt voraus, daß eine Bewertung anhand bestimmbarer Objekteigenschaften (z.B. Länge eines Bauteils, Anzahl von Feldern) möglich ist. Diese wiederum stellen dann die Grundlage für die zahlenmäßige Erfassung dar, welche mit jeweils unterschiedlichem „Schärfegrad“ erfolgen kann.

Mit dem im folgenden zugrunde gelegten Bewertungsmodell sollen die jeweils maßgebenden Einflußgrößen Berücksichtigung finden. Damit bleiben die Zusammenhänge trotz komplexer Sachverhalte überschaubar, nachvollziehbar und transparent. Zur rechnerischen Erfassung werden die bereits in Abschnitt 3.1.5 angesprochenen ROB-Kennzahlen eingeführt, welche den einzelnen Kriterien über einen Index von 1 (ROB_1) bis 11 (ROB_{11}) zugeordnet sind. Sie stellen eine für das jeweilige Kriterium kennzeichnende Größe in komprimierter Form dar. Die ROB-Kennzahlen sind so aufgebaut, daß alle dazu erforderlichen Größen ohne nennenswerten Aufwand meßbar, berechenbar oder abzählbar sind. Das Bewertungsmodell ist damit vor allem für den Entwurfsprozeß geeignet, wo in der Regel noch kein vollständiges Datenmaterial vorliegt.

Die ROB-Kennzahlen sind keine physikalischen Größen, sondern spiegeln lediglich den Einfluß der zu berücksichtigenden Größen in ihrer Tendenz wider. Man kann sie als Konvention auffassen, mit deren Hilfe bestimmte Eigenschaften quantifizierbar gemacht werden können. Sie werden durch Quotienten gebildet, welche im Zähler günstig und im Nenner ungünstig wirkende Größen enthalten. Es gibt keine für alle ROB-Kennzahlen einheitliche Dimension.

Ein wichtiges Charakteristikum der ROB-Kennzahlen ist auch, daß sie lediglich eine Unterscheidung mehrerer Varianten, z.B. zwischen „redundant“ und „nicht redundant“ ermöglichen, da die errechneten absoluten Zahlenwerte für sich noch nicht aussagekräftig sind. Erst der Vergleich verschiedener Varianten macht ihren Stellenwert untereinander deutlich. Die ROB-Kennzahl ist daher keine Absolut- sondern eine Verhältnisgröße. Im Gegensatz z.B. zur Reynolds-Zahl, welche laminare und turbulente Strömungen voneinander abgrenzt, dazu aber immer ein und derselbe Zahlenwert zugrunde gelegt wird.

Im folgenden werden alle Kriterien der Robustheit und die zur Bewertung erforderlichen Einflußgrößen beschrieben.

3.2.1.1 Redundanz

3.2.1.1.1 Allgemeines

Der Begriff „Redundanz" leitet sich aus dem lateinischen Wort „redundantia" ab und bedeutet „Überfülle, Üppigkeit". Im Zusammenhang mit technischen Systemen versteht man darunter das Vorhandensein von mehr funktionsfähigen Mitteln, als zur Erfüllung der geforderten Funktion notwendig sind. Voraussetzung hierfür ist, daß ein System aus mindestens zwei unabhängigen Komponenten besteht.

In bezug auf Tragwerke bedeutet dies, daß ein Versagen beim Ausfall einer oder mehrerer Komponenten vermieden wird. Die Topologie eines Systems muß demnach so aufgebaut sein, daß die Umlagerung von Beanspruchungen möglich ist, also alternative Lastpfade existieren. So definieren Frangopol/Curley, 1986, die Redundanz als „das Nichtvorhandensein kritischer Komponenten, durch deren Ausfall ein Totalversagen verursacht wird". Kersken-Bradley, 1992, charakterisiert Redundanz im Zusammenhang mit unempfindlichen Tragwerken u.a. mit dem „Vorhandensein rechnerisch nichterfaßter Reserven".

Die Redundanz stellt also ein zusätzliches, über die „γ-Sicherheit" der Normen hinausgehendes Sicherheitspotential dar. Sie ist ausschlaggebend dafür, daß es außerordentlich selten zu Bauwerkseinstürzen kommt. Dies dokumentieren zahlreiche Fälle auch in bezug auf das Schadensausmaß. Während z.B. die Schadensfälle Innbrücke/Kufstein [Wicke, 1991] und Reussbrücke/Wassen [Menn, 1989] trotz großer Durchbiegungen des Überbaus wieder behoben werden konnten, war der durch ein Erdbeben geschädigte Cypress-Viaduct in San Francisco u.a. aufgrund zu geringer bzw. fehlender Systemreserven weitgehend eingestürzt [Housner, 1990]. Daß solche Reserven ebenso zu einer Verlängerung der Nutzungsdauer beitragen können, zeigt die 1883 fertiggestellte Brooklyn-Bridge in New York. Sie konnte dergestalt erweitert werden, daß sie auch die heutigen Verkehrslasten noch aufnehmen kann [Schlaich/Pötzl, 1993].

In folgenden Fällen wird die Redundanz von Tragwerken sicherheitsrelevant:

- Schwächungen auf der Widerstandsseite
  (z.B. Alterung, Korrosion, Ermüdung, Verschleiß)
- Erhöhung von Einwirkungen
  (z.B. unvorhergesehene Überlastung, planmäßige Lasterhöhung
  aus einer Nutzungsänderung)
- Unsachgemäße Nutzung
  (z.B. Unfall, Sabotage, Mißbrauch)

In den Normen sind Angaben zur Redundanz rar. Sie haben, wenn überhaupt, nur empfehlenden Charakter und beinhalten keine konkreten Hinweise für den Tragwerksentwurf bzw. die konstruktive Ausbildung.

Gleichwohl wird beispielsweise in „AASHTO Standard Specification for Highway Bridges" vorgeschrieben, für übergeordnete, nicht redundante Tragglieder geringere Spannungen zuzulassen.

3.2.1.1.2 Rechnerische Erfassung

(a) *Grad der statischen Unbestimmtheit*

Häufig wird als Merkmal für Redundanz der Grad der statischen Unbestimmtheit bezeichnet (Gl. 3.2-1 bis 3.2-4). Er gibt die Anzahl der statisch überzähligen Kraftgrößen an und stellt damit ein Maß für zusätzliche Zwangsbedingungen dar. Für eine Quantifizierung stehen die aus der Statik bekannten Abzählkriterien zur Verfügung:

a) Stabwerke:

$$R_1 = a + z - 3p \text{ (eben)} \qquad (3.2\text{-}1)$$

$$R_1 = a + z - 6p \text{ (räumlich)} \qquad (3.2.2)$$

b) Ideale Fachwerke:

$$R_1 = a + p - 2k \text{ (eben)} \qquad (3.2\text{-}3)$$

$$R_1 = a + p - 3k \text{ (räumlich)} \qquad (3.2\text{-}4)$$

a – Summe aller Auflagerreaktionen
p – Summe aller Stabelemente
k – Summe aller Knoten
z – Summe aller Zwischen- bzw. Gelenkkräfte

In den genannten Gleichungen ist eine Unterscheidung zwischen innerer und äußerer statischer Unbestimmtheit nicht enthalten. Für die Beurteilung des Gesamttragwerks kann dies aber von entscheidender Bedeutung sein. Bild 3.2-1 zeigt dazu einen Vergleich zwischen zwei 3-fach statisch unbestimmten Systemen, wobei der unterspannte Träger innerlich 2-fach statisch unbestimmt ist. Betrachtet wird das Verhalten beim Ausfall der Mittelunterstützung an der Stelle A. Geht man davon aus, daß die Vorspannkraft der Unterspannung gerade so eingestellt wird, daß für die Gleichstreckenlast q keine Durchbiegungen an den Luftstützen auftreten, ergeben sich für beide Systeme gleiche Momentenverläufe. Bei Ausfall der Stützung A entstehen an dieser Stelle in beiden Systemen positive Momente. Bei System I steigt das Moment an der Stelle B auf den 2,6-fachen Betrag an, vorausgesetzt, das positive Moment an der Stelle A kann vom Querschnitt noch aufgenommen werden. Ist dies nicht der Fall, würde sich das Moment an der Stelle B auf 0,5 ql^2, also um den 4,7-fachen Betrag gegenüber dem ungeschädigten System erhöhen. Bei System II erhöht sich das Moment an der Stelle A betragsmäßig um den Faktor 25! Diese enorme Zunahme kommt durch die nach unten wirkende große Umlenkkraft der Unterspannung an der Stelle A zustande. Es zeigt sich, daß zwischen innerem und äußerem Anteil der statischen Unbestimmtheit zu unterscheiden ist.

Aus Gl. 3.2-1 bis 3.2-4 kann die innere statische Unbestimmtheit unmittelbar abgeleitet werden:

a) Stabwerke:

$$R_{1,i} = 3\,(1 - p) + z \text{ (eben)} \qquad (3.2\text{-}5)$$

$$R_{1,i} = 6\,(1 - p) + z \text{ (räumlich)} \qquad (3.2\text{-}6)$$

b) Ideale Fachwerke:

$$R_{1,i} = p - 2k + 3 \text{ (eben)} \qquad (3.2\text{-}7)$$

$$R_{1,i} = p - 3k + 6 \text{ (räumlich)} \qquad (3.2\text{-}8)$$

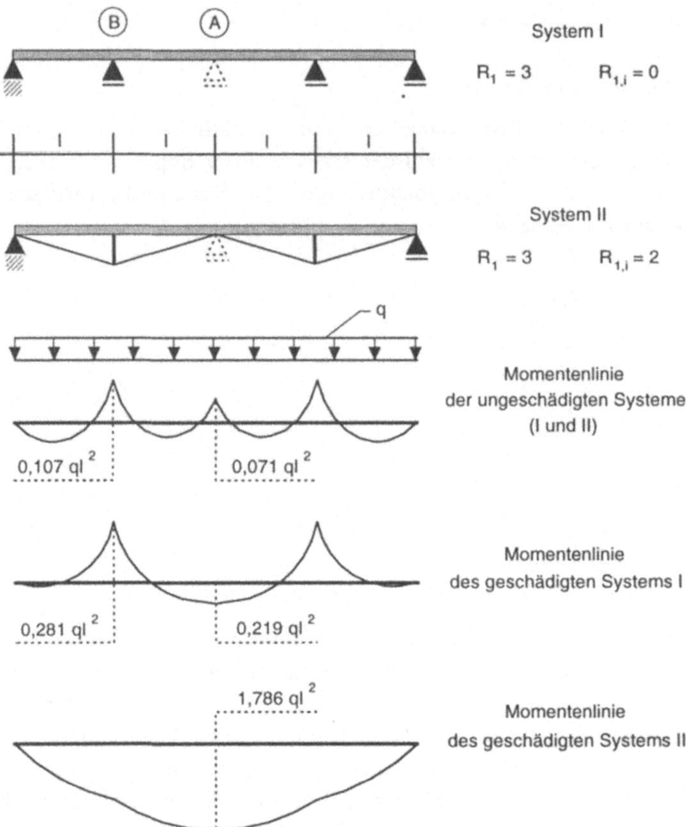

Bild 3.2-1 Einfluß der inneren und äußeren statischen Unbestimmtheit auf das Ausfallverhalten

Der Grad der statischen Unbestimmtheit als Maß für die Redundanz eines Tragsystems gilt nur sehr eingeschränkt, da wesentliche Einflußgrößen wie das Werkstoffverhalten, die Systemtopologie oder das Verhältnis zwischen aufnehmbaren und tatsächlich vorhandenen Einwirkungen unberücksichtigt bleiben. Im folgenden werden diese Einflußgrößen näher betrachtet.

(b) *Ansätze über die Systemtraglast*

(b1) *Allgemeines*

Reserven eines Tragsystems werden in Anspruch genommen, wenn Bauteilwiderstände lokal nicht mehr in der Lage sind, die vorhandene Beanspruchung aufzunehmen. Ursachen hierfür sind in Abschnitt 3.2.1.1.1 aufgeführt. Grundlage für die rechnerische Erfassung von systemimmanenten Reserven ist das Traglastverfahren. Aufbauend auf dem statischen Satz der Plastizitätstheorie läßt sich ein unterer Grenzwert für die Traglast intakter und geschwächter Systeme berechnen.

(b2) *Ansätze aus der Literatur*

Die von Frangopol/Curley, 1987, angegebene sogenannte Rest-Redundanz („residual redundancy") umfaßt die auf das intakte System bezogene Traglast des geschwächten Systems (Gl. 3.2-9):

$$R_2 = \frac{F_{u,geschwächt}}{F_{u,intakt}} \leq 1 \tag{3.2-9}$$

$F_{u,geschwächt}$ – Traglast des geschwächten Systems
$F_{u,intakt}$ – Traglast des intakten Systems

Sie stellt die verbliebene Traglast dar. Nicht explizit zum Ausdruck kommt in Gl. 3.2-9 aber der Unterschied zwischen Bauteilschwächung und der daraus resultierenden Schwächung des Gesamtsystems, welcher wiederum ein wichtiges Charakteristikum für Redundanz ist.

Bezieht man die Traglast des intakten Systems auf die Minderung durch eine lokale Schwächung (Gl. 3.2-10), wird der Einfluß der einzelnen Tragwerkskomponenten deutlich.

$$R_3 = \frac{F_{u,intakt}}{F_{u,intakt} - F_{u,geschwächt}} = \frac{1}{1 - R_2} \tag{3.2-10}$$

Bei der in Bild 3.2-2 dargestellten Fachwerkkonstruktion wird der Einfluß der verschiedenen Komponenten sowie der Grad lokaler Schwächungen (D.F.: damage factor) auf die Redundanz R deutlich. Für $R_3 = 1$ existieren dann keine Tragreserven mehr.

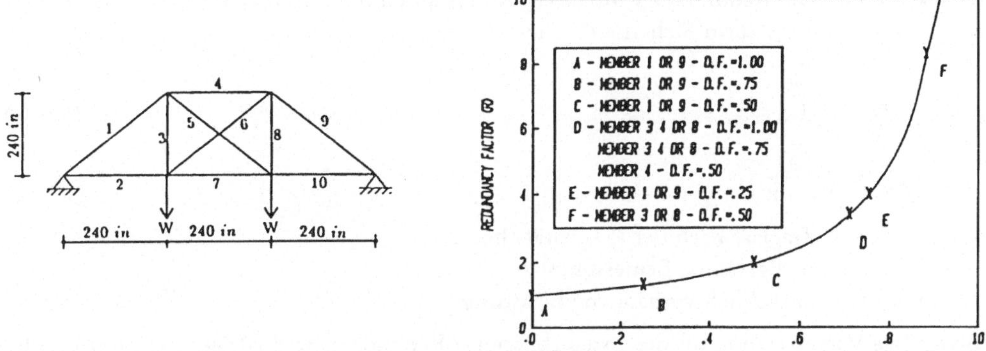

Bild 3.2-2 Einfluß von Bauteilabschwächungen auf die Redundanz (D.F.: damage factor) [Frangopol/Curley, 1987]

Wesentlich für die Höhe der Systemtraglast ist, daß die maßgebenden Querschnitte ausreichend duktil sind. Bei fragilem Versagen wird das Restsystem durch Umlagerung der Schnittgrößen überdurchschnittlich stark beansprucht und die Redundanz verringert.

Bei Zugrundelegung der probabilistischen Sicherheitstheorie zielen die Vorschläge auf eine Erfassung des beschriebenen Systemeffekts über den Sicherheitsindex β. So leiten Ghosn/Moses, 1992, aus der Differenz zwischen Bauteil- und Systemtraglast eine Erhöhung des Sicherheitsindizes um Δβ ab, wodurch der Systemeinfluß explizit berücksichtigt werden kann.

Frangopol/Curley, 1987 geben analog zur deterministischen Betrachtung einen sogenannten Redundanzindex β_R an:

$$\beta_R = \frac{\beta_{intakt}}{\beta_{intakt} - \beta_{geschwächt}} \tag{3.2-11}$$

β_{intakt} – Sicherheitsindex für das intakte System
$\beta_{geschwächt}$ – Sicherheitsindex für das geschwächte System

(b3) *Vereinfachter Ansatz für die Bewertung*

Die dargelegten Ansätze zeigen, daß die rechnerische Erfassung der Redundanz sowohl bei deterministischer als auch bei probabilistischer Betrachtung umfangreich ist. Zudem ist das Querschnittsverhalten (duktil oder fragil), welches in Abschnitt 3.2.1.4 als eigenständiges Kriterium definiert ist, in den genannten Ansätzen bereits implizit enthalten.

Im folgenden vereinfachten Ansatz wird die Redundanz über das statische System und den zum Zeitpunkt einer möglichen Schwächung vorhandenen Ausnutzungsgrad bestimmt. Die Einflußgrößen aus dem statischen System R_{System} bestehen aus der Topologie und den Lagerungsbedingungen. Sie stellen damit ein Maß für systemabhängige Tragreserven dar. Mit dem Ausnutzungsgrad R_{Last} werden zudem „Reserven" erfaßt, die sich aus dem Verhältnis der für die Bemessung maßgebenden und tatsächlich vorhandenen Belastung ergeben.

Nicht berücksichtigt wird das über die γ-Werte vorhandene Sicherheitsniveau, weil hieraus resultierende Reserven systemunabhängig sind. Auch Effekte aus passiver Redundanz werden nicht betrachtet. Die Redundanz wird als ein Reservepotential verstanden, welches das Sicherheitsniveau über die „Norm-Sicherheit" erhöht.

$$R_{System} = \frac{F_u}{F} \tag{3.2-12a}$$

$$R_{Last} = \frac{F_d}{\text{vorh } F} \tag{3.2-12b}$$

F_u – Traglast nach der Plastizitätstheorie
F_d – maßgebende Bemessungslast
vorh F – tatsächlich vorhandene Belastung

Notwendige Voraussetzung für die systemabhängige Redundanz ist ein Tragsystem mit mindestens einer statisch überzähligen Kraftgröße. Damit gilt $R_{system} > 1$. Eine hinreichende Voraussetzung ist, daß das System an keiner Stelle voll ausgenutzt wird ($R_{Last} > 1$). Formal ergibt sich die Redundanz damit zu:

$$R = R_{System}\, R_{Last} \tag{3.2-13}$$

Bei Ermittlung des systemabhängigen Anteils der Redundanz R_{System} ist zu beachten, daß die maßgebenden Bemessungsschnittgrößen ihrerseits vom zugrunde gelegten Rechenverfahren (lineare Elastizitätstheorie ohne bzw. mit begrenzter Schnittgrößenumlagerung, nichtlineare Verfahren) abhängen, weil Schnittgrößenumlagerungen bereits in begrenztem Umfang berücksichtigt sein können. Die Redundanz ist dadurch geringer. Tragwerke, die auf der Grundlage der Plastizitätstheorie, also unter Anwendung des Traglastverfahrens bemessen sind, verfügen nicht mehr über systemabhängige Reserven ($R_{System} = 1$). Nach Litzner, 1993, wird das

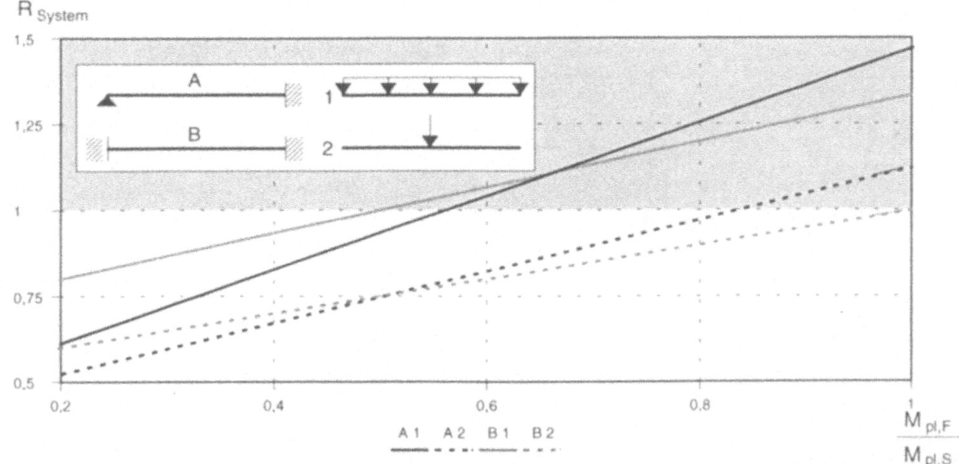

Bild 3.2-3 Einfluß von Querschnittsreserven auf die systemabhängige Redundanz eines Trägers

Traglastverfahren allerdings nur in Sonderfällen zur Anwendung kommen. Für den Brückenbau ist es bislang nicht zugelassen [EC 2, Teil 2, A.2.5.2].

Bild 3.2-3 veranschaulicht die Abhängigkeit der systemabhängigen Redundanz R_{System} vom Verhältnis der plastischen Momente im Feld und Stützbereich für das End- bzw. Innenfeld eines Durchlaufträgers. Lokale Schwächungen sind zunächst nicht berücksichtigt. Für die Bemessung wurden die Schnittgrößen nach der Elastizitätstheorie ohne Umlagerung zugrunde gelegt. Es wird vorausgesetzt, daß jeweils der Stützquerschnitt maßgebend für die Bemessung ist und nur im Feld Querschnittsreserven möglich sind. Dies entspricht beispielsweise einem parallelgurtigen Stahlträger.

In Bild 3.2-3 werden erhebliche Unterschiede deutlich. Sie hängen nicht nur vom statischen System, sondern auch wesentlich vom Lastbild (B2) ab.

Neben dem Absolutwert für die Redundanz R ist ebenso dessen Änderung infolge lokaler Schwächungen von Bedeutung. Damit wird auf kritische Bereiche im Tragwerk, bei denen bereits geringfügige Schwächungen zu einer unverhältnismäßig starken Abnahme der Redundanz führen, hingewiesen. Ausgedrückt wird dies durch den Gradienten R*:

$$R^* = \frac{\partial R}{\partial \beta_i} \qquad (3.2\text{-}14)$$

β_i – Grad der Schwächung an der Stelle i

In Bild 3.2-4 wird an einem Beispiel deutlich, in welchem Umfang sich Schwächungen im Feld und Stützquerschnitt auswirken. System A verhält sich im Vergleich zu System B nicht nur wegen der höheren Absolutwerte, sondern auch wegen der geringeren Abnahme von R_{System}, günstiger.

Einen Sonderfall stellen Daniels-Systeme (s.a. Abschnitt 3.1.2, Ziff. (a)) dar, weil sie sich nur bei planmäßiger Überbemessung („warme Redundanz") oder bei verringerter Belastung ($R_{Last} > 1$) redundant verhalten können (Bild 3.2-5).

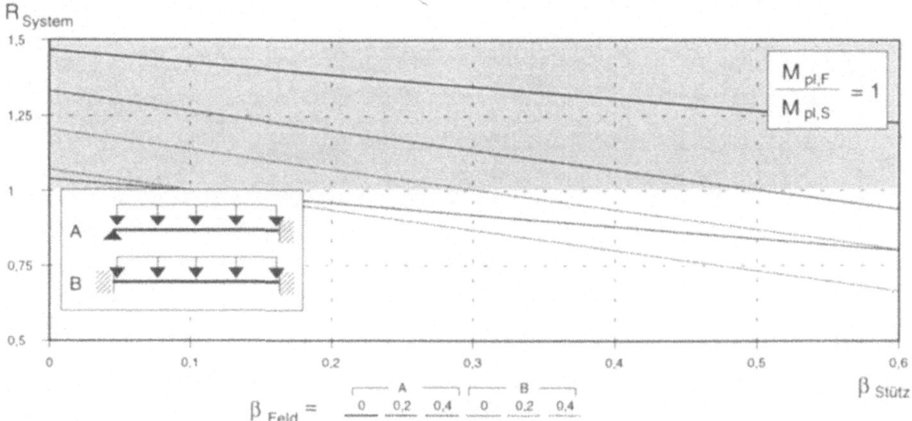

Bild 3.2-4 Einfluß von lokalen Schwächungen auf die Redundanz eines Trägers

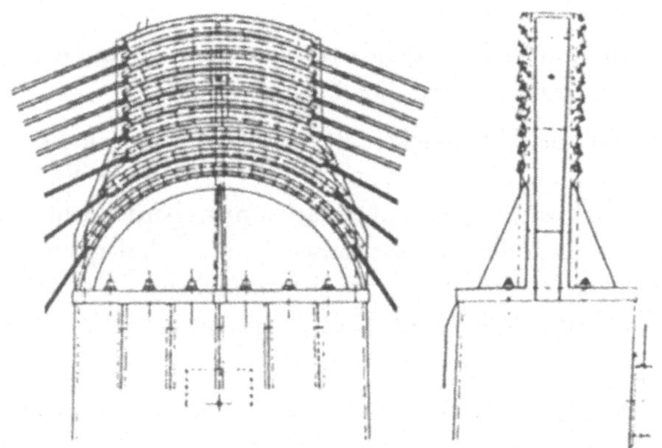

Bild 3.2-5 Parallel angeordnete Tragseile einer Hängebrücke [Schlaich/Pötzl, 1993]

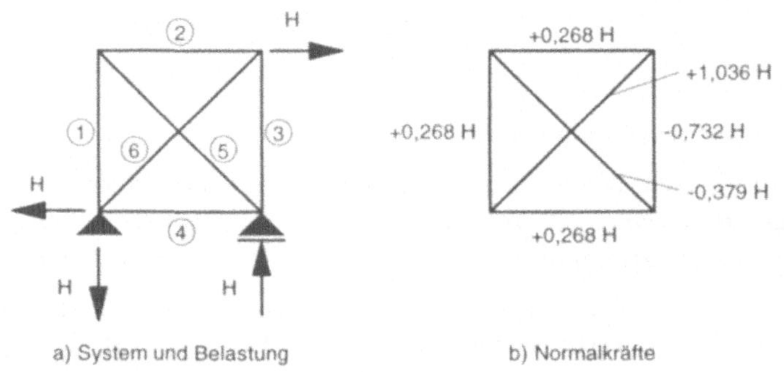

Bild 3.2-6 Beispiel: Redundanz eines Fachwerks

Redundante Tragwerke sind mit dem Ziel

$$R \to \text{Max. bzw. } R^* \to \text{Min.}$$

zu erreichen.

Hinzuzufügen ist, daß optimierte Konstruktionen erwartungsgemäß eine geringere Redundanz aufweisen, weil Querschnittsreserven minimiert werden [Frangopol/Klisinski, 1989].

Die Vorgehensweise zur Bestimmung der Redundanz soll kurz anhand eines 1-fach statisch unbestimmten Fachwerks erläutert werden (Bild 3.2-6).

Aus der Horizontallast H ergeben sich die dargestellten Stabkräfte. Werden diese jeweils der Bemessung zugrunde gelegt, so daß für den einzelnen Stab keine Tragreserven vorhanden sind, ergibt sich für die systemabhängige Redundanz $R_{System} = 1$. Erst der Gradient R* gibt also einen Hinweis auf die Auswirkungen lokaler Schwächungen.

Es zeigt sich, daß eine Schwächung der Stäbe 3 und 6 zu einer deutlich stärkeren Abnahme der Redundanz führt als bei den übrigen Stäben (Bild 3.2-7). Eine effiziente Aufrechterhaltung der Redundanz ist also z.B. durch besondere Schutzmaßnahmen oder eine intensive Wartung der Stäbe 3 und 6 zu erreichen. Alternativ dazu könnten die Stäbe 3 und 6 auch so überbemessen werden, daß sich Schwächungen unabhängig davon, wo sie auftreten, in gleicher Weise auf die Redundanz ($R^*(\beta_i)$ = const.) auswirken. Die in Bild 3.2-7 grau markierte Fläche würde damit eliminiert.

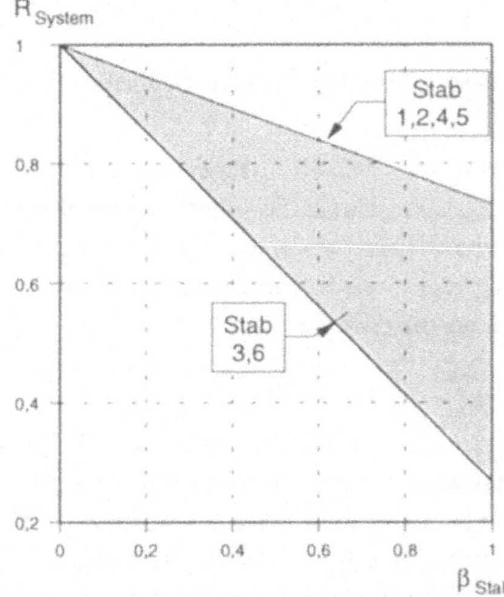

Bild 3.2-7 Beispiel: Abhängigkeit der Redundanz vom Schwächungsgrad β_{Stab} der Stäbe

3.2.1.1.3 Einfluß der Redundanz auf die Versagenswahrscheinlichkeit

(a) *Allgemeines*

Die Versagenswahrscheinlichkeit von Tragwerken resultiert aus der Tatsache, daß Einwirkungen und Widerstände stochastischen Streuungen unterliegen. Es besteht eine endliche Wahrscheinlichkeit, daß die aus Einwirkungen hervorgerufene Beanspruchung (S) größer als die vorhandene Beanspruchbarkeit (R) wird.

Die rechnerische Versagenswahrscheinlichkeit entspricht dem Volumen, das sich zwischen der R-S-Bezugsebene und den darüber aufgetragenen Wahrscheinlichkeitsdichtefunktionen $f_R(r)$ und $f_S(s)$ in dem durch die Grenzzustandsfunktion g(R,S) abgegrenzten Bereich mit negativen Werten befindet [Grundmann, 1989]. Sie ergibt sich als Lösung des Integrals (Bild 3.2-8):

$$p_f = \int_{-\infty}^{\infty} \int_{-\infty}^{\infty} f_R(r)\, f_S(s)\, ds\, dr \tag{3.2-15}$$

$f_R(r)$ – Dichtefunktion des Widerstandes
$f_S(s)$ – Dichtefunktion der Einwirkung

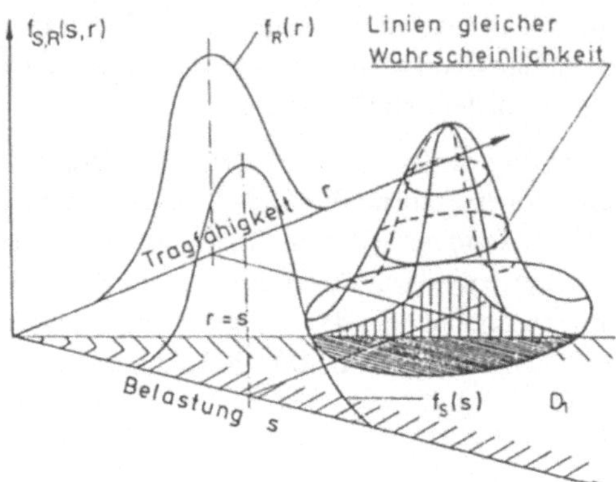

Bild 3.2-8 Berechnung der Versagenswahrscheinlichkeit [Schuëller, 1981]

Einfache Systeme, z.B. Zugstäbe oder Balken auf zwei Stützen, bei denen bereits ein einziges Ereignis zum Versagen führt, können durch die Gegenüberstellung der zufällig einwirkenden Belastung und den zufällig vorhandenen Widerständen geschlossen gelöst werden. Komplexer wird das Problem bei einer Mehrzahl von Komponenten, deren Eigenschaften selbst untereinander stochastischen Änderungen unterliegen.

(b) *Einfluß der Systemtopologie*

Bauwerke sind komplexe Strukturen und bestehen aus einer Vielzahl einzelner Komponenten. Zur Berechnung der Versagenswahrscheinlichkeit von Parallel- bzw. Mischsystemen ist zusätzlich zu den ausschließlich komponentenbezogenen, statistischen Parametern wie Mittelwert, Standardabweichung, Varianz etc. auch das Systemverhalten zu berücksichtigen. Denn in diesen Fällen werden nach Ausfall eines oder mehrerer Komponenten nicht nur die steifigkeitsabhängigen Schnittgrößenumlagerungen, sondern auch die Lastabtragung nach Erreichen der Fließgrenze bestimmt.

Die rechnerische Erfassung der Systemversagenswahrscheinlichkeit ist mit erheblichem rechnerischen Aufwand verbunden. Für näherungsweise Berechnungen stehen diverse Simulationsverfahren zur Verfügung [Rackwitz, 1978; Ditlevsen, 1979; Hohenbichler et al., 1987]. In den nachfolgenden Ausführungen soll auf diese Methoden nicht weiter eingegangen werden, da nur die grundlegenden Zusammenhänge aufgezeigt werden sollen.

Für die Bewertung redundanter Tragwerke wird deshalb die für Maschinenbauprodukte häufig angewandte Boolesche Systemtheorie zugrunde gelegt [Bertsche, 1989]. Hier wird davon ausgegangen, daß das Systemmodell aus stochastisch unabhängigen Komponenten besteht, das Ausfallverhalten der Komponente A also nicht durch das Ausfallverhalten der Komponente B beeinflußt wird. Die damit errechenbare Versagenswahrscheinlichkeit stellt eine untere Grenze dar [Petschacher, 1993]. Desweiteren werden die einzelnen Komponenten entweder „voll funktionsfähig“ oder „total ausgefallen“ angenommen. Partiell funktionsfähige Komponenten sind also ausgeschlossen. Die Systemfunktion ist monoton, d.h. der erste Systemausfall beendet auch die Systemlebensdauer; ausgefallene Komponenten werden nicht wieder funktionsfähig („nicht reparierbar“). Mit diesen Einschränkungen ist es möglich, die Versagenswahrscheinlichkeit von Serien- und Parallelsystemen zu berechnen.

a) Seriensystem

Die obere Grenze der Versagenswahrscheinlichkeit eines Seriensystems entspricht der Vereinigungsmenge der Versagenswahrscheinlichkeit seiner Komponenten. Sie gilt dann, wenn alle Komponenten vollständig stochastisch abhängig voneinander sind (z.B. Beton verschiedener Fertigteile aus demselben Betonwerk). Maßgebend ist dann die Komponente mit der größten Versagenswahrscheinlichkeit. Die untere Grenze ergibt sich bei vollständiger stochastischer Unabhängigkeit der Komponenten (z.B kein Zusammenhang zwischen Wind und Erdbeben). Für n seriell angeordnete Komponenten mit der Versagenswahrscheinlichkeit $p_{f,Ki}$ gilt dann:

$$\max p_{f,Ki} \leq p_{f,S} \leq 1 - \prod_{i=1}^{n} (1-p_{f,Ki}) \tag{3.2-16}$$

Sind die Versagenswahrscheinlichkeiten $p_{f,Ki}$ der einzelnen Komponenten sehr klein, gilt als obere Grenze näherungsweise:

$$p_{f,S} \leq \prod_{i=1}^{n} p_{f,Ki} \tag{3.2-17}$$

b) Parallelsystem

Die untere Grenze der Versagenswahrscheinlichkeit stellt die Durchschnittsmenge der Versagenswahrscheinlichkeit seiner Komponenten dar. Sie gilt für den Fall der aktiven Redundanz, bei der sich alle Komponenten bereits vor einem Ausfall an der Lastabtragung beteiligen. Die obere Grenze wird durch die Komponente mit der geringsten Versagenswahrscheinlichkeit gebildet. Für n parallel angeordnete Komponenten gilt:

$$\prod_{i=1}^{n} p_{f,Ki} \leq p_{f,S} \leq \min p_{f,Ki} \tag{3.2-18}$$

Bild 3.2-9 zeigt den unterschiedlich großen Einfluß der Anzahl der Komponenten. Dem Beispiel liegt eine für alle Komponenten gleich große Versagenswahrscheinlichkeit zugrunde.

Die Versagenswahrscheinlichkeit eines Seriensystems nimmt gegenüber der Versagenswahrscheinlichkeit seiner Komponenten erwartungsgemäß zu. Allerdings fällt diese Zunahme mit sinkendem $p_{f,K}$ entsprechend größer aus. Für im Bauwesen relevante Versagenswahrscheinlichkeiten $p_f < 10^{-4}$ verhält sich die Systemversagenswahrscheinlichkeit annähernd proportional zur Anzahl seiner Komponenten.

Beim Parallelsystem ist dagegen eine überproportionale Abnahme der Versagenswahrscheinlichkeit zu verzeichnen. So werden bereits für eine geringe Anzahl von Komponenten Größenordnungen erreicht, welche im Bauwesen vernachlässigbar sind.

Aus diesem anschaulichen Vergleich der beiden Grundsysteme wird der überragende Einfluß der Systemtopologie deutlich. Unter den eingangs genannten Voraussetzungen kann danach der Einfluß der Redundanz auf die Versagenswahrscheinlichkeit über das in Gl. 3.2-19 angegebene Verhältnis $\alpha_{f,Sys}$ ausgedrückt werden:

$$\alpha_{f,Sys} = \frac{p_{f,S}}{\max p_{f,K}} \qquad (3.2\text{-}19)$$

$\max p_{f,K}$ – Komponente mit der größten Versagenswahrscheinlichkeit

Für $\alpha_{f,Sys} > 1$ wirkt sich also der Systemeffekt negativ aus. Die Versagenswahrscheinlichkeit des Gesamtsystems wird dann kleiner als die der einzelnen Komponente.

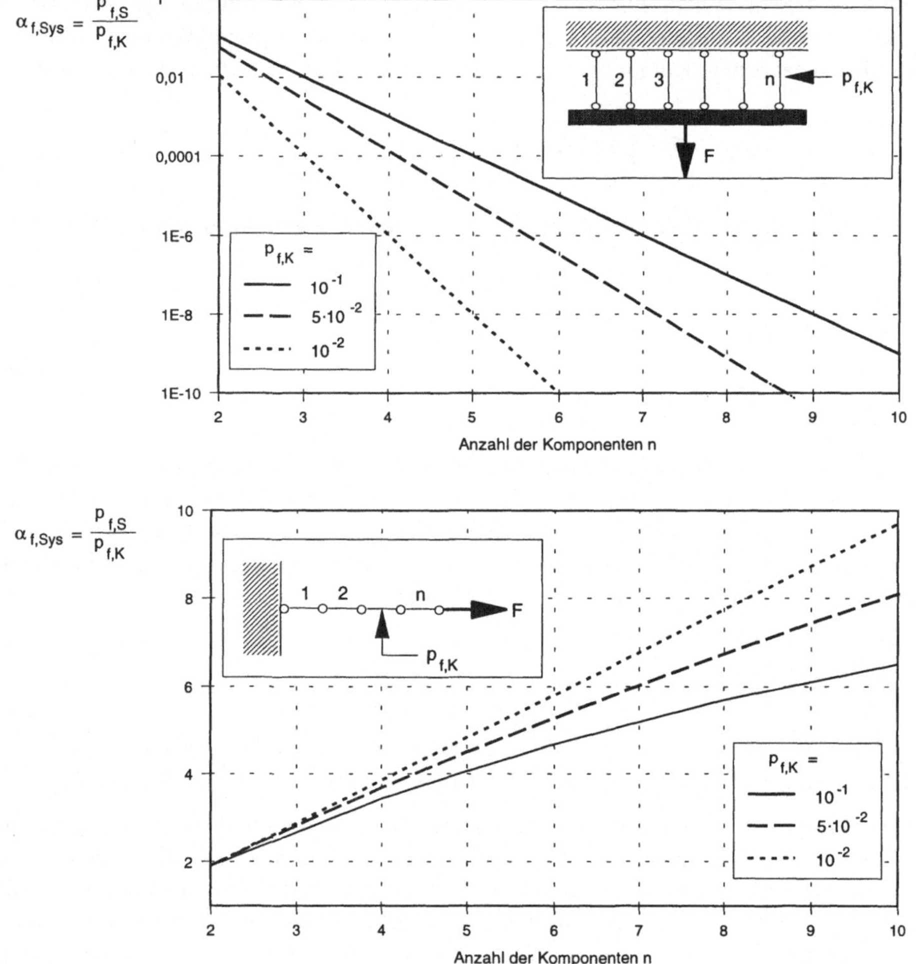

Bild 3.2-9 Einfluß der Systemtopologie auf die Versagenswahrscheinlichkeit (Grundsysteme)

Wie ein weiteres Beispiel zeigt, kann dies selbst dann eintreten, wenn redundante Komponenten vorhanden sind. Durch Verknüpfung der Gl. 3.2-16 und 3.2-18 kann für das in Bild 3.2-10 dargestellte Mischsystem die Versagenswahrscheinlichkeit abgeleitet werden:

$$p_{f,S} \cong \prod_{i=1}^{n} \left(1 - \prod_{j=1}^{m} (1 - p_{f,Ki}) \right) \qquad (3.2\text{-}20)$$

n – Gesamtzahl der Komponenten

m – Anzahl der parallel angeordneten Stränge

Die Auswertung für die hier zugrunde gelegte Versagenswahrscheinlichkeit von $p_{f,K} = 10^{-2}$ für alle Komponenten zeigt, daß das Verhältnis $\alpha_{f,Sys}$ bei zunehmendem Anteil serieller Komponenten größer 1 werden kann. Dieser Übergang ($\alpha_{f,Sys} > 1$) nimmt allerdings mit der Anzahl der Stränge m überproportional stark zu.

Wie Bild 3.2-10 zeigt, kann beispielsweise für $\alpha_{f,Sys} = 1$ ein zweisträngiges System mit nur 11 Komponenten, ein viersträngiges System dagegen aber bereits mit 38 Komponenten ausgebildet werden. Die Anzahl der möglichen, seriellen Komponenten steigt also mit den parallel angeordneten Komponenten (Stränge) überproportional stark an.

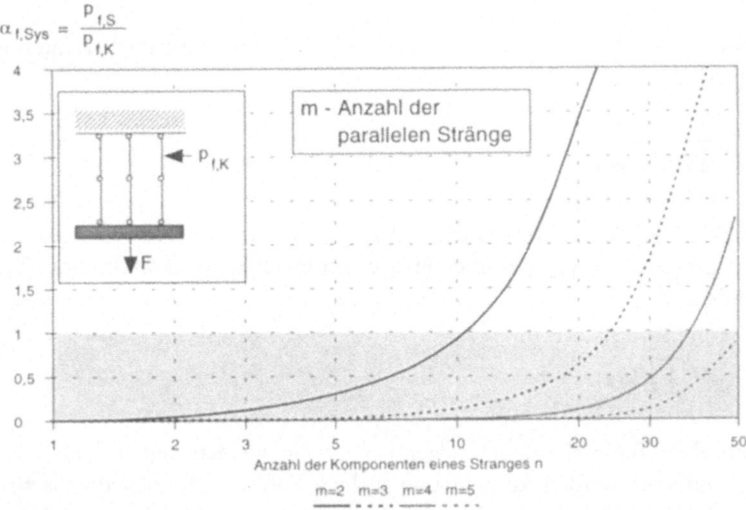

Bild 3.2-10 Einfluß der Systemtopologie auf die Versagenswahrscheinlichkeit (Mischsystem)

(c) *Einfluß der Versagensmodi*

Die Versagenswahrscheinlichkeit eines Systems hängt nicht nur von seiner Topologie, sondern auch von der Auftretenswahrscheinlichkeit der möglichen Versagensmodi ab. Maßgebend wird damit ebenso die Reihenfolge der einzelnen Ausfallereignisse. Für große Systeme erweist sich bereits die Bestimmung der zum Versagen führenden Mechanismen sowie der zugehörigen Grenzzustandsfunktionen trotz numerischer Methoden als außerordentlich aufwendig [Grimmelt/Schuëller, 1986]. Die nachfolgenden Ausführungen beschränken sich daher auf den Einfluß der Versagensmodi auf die Versagenswahrscheinlichkeit des Gesamtsystems.

Das Ausfallverhalten statisch unbestimmter Systeme kann durch Versagenspfade beschrieben werden. Diese beinhalten die für das Systemversagen notwendigen Ausfallereignisse. Zur Ermittlung der Systemversagenswahrscheinlichkeit müssen sämtliche Versagensmodi sowie deren Auftretenswahrscheinlichkeiten bekannt sein.

Erstgenannte können zumindest für kleine Systeme durch ein Ereignis-Baum-Modell („event-tree-model") bzw. durch einen Versagensbaum dargestellt werden. Damit können auf anschauliche Weise diejenigen Ereignisse gefunden werden, welche für ein Systemversagen maßgebend sind.

Mit der Auftretenswahrscheinlichkeit der Versagenspfade $p_{(\text{Pfad } j)}$ kann die Versagenswahrscheinlichkeit des Gesamtsystems eingegrenzt werden. Analog zum Seriensystem gilt nach Ayyub/Ibrahim, 1990:

$$\max p_{f,(\text{Pfad } j)} \leq p_{f,S} \leq 1 - \prod_{j=1}^{n} \left(1 - p_{f,(\text{Pfad } j)}\right) \tag{3.2-21}$$

Auch hier wird der obere Grenzwert bei vollständiger stochastischer Abhängigkeit, der untere Grenzwert bei vollständiger stochastischer Unabhängigkeit der Versagenspfade untereinander gebildet.

Vereinfacht kann als obere Grenze die Summe der Versagenspfade herangezogen werden [Schuëller, 1981]:

$$p_{f,S} \leq \sum_{j=1}^{n} p_{f,(\text{Pfad } j)} \tag{3.2-22}$$

Die in Gl. 3.2-21 und 3.2-22 verwendeten Ansätze für die Auftretenswahrscheinlichkeit der einzelnen Versagenspfade $p_{f,(\text{Pfad } j)}$ können über einen Produktansatz analog zum Parallelsystem berechnet werden:

$$p_{f,(\text{Pfad } j)} = \prod_{j=1}^{k} p_{f,Kj} \tag{3.2-23}$$

An einem einfachen Beispiel soll im folgenden gezeigt werden, auf welche Weise kritische Versagensmodi erkannt werden können und welche Folgerungen sich daraus für den Tragwerksentwurf ergeben. Für das in Bild 3.2-11a) dargestellte, 1-fach statisch unbestimmte Fachwerk ergeben sich drei Versagensmodi. Der Versagensbaum in Bild 3.2-11b) veranschaulicht die kritischen Stäbe 3 und 6. Je früher diese ausfallen, desto höher ist das Risiko eines Systemversagens. Die meisten Stäbe können dann ausfallen, wenn das aus Stab 3 und 6 bestehende „Minimalsystem" erhalten bleibt (Bild 3.2-11c)).

Geht man für alle Fachwerkstäbe von derselben Versagenswahrscheinlichkeit $P_{f,K} = 10^{-2}$ aus, werden die großen Unterschiede erkennbar:

$$p_{f,(\text{Pfad } 1)} = (10^{-2})^5 = 10^{-10}$$

$$p_{f,(\text{Pfad } 2)} = (10^{-2})^2 = 10^{-4}$$

$$p_{f,(\text{Pfad } 3)} = (10^{-2})^3 = 10^{-6}$$

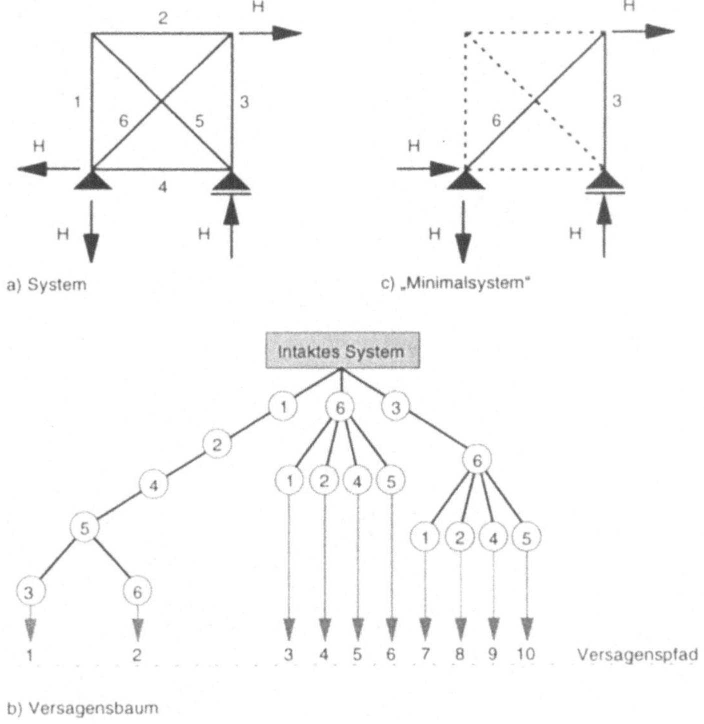

Bild 3.2-11 Versagenswahrscheinlichkeit am Beispiel eines Fachwerks

Der obere Grenzwert der Systemversagenswahrscheinlichkeit ergibt sich bei insgesamt 10 möglichen Versagensmodi wie folgt:

$$p_{f,S} \leq \sum_{j=1}^{10} p_{f,\,(\mathrm{Pfad}\,j)} = p_{f,S} \leq 2 \cdot 10^{-10} + 4 \cdot 10^{-4} + 4 \cdot 10^{-6} \cong 4{,}04 \cdot 10^{-4} \tag{3.2-24}$$

Es zeigt sich, daß es Versagensmodi gibt, die die Versagenswahrscheinlichkeit des Systems maßgeblich bestimmen. In diesem Beispiel sind es die Versagenspfade, bei denen Stab 6 zuerst ausfällt. Maßnahmen zur Verringerung der Versagenswahrscheinlichkeit des Systems müssen daher darauf abzielen, das Ausfallverhalten der kritischen Komponenten, in diesem Fall also des Stabes 6, zu verbessern.

Das vorliegende Beispiel macht deutlich, daß eine Änderung der Versagenswahrscheinlichkeit der Stäbe 1 bis 5 einerseits sowie des kritischen Stabes 6 andererseits annähernd gleichbedeutend ist (Bild 3.2-12). Fünf Stäbe haben also den gleichen Einfluß auf die Versagenswahrscheinlichkeit des Fachwerks wie jener kritische Stab 6.

Für die Bewertung der Redundanz bei probabilistischer Betrachtungsweise ergeben sich folgende Ergebnisse: (1) Voraussetzung für die Beurteilung der Systemversagenswahrscheinlichkeit ist die Lokalisierung der kritischen Komponenten. Sie geben den für das Systemverhalten kriti-

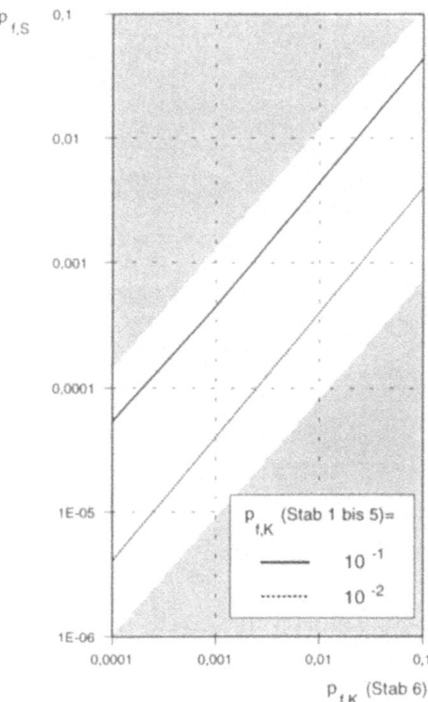

Bild 3.2-12 Beispiel: Einfluß der Stäbe auf die Versagenswahrscheinlichkeit des Systems

schen Versagenspfad an, welcher maßgeblich die rechnerische Versagenswahrscheinlichkeit bestimmt. (2) Eine effiziente Begrenzung der Versagenswahrscheinlichkeit ist immer dann gegeben, wenn die Versagenspfade „möglichst lang" sind und keine zu großen Unterschiede in der „Länge" ausweisen. Ist dies der Fall, brauchen nur die kritischen Komponenten betrachtet werden. Welche Lösung am günstigsten ist, hängt von der Versagenswahrscheinlichkeit und Anzahl der Komponenten sowie vom möglichen Ausmaß eines Ausfalls ab. Ist nur ein Teilausfall zu erwarten, kann möglicherweise für einzelne Komponenten eine höhere Versagenswahrscheinlichkeit zulässig sein.

In Bild 3.2-13 ist dieser Zusammenhang für den Ausfall der Lager einer 4-feldrigen Brücke dargestellt.

(d) *Redundanz versus Streuung*

Die Versagenswahrscheinlichkeit einer Komponente wird durch die Wahrscheinlichkeitsverteilung von Einwirkung und Widerstand bestimmt. Bei Berechnung der Versagenswahrscheinlichkeit nach dem Level II-Verfahren werden die Verteilungsfunktionen mittels statistischer Kennzahlen charakterisiert. Mit diesen Kennzahlen können Aussagen über die zentrale Tendenz, das Streumaß und die Schiefe gemacht werden.

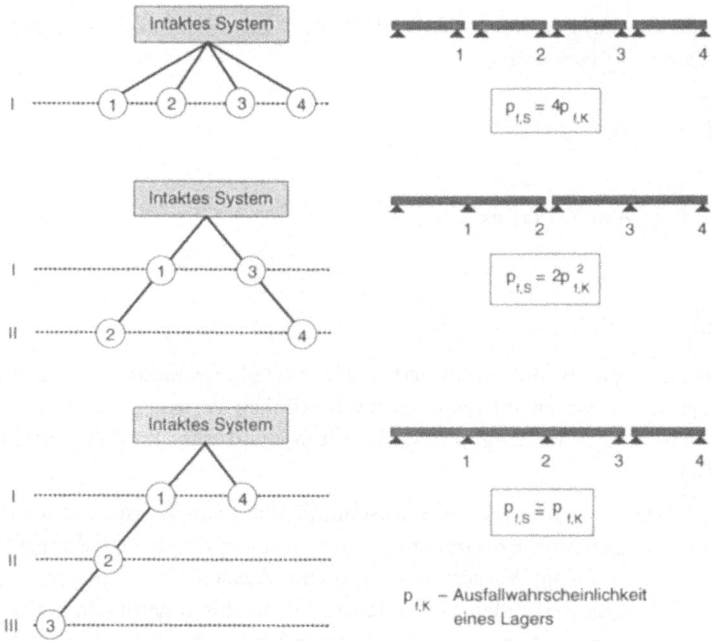

Bild 3.2-13 Versagenswahrscheinlichkeit einer Brücke bei Ausfall einzelner Lager

Die zentrale Tendenz wird durch den Mittelwert m_x beschrieben. Für eine kontinuierlich verlaufende Verteilungsfunktion gilt (Bild 3.2-14):

$$m_x = \int_{-\infty}^{\infty} x f_x(x)\, dx \tag{3.2-25}$$

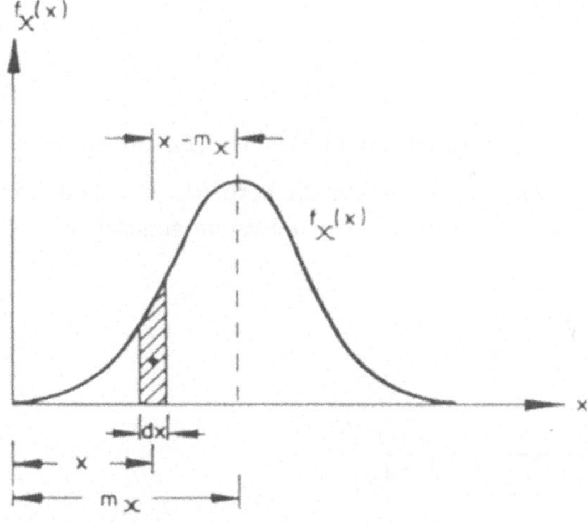

Bild 3.2-14 Beschreibende Parameter einer Verteilungsfunktion

Als Maß für die Streuung werden die Varianz $\sigma_x{}^2$, die Standardabweichung σ_x, und der Variationskoeffizient V_x verwendet:

$$\sigma_x^2 = \int_{-\infty}^{\infty} (x - m_x)^2 \, f_x(x) \, dx \qquad (3.2\text{-}26)$$

$$\sigma_x = \sqrt{\int_{-\infty}^{\infty} (x - m_x)^2 \, f_x(x) \, dx} \qquad (3.2\text{-}27)$$

$$V_x = \frac{\sigma_x}{m_x} \qquad (3.2\text{-}28)$$

Die Schiefe kommt durch die Asymmetrie der Verteilungsfunktion zum Ausdruck. Zur Beschreibung der im Bauwesen auftretenden stochastischen Vorgänge haben sich die Gaußsche bzw. Normal-Verteilung, die Lognormal-Verteilung und die Poisson-Verteilung bewährt [Schuëller, 1981].

Eine wirksame Begrenzung der Versagenswahrscheinlichkeit von Tragsystemen kann zum einen durch Anordnung redundanter Komponenten, zum anderen durch Verteilungsfunktionen mit geringer Standardabweichung, Varianz oder großem Abstand ν_0 (= m_R/m_S) untereinander erreicht werden. Fehlende Redundanz kann demnach nur durch geringere Streuungen auf der Einwirkungs- bzw. Widerstandsseite kompensiert werden.

In welchem Ausmaß dieser Effekt zum Tragen kommt, soll der Vergleich zwischen einem Parallelsystem und einem 1-Komponenten-System verdeutlichen (Bild 3.2-15). Auf das System wirkt die Last F, welche auf die Komponenten gleichmäßig verteilt wird. Die Querschnitte der Zugstäbe sind so ausgelegt, daß im Mittel 2/3 der Fließspannung σ = 300 N/mm^2 erreicht werden. Der zentrale Sicherheitsfaktor beträgt damit ν_0 = 300/200 = 1,5. Die Verteilungsfunktionen $f_R(x)$ und $f_S(x)$ sind normalverteilt angenommen.

Mit dem Sicherheitsindex β, der in Gl. 3.2-29 für eine Normalverteilung angegeben ist, kann der funktionale Zusammenhang zwischen Versagenswahrscheinlichkeit p_f und den Variationskoeffizienten V_R bzw. V_S abgeleitet werden.

$$\beta = \frac{m_R - m_S}{\sqrt{\sigma_R^2 - \sigma_S^2}} \qquad (3.2\text{-}29)$$

Für normal verteilte Funktionen gelten die in Tabelle 3.2-1 angegebenen Zahlenwerte.

In den nachfolgenden Gleichungen ist der Sicherheitsindex und Variationskoeffizient als Funktion der Komponentenanzahl für ein Parallelsystem angegeben.

$$\beta(n) = -\Phi^{-1}\left(\prod_{i=1}^{n} p_{f,Ki}\right) \qquad (3.2\text{-}30)$$

$$V_R(n) = \sqrt{\frac{(m_R - m_S)^2}{\beta^2(n)\, m_R^2} + V_S^2 \left(\frac{m_S}{M_R}\right)^2} \qquad (3.2\text{-}31)$$

Zeile	Sicherheitsklasse	Versagenswahrscheinlichkeit p_f	Sicherheitsindex β	Erläuterungen
1	1	10^{-5}	4,2	Versagen ist ohne Gefahr für Menschenleben; wirtschaftliche Folgen sind gering
2	2	10^{-6}	4,7	Versagen bedeutet Gefahr für Menschenleben und/oder große wirtschaftliche Folgen
3	3	10^{-7}	5,2	Bedeutung der baulichen Anlage für öffentliche Sicherheit ist groß

Tabelle 3.2-1 Sicherheitsklassen, operative Versagenswahrscheinlichkeit und Sicherheitsindex im ULS (Bezugszeitraum 1 Jahr), nach [DIN, 1981]

Bild 3.2-15 zeigt eine mit steigender Anzahl der Komponenten deutliche Verringerung des „zulässigen" Variationskoeffizienten V_R in bezug auf das 1-Komponentensystem. Besonders ausgeprägt ist dieser Einfluß bei nur wenig streuenden Einwirkungen (V_S klein) und beim Übergang vom nichtredundanten (1-Komponenten-) System zum redundanten (Mehrkomponenten-) System. Die Redundanz trägt also maßgeblich dazu bei, daß die Anforderungen an die Streuung der Variablen (hier auf der Widerstandsseite) verringert werden können.

Anhand der Wahrscheinlichkeitsdichte der Zufallsvariablen kann dies veranschaulicht werden. Gl. 3.2-32 stellt die Funktion des Bauteilwiderstandes (hier: Fließgrenze der Stäbe) bei Normalverteilung in Abhängigkeit vom Mittelwert m_R und Variationskoeffizienten V_R dar.

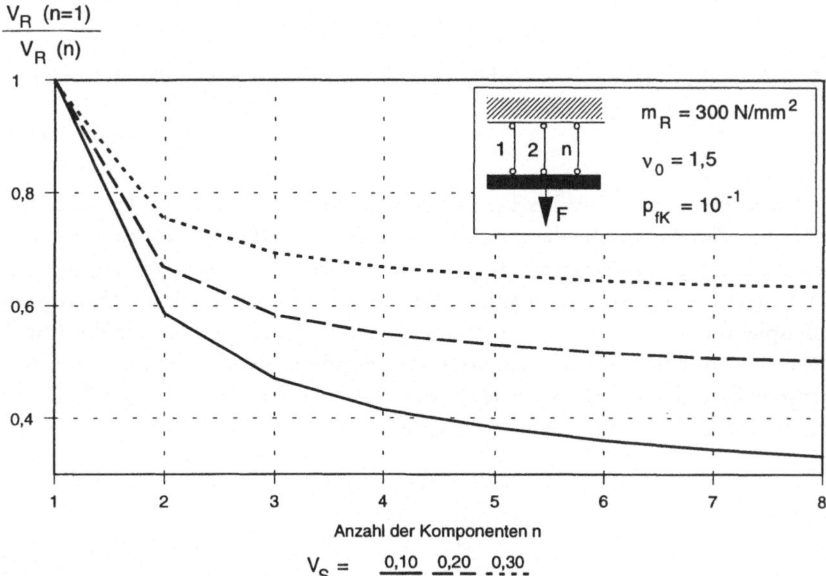

Bild 3.2-15 Einfluß der Komponentenanzahl auf die „zulässige" Streuung des widerstandsseitigen Variationskoeffizienten V_R

$$f_R(r) = \frac{1}{V_R(n)\, m_R\, \sqrt{2\pi}}\, e^{\left[-\frac{1}{2}\left(\frac{r-m_R}{V_R\, m_R}\right)^2\right]} \tag{3.2-32}$$

Bild 3.2-16 zeigt hierzu die Auswertung von Gl. 3.2-32 für die in Bild 3.2-15 zugrunde gelegten Annahmen. Es wird der überragende Einfluß der Redundanz auf die „zulässige" Streuung der Komponenten deutlich. Je weniger Komponenten, desto geringer muß die Streuung des Bauteilwiderstandes sein, um die erforderliche Versagenswahrscheinlichkeit des Gesamtsystems zu gewährleisten. Dies gilt insbesondere für wenig streuende Einwirkungen.

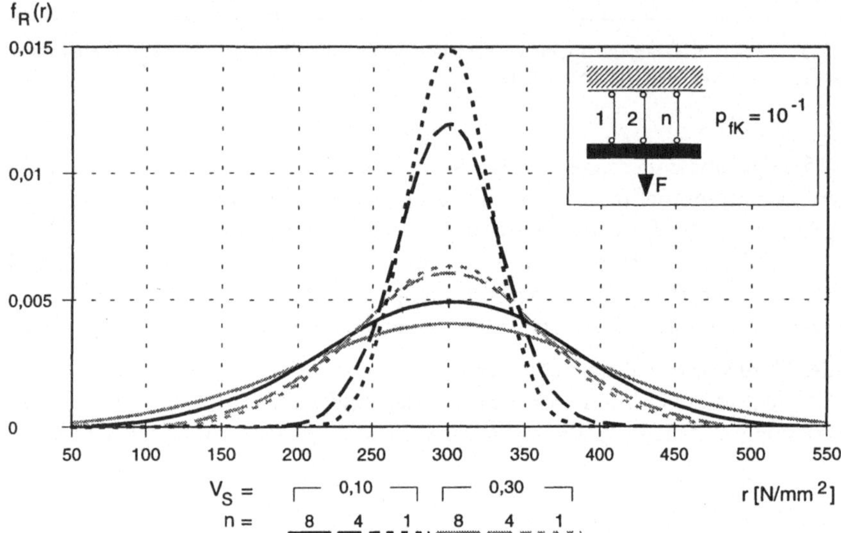

Bild 3.2-16 Einfluß der Komponentenanzahl auf die „zulässige" Verteilungsfunktion (Widerstandsseite)

Maßgeblich wird die Versagenswahrscheinlichkeit durch die „Schwänze" der Verteilungsfunktionen bestimmt. Zur Veranschaulichung des Einflusses der Komponentenanzahl sind in Bild 3.2-17 die auf das 1-Komponentensystem bezogenen Verteilungsfunktionen angegeben. Daraus werden die Unterschiede besonders deutlich. Die von den Kurven und der Abszisse gebildeten Flächen (Beispiel für $n = 2$, $V_S = 0{,}10$ schraffiert) stellen dabei ein Maß für die Abnahme der Versagenswahrscheinlichkeit eines Parallelsystems gegenüber dem 1-Komponentensystem dar. Erwartungsgemäß sind die Unterschiede in den äußeren Bereichen am größten, wobei der logarithmische Maßstab der Ordinate zu beachten ist.

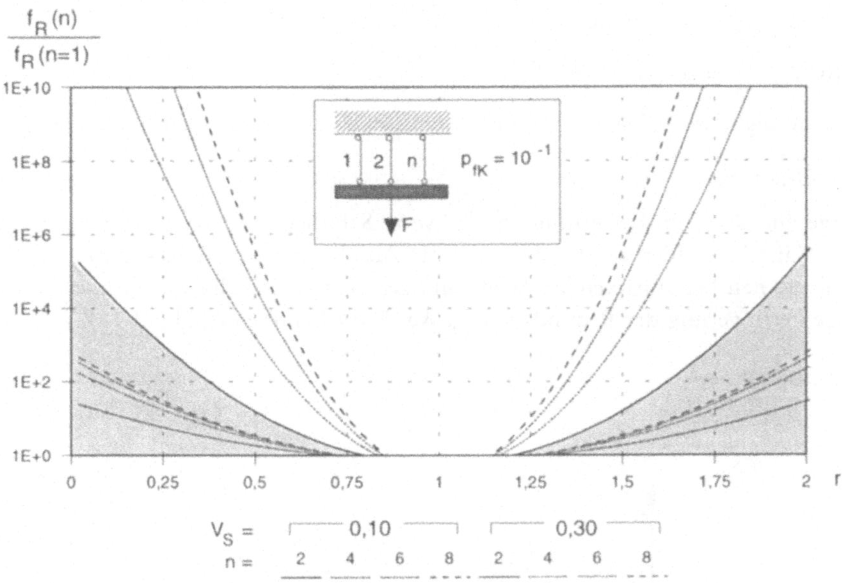

Bild 3.2-17 Einfluß der Komponentenanzahl auf Änderungen der Verteilungsfunktion (Widerstandsseite)

3.2.1.1.4 Modell für die Bewertung

(a) *Grob-Bewertung*

Für eine grobe Abschätzung der Redundanz eignet sich der Grad der statischen Unbestimmtheit. Der unterschiedliche Einfluß von innerer und äußerer statischer Unbestimmheit wird durch eine Abminderung des Anteils der inneren statischen Unbestimmtheit berücksichtigt. Für Stabwerke wird diese mit 50% angesetzt, so daß sich die ROB-Kennzahl für die Redundanz wie folgt ergibt:

$$ROB^A_{1,\,\text{Stab}} = a + \frac{1}{2}z - \frac{3}{2}p - \frac{3}{2}\ \text{(eben)} \tag{3.2-33}$$

$$ROB^A_{1,\,\text{Fach}} = a + \frac{1}{2}z - 3p - 3\ \text{(räuml.)} \tag{3.2-34}$$

Für Fachwerke wird eine Abminderung um 75% angenommen, weil Schnittgrößen nur durch Inanspruchnahme der Rahmenwirkung (Vierendeel-System) umgelagert werden können.

$$ROB^A_{1,\,\text{Fach}} = a + \frac{1}{4}p - \frac{1}{2}k - \frac{9}{4}\ \text{(eben)} \tag{3.2-35}$$

$$ROB^A_{1,\,\text{Fach}} = a + \frac{1}{4}p - \frac{3}{4}k - \frac{9}{2}\ \text{(räuml.)} \tag{3.2-36}$$

Sind die Stäbe eines Fachwerks ideal gelenkig miteinander verbunden, beträgt die Abminderung 100%.

$$\text{ROB}_{1,\,\text{Fach}}^{A} = a - 3 \text{ (eben)} \tag{3.2-37}$$

$$\text{ROB}_{1,\,\text{Fach}}^{A} = a - 6 \text{ (räumlich)} \tag{3.2-38}$$

Die Anwendung dieser Gleichungen setzt voraus, daß das System nicht kinematisch ist.

(b) *Fein-Bewertung*

Grundlage für die Fein-Bewertung ist die vom Schwächungsgrad abhängige Traglast des Systems. Maßgebend hierfür ist zum einen der Absolutwert der Traglast sowie das Maß für dessen Abnahmen bei auftretenden Schwächungen. Damit soll die vom Schwächungsgrad β abhängige Verringerung der Redundanz zum Ausdruck kommen (Bild 3.2-18).

$$\text{ROB}_{1}^{B} = \frac{R}{R^{*}(\beta_i)} \tag{3.2-39}$$

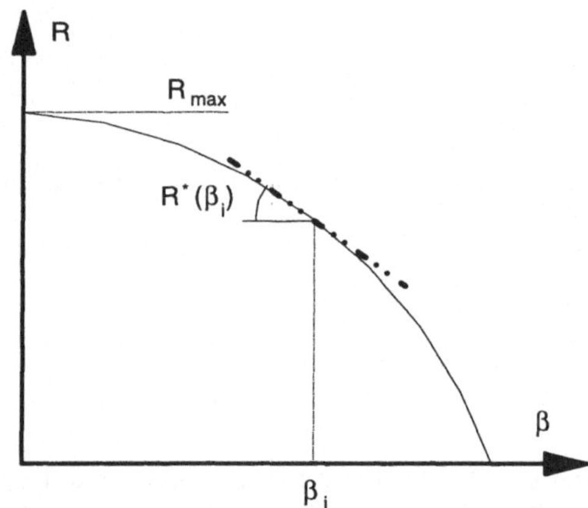

Bild 3.2-18 Maß für die Redundanz bei der Fein-Bewertung

3.2.1.2 Ausfallsicherheit

Brückentragwerke sind durch den Verkehr sowie durch Einflüsse aus der Umwelt gefährdet. So stellen die Unterspülung von Gründungen bzw. Widerlagern und der Anprall von Fahrzeugen die häufigsten Schadensursachen dar [Peil, 1977]. Dies bestätigen auch Schadensfälle aus jüngster Vergangenheit.

Im Gegensatz zur Unterspülung von Gründungen ist ein Fahrzeuganprall bei der Bemessung zu berücksichtigen, sofern ein Gefahrenpotential diesbezüglich besteht. In den Normen sind dazu Abstände und Lastannahmen angegeben, z.B. [DIN 1072, 5.3]. Anprallgefahren bestehen durch Straßen- und Schienenfahrzeuge bzw. Schiffe sowie während der Herstellung z.B. auch durch Baukräne. Die Intensität des Anpralls hängt von der „Kinematik" ab. Matousek, 1989, gibt hierfür in Anlehnung an SIA 160 Gefährdungsbilder an (Bild 3.2-19).

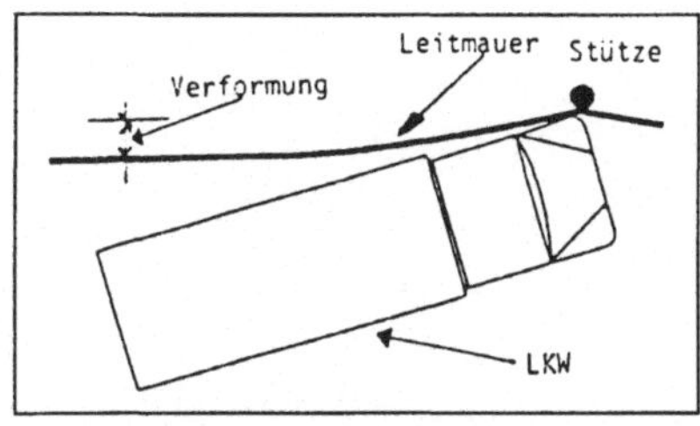

Gefährdungsbild 1, Extreme Verformung der Leitmauer und Anprall an die Stütze

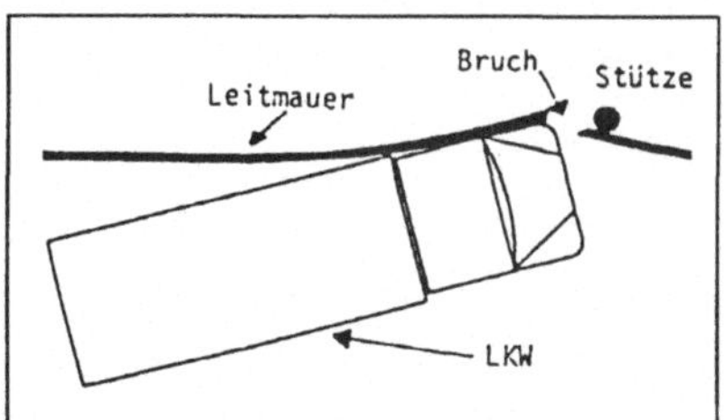

Gefährdungsbild 2, Durchbrechen der Leitmauer und Anprall an die Stütze

Bild 3.2-19 Gefährdungsbilder für einen Fahrzeuganprall [Matousek, 1989]

Für die Bewertung der Ausfallsicherheit bei seitlichem Fahrzeuganprall ist die Distanz zwischen dem Fahrbahnrand und den anprallgefährdeten Traggliedern maßgebend. Dabei ist unerheblich, ob einzelne Tragglieder hierfür bemessen wurden, da sich die Ausfallsicherheit im Sinne der Robustheit (s.a. Abschnitt 3.1.2) auf unvorhergesehene und damit nicht erfaßte Einwirkungen bezieht. Auch nach Norm bemessene Tragglieder sind demnach nicht zwangsläufig ausfallsicher.

Die Wahrscheinlichkeit eines Anpralls nimmt in Abhängigkeit von vorhandenen Sicherungsvorkehrungen (z.B. Distanzschutzplanken) und der Ebenheit der Geländeoberfläche ab. In Anlehnung an SIA 160, 4.15 wird davon ausgegangen, daß eine Anprallgefahr nur bei einem seitlichen Abstand der betreffenden Bauteile bis zu 3,0 m (innerorts) bzw. 10,0 m (außerorts) besteht. Die Gefahrenzone zwischen Lichtraum und Unterkante Überbau wird mit einer maximalen Höhe von 2,0 m angesetzt. Für die Wahrscheinlichkeit eines Anpralls wird vereinfachend angenommen, daß diese proportional mit der Entfernung zum betrachteten Tragglied abnimmt. Da die Abstände zu den maßgebenden Traggliedern aufgrund der Bauwerksgeometrie nicht konstant sein müssen, werden die in Bild 3.2-20 dargestellten Flächen als effektive Gefahrenzonen zugrunde gelegt.

Die Wahrscheinlichkeit eines Fahrzeuganpralls nimmt demzufolge mit zunehmender effektiver Gefahrenzone ab.

$$\frac{p_1}{p_{Anprall}} = \frac{A_{Gefahr}}{A_{eff}} \tag{3.2-40}$$

$p_{Anprall}$ – tatsächliche Anprallwahrscheinlichkeit
A_{eff} $= A_{S1} + A_{S2} + A_O$

Für eine vergleichende Bewertung ist die tatsächliche Anprallwahrscheinlichkeit nicht relevant. Es ist daher völlig ausreichend, lediglich die vom Quotienten A_{Gefahr}/A_{eff} abhängige Vergleichsgröße p_1 zu betrachten.

Zusätzlich zum Abstand ist die mögliche Anprallfläche der betreffenden Tragglieder und die durch einen Anprall verursachten Kräfte auf das Brückentragwerk zu berücksichtigen. Die Anprallfläche ergibt sich aus den tatsächlichen bzw. projizierten Seitenlängen der Tragglieder parallel und rechtwinklig zur Fahrtrichtung.

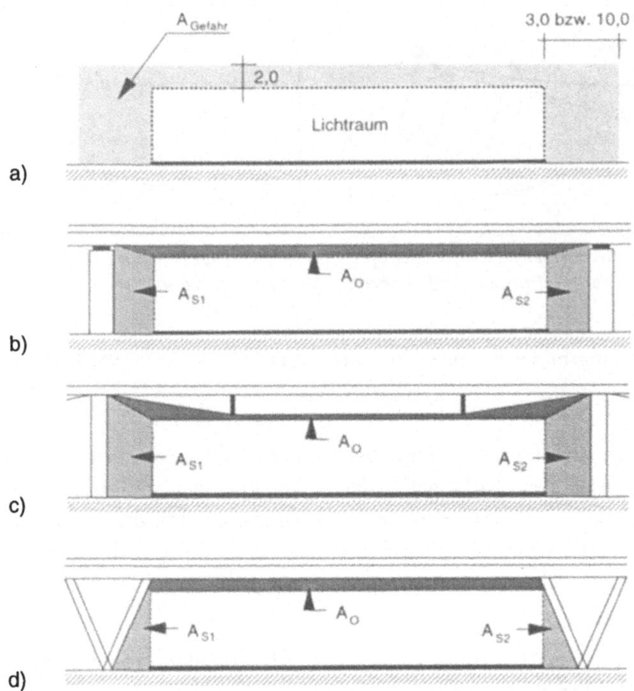

Bild 3.2-20 Rechnerische Erfassung der Gefahrenzonen

In Anlehnung an DIN 1072, 5.3, wo in Fahrtrichtung eine seitliche Anprallast von 1000 kN und rechtwinklig dazu die Hälfte anzusetzen ist, werden die Seitenlängen im Verhältnis dieser Größen gewichtet (Bild 3.2-21). Damit soll analog zur Bemessung das unterschiedliche Gefahrenpotential für die Brücke ausgedrückt werden.

Aus der Geometrie der ausfallgefährdeten Tragglieder kann die Anprallwahrscheinlichkeit analog zu Gl. 3.2-40 abgeleitet werden (Bild 3.2-21):

$$\frac{p_2}{p_{Anprall}} = \frac{b_{eff}}{b_{Gefahr}} = \frac{2\,b^{T} + b^{II}}{3\,(b^{T} + b^{II})} \tag{3.2-41}$$

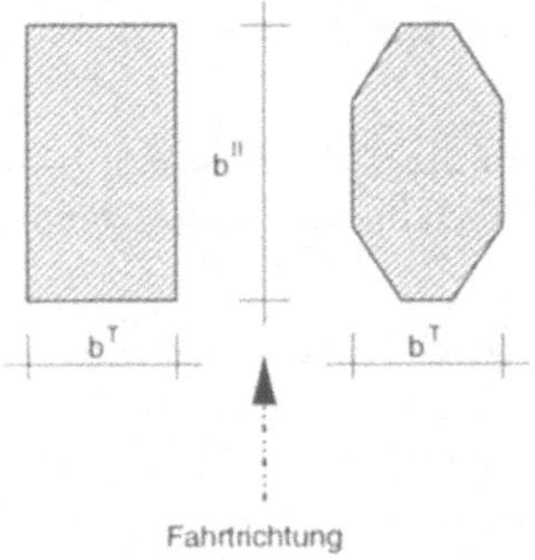

Bild 3.2-21 Effektive Seitenlänge ausfallgefährdeter Tragglieder

Die Erfassung stoßartiger Einwirkungen ist, wenn diese unter wirklichkeitsnahen Randbedingungen betrachtet werden, außerordentlich komplex. Sie können daher in diesem Zusammenhang nicht adäquat berücksichtigt werden [Eibl, 1981; Ammann, 1983]. An dieser Stelle soll ein einfaches Modell, welches die wesentlichen Einflußgrößen tendenziell erfaßt, genügen.

Die durch einen Anprall verursachten Kräfte sind nach dem Impulssatz der Mechanik von der Geschwindigkeit und Masse des Fahrzeugs sowie der Steifigkeit des Traggliedes abhängig. Legt man das in Bild 3.2-22 dargestellte mechanische Modell für den Widerstand des Tragglieds zugrunde, ergibt sich unter Annahme eines elastischen Stoßes und geradlinigem Anprall folgende Gleichung:

$$m\,(v_0 - v) = \int_0^t F\,dt \qquad (3.2\text{-}42)$$

m – Masse des Fahrzeugs
v_0 – Geschwindigkeit des Fahrzeugs vor dem Anprall
v – Geschwindigkeit des Fahrzeugs nach dem Anprall
F – Anprallast

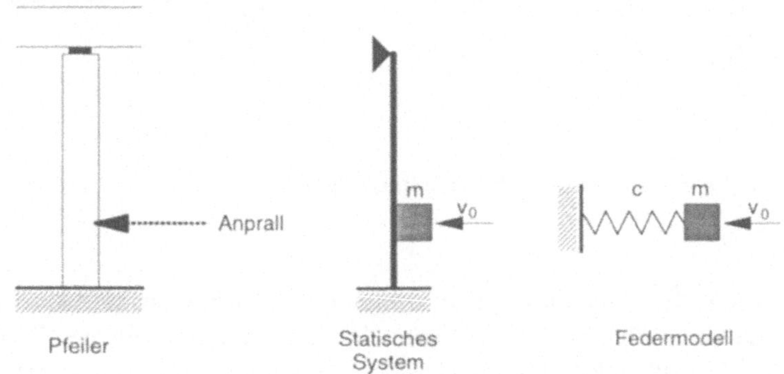

Bild 3.2-22 Mechanisches Modell für einen Fahrzeuganprall

Mit s als Maß für die Zusammendrückung der Feder ergibt sich aus Gl. 3.2-42 die Integralgleichung:

$$m\left(v_0 - \frac{ds}{dt}\right) = \int_0^t c\,s\,dt \qquad (3.2\text{-}43)$$

Die maximale Anprallkraft F ergibt sich bei Beachtung der vorgegebenen Randbedingungen aus Gl. 3.2-44:

$$\max F = v_0 \sqrt{m\,c} \qquad (3.2\text{-}44)$$

Die wirksame Anprallkraft nimmt also unterproportional mit der Steifigkeit des Traggliedes zu. Nachgiebige Tragglieder beanspruchen also das Gesamtsystem weniger stark. Ist das System ausreichend verformungsfähig, verringert sich somit auch die Versagenswahrscheinlichkeit.

In Bild 3.2-23 ist die Abhängigkeit der wirksamen Anprallkraft vom verwendeten Werkstoff für Brückenpfeiler mit jeweils gleicher Normalkrafttragfähigkeit für die genannten Annahmen angegeben. Die Betonpfeiler sind dabei als ungerissen angenommen. Eibl, 1981, gibt zur Berechnung der wirksamen Anprallkraft werkstoffabhängige Faktoren für Stahl (k = 1810), Beton (k = 1040) und Holz (k = 720) an.

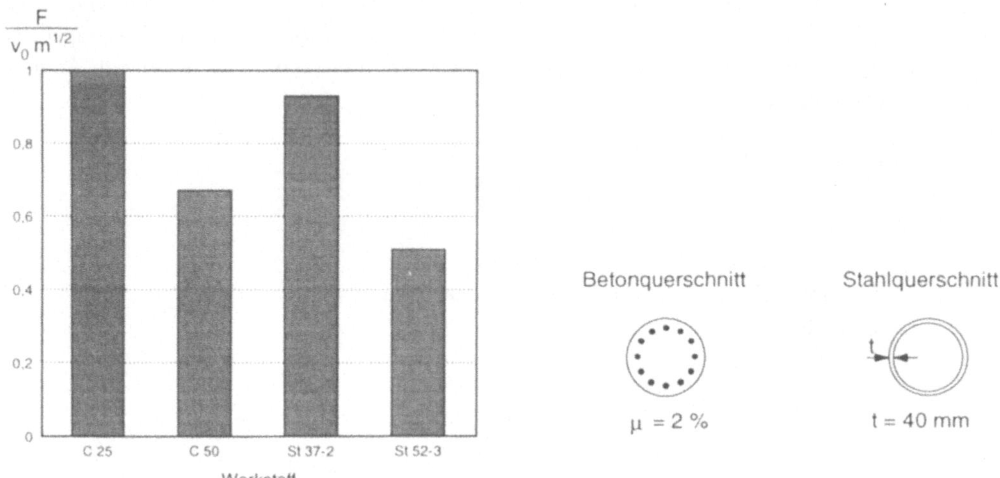

Bild 3.2-23 Einfluß der Werkstoffe auf die wirksame Anprallkraft

Die Erfassung des realen Anprallrisikos ist komplex. Wirklichkeitsnahe Aussagen sind nur möglich, wenn Gefahrensituationen unter Berücksichtigung aller wesentlichen Parameter (z.B. Geschwindigkeit, Anprallwinkel, Fahrzeuggewicht, Verkehrsdichte) bekannt sind. Konkrete risikovermindernde Maßnahmen können über eine zuvor festgelegte Risikoakzeptanz (Tote/Jahr) und die Rettungskosten (DM/Geretteter) ergriffen werden [Matousek, 1989].

Für das im folgenden vorgeschlagene einfache Bewertungsmodell werden wirtschaftliche Aspekte ebenso außer acht gelassen wie das tatsächliche Risiko eines Fahrzeuganpralls. Eventuell vorhandene Sicherungsmaßnahmen zur Verminderung der Anprallgefahren müßten jeweils gesondert betrachtet werden.

Unter Einbeziehung der in Gl. 3.2-40, 3.2-41 und 3.2-44 dargelegten Zusammenhänge wird als Maß für die Ausfallsicherheit

$$ROB_2 = \frac{A_{eff}}{A_{Gefahr}} \frac{1}{\prod_{i=1}^{n} \frac{b_{eff,i}}{b_{Gefahr,i}} \sqrt{c_i}} \qquad (3.2\text{-}45)$$

definiert, wobei n die Anzahl aller ausfallgefährdeten Tragglieder umfaßt (s.a. Bild 3.2-20).

3.2.1.3 Stabilisierende Konstruktion

Kennzeichnend für stabilisierende Konstruktionen sind die durch Überlasten oder unvorhergesehene Imperfektionen nur unterproportional steigenden Beanspruchungen. In der elasto-statischen Stabilitätstheorie wird zur Erfassung des Einflusses der Theorie II. Ordnung ein Vergrößerungsfaktor verwendet, welcher das Verhältnis der Schnittgrößen mit (S^{II}) und ohne (S^{I}) Berücksichtigung der Verformungen angibt [Franz et al., 1991]:

$$\frac{S^{II}}{S^{I}} = \frac{1-(m-1)\dfrac{N}{N_K}}{1+\dfrac{N}{N_K}} \qquad (3.2\text{-}46)$$

N – vorhandene Normalkraft (Druckkraft negativ)
N_K – Knicklast

m berücksichtigt dabei die abweichende Form der Knickbiegelinie zur Biegelinie aus Querbelastung. Sind beide affin zueinander, was z.B. bei einem beidseitig gelenkig gelagerten Stab mit konstanter Streckenlast annähernd der Fall ist, gilt $m \cong 1$. Für andere Fälle liegen die Werte zwischen 0,8 und 1,2.

Für planmäßig biegebeanspruchte Tragglieder, welche sich im elastischen Bereich befinden, stellt der in Gl. 3.2-46 angegebene Vergrößerungsfaktor eine einfache und zugleich außerordentlich zutreffende Abschätzung für die Beanspruchungen nach Theorie II. Ordnung dar [Petersen, 1982]. Wichtig ist, daß damit ebenso Zugkräfte erfaßt werden können und somit ein Vergleich von druck- und zugbeanspruchten Konstruktionen möglich ist.

Für eine Betrachtung des Tragverhaltens ist zunächst zwischen Bauteilen mit und ohne planmäßiger Querbelastung zu unterscheiden. Sind Querlasten vorhanden, ist der Einfluß steigender Querlasten einerseits und Normalkräfte andererseits zu unterscheiden. Erhöhen sich nur die Querlasten, steigen die Beanspruchungen bei Druck überproportional und bei Zug unterproportional an.

Bei einer Änderung der Normalkräfte ergibt sich dagegen ein stärker ausgeprägter Unterschied zwischen Druck und Zug (Bild 3.2-24). Druckkräfte vergrößern die Schnittgrößen, Zugkräfte führen zu einer Verringerung. Für $|N/N_K| < 0{,}5$ sind die Änderungen im Druck- und Zugbereich annähernd gleich groß. Erst bei hohen, im Gebrauchszustand aber nicht mehr relevanten Druckkräften steigen die Schnittgrößen stark an.

Der Vergrößerungsfaktor S^{II}/S^{I} (Gl. 3.2-46) kann also auch kleiner 1 werden. Er stellt damit ein Maß für die Stabilisierungsfähigkeit einer Konstruktion dar und wird im weiteren als Destabilisierungsfaktor bezeichnet.

Für Bauteile aus Stahlbeton, welche sich bereichsweise in gerissenem Zustand befinden, liefert Gl. 3.2-46 zunächst keine brauchbaren Ergebnisse, da zur geometrischen Nichtlinearität auch noch die physikalische Nichtlinearität des Konstruktionsbetons hinzukommt. Eine genaue rechnerische Erfassung erfordert im allgemeinen einen recht hohen Rechenaufwand, der nur mit nichtlinearen Computer-Programmen zu bewältigen ist. Für die praktische Anwendung werden in Heft 220 des DAfStb, Abschnitt 4, unterschiedliche Verfahren in Abhängigkeit von Tragsystem und Schlankheit der Druckglieder angegeben. Für eine schnelle Abschätzung eignet sich dieses Vorgehen allerdings weniger.

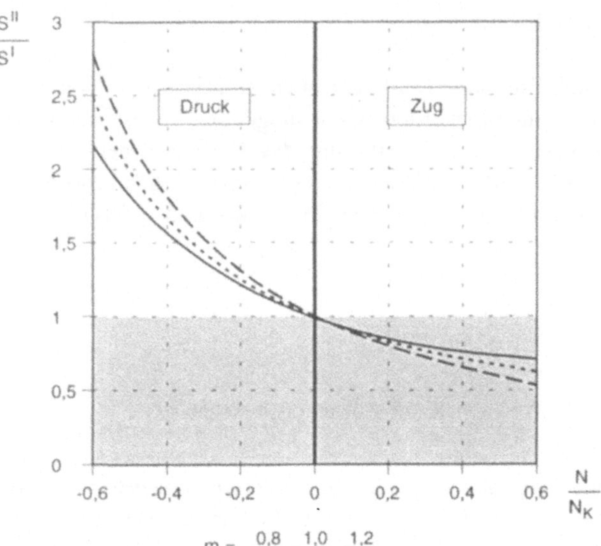

Bild 3.2-24 Einfluß der Normalkräfte

Es ist daher naheliegend, Gl. 3.2-46 auch für Bauteile aus Konstruktionsbeton heranzuziehen. Über die wirksame Biegesteifigkeit, die zur Ermittlung der Knicklast N_K notwendig ist, kann der Destabilisierungsfaktor korrigiert werden. Druckglieder weisen im Gegensatz zu rein biegebeanspruchten Bauteilen eine vergleichsweise geringe Abnahme der Biegesteifigkeit nach Überschreiten des Rißmoments auf [Steidle/Schäfer, 1986; Pflugfelder, 1991]. Die Tangentenbiegesteifigkeit sinkt für mittlere Bewehrungsgehalte auf etwa 1/4 EI. Wesentlich für die Zusatzverformungen ist, über welche Länge sich das Druckglied in Zustand II befindet.

In Bild 3.2-25 ist dazu für eine Kragstütze die Erhöhung der Biegemomente gegenüber Theorie I. Ordnung dargestellt. Das gewählte Lastbild führt dabei zu einer Biegelinie, die annähernd affin zur Knickbiegelinie ist, so daß m = 1 gilt. Mit dem auf der Abszisse angegebenen Verhältnis M^I/M_{cr} kommt zum Ausdruck, ob bzw. wie weit die Stütze bereits nach Theorie I. Ordnung aufgerissen ist. Im vorliegenden Fall wurde dazu das Rißmoment M_{cr} variiert und die Tangentenbiegesteifigkeit vor und nach dem Rißmoment konstant gehalten. Es zeigt sich, daß die Momente M^{II} dann stark ansteigen, wenn sich das Druckglied schon nach Theorie I. Ordnung bereichsweise in Zustand II befindet ($M^I/M_{cr} < 1$). Bis dahin ändert sich der Destabilisierungsfaktor M^{II}/M^I nur geringfügig.

Für die näherungsweise Erfassung gerissener Bauteile kann daher ebenfalls Gl. 3.2-46 herangezogen werden, wenn zur Ermittlung der Knicklast eine abgeminderte Biegesteifigkeit angesetzt wird. Nichtlineare Berechnungen zeigen, daß mit den in Bild 3.2-26 angegebenen Steifigkeiten eine ausreichend genaue Abschätzung des Destabilisierungsfaktors möglich ist.

Zur Bewertung der stabilisierenden Wirkung von Konstruktionen ist nicht nur der Stabilisierungsfaktor, sondern auch seine Änderung z.B. infolge Überlast oder unplanmäßiger Imperfektionen von Bedeutung.

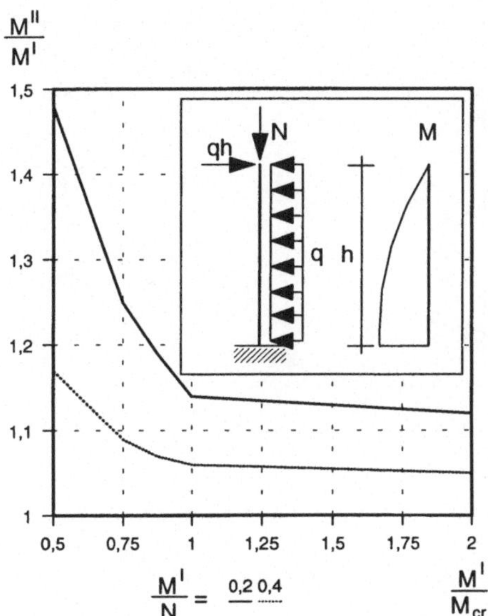

Bild 3.2-25 Einfluß der gerissenen Bereiche auf die Erhöhung der Biegemomente nach Theorie II. Ordnung

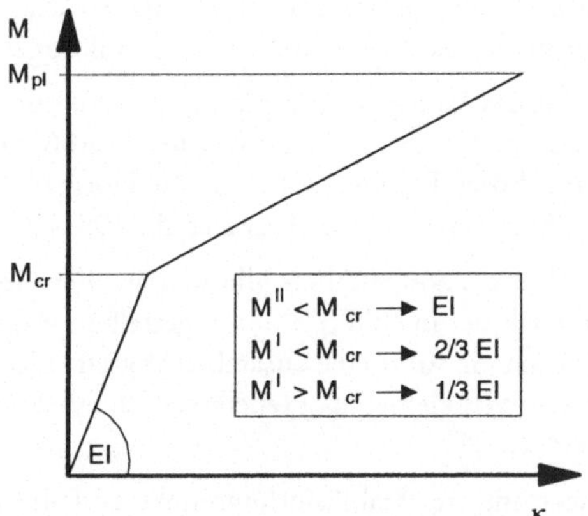

Bild 3.2-26 Vereinfachter Ansatz der Biegesteifigkeit für die Knicklast bei gerissenen Bauteilen

Das Maß für die Änderung des Destabilisierungsfaktors (Gl. 3.2-46) ergibt sich aus der partiellen Ableitung nach der Normalkraft N. Damit kommt die Empfindlichkeit eines Systems bei Änderung der Normalkraft zum Ausdruck.

$$\frac{\partial\,(S^{II}/S^{I})}{\partial N} = -\frac{m}{N_K\left(1+\frac{N}{N_K}\right)^2} \tag{3.2-47}$$

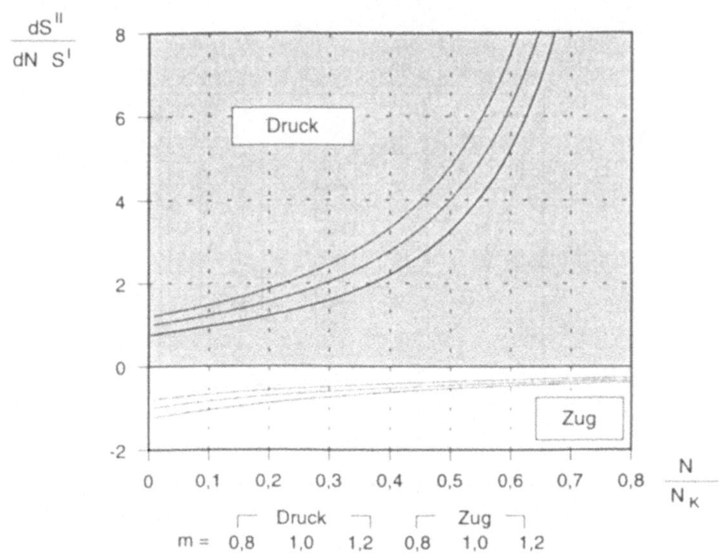

Bild 3.2-27 Änderung des Destabilisierungsfaktors bei Druck- und Zugbeanspruchung

Wie eine Auswertung von Gl. 3.2-47 in Bild 3.2-27 anschaulich zeigt, werden Beanspruchungen aus Querlasten bei Druck sehr viel stärker erhöht als bei Zug abgebaut. Dabei ist der Stabilisierungseffekt bei nur gering zugbeanspruchten Konstruktionen am größten.

Selbstverständlich kann damit das Verhalten komplexer Systeme nur sehr grob erfaßt werden. Dennoch zeigt sich, daß der in Gl. 3.2-46 eingeführte Vergrößerungsfaktor z.B. auch bei verschieblichen Rahmen brauchbare Ergebnisse liefert. Als Normalkraft N ist dann allerdings die Summe aller wirksamen Kräfte anzusetzen [Franz et al., 1991].

Andererseits gibt es eine Reihe von Sonderfällen, die sich aus der Geometrie des Tragsystems ergeben. Dies zeigt ein Vergleich der in Bild 3.2-28 dargestellten verschieblichen Rahmen mit vertikalen und geneigten Stützen. So führt eine zusätzlich angreifende Horizontallast am Riegel von System 2 aufgrund des sehr viel kleineren „Hebelarms" zu erheblich größeren Spannungen in den Stützen als bei System 1.

Grundgedanke für die Bewertung des Stabilisierungseffektes ist die Erfassung der günstigen Wirkung zugbeanspruchter Tragglieder. Für die Fein-Bewertung wird Gl. 3.2-48 zugrunde gelegt. Der unterschiedliche Einfluß von zug- und druckbeanspruchten Traggliedern kommt durch das Vorzeichen für die Normalkräfte N_i zum Ausdruck. Voraussetzung ist, daß eine Querbelastung oder Vorverformung vorliegt.

$$ROB_3^B = \sum_{i=1}^{n_{Zug}} \frac{m_i}{N_{K,i}\left(1+\frac{N_i}{N_{K,i}}\right)^2} - \sum_{i=1}^{n_{Druck}} \frac{m_i}{N_{K,i}\left(1+\frac{N_i}{N_{K,i}}\right)^2} \qquad (3.2\text{-}48)$$

n_{Zug} – Anzahl der zugbeanspruchten Bauteile
n_{Druck} – Anzahl der druckbeanspruchten Bauteile

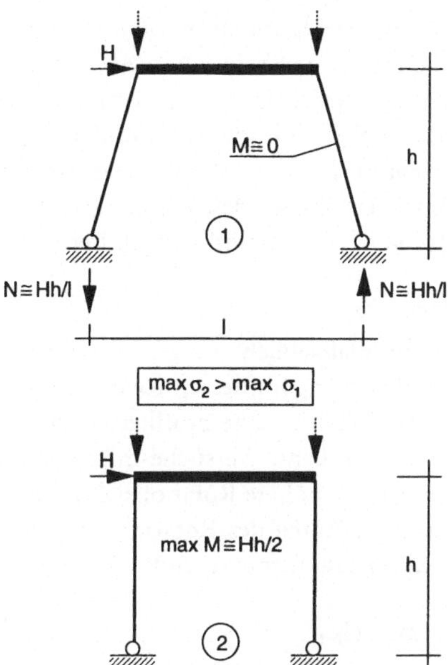

Bild 3.2-28 Einfluß der Geometrie auf die stabilisierende Wirkung eines Tragsystems

Für eine Abschätzung mit praxisnahen Werten ($m = 1$ und $N/N_K = 0{,}3$) vereinfacht sich Gl. 3.2-48 zu:

$$ROB_3^A = \frac{1}{N_K}\left(0{,}6\, n_{Zug} - 2\, n_{Druck}\right) \tag{3.2-49}$$

Damit kann eine Grob-Bewertung für Standardfälle vorgenommen werden.

3.2.1.4 Duktilität

Die rechnerische Erfassung der Duktilität ist aufgrund der zahlreichen Einflußfaktoren äußerst komplex. Für eine hinreichend genaue Ermittlung sind nicht nur die tatsächlichen Werkstoffeigenschaften, welche von den Bemessungswerten mitunter stark abweichen können, erforderlich, sondern auch geometrische Randbedingungen (z.B. Querschnittsform) oder Maßstabseffekte.

Als Maß für die Duktilität wird in der Literatur der Duktilitätsfaktor μ verwendet. Er gibt das Verhältnis von maximaler und der bei Fließbeginn vorhandenen Verformung, z.B. der Rotation eines Querschnitts (Gl. 3.2-50), an [u.a. Park, 1991]:

$$\mu = \frac{\Theta_{max}}{\Theta_y} \tag{3.2-50}$$

Θ_{max} – maximale Querschnittsrotation (= Θ_u)

Θ_y – Querschnittsrotation bei Fließbeginn

Für eine vergleichende Bewertung der Duktilität, welche ausschließlich den über die normativen Anforderungen hinausgehenden Anteil beinhaltet (Abschnitt 3.1.2, Ziff. (d)) und zugleich eine schnelle Abschätzung mehrerer Brückenvarianten ermöglichen soll, ist Gl. 3.2-50 weniger geeignet. Im folgenden werden daher nur solche Einflußgrößen betrachtet, mit denen die Rotationsfähigkeit durch konzeptionelle Maßnahmen über das normative bzw. bereits rechnerisch nachgewiesene Maß hinaus erhöht werden kann. Dazu werden Größen herangezogen, welche schon in der Entwurfsphase bekannt und einfach berechenbar sind.

(a) *Querschnittsform (Überbau)*

Die Druckzonenbreite bestimmt maßgeblich, ob die Bruchdehnung ε_u des Stahls erreicht werden kann und somit die Voraussetzung für dessen volle Ausnutzung gegeben ist. Dies betrifft Überbauten im Stützbereich, wo die Druckzone profilierter Querschnitte durch schmale Stege oder Bodenplatten eingeschränkt sein kann. Versuche mit vorgespannten Trägern zeigen, daß gedrungene Querschnitte eine deutlich höhere Rotationsfähigkeit aufweisen als stark profilierte (Bild 3.2-29). Hier ist der plastische Anteil des Rotationswinkels $\Theta_{tot.}$ vor allem dann gering, wenn die Druckstreben im Steg hoch ausgenutzt sind.

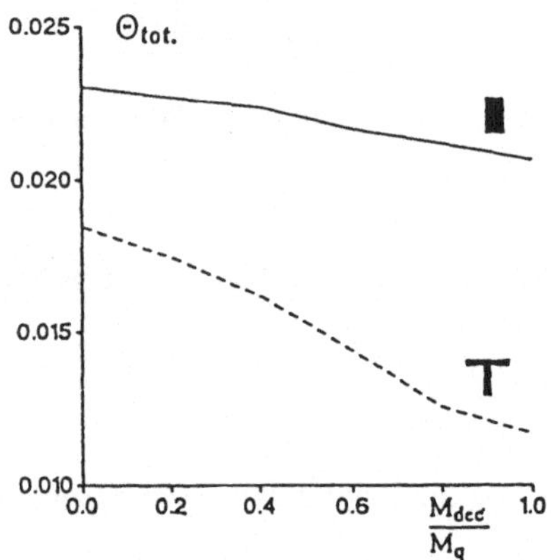

Bild 3.2-29 Einfluß der Querschnittsform auf den Rotationswinkel [König, 1993]

Ist die Druckzone nur mäßig ausgenutzt und treten Schrägrisse auf, haben zusätzliche Zwangeinwirkungen einen geringen Einfluß auf die Traglast [Steidle, 1988]. Damit erweisen sich gedrungene Querschnitte, vor allem im Stützbereich, als besonders duktil.

(b) *Schlankheit l/h*

Die Schlankheit ist von der Länge und Höhe des Bauteils abhängig, wobei sich beide Größen gegenläufig auswirken. Mit zunehmender Höhe nehmen die Bruchkrümmungen κ_u ab, vorausgesetzt die Dehnungsverteilung über den Querschnitt bleibt konstant. Andererseits vergrößern sich mit der Trägerlänge die Bereiche der elastischen und plastischen Krümmungen, weil der Momentengradient kleiner ist [Langer, 1987].

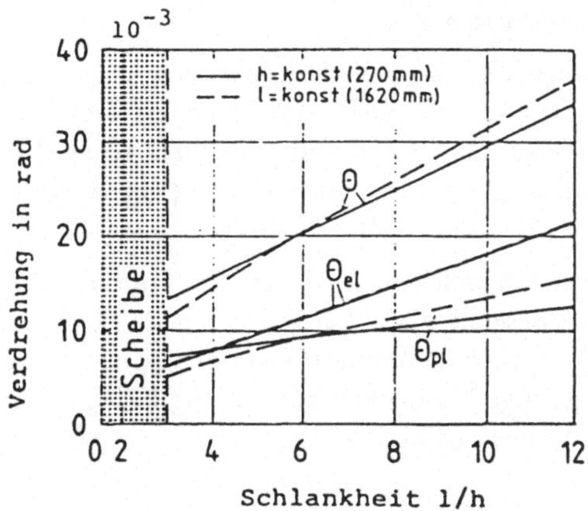

Bild 3.2-30 Einfluß der Schlankheit l/h auf den Rotationswinkel [Langer, 1987]

Wie Bild 3.2-30 zeigt, stellt sich mit zunehmender Schlankheit ebenfalls eine ansteigende Rotationsfähigkeit ein, wobei der elastische Anteil an der Gesamtrotation stärker zunimmt als plastische.

Da die Schlankheit l/h mit der Feldweite abnimmt (s.a. Bild 4.4.1-21), erweisen sich Brücken mit kleinen Pfeilerabständen am günstigsten.

(c) *Vorspanngrad* λ

Die Rotationsfähigkeit nimmt mit zunehmendem Vorspanngrad λ ab (Bild 3.2-31). Ein Grund hierfür ist die schlechtere Verbundwirkung des Spannstahls, wodurch die Dehnung zwischen den Rissen abnimmt [Li/Eligehausen, 1994].

Durch eine Erhöhung des Anteils an schlaffer Bewehrung ($A_s >> A_p$) kann die Rotationsfähigkeit wirksam verbessert werden. Zusätzlich können „Traglastreserven des Querschnitts" ausgenutzt werden, wenn für die Bemessung des Spannstahls gemäß EC 2, 4.2.3.3, eine σ-ε-Linie mit horizontal verlaufendem Ast nach Erreichen der rechnerischen Streckgrenze angenommen wird. In diesem Fall sind die Stahldehnungen nicht begrenzt.

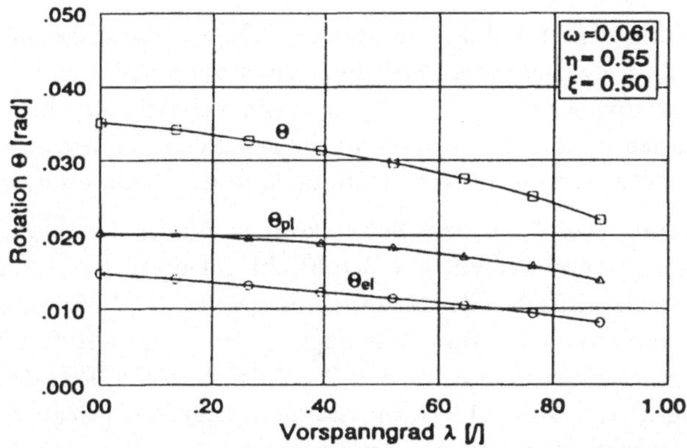

Bild 3.2-31 Einfluß des Vorspanngrads auf den Rotationswinkel [Li/Eligehausen, 1994]

(d) *Umschnürung der Betondruckzone*

Wesentlich für die Rotationsfähigkeit ist die Umschnürung der Betondruckzone. Dies betrifft Querschnitte mit hohen Druckspannungen, also Pfeiler oder durchlaufende Überbauten im Stützbereich. Besonders Pfeiler eignen sich aufgrund ihrer vergleichsweise geringen Bügelbewehrung dazu, die Verformungsfähigkeit mit einem geringen konstruktiven Mehraufwand nachhaltig zu erhöhen.

Steidle/Schäfer, 1986 zeigen, in welchem Maße die Verformungsfähigkeit von Stützen durch einen hohen Bügelbewehrungsgrad ρ_s im Bereich der plastischen Gelenke gesteigert werden kann. Durch die Vermeidung eines frühzeitigen Druckversagens kann so auch der Zuggurt voll ausgenutzt werden. Eine geringe Normalkraftausnutzung N/N_u ist hierbei besonders günstig, solange kein Zugversagen vorliegt (Bild 3.2-32).

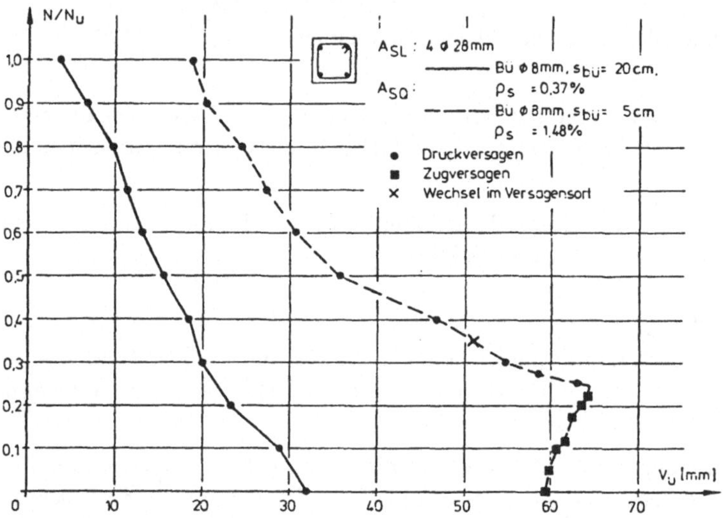

Bild 3.2-32 Einfluß der Umschnürungsbewehrung auf die Verformungsfähigkeit V_u einer Stütze [Steidle/Schäfer, 1986]

Für die Grob-Bewertung der Duktilität wird zwischen Konstruktionsbeton und Stahl unterschieden. Stahlquerschnitte weisen, wenn örtliches Beulen ausgeschlossen ist, in der Regel eine ausreichende Rotationsfähigkeit auf [EC 3, 5.3], um auch rechnerisch nicht erfaßte Einwirkungen zusätzlich aufnehmen zu können. Dagegen ist die Rotationsfähigkeit von Betonquerschnitten aufgrund der erheblich geringeren Randdehnungen in der Druckzone eingeschränkt.

Für eine Unterscheidung von Stahl und Beton können die in den Normen angegebenen Grenzdehnungen herangezogen werden. Für Betonstahl mit normaler Duktilität wird gemäß [EC 2, 3.2.4.2] die charakteristische Gleichmaßdehnung von $\varepsilon_{uk} = 2{,}5\%$ angesetzt. Die Bruchstauchung des nicht umschnürten Betons beträgt $\varepsilon_{cu} = -0{,}33\%$ (Beton C25/30) [EC 2, 4.2.1.3]. Für gewalzten Stahl wird nach EC 3, 3.2.2.2 der 20-fache Wert der zur Streckgrenze gehörenden Dehnung ε_y an beiden Querschnittsrändern zugrunde gelegt, d.h. $\varepsilon_u \cong 5{,}0\%$. Er entspricht dem Mindestwert für plastische Berechnungen.

Aus den Randdehnungen ergeben sich die für die Rotationsfähigkeit maßgebenden Krümmungen, welche ein Maß für die Grob-Bewertung der Duktilität sind:

$$ROB^{A}_{4,\mathrm{Stahl}} = \frac{10{,}0}{h} \qquad (3.2\text{-}51)$$

$$ROB^{A}_{4,\mathrm{Beton}} = \frac{2{,}38}{z} \qquad (3.2\text{-}52)$$

h – Querschnittshöhe im maßgebenden Schnitt
z – innerer Hebelarm im maßgebenden Schnitt

Beim Vergleich von Betonkonstruktionen können für die Fein-Bewertung die vorgenannten Einflußgrößen berücksichtigt werden. So nimmt die Duktilität von Pfeilern mit zunehmender Umschnürungsbewehrung ρ_s sowie abnehmender Normalkraftausnutzung ν ab:

$$ROB^{B}_{4,\mathrm{Pfeiler}} = \frac{\rho_S}{\nu} \qquad (3.2\text{-}53)$$

$$\rho_S = \frac{\text{Volumen der Bewehrung}}{\text{Volumen des umschnürten Betons}}$$

$$\nu = \frac{N}{b\,h\,f_{ck}} \text{ (für Rechteckquerschnitte)}$$

Duktile Überbauten zeichnen sich durch eine große Schlankheit l/h, einen geringen Vorspanngrad λ und gedrungenen Querschnitt aus:

$$ROB^{B}_{4,\mathrm{Überbau}} = \frac{1}{\lambda}\,\frac{b_w}{b}\,\frac{l}{h} \qquad (3.2\text{-}54)$$

λ – Vorspanngrad
b_w – Stegbreite im Stützbereich
b – Breite der Fahrbahnplatte

3.2.1.5 Monolithische Bauweise

Kennzeichnend für eine monolithische Konstruktion ist das Nichtvorhandensein von Fugen. Als Folge entfallen damit auch werksmäßig gefertigte Lager. Insbesondere Betontragwerke können so werkstoffgerecht konstruiert werden (s.a. Abschnitt 4.2).

Da im Brückenbau auf Fugen nur bei Einhaltung bestimmter Entwurfsgrundsätze (s.a. Abschnitt 4) verzichtet werden kann, stellen diese, vor allem in Hinblick auf die Unterhaltungskosten (Abschnitt 2.3.2), ein Maß für die Empfindlichkeit der gesamten Konstruktion dar. Zur Bewertung werden daher im folgenden die Fugen herangezogen.

Sie unterscheiden sich hinsichtlich ihrer Schadensanfälligkeit. So „dienen" vertikale Fugen primär als Transportmittel für schädigende Stoffe. Sie sind dadurch häufig die Ursache für Schäden überhaupt (s.a. Bild 3.1-14). In Überbauten treten zudem hohe dynamische bzw. stoßartige Beanspruchungen durch die über Fugen fahrenden Fahrzeuge auf, welche sich auf den Konstruktionsbeton und die Übergangskonstruktion nachteilig auswirken können (Bild 3.2-33).

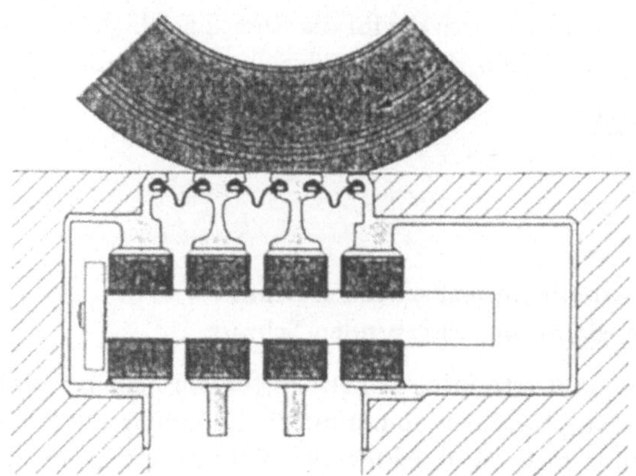

Bild 3.2-33 Beanspruchung im Bereich vertikaler Überbaufugen [Prospekt der Fa. Mauer]

Horizontale Fugen dagegen stellen die eigentlichen Einwirkungsbereiche für physikalische und chemische Angriffe dar. Aufgrund des horizontalen Plateaus können chloridhaltige Wässer schlecht abfließen und somit leicht in den Beton eindringen. Die Folge sind beispielsweise durch häufigen Frost-Tau-Wechsel verursachte Abplatzungen des Betons [CEB N° 183].

Grundlage der Grob-Bewertung ist die Gesamtlänge der im Brückentragwerk vorhandenen Fugen. Sie werden nach ihrer Schadensanfälligkeit über den Faktor $\lambda_{F,i}$ gewichtet.

$$ROB_5^A = \frac{1}{\sum_{i=1}^{n} \lambda_{F,i}\, l_{F,i}} \qquad (3.2\text{-}55)$$

$l_{F,i}$ – Länge der i-ten Fuge

$\lambda_{F,i}$ – Schadensanfälligkeitsfaktor: vertikal: 0,40 (quer); 0,20 (längs)
horizontal: 0,30 (oben); 0,10 (unten)

Für die Fein-Bewertung werden die an den Fugen angrenzenden Bauteiloberflächen $A_{F,i}$ herangezogen. Sie werden analog zu Gl. 3.2-55 mit $\lambda_{A,i}$ (= $\lambda_{F,i}$) gewichtet (Bild 3.2-34).

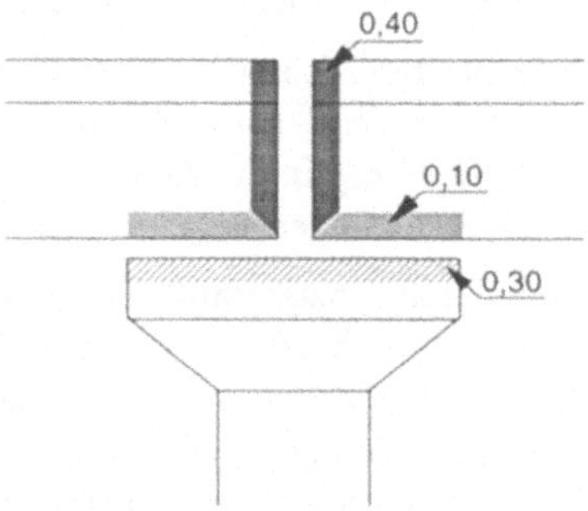

Bild 3.2-34 Ansatz der Wichtungsfaktoren $\lambda_{A,i}$ für Querfugen

$$\mathrm{ROB}_5^{B} = \frac{1}{\sum_{i=1}^{n} \lambda_{A,i} \, A_{F,i}} \tag{3.2-56}$$

3.2.1.6 Verformungsfähigkeit

Eine verformungsfähige Konstruktion im Sinne von Punkt (1) und (5) der Definition der Robustheit (Abschnitt 3.1.2) zeichnet sich dadurch aus, daß auch statisch unbestimmte Tragwerke keine Zwangbeanspruchungen erfahren, welche die Gebrauchstauglichkeit beeinträchtigen. Das bedingt, daß Verformungen nicht durch Lager und Fugen zwängungsfrei auftreten können (Bild 3.2-35a), sondern durch das Tragsystem selbst ermöglicht werden müssen (Bild 3.2-35b) und c)). Die Sonderfälle völlig starr (Bild 3.2-35d) bzw. zwängungsfrei gelagerter Systeme sollen hier unberücksichtigt bleiben. Letztgenannte sind per definitionem als voll verformungsfähig zu bezeichnen.

Wesentlich für die Verformungsfähigkeit sind die Systemtopologie, die Bauteil- und Querschnittsform sowie der Werkstoff.

Die Topologie betrifft in erster Linie die Pfeilerabstände bzw. Feldweiten. Es zeigt sich, daß kleine Feldweiten bei Stützensenkung bzw. Längenänderung des Überbaus am günstigsten sind (s.a. Abschnitt 4.4.1.2.2.2).

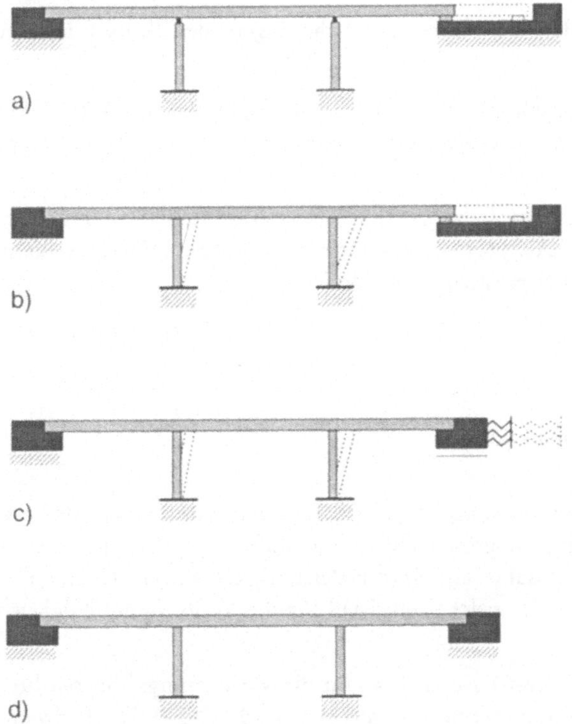

Bild 3.2-35 Abgrenzung der Verformungsfähigkeit

Denn die mit Verringerung der erforderlichen Querschnittsflächen gleichzeitig abnehmenden Eigenlasten des Überbaus haben einen größeren Einfluß als die ungünstig wirkenden kürzeren Feldweiten.

In Bild 3.2-36 ist dazu der als Nachgiebigkeit oder Verformungsfähigkeit definierte Quotient l^3/EI für eine n-feldrige, durchlaufende Fußgängerbrücke angegeben. Die erforderliche Querschnittshöhe des Überbaus ergibt sich dabei jeweils aus einer Begrenzung der maximalen Durchbiegung infolge g + p auf f/l < 500. Es zeigt sich, daß die Verformungsfähigkeit mit zunehmender Feldweite abnimmt. Dies gilt in besonderem Maße für Vollquerschnitte (Platten).

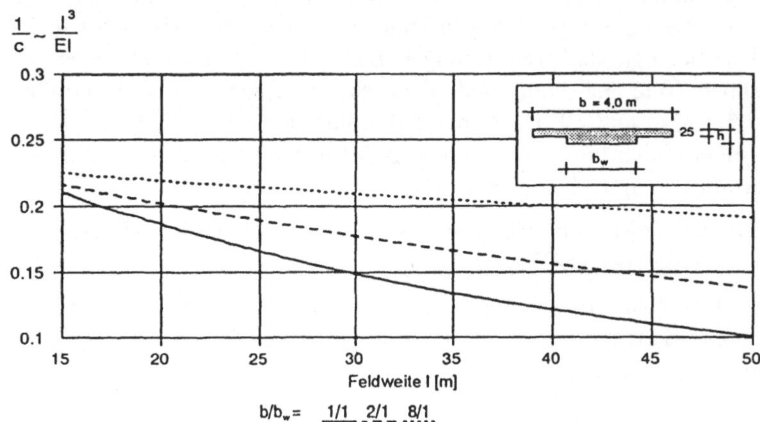

Bild 3.2-36 Einfluß der Feldweite auf die Nachgiebigkeit des Überbaus bei Stützensenkung

Der Einfluß der Bauteilform wird eingehend in Abschnitt 4.4.2.2.3 beschrieben. Mit Bild 4.4.2-17 können beispielsweise Zwangspannungen für unterschiedlich lange Vouten quantitativ erfaßt werden.

Werkstoffe unterscheiden sich in ihrer Zwangempfindlichkeit erheblich voneinander (s.a. Abschnitt 4.4.2.2.5). Als grobes Maß für die Verformungsfähigkeit kann der in Gl. 3.2-57 angegebene Quotient herangezogen werden.

$$\frac{1}{c} = \frac{f}{\gamma E} \qquad (3.2\text{-}57)$$

f – Festigkeit
E – Elastizitätsmodul
γ – Wichte

Die Bewertung der Verformungsfähigkeit beschränkt sich hier auf das Verhalten von Überbauten bei Stützensenkung. Je größer die Nachgiebigkeit ist, desto geringer sind die Zwangbeanspruchungen. Sie wird daher aus einer Federsteifigkeit für ein Überbaufeld abgeleitet und als Kehrwert ($1/c = l^3/12EI$), welcher ein Maß für die Verformungsfähigkeit ist, der Fein-Bewertung zugrunde gelegt.

In den Gl. 3.2-58 bis 3.2-61 ist das Maß für die Verformungsfähigkeit für drei im Brückenbau häufig vorkommende Querschnitte angegeben (Bild 3.2-37). Die feldweitenabhängigen Querschnittswerte sind vereinfacht über die Tragfähigkeit infolge Eigenlast im Stützquerschnitt eines n-feldrigen Durchlaufträgers berechnet. Es wird linear-elastisches Verhalten zugrunde gelegt. Für den Verbundquerschnitt (Bild 3.2-37c) wird vereinfachend nur das Gewicht der Betonfahrbahnplatte angesetzt.

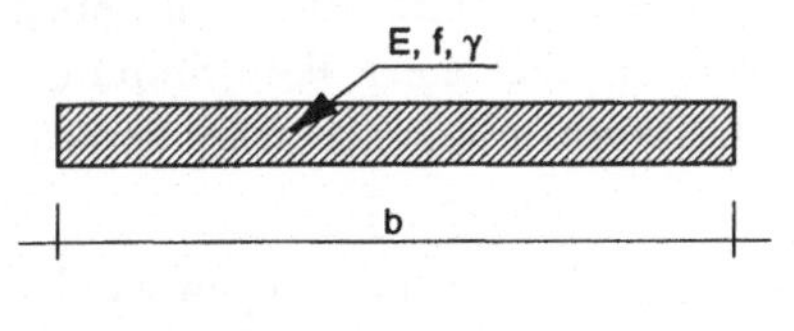

a) Gedrungene Querschnitte

E, A, f, γ

E, A, f, γ

b) Profilierte Querschnitte

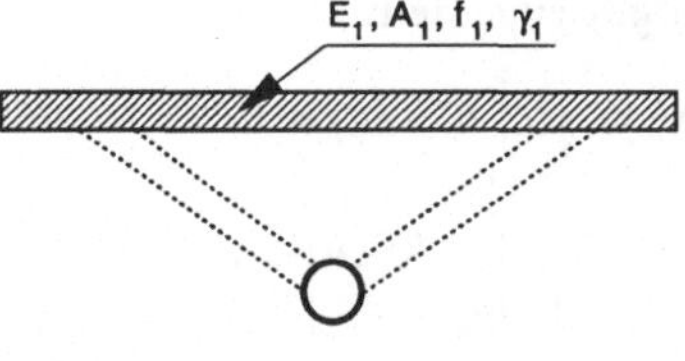

c) Verbundquerschnitte

Bild 3.2-37 Querschnittstypen

a) Gedrungene Querschnitte (z.B. Platten):

$$ROB_6 = \left(\frac{f}{\gamma}\right)^3 \left(\frac{1}{l}\right)^3 \frac{8}{E\,b} \tag{3.2-58}$$

b) Profilierte Querschnitte mit geringem Steganteil (z.B. Kastenquerschnitte):

$$ROB_6 = \frac{6}{EA\left(\frac{\gamma}{f}\right)^2 l} \tag{3.2-59}$$

c) Verbundquerschnitte mit geringem Steganteil. Für die Fahrbahnplatte wird ein Beton C35 (f_{cd} = 23,3 N/mm²) zugrunde gelegt.

c1) Verbundquerschnitte mit Untergurten aus Konstruktionsstahl St 52-3 (f_{yd} = 327 N/mm²), z.B. Fachwerkkonstruktionen:

$$ROB_6 = \frac{40}{E_1 A_1\left(\frac{\gamma_1}{f_1}\right)^2 l} \tag{3.2-60}$$

c2) Querschnitte mit Unterspannung aus hochfesten Zuggliedern St 1400 (f_{pd} = 1217 N/mm²):

$$ROB_6 = \frac{90}{E_1 A_1\left(\frac{\gamma_1}{f_1}\right)^2 l} \tag{3.2-61}$$

Zur Berücksichtigung der Bauteil- und Querschnittsform sei auf Abschnitt 4.4 verwiesen.

3.2.1.7 Kraftflußorientierte Form

Ein robustes Detail aus Konstruktionsbeton zeichnet sich dadurch aus, daß die mechanischen, physikalischen und chemischen Eigenschaften des Betons nicht durch einen zu hohen Gehalt an „gefügestörender“ Bewehrung beeinträchtigt werden. Ziel einer Formfindung ist, den Bewehrungsgehalt insgesamt zu begrenzen und lokale Bewehrungskonzentrationen zu vermeiden.

Als Bewertungsmaßstab hierfür kann die Formänderungsenergie herangezogen werden, da sie diejenige mechanische Energie darstellt, die reversibel aufgrund elastischer Deformationen im System gespeichert ist [Stein, 1983]. Die Formänderungsenergie wird sehr häufig als Grundlage für Optimierungen verwendet [Rückert, 1992; Jung, 1993). Für linear-elastisches Werkstoffverhalten gilt allgemein:

$$W = \int_V \int_\varepsilon (\sigma \, d\varepsilon) \, dV \qquad (3.2\text{-}62)$$

Modelliert man den Kraftfluß über ein rein normalkraftbeanspruchtes Stabwerk (Stabwerkmodell), gilt für die Formänderungsenergie von n Stäben:

$$W = \frac{1}{2} \sum_{i=1}^{n} \frac{S_i^2 \, l_i}{E_i \, A_i} \qquad (3.2\text{-}63)$$

S_i – Normalkraft des Stabes i
l_i – Länge des Stabes i

Da Zugkräfte in Betonkonstruktionen rechnerisch ausschließlich von der Bewehrung aufgenommen werden, leisten Druck- und Zugstäbe unterschiedlich große Anteile an der Formänderungsenergie. Über die Dehnsteifigkeit der Stäbe kann dies explizit angegeben werden.

Geht man von einem Beton C25/30 aus und unterstellt, daß in der Betondruckstrebe die Bemessungsfestigkeit f_{cd} erreicht wird, ergibt sich für das Verhältnis der Dehnsteifigkeiten von Druck- und Zugstab:

$$\frac{E_c \, A_c}{E_s A_s} = \frac{E_c \, f_{yd}}{E_s \, f_{cd}} = \frac{30000 \cdot 435}{200000 \cdot 16{,}7} \cong 4 \qquad (3.2\text{-}64)$$

Dieser Wert ist als unterer Grenzwert anzusehen, da die Druckstreben eigentlich nur in den singulären Knoten die Bemessungsfestigkeit erreichen. Die Formänderungsenergie ergibt sich damit als Summe aus der Formänderungsenergie der Druck- und Zugstäbe:

$$W = \frac{1}{E_s \, A_s} \left(\frac{1}{2} \sum_{i=1}^{n_{Zug}} S_i^2 \, l_i + \frac{1}{8} \sum_{i=1}^{n_{Druck}} S_i^2 \, l_i \right) \qquad (3.2\text{-}65)$$

Zur Berechnung der Formänderungsenergie sind neben dem Stabwerkmodell auch alle Stabkräfte und -querschnitte notwendig. Es müssen also geometrische und statische Randbedingungen erfüllt sein. Für eine grobe Bewertung ist dies im allgemeinen zu aufwendig.

Ein Maß, welches nicht der Kräfte bedarf, sind die für eine definierte Belastung erforderlichen Umlenkwinkel der Lastpfade. Sie geben einen Hinweis auf Anzahl und Größe der Umlenkkräfte. Ein Analogon dazu findet sich in der Strömungsmechanik (Bild 3.2-38).

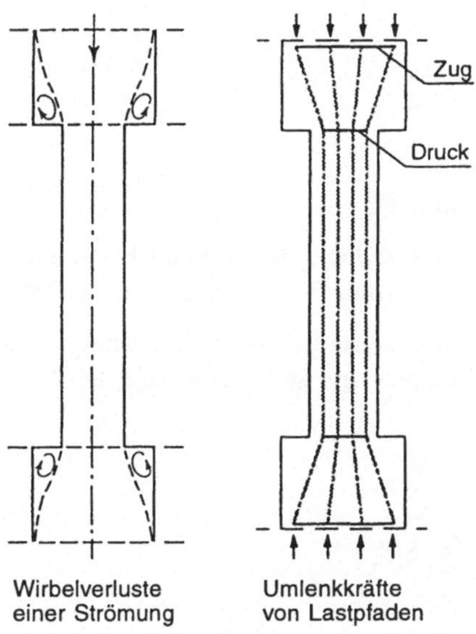

Bild 3.2-38 Analogie zwischen Lastpfad und Strömung

So besteht der Unterschied zwischen einer laminaren und turbulenten Strömung darin, daß sich die Flüssigkeitsteilchen einer turbulenten Strömung auch quer zu den Stromfäden bewegen. Der dadurch entstehende Energieverlust kommt in der Bernoulli'schen Energiegleichung explizit zum Ausdruck [Kuchling, 1981].

In diesem Sinne kann auch jede Umlenkkraft eines Lastpfades als „Energieverlust" bzw. zusätzlicher konstruktiver Aufwand aufgefaßt werden (Bild 3.2-39).

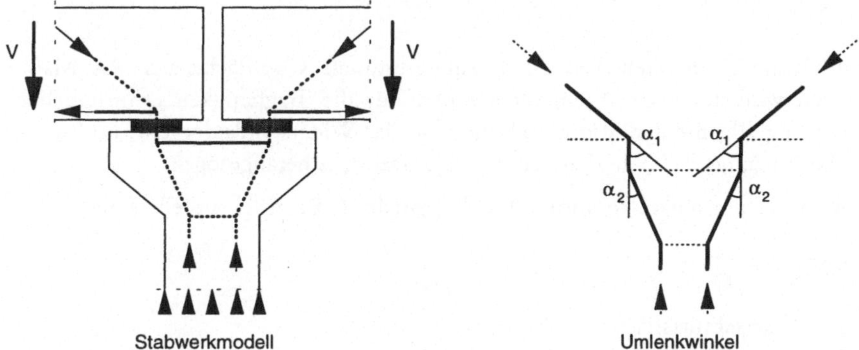

Bild 3.2-39 Maßgebende Umlenkwinkel der Lastpfade an einem Auflager

Vernachlässigt man die Umlenkkräfte, welche Druckspannungen im Beton erzeugen, kann Gl. 3.2-66 als Maß für die erforderliche Bewehrung betrachtet werden. Damit ist zugleich eine Grob-Bewertung des Kraftflusses möglich.

$$\mathrm{ROB}_7^A = \frac{1}{\sum_{i=1}^{n_{Zug}} \tan \alpha_i} \tag{3.2-66}$$

α_i – Umlenkwinkel an der Stelle i

In Anlehnung an die Strömungsmechanik kann daher bei einem Lastpfad mit vielen Umlenkungen sinngemäß von einem „turbulenten“ statt „laminaren“ Kraftfluß gesprochen werden.

Maßzahl für die Fein-Bewertung ist die Formänderungsenergie. Sie wird auf das Volumen des betrachteten Betonkörpers bezogen und stellt damit ein Maß für die Bewehrungsdichte dar (Gl. 3.2-67).

$$\mathrm{ROB}_7^B = \frac{4\,V_c}{\sum_{i=1}^{n_{Zug}} S_i^2\,l_i} + \frac{V_c}{\sum_{i=1}^{n_{Druck}} S_i^2\,l_i} \tag{3.2-67}$$

V_c – Volumen des betrachteten Betonkörpers

Liegt zur Bewertung des Kraftflusses ein Bewehrungsplan für den D-Bereich vor, brauchen bei Vernachlässigung der Druckkräfte nur die Stabdurchmesser bzw. -längen der Bewehrung zugrunde gelegt werden. Dies entspricht dann dem Volumen der eingelegten Bewehrung:

$$\mathrm{ROB}_7^B = \frac{4\,V_c}{\pi \sum_{i=1}^{n_{Zug}} d_{s,i}^2\,l_i} \tag{3.2-68}$$

$d_{s,i}$ – Durchmesser des Bewehrungsstabes i

3.2.1.8 Kompaktheit

Kompakte Bauteile zeichnen sich durch eine minimale Oberfläche aus. Als Maß für die Kompaktheit wird daher der Quotient aus dem für die Tragfähigkeit erforderlichen Querschnittswert, im allgemeinen also die Fläche bzw. das Widerstandsmoment, und der Abwicklung der Begrenzungsfläche des betrachteten Querschnitts herangezogen.

Für überwiegend normalkraftbeanspruchte Tragglieder (z.B. Brückenpfeiler) gilt:

$$\mathrm{ROB}_{8,N} = \frac{A}{O} \tag{3.2-69}$$

A – Querschnittsfläche
O – Bauteiloberfläche

Für überwiegend biegebeanspruchte und gedrungene Tragglieder (z.B. Überbauten) gilt:

$$\mathrm{ROB}_{8,M} = \frac{W}{O} \tag{3.2-70}$$

W – Widerstandsmoment

Bei stark profilierten Querschnitten ist abweichend zu Gl. 3.2-70 der Biegewiderstand über den inneren Hebelarm z zu ermitteln:

$$ROB_{8,M} = z \frac{A_{Gurt}}{O} \qquad (3.2\text{-}71)$$

A_{Gurt} – Querschnittsfläche der Fahrbahnplatte

Analog zu DIN 4227, 8.5 werden Innenflächen von Hohlkästen nur zur Hälfte angesetzt, d.h. $O = 0{,}5\ O_i$.

Die Gl. 3.2-69 und 3.2-70 zugrunde liegende Betrachtung im Schnitt ist nur auf vollwandige Tragglieder anwendbar. Bei aufgelösten Konstruktionen ist zusätzlich die Geometrie in Längsrichtung zu berücksichtigen. So hängt die Oberfläche eines Fachwerks von der Neigung der Diagonalen ab. Wie Bild 3.2-40 zeigt, ist der zur minimalen Oberfläche der Diagonalen gehörige Winkel α davon abhängig, ob die sich ändernde Diagonalkraft durch eine Änderung des Durchmessers (t = const.) oder der Blechdicke (d = const.) aufgenommen wird. Werden zur Anpassung der Querschnittsfläche an die sich ändernde Diagonalkraft der Durchmesser d und die Blechdicke t zu je gleichen Anteilen variiert, stellt sich die minimale Oberfläche der Diagonalen bei einem Neigungswinkel $\alpha \cong 35°$ ein.

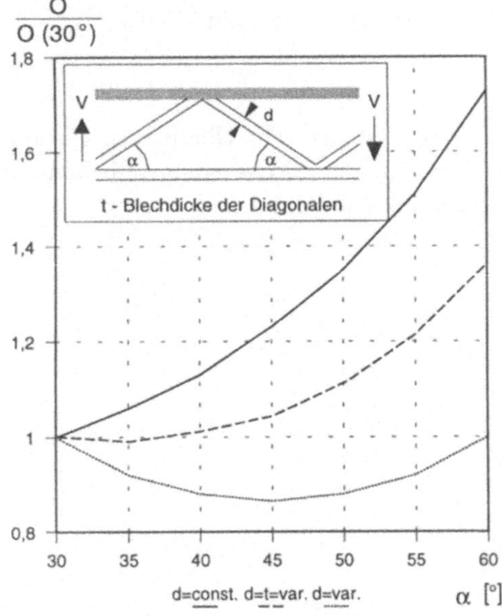

Bild 3.2-40 Minimierung der Oberfläche von Fachwerkdiagonalen

Das mit Gl. 3.2-69 und 3.2-70 beschriebene Vorgehen bei der Bewertung der Kompaktheit ist auf die Einwirkung von Windlasten nur beschränkt übertragbar. Dennoch wird für statische Betrachtungen deutlich, daß geringe Bauteiloberflächen meist auch geringere Windbeanspruchungen zur Folge haben. Bild 3.2-41 zeigt diesen Zusammenhang für einen quadratischen und kreisrunden Vollquerschnitt mit jeweils gleicher Normalkraft- (N) bzw. Momententragfähigkeit (M).

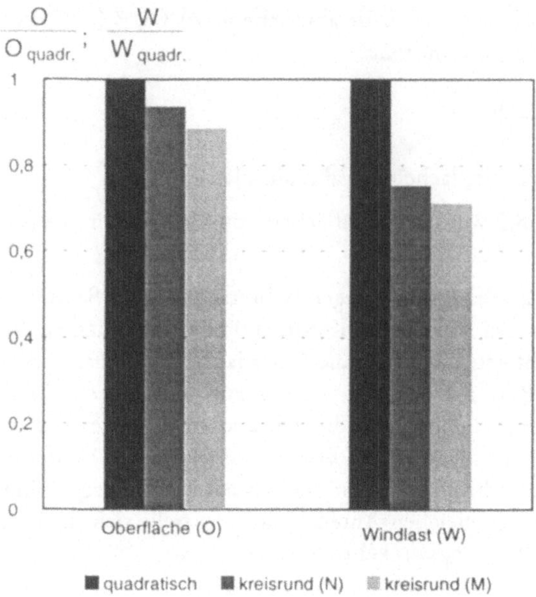

Bild 3.2-41 Zusammenhang von Bauteiloberfläche und Windlast

In bezug auf die aerodynamische Stabilität von Überbauten gilt ähnliches. So erweisen sich geschlossene Querschnitte hinsichtlich des Schwingungsverhaltens als erheblich günstiger als offene bzw. gegliederte Querschnitte (Bild 3.2-42).

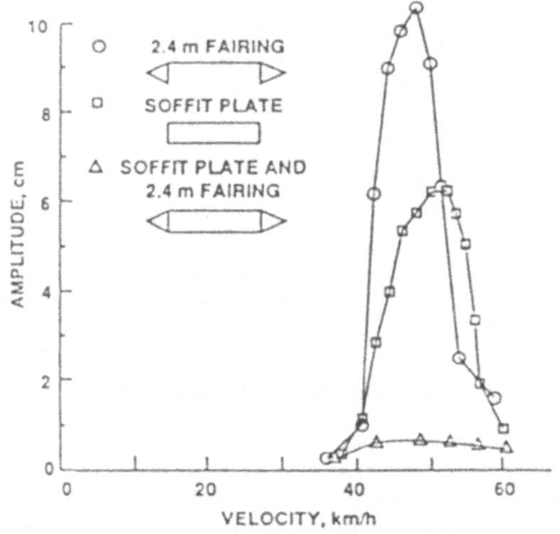

Bild 3.2-42 Einfluß der Querschnittsform auf die Schwingungsamplitude [Wardlaw, 1992]

3.2.1.9 Austauschbarkeit

Die Austauschbarkeit bzw. Auswechselbarkeit ist für zahlreiche Bauteile in Normen und Richtlinien vorgeschrieben. So müssen beispielsweise Lager bzw. Lagerteile nach DIN 4141, T.1, 7.5 grundsätzlich zugänglich und auswechselbar sein. Unter diesem Aspekt stellt das Kriterium „Austauschbarkeit" noch keinen Qualitätszuwachs gemäß Abschnitt 3.1.1 dar. Sie wird in diesem Kontext erst dann als ein Teil der Robustheit aufgefaßt, wenn die Verhältnismäßigkeit von Aufwand und erreichbarem Nutzen gewahrt bleibt (s.a. Abschnitt 3.1.2, Ziff. (5)). Nachfolgend sind maßgebende Einflußgrößen für die Bewertung der Austauschbarkeit aufgeführt.

Wesentlicher Grund für die Austauschbarkeit ist die im Vergleich zur Tragkonstruktion geringere Nutzungsdauer einzelner Komponenten. Je größer diese Differenz ist, desto plausibler wird diese Anforderung. Tabelle 3.2-2 zeigt, daß z.B. die Forderung nach Austauschbarkeit ganzer Betonüberbauten aufgrund seiner vergleichsweise hohen planmäßigen Nutzungsdauer wenig zweckmäßig ist, da bei Brücken im allgemeinen von einer Nutzungsdauer („design working life") von 80 bis 100 Jahren ausgegangen werden kann (z.B. EC 1, Tabelle 2.1).

Bauwerkskomponente	Nutzungsdauer in Jahren
Fahrbahnbelag/Abdichtung	15
Übergangskonstruktion	20
Lager	30
Seile	30
Schutzplanken/Geländer	25

Tabelle 3.2-2 Mittlere Nutzungsdauer einiger Bauwerkskomponenten

Bauteile, die aufgrund ihrer Lage einem überdurchschnittlich hohen Verschleiß oder Alterung unterliegen, sollten grundsätzlich austauschbar sein. Das gilt vor allem für Fahrbahnübergänge, Lager und Kappen, aber auch für Seile bzw. Seilverankerungen im Spritzwasserbereich oberhalb der Fahrbahn [BMV, 1994].

Ein weiterer Aspekt ist der Aufwand. Vor allem in Hinblick auf die Kosten erweisen sich solche Konstruktionen als günstig, für die keine zusätzlichen Bauhilfseinrichtungen notwendig sind. Gleichzeitig kann damit das Unfallrisiko (z.B. bei der Montage eines Arbeitsgerüsts unter laufendem Verkehr) gesenkt werden (Bild 3.2-43).

Des weiteren ist die Bedeutung des auszutauschenden Bauteils in bezug auf die Standsicherheit, Funktionsfähigkeit und das Erscheinungsbild der gesamten Brücke zu unterscheiden. Eine die Standsicherheit betreffende Austauschbarkeit, z.B. eines externen Spanngliedes, ist dringlicher als die einer Kappe (Funktionsfähigkeit) oder einer undichten Entwässerung (Erscheinungsbild).

Schließlich ist die Beeinträchtigung des Verkehrs zu berücksichtigen. Sie ist abhängig von der Zeitdauer und der erforderlichen Einschränkung der Verkehrsfläche bzw. der Sperrung der Brücke. Während beispielsweise ein Lagerwechsel unter laufendem Verkehr erfolgen kann, ist der Austausch eines Fahrbahnübergangs häufig mit einer Teil- bzw. Vollsperrung der Brücke verbunden.

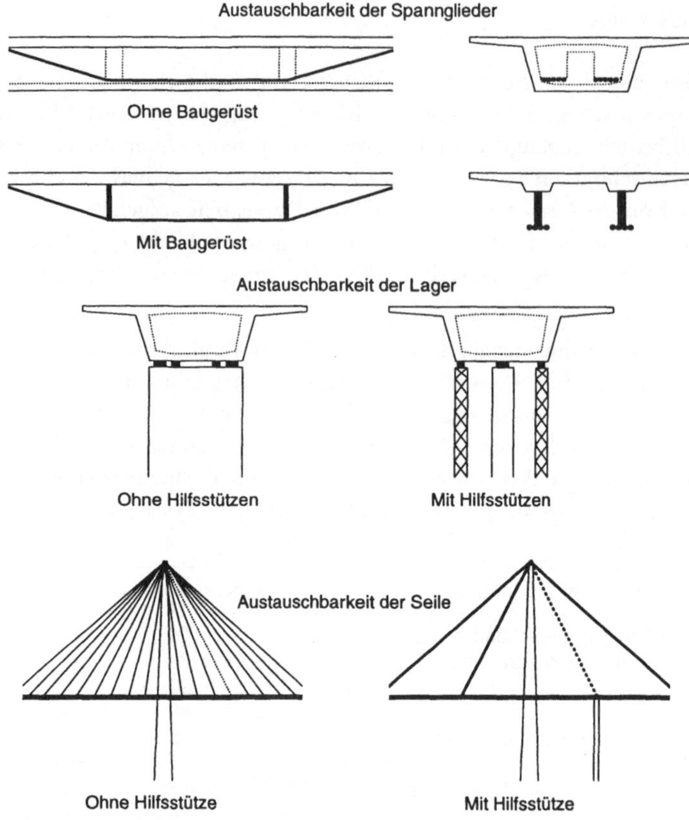

Bild 3.2-43 Geringer/hoher Aufwand beim Austausch von Bauwerkskomponenten

Aufbauend auf die dargelegten Einflußgrößen kann eine quantitative Bewertung der Austauschbarkeit mit nachfolgender Gleichung vorgenommen werden:

$$ROB_9 = \frac{T_N}{\sum_{i=1}^{n} \frac{\lambda_{2,i}\,\lambda_{4,i}}{\lambda_{1,i}\,\lambda_{3,i}}\, t_{N,i}} \tag{3.2-72}$$

t_N – Nutzungsdauer der Brücke (i.a. 100 Jahre)
$t_{N,i}$ – Nutzungsdauer des i-ten Bauteils
$\lambda_{1,i}$ – Verschleiß- bzw. Alterungsrisiko des i-ten Bauteils (hoch: (3), mittel: (2), gering: (1))
$\lambda_{2,i}$ – Aufwand für den Austausch des i-ten Bauteils (hoch: (3), mittel: (2), gering: (1))
$\lambda_{3,i}$ – Bedeutung des i-ten Bauteils für die Standsicherheit (5), Funktionsfähigkeit (3) und das Erscheinungsbild (1)
$\lambda_{4,1}$ – Ausmaß der Beeinträchtigung für den Austausch des i-ten Bauteils (hoch: (3), mittel: (2), gering: (1))
n – Anzahl der auszutauschenden Bauteile

3.2.1.10 Anpassungsfähigkeit

Die zukünftige Entwicklung des Straßenverkehrs wird bereits in den nächsten Jahren dazu führen, daß Kapazitätsgrenzen der Infrastruktur erreicht werden. Das betrifft vor allem den Güterverkehr, der in bezug auf Anzahl und Gewicht der Nutzfahrzeuge deutlich zunehmen wird (Bild 3.2-44). Die Anpassungsfähigkeit des bestehenden Brückenbestands wird damit zu einer wesentlichen Voraussetzung für die Aufrechterhaltung einer leistungsfähigen Infrastruktur.

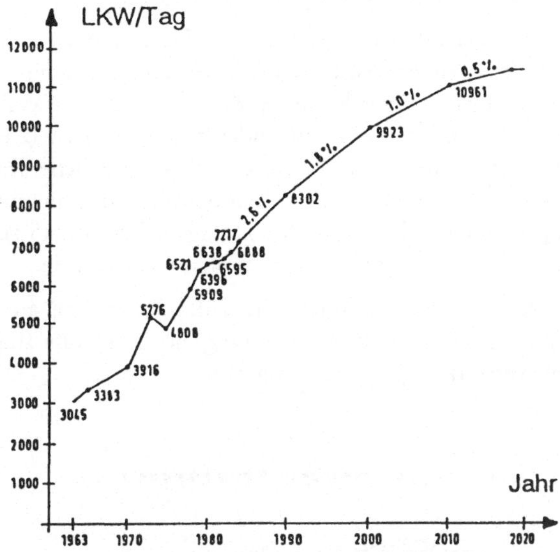

Bild 3.2-44 Prognose des LKW-Verkehrs auf der BAB Frankfurt-Würzburg [König/Maurer, 1990]

Die für den Entwurf von Brücken maßgebenden Normen werden diesem Sachverhalt bislang allerdings nicht gerecht. So wird in EC 1, 2.5 im Zusammenhang mit der Dauerhaftigkeit nur sehr unverbindlich davon gesprochen, auch „eine mögliche Nutzung in der Zukunft" zu berücksichtigen. Präzisere Angaben finden sich dazu schon in Draft British Standard „Guide to life expectancy and durability of buildings and building elements, products and components", 1988. Hier wird gefordert, daß mit dem Tragwerksentwurf auch mögliche Nutzungsänderungen einbezogen werden sollten. Welche Maßnahmen dazu erforderlich sind, wird allerdings nicht beschrieben. In Deutschland beschränken sich Überlegungen hierzu vorrangig auf die Möglichkeit, Tragwerke bei Auftreten von Schäden zu verstärken [Ivanyi et al., 1987]. So schlägt Kersken-Bradley, 1992, vor, zur Begrenzung von Schäden planmäßig Möglichkeiten zur nachträglichen Verstärkung, z.B. durch zusätzliche Anker, vorzusehen.

Grundlage für eine Bewertung der Anpassungsfähigkeit ist das Verhältnis aus dem Zugewinn an Nutzung und dem dazu erforderlichen Aufwand am bestehenden Bauwerk. Dieser Zugewinn beinhaltet eine Verbesserung der Leistungsfähigkeit der Straße, welche durch einen größeren Querschnitt erreicht wird. Legt man als Maß hierfür die zusätzlich aufnehmbare Verkehrsmenge

ΔM [Kfz/h] zugrunde, ergibt sich in Anlehnung an [Mensebach, 1983] stark vereinfacht folgender Zusammenhang:

$$\Delta M \sim \Delta b \, v_m \qquad (3.2\text{-}73)$$

Δb – Verbreiterung des Straßenquerschnitts
v_m – mittlere Fahrzeuggeschwindigkeit

Dabei wird davon ausgegangen, daß die Verkehrsdichte mit der Breite des Straßenquerschnitts proportional zunimmt. Gl. 3.2-73 zeigt auch, daß hierfür vor allem Brücken von übergeordneten Straßen mit hoher Geschwindigkeit v_m in Frage kommen.

Der Aufwand für eine Erweiterung der Brücke ist vom Umfang der baulichen Veränderungen abhängig. Dabei ist zunächst zu unterscheiden, ob Verstärkungen nur am zu erweiternden Bauteil (z.B. zusätzliche Längsspannglieder ohne Verbund bei einer Verbreiterung der Fahrbahnplatte) erforderlich sind, oder ebenso an anderen Traggliedern (z.B. Vergrößerung der Pfeilerköpfe oder Verbreiterung der Pfeiler) oder ob sogar zusätzliche Tragglieder vorgesehen werden müssen. Desweiteren ist die auf den vorhandenen Beanspruchungszustand bezogene Erhöhung an den maßgebenden Stellen zu berücksichtigen. Bild 3.2-45 zeigt den unterschiedlichen Einfluß exemplarisch an drei signifikanten Stellen einer Brücke.

Eine anpassungsfähige Konstruktion zeichnet sich dadurch aus, daß an Stellen mit geringer prozentualer Beanspruchungserhöhung (z.B. Gründung) noch so große Tragreserven vorhanden sind, daß keine örtliche Verstärkungen notwendig werden.

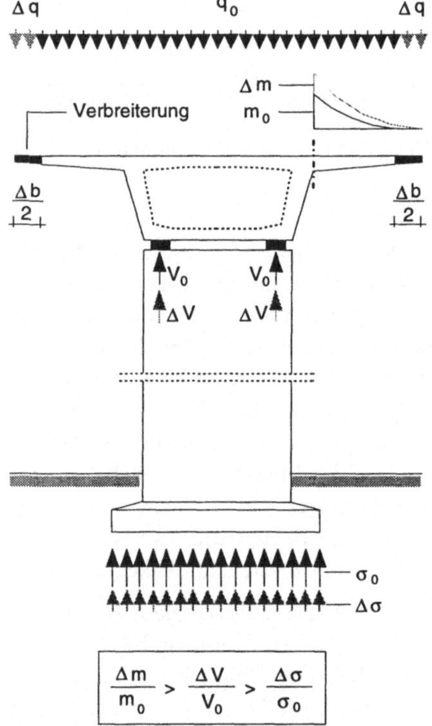

Bild 3.2-45 Änderung der Beanspruchung infolge einer verbreiterten Fahrbahnplatte

Für die Bewertung der Anpassungsfähigkeit gilt mit Gl. 3.2-73:

$$ROB_{10} = \frac{\Delta M}{\sum_{i=1}^{n} \frac{\Delta S_i}{S_{0,i}} \alpha_i} \qquad (3.2\text{-}74)$$

$S_{0,i}$ – Beanspruchung an der Stelle i vor einer Erweiterung
ΔS_i – Erhöhung der Beanspruchung an der Stelle i infolge einer Erweiterung
α_i – Aufwand für eine Verstärkung an der Stelle i (hoch: (3), mittel: (2), gering: (1))
n – Anzahl der maßgebenden Stellen

3.2.1.11 Fehlerunanfällige Herstellbarkeit

Grundgedanke für die Bewertung ist, in welchem Maße sich menschliche Fehlhandlungen während der Herstellung auf die Gebrauchstauglichkeit und Tragfähigkeit auswirken. Dabei sind Besonderheiten von Herstellungstechniken und Bauverfahren zu berücksichtigen.

Erfahrungen zeigen, daß ausreichend große Toleranzmaße notwendig sind, um den Bedingungen auf der Baustelle gerecht zu werden. So trägt die Einführung von Vorhaltemaßen bei der Betondeckung in DIN 1045 gerade diesem Umstand Rechnung. Gleichwohl hängt die Empfindlichkeit einer Konstruktion gegenüber Einbauungenauigkeiten maßgeblich von den Bauteilabmessungen ab. So wirkt sich beispielsweise eine durch Herabdrücken der oberen Bewehrungslage verursachte Verringerung der Tragfähigkeit in Brückenquerrichtung erheblich ungünstiger aus als in Längsrichtung (Bild 3.2-46).

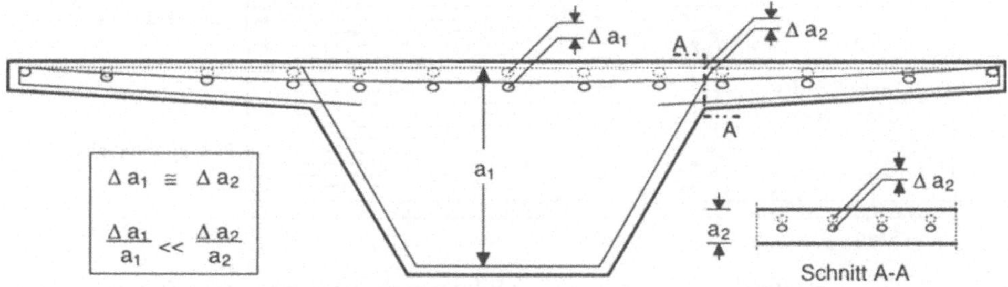

Bild 3.2-46 Einfluß der maßgebenden Querschnittshöhe auf die Empfindlichkeit gegenüber Bauungenauigkeiten

Als ein Maß für die Robustheit einer Konstruktion gegenüber Bauungenauigkeiten kann daher Gl. 3.2-75 herangezogen werden:

$$ROB_{11} = \frac{a}{\Delta a} \qquad (3.2\text{-}75)$$

Δa – ungünstige Annahme für die Einbautoleranz
a – maßgebende Bauteilabmessung

Eine weiterreichende Quantifizierung, vor allem im technologischen Bereich, ist aufgrund der zahlreichen Einflußfaktoren nicht umfassend möglich.

In Anbetracht der großen Bedeutung der Herstellungsverfahren sollen an dieser Stelle solche Punkte angesprochen werden, die besondere Aufmerksamkeit erfordern, um späteren Schäden am Brückentragwerk vorzubeugen. Sie charakterisieren damit potentielle Schwachstellen eines Herstellungsverfahrens. Einige wesentliche sollen im folgenden kurz angesprochen werden:

(a) *Freivorbau*

In Pfeilernähe bestehen zwischen Bodenplatte und Stegen große Dicken-Unterschiede (z.B. Felsenau-Brücke 2,9 [Menn, 1976]). Die dadurch entstehenden großen Temperaturdifferenzen beim Abbindevorgang sind mit aufwendigen betontechnologischen Maßnahmen verbunden. Das später einsetzende Schwinden sowie die durch Temperaturänderung verursachten Zwangbeanspruchungen in Hohlkastenträgern sind durch ausreichend schlaffe Bewehrung unschädlich zu halten (s.a. Abschnitt 3.2.1.8).

In den zahlreichen vertikalen Arbeitsfugen des Überbaus (etwa alle 3 bis 5 m) kann ein zu schnelles Abfließen der Hydrationswärme über den alten Vorbauabschnitt zur Rißbildung führen [Leonhardt, 1979].

Im Feldbereich nachträglich eingebaute Spannglieder werden in der Bodenplatte über Lisenen an den Stegen verankert. Der entstehende Querzug muß durch zusätzliche Querbewehrung in der Bodenplatte aufgenommen werden (Bild 3.2-47).

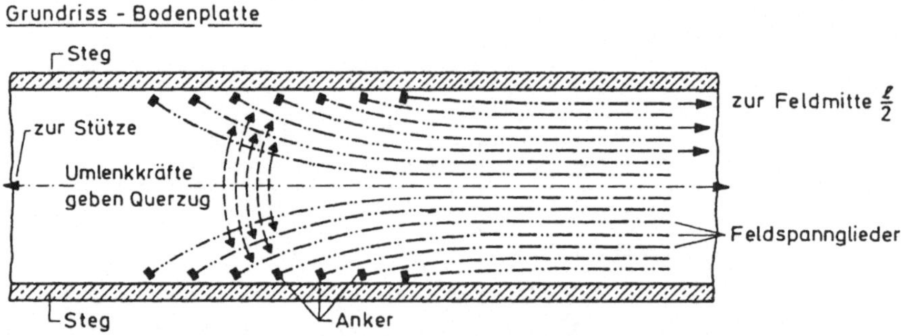

Bild 3.2-47 Querzugkräfte durch Verankerung der Feldspannglieder [Leonhardt, 1979]

(b) *Vorschubrüstung*

Die Herstellung mit Vorschubrüstung macht die Kopplung von Spanngliedern in den Arbeitsfugen erforderlich. Zur Vermeidung von Ermüdungsschäden ist gemäß DIN 4227, Teil 1 eine ausreichende Mindestbewehrung anzuordnen.

Lange Betonierabschnitte führen zu hohen Beanspruchungen infolge des Frischbetongewichts (bis zur 2,5-fachen Beanspruchung aus Eigenlast [Kotulla/Wilhelm, 1978]). Geringfügige Abweichungen können Überbeanspruchungen bzw. große Verformungen der Rüstung verursachen. Dies ist umso bedeutender, als hierbei der Bauzustand maßgebend für die Bemessung des Überbaus sein kann.

Mit dem Betonieren langer Abschnitte ist ein sukzessives Vorspannen der Spannglieder verbunden, um Schwindrisse zu vermeiden. Das damit gleichzeitig verbundene Absenken des Rüstträgers erfordert eine sorgfältige Überwachung des Bauvorgangs.

Die Pfeilerköpfe sind in Längsrichtung ausgespart, um den Vorbauträger auflagern zu können. Sie sind unterhalb der Lager hoch bewehrt und müssen daher sorgfältig betoniert werden.

(c) *Taktschiebeverfahren*

Aufgrund des hohen Anteils an zentrisch verlaufenden Spanngliedern ist eine vergleichsweise große Zahl von Spanngliedern notwendig. Dies erfordert z.B. bei externer Vorspannung für die nachträglich einzubauenden Spannglieder hoch bewehrte Lisenen bzw. Querträger (Bild 3.2-48).

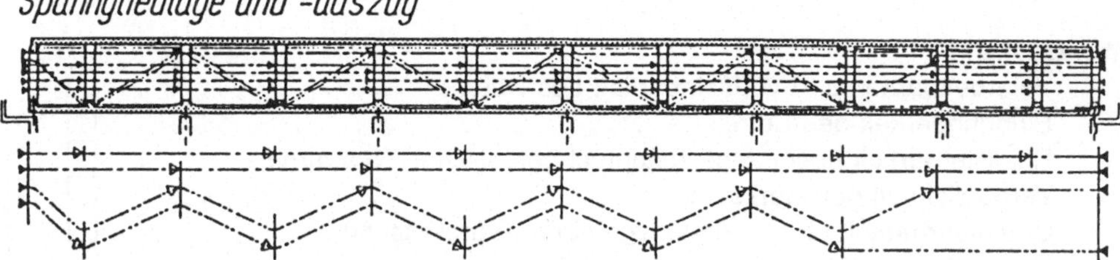

Bild 3.2-48 Überbau mit hoch bewehrten Querträgern zur Verankerung der Spannglieder [Eibl/Voß, 1989]

Beim Verschiebevorgang besteht die Gefahr, daß die unteren Kanten des Steges durch ungleichmäßige Pressungen an den Vorschublagern abplatzen, verursacht durch ungleichmäßige Setzungen der Unterkonstruktion. Insgesamt wirken sich bereits geringe Abweichungen vom Soll-Zustand ungünstig aus.

Zur Beurteilung der Herstellung im Hinblick auf Fehleranfälligkeit und daraus resultierender möglicher Folgeschäden sind in Tabelle 3.2-3 wichtige Aspekte in Form einer Check-Liste zusammengestellt.

3.2.2 Zuordnung der Kriterien zur Sicherheit und Wirtschaftlichkeit

Mit der Zuordnung der Kriterien zu den in Abschnitt 2.1.1 beschriebenen Werten „Sicherheit" und „Wirtschaftlichkeit" (hier als Teil des „Gesamtwirtschaftlichen Wohlstands" nach Bild 2.1-1 zu verstehen) soll der Bezug zum Menschen hergestellt werden. Alle bislang behandelten objektbezogenen Eigenschaften (Kriterien) erhalten ihre Bedeutung erst vor dem Hintergrund ihrer Auswirkungen auf den Menschen. So ist leicht einzusehen, daß z.B. das Kriterium „Monolithische Bauweise" deshalb betrachtenswert ist, weil durch Vermeidung von Lagern und Fugen Unterhaltungskosten eingespart werden können (s.a. Abschnitt 2.1.3).

Tragwerk und Konstruktion

- Rißbildungsanfälligkeit besonderer Bereiche ☐
- Bedeutung des Bauzustands für die Bemessung ☐
- Vermeidbarkeit von Querschnittssprüngen ☐
- Toleranzspielraum der Konstruktion ☐
- Notwendigkeit besonderer Formen, Aussparungen o.ä. ☐
- Induzierte Systemempfindlichkeit ☐
- Zweckmäßigkeit der Spanngliedführung ☐
- Notwendigkeit von zusätzlichen Lagern ☐
- Auswechselbarkeit von Lagern ☐
- Inspektionsfreundlichkeit ☐
- Möglichkeit der Nutzungsänderung ☐
- Allgemeine Begreifbarkeit ☐

Werkstoffe

- Verarbeitbarkeit und Verdichtbarkeit des Betons ☐
- Einbringbarkeit des Betons ☐
- Realisierbarkeit besonderer betontechnologischer Erfordernisse ☐
- Verträglichkeit der Werkstoffe ☐
- Durchführbarkeit einer ordnungsgemäßen Verpressung ☐
- Langzeitbeständigkeit neuer Werkstoffe ☐
- Anfälligkeit bei Ablaufstörungen, Transport und Lagerung ☐
- Notwendigkeit von temporären Schutzmaßnahmen ☐
- Möglichkeit und Wirksamkeit von temporären Schutzmaßnahmen ☐

Bauablauf

- Beanspruchungsdifferenzen zwischen Bau- und Endzustand ☐
- Art und Häufigkeit von Systemwechseln ☐
- Störungsempfindlichkeit des Bauablaufs ☐
- Anpassungsfähigkeit an kurzfristige Änderungen ☐
- Notwendigkeit besonderer Sicherungsmaßnahmen ☐
- Zulässigkeit von Toleranzen ☐
- Wiederholbarkeit (von Takten) ☐
- Regelmäßigkeit ☐
- Einarbeitungsgeschwindigkeit ☐
- Vermeidbarkeit langzeit-versetzter Betonierabschnitte ☐
- Kontinuität des Betoniervorgangs ☐
- Betriebsfreundlichkeit (Bedienbarkeit) der Spezialgeräte ☐
- Kontrollierbarkeit der Spezialgeräte ☐
- Korrigierbarkeit der Spezialgeräte ☐
- Anfälligkeit der Spezialgeräte ☐

Tabelle 3.2-3 Check-Liste für die Herstellung [Werwigk, 1993]

Dadurch ist unmittelbar der Bezug zur Wirtschaftlichkeit hergestellt. Die pontizentrische, also brückenzentrierte Betrachtungsweise wird durch eine anthropozentrische ergänzt. Diese in Bild 3.2-49 angegebenen Beziehungen (grau markiert) machen gleichzeitig deutlich, daß eine strikte Trennung von sicherheits- und wirtschaftlichkeitsrelevanten Kriterien nicht möglich ist. Denn jede Maßnahme am Bauwerk, welche zu einer Erhöhung der Sicherheit des Menschen führt, ist natürlich auch eine Frage der Kosten. Dennoch kann dadurch der nichtmaterielle, sich aus der ethischen Verantwortung des technisch Handelnden heraus ergebende Anteil, herausgelöst und isoliert bewertet werden.

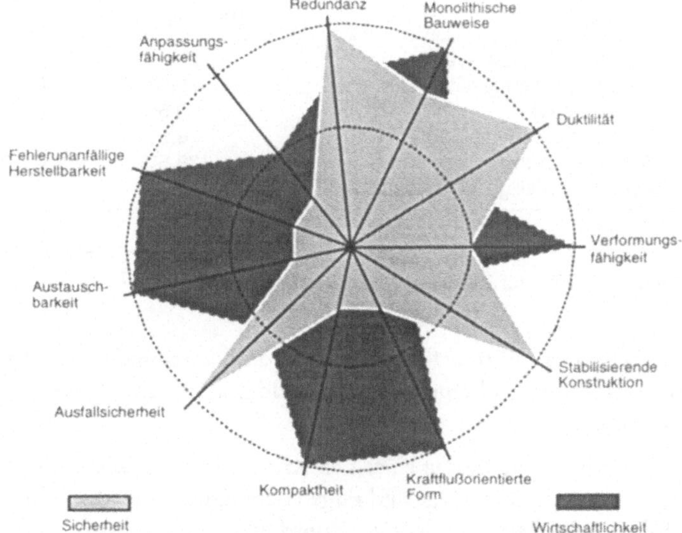

Bild 3.2-49 Bezüge zwischen den Kriterien und Werten

Aus diversen Schadensauswertungen können „vorsichtige" Wichtungen der einzelnen Kriterien abgeleitet werden. Diese sind allerdings als Vorschlag anzusehen, da sie sehr stark von den konkreten Randbedingungen abhängen. Sie werden hier als Stammwichtung bezeichnet.

Zur Gewichtung der sicherheitsrelevanten Kriterien können Erhebungen von solchen Schadensfällen herangezogen werden, bei denen ein Einsturz auftrat (z.B. Tjörn-Brücke in Schweden, 1980; Sungsu-Brücke in Seoul, 1994) oder unmittelbar Gefahr für Leib und Leben bestanden hat (z.B. Maracaibo-Brücke in Venezuela, 1980).

Eine Auswertung von Veröffentlichungen dazu ergab, daß etwa 2/3 der sicherheitsrelevanten Schadensfälle durch äußere Einwirkungen verursacht wurden. 1/3 der Schäden war überwiegend auf Schwächungen des Materials zurückzuführen. In Anlehnung an die in Abschnitt 3.2.1 formulierten Ziele für den Entwurf robuster Brückentragwerke, wonach die Vermeidung von schädlichen Einwirkungen oberste Priorität haben sollte, wird die in Tabelle 3.2-4 angegebene (Stamm-) Wichtung vorgeschlagen. In begründeten Fällen kann bzw. sollte davon abgewichen werden.

Die Stammwichtung der wirtschaftlichkeitsrelevanten Kriterien orientiert sich an den Unterhaltungs- bzw. Instandsetzungskosten, die in Verbindung mit bestimmten konstruktiven Lösungen auftreten.

Kriterien	Wichtung
Redundanz	30%
Ausfallsicherheit	40%
Stabilisierende Konstruktion	10%
Duktilität	20%
Summe	100%

Tabelle 3.2-4 Vorschlag für die (Stamm-) Wichtung der sicherheitsrelevanten Kriterien

Kriterien	Stammwichtung
Monolithische Bauweise	27,1%
Verformungsfähigkeit	8,6%
Kompaktheit	8,6%
Kraftflußorientierte Form	8,6%
Austauschbarkeit	38,5%
Fehlerunanfällige Herstellbarkeit	8,6%
Summe	100%

Tabelle 3.2-5 (Stamm-) Wichtung für einige wirtschaftlichkeitsrelevante Kriterien

Diese in Tabelle 2.1-18 aufgeführten Kosten werden dazu anteilmäßig auf alle Bauwerksteile bzw. Instandsetzungsmaßnahmen bezogen werden (Bild 3.2-50). Es zeigt sich, daß der Ausbau mit über 60% am stärksten betroffen sind.

Im folgenden sind die Kostenanteile den einzelnen Kriterien zugewiesen. So sind beispielsweise die Kosten für Lager, Fahrbahnübergänge und Fugen dem Kriterium „Monolithische Bauweise" zugeordnet. In Fällen, wo keine eindeutige Zuordnung erkennbar ist, liegen Annahmen zugrunde. Tabelle 3.2-5 zeigt die Stammwichtung für die hier betroffenen Kriterien. Unberücksichtigt bleibt das Kriterium „Anpassungsfähigkeit", da bislang keine Erfahrungswerte vorliegen.

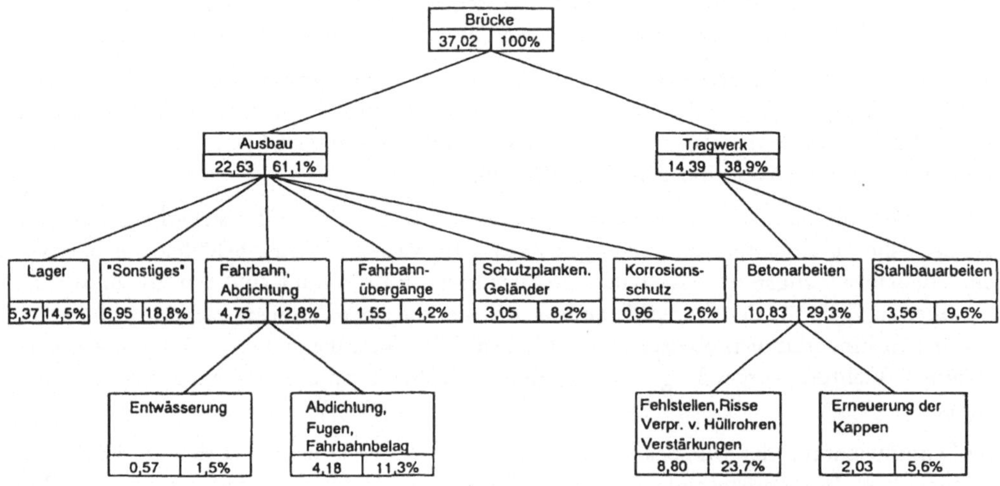

Bild 3.2-50 Zuordnung der Unterhaltungs- und Instandsetzungskosten [Goller, 1995]

3.3 Aggregation der Kriterien

Durch die Aggregation werden die Einzelbewertungen der Kriterien (ROB-Kennzahlen) zu einem Gesamturteil zusammengefaßt. Erst damit ist eine umfassende Aussage über die Robustheit möglich.

Voraussetzung für die Vergleichbarkeit unterschiedlicher Größen ist, daß sie derselben Merkmalsmenge angehören. Hierauf basiert die Theorie der Dimensionshomogenität physikalischer Funktionen [Görtler, 1975]. Zur Bewältigung der vorliegenden Fragestellung bieten sich zwei Lösungswege an: Erstens die sogenannte Dimensionsanalyse [FOGIB, 1994; Rudolph/Kröplin, 1994], bei der die Aggregation unter Verwendung dimensionsloser Potenzprodukte erfolgt. Diese haben den Vorteil, daß sie ingenieurmäßig interpretiert werden können. Kann die Gültigkeit des zugrunde gelegten Ingenieurmodells durch rechnerische oder experimentelle Nachweise gezeigt werden, existiert eine exakte Aggregationsfunktion. Eine Wichtung der Teilkriterien untereinander ist damit überflüssig, da sie bereits implizit enthalten ist.

Zweitens die Nutzwertanalyse, welche den Vergleich von Größen mit unterschiedlicher Dimension durch eine vorgeschaltete Abbildung (Transformation) auf eine für sämtliche Kriterien identischen Meßskala ermöglicht. Damit können dimensionsverschiedene Teilergebnisse untereinander verglichen werden.

Für die weiteren Untersuchungen wird der zweite Ansatz verfolgt. Grund hierfür ist, daß die Ergebnisse in beiden Fällen trotz des erheblich größeren rechnerischen Aufwands der Dimensionsanalyse immer noch sehr stark von einer vollständigen Beschreibung abhängig bleiben. Weil diese aber vor allem in der Entwurfsphase noch nicht vorliegt, haben auch die Ergebnisse nur eine eingeschränkte Aussagekraft. Die Bewertung mit dem zweiten Ansatz ist daher auch in Anbetracht der den ROB-Kennzahlen zugrunde liegenden, stark vereinfachten Ingenieurmodelle ausreichend genau. Voraussetzung ist, daß sich die Wichtung der Kriterien an reale Randbedingungen, also z.B. in bezug auf die Unterhaltungskosten (s.a. Abschnitt 3.2.2) orientiert. Damit sollen subjektiv geprägte Wichtungen weitgehend ausgeschlossen werden.

Die Aggregation erfolgt in zwei Schritten. Der erste Schritt beinhaltet die Abbildung der einzelnen ROB-Kennzahlen über eine lineare Wertungsfunktion auf eine Meßskala (Bild 3.3-1).

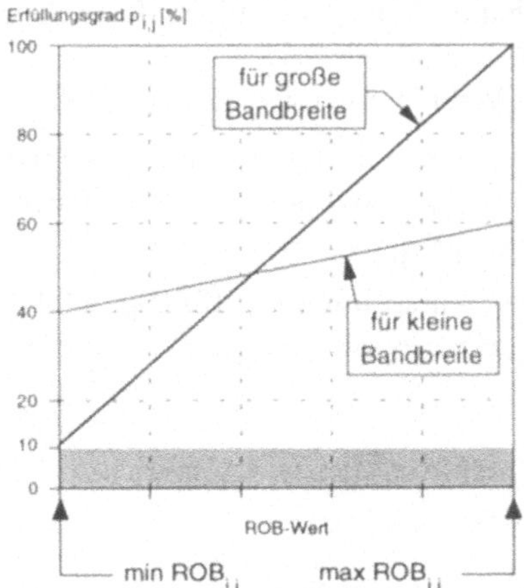

Bild 3.3-1 Abbildung der ROB-Kennzahlen auf eine einheitliche Meßskala

Der untere Grenzwert von 10% wird der Brücke mit dem kleinsten Wert (min ROBi), der obere Grenzwert von 100% der Brücke mit dem höchsten Wert (max ROBi) zugeordnet. Die „schlechteste" und „beste" Brücke bilden also jeweils die beiden Grenzwerte. Damit befinden sich alle Einzelbewertungen in einer definierten Bandbreite. Um unrealistisch große Unterschiede bei einer zu kleinen Bandbreite der ROB-Kennzahlen zu vermeiden, sollte das Kriterium überhaupt nicht oder mit einer flacher geneigten Wertungsfunktion erfaßt werden (Bild 3.3-1). Zur Berechnung des Zielerfüllungsgrads gilt:

a) Große Bandbreite der ROB-Kennzahlen

$$p_{i,j} = 10 + 90\left(\frac{ROB_{i,j} - \min ROB_i}{\max ROB_i - \min ROB_i}\right) \qquad (3.3\text{-}1a)$$

b) Kleine Bandbreite der ROB-Kennzahlen

$$p_{i,j} = 40 + 20\left(\frac{ROB_{i,j} - \min ROB_i}{\max ROB_i - \min ROB_i}\right) \qquad (3.3\text{-}1\,b)$$

$p_{i,j}$ – Zielerfüllungsgrad des i-ten Kriteriums und für die j-te Variante in [%]
$ROB_{i,j}$ – i-ter ROB-Wert der j-ten Variante

Die Aggregation der Zielerfüllungsgrade der einzelnen Kriterien zur Gesamtbewertung erfolgt über Wichtungsfaktoren w_i. Sie spiegeln den Einfluß des jeweiligen Kriteriums auf das Gesamtergebnis wider. Die Festlegung dieser Faktoren ist nicht allgemeingültig möglich, sondern objekt- und standortabhängig.

Eine höhere Wichtung einzelner Kriterien ist beispielsweise in folgenden Fällen angezeigt:

- „Redundanz" bei erhöhter Gefahr durch außergewöhnliche Einwirkungen (z.B. Unterspülung von Gründungen).
- „Ausfallsicherheit" bei hoher Verkehrsbelastung (z.B. Anprall).
- „Monolithische Bauweise" und „Kompaktheit" bei starken chemischen und physikalischen Angriffen (z.B. Tausalz oder maritimes Klima).
- „Verformungsfähigkeit" bei nachgiebigem Baugrund (z.B. Bergsenkungsgebiet).
- „Fehlerunanfällige Herstellbarkeit" bei schwierigen Baustellenverhältnissen (z.B. unzureichende Qualifikation des Baustellenpersonals).
- „Anpassungsfähigkeit" (z.B. Verbreiterung von Fahrstreifen).

Liegen dagegen keine besonderen Randbedingungen vor, können zumindest für den ersten Bewertungsgang die in Abschnitt 3.2.2 abgeleiteten und in Tabelle 3.2-4 und 3.2-5 aufgeführten Wichtungsfaktoren zugrunde gelegt werden.

Die Bewertung der Robustheit einer Brücke j (ROB_j) erfolgt zunächst getrennt für die sicherheits- und wirtschaftlichkeitsrelevanten Kriterien über eine Summation der gewichteten Zielerfüllungsgrade $p_{i,j}$:

$$ROB_j = \sum_{i=1}^{n} w_i\, p_{i,j} \qquad (3.3\text{-}2)$$

w_i – Wichtungsfaktor für das i-te Kriterium
n – Anzahl der betrachteten Kriterien

Die Aggregation der sicherheits- und wirtschaftlichkeitsrelevanten Kriterien ist aufgrund der unterschiedlichen Bewertungsmaßstäbe („ethisch“ und „materiell“) nicht mehr ohne weiteres über allgemeingültige Stammwichtungen (s.a. Abschnitt 3.2.2) möglich. Diese kann im allgemeinen nur über eine argumentative Auseinandersetzung der bewertenden Personen festgelegt werden.

3.4 Bewertung an Beispielen

3.4.1 Vorbemerkungen

Im folgenden soll die Robustheit von Brücken mit den in Abschnitt 3.2 beschriebenen Kriterien bewertet werden. Zugrunde gelegt werden Entwürfe, die aus Wettbewerben hervorgegangen sind. Grundlage der Bewertung sind Veröffentlichungen bzw. Zeichnungen und Kurzbeschreibungen der Entwurfsverfasser. Im Anhang sind alle Brückenentwürfe abgebildet.

Im ersten Beispiel (Schornbachtalbrücke bei Stuttgart) wird die Robustheit in Hinblick auf wirtschaftlichkeitsrelevante Kriterien bewertet (Abschnitt 3.2.2). Die Bewertung erfolgt also vor dem Hintergrund der zu erwartenden Unterhaltungs- bzw. Instandsetzungskosten. Die Aussage bezieht sich somit auf die in Abschnitt 3.1.2, Ziff. (1), (4) und (5) formulierten Zielvorstellungen für robuste Tragwerke. Im zweiten Beispiel (Südbrücke Oberhavel in Berlin) erfolgt die Bewertung in Hinblick auf die Sicherheit. Damit soll die Unempfindlichkeit des Tragwerks bei unvorhergesehenen Einwirkungen im Sinne der Ziff. (1), (2) und (3) in Abschnitt 3.1.2 beurteilt werden.

3.4.2 Wettbewerbsentwürfe für die Schornbachtalbrücke (bei Stuttgart)

3.4.2.1 Situation und Aufgabenstellung

Zu überqueren ist ein Tal mit einer Länge von etwa 620 m. Die Gradiente der Brücke liegt maximal 15 m über dem Gelände. Die Trasse ist in beide Richtungen zweistreifig, woraus sich eine Querschnittsbreite von insgesamt 25,50 m ergibt. Im Grundriß liegt die Brücke in einem gleichbleibenden Radius von 1100 m [Sohn, 1989].

3.4.2.2 Kurzbeschreibung der Entwürfe

(a) *Entwurf 1*

Die stählerne Raumfachwerkkonstruktion besteht aus Rohrstreben (hohl) mit zwei Rohren als Untergurte (betongefüllt) und einer dünnen Betonfahrbahnplatte. Aufgelagert ist der Überbau auf Neoprene-Teflon-Kissen, wobei die drei Pfeilerpaare in Talmitte als Festpunkte in Längsrichtung wirken (Bild A.1-1).

(b) *Entwurf 2*

Der zweiteilige Überbau mit Plattenbalkenquerschnitt wird im mittleren Bereich unterspannt. Die Stützung erfolgt über je vier betongefüllte Stahlstützen, welche monolithisch an den

Überbau angeschlossen sind. Der Überbau, der mit den Widerlagern monolithisch verbunden ist, wird durch zwei Querfugen in drei Abschnitte unterteilt. Der mittlere Abschnitt der Brücke ist „schwimmend" gelagert (Bild A.1-2).

(c) *Entwurf 3*

Der zweiteilige, durchlaufende Spannbeton-Überbau ist im Bereich der Stützungen gevoutet. Er ist auf Betonpfeiler, welche über je zwei Lager verfügen, gelagert. Auf den mittleren drei Pfeilern ist der Überbau in Längsrichtung unverschieblich gelagert (Bild A.1-3).

(d) *Entwurf 4*

Der Überbau ist im Bereich der großen Feldweiten aufgehängt bzw. unterspannt. In den Endbereichen erfolgt die Stützung ausschließlich über Pendelstützen auf Linienkipplager. Der durchlaufende, dreistegige Plattenbalken ist in jeder Achse über Stahlbetonstützen 3-fach unterstützt. Die Aufhängung und Unterspannung besteht jeweils aus vier Seilen. Der Doppelpylon in Brückenmitte bildet mit seiner Auskreuzung den Festpunkt (Bild A.1-4).

(e) *Entwurf 5*

Der zweiteilige Hohlkastenquerschnitt ist auf Betonpfeiler gelagert. Die mittleren 4 x 2 Pfeiler bilden in Längsrichtung den Festpunkt. Über den Pfeilern sind die beiden Überbauten durch einen Querträger verbunden. Die Fahrbahnplatten werden unter Verwendung von vorgefertigten Großflächenplatten hergestellt (Bild A.1-5).

3.4.2.3 Einzelbewertungen

Den Berechnungen sind die in Abschnitt 3.2.1 abgeleiteten ROB-Kennzahlen zugrunde gelegt. Im Anhang sind die errechneten Zahlenwerte tabellarisch (Tabelle A.1-1 bis A.1-5) zusammengestellt.

(a) *Monolithische Bauweise*

Das Fehlen jeglicher Lager führt dazu, daß dieses Kriterium von Entwurf 2 am besten erfüllt wird. Am ungünstigsten ist diesbezüglich Entwurf 3 einzuordnen, da dieser an jedem Pfeilerkopf über große Auflagerbänke verfügt, welche wiederum Angriffsflächen darstellen (Bild 3.41).

(b) *Verformungsfähigkeit*

Der Auswertung liegt ein Beton C35 zugrunde. Die Querschnitte sind den in Abschnitt 3.2.1.6 definierten Querschnittstypen zugeordnet. Als maßgebende Längen sind die maximalen Feldweiten zugrunde gelegt, da sie die kleinsten Verformungsfähigkeiten ergeben. Die hybriden Überbauten (Entwurf 1, 2 und 4) erzielen aufgrund ihrer vergleichsweise geringen Eigenlast die besten Ergebnisse. Am ungünstigsten verhält sich erwartungsgemäß der steife Spannbetonüberbau (Entwurf 3) (Bild 3.4-2).

(c) *Kraftflußorientierte Form*

Zur Bewertung der kraftflußorientierten Form wird der Stützbereich in Brückenquerrichtung betrachtet. Dazu wird eine Einheitsgleichstreckenlast angesetzt (Bild 3.4-3). Der Kraftfluß zur Abtragung in die Auflagerpunkte wird mit Gl. 3.2-65 über ein Stabwerkmodell berechnet.

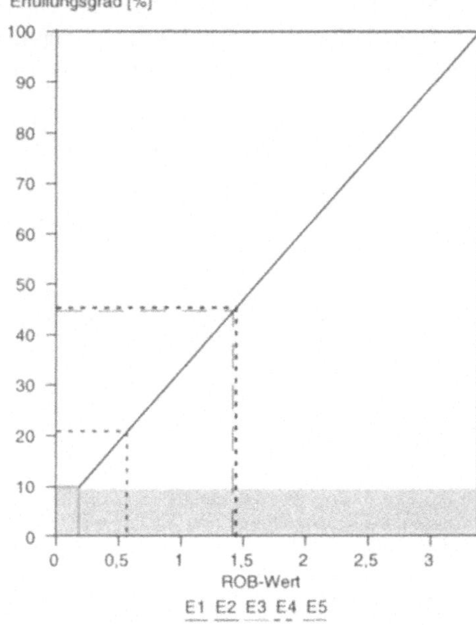

Bild 3.4-1 Bewertungsergebnis „Monolithische Bauweise"

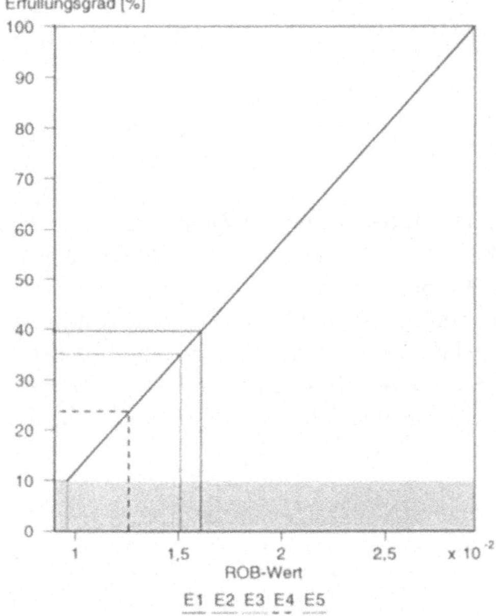

Bild 3.4-2 Bewertungsergebnis „Verformungsfähigkeit"

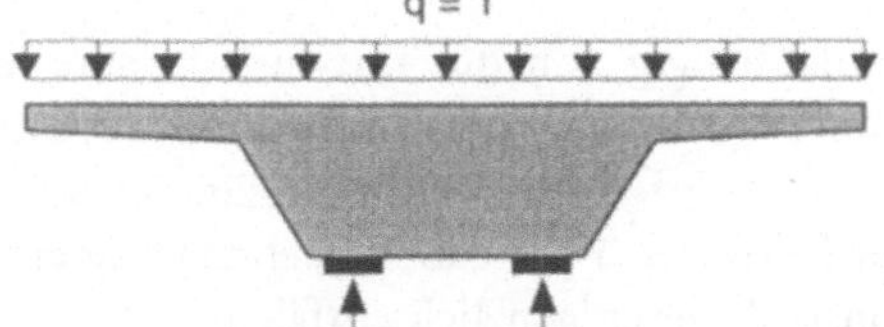

Bild 3.4-3 Ansatz der Einheitslast q

Die Ergebnisse zeigen, daß die Fachwerkkonstruktion (Entwurf 1) bei Zusammenfassung der Belastung q zu vier Resultierenden den günstigsten Kraftfluß aufweist (Bild 3.4-4). Ungünstig sind die Entwürfe 3 und 4 einzustufen, da sie weit auskragende Fahrbahnplatten haben und damit sehr hoch biegebeansprucht sind.

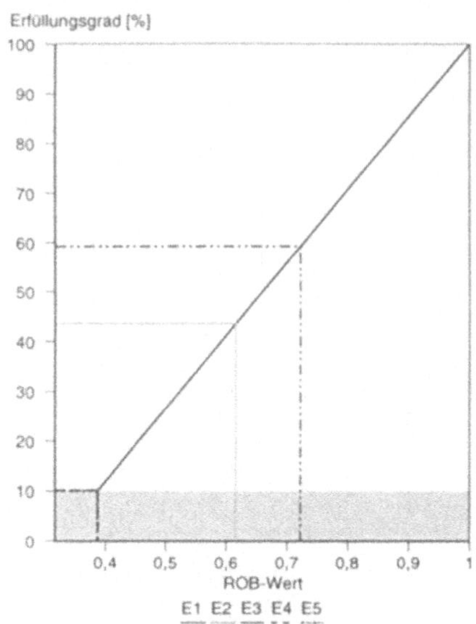

Bild 3.4-4 Bewertungsergebnis „Kraftflußorientierte Form“

(d) *Kompaktheit*

Die Kompaktheit ist für den Überbau (einschließlich Seile) und die Pfeiler/Pylone getrennt berechnet. Das Widerstandsmoment des Überbaus ist aus dem Stütz- und Feldbereich gemittelt. Die Ergebnisse für den Überbau (Bild 3.4-5a)) zeigen, daß die aufgehängten bzw. unterspannten Konstruktionen (Entwurf 2 und 4) aufgrund ihrer hohen Widerstandsmomente mit Abstand am günstigsten sind. Bei der Kompaktheit der Pfeiler schneiden die Brücken mit großen Feldweiten und gedrungenen Pfeilerquerschnitten (Entwurf 3 und 1) am besten ab. (Bild 3.4-5b)) Dies wird auch durch die Aggregation dieser beiden Teilergebnisse über das Verhältnis der Bauteiloberflächen bestätigt.

(e) *Austauschbarkeit*

Für die Nutzungsdauer sind folgende Werte angenommen:

Brückentragwerk:	100 Jahre
Lager/Seile:	30 Jahre
Fahrbahnübergänge:	20 Jahre

Unberücksichtigt bleiben solche Bauteile, die unabhängig von der Entwurfsvariante ausgetauscht werden müssen (z.B. Belag). Bild 3.4-6 macht deutlich, daß sich der erhöhte Aufwand für das Auswechseln der Seile und Lager bei Entwurf 4 besonders ungünstig auswirkt. Ausschlaggebend für die höchste Bewertung des Entwurfs 2 ist, daß Verkehrsbehinderungen durch den Austausch von Fahrbahnübergangskonstruktionen gänzlich entfallen.

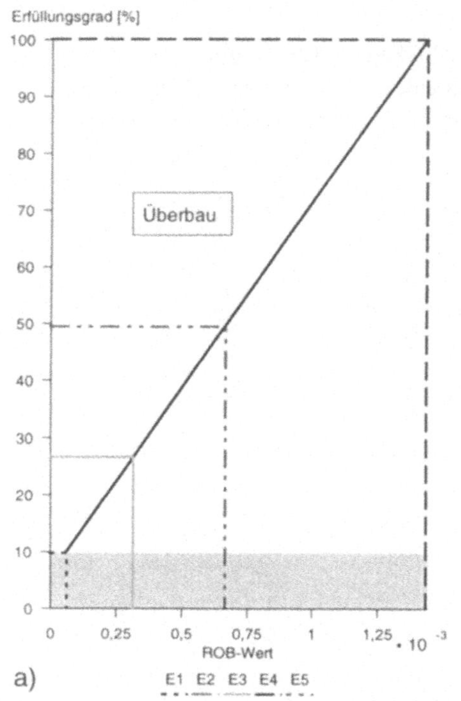

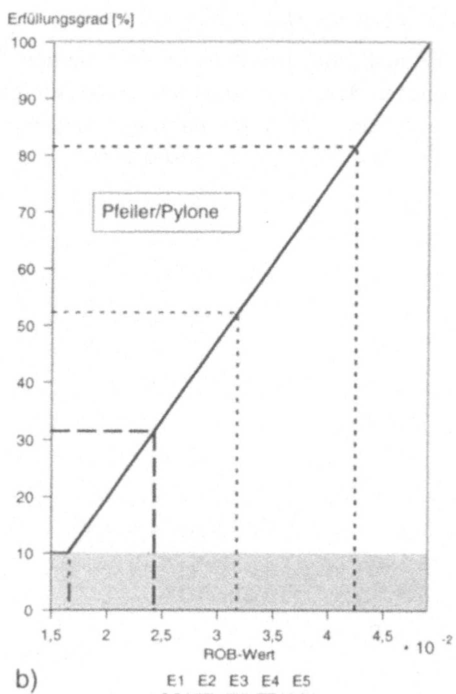

Bild 3.4-5 Bewertungsergebnis „Kompaktheit"

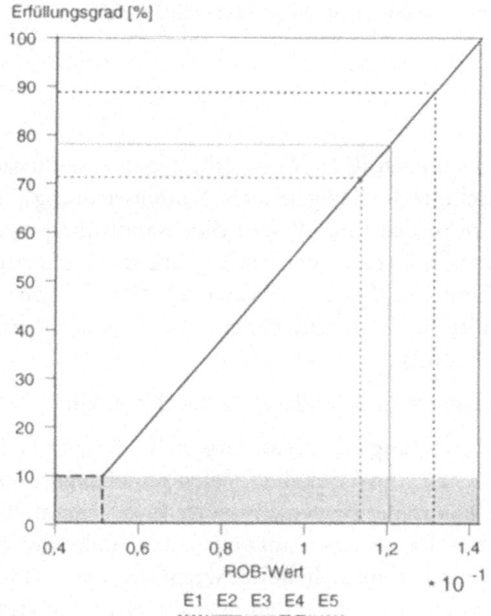

Bild 3.4-6 Bewertungsergebnis „Austauschbarkeit"

(f) *Fehlerunanfällige Herstellbarkeit*

Die maßgebenden Bauteilhöhen werden für den Überbau in Längs- und Querrichtung zu gleichen Anteilen betrachtet. Erwartungsgemäß schneidet der gedrungene Überbau (Entwurf 3) am günstigsten ab. Bauungenauigkeiten können im Gegensatz zu Entwurf 4 am besten „aufgefangen" werden (Bild 3.4-7).

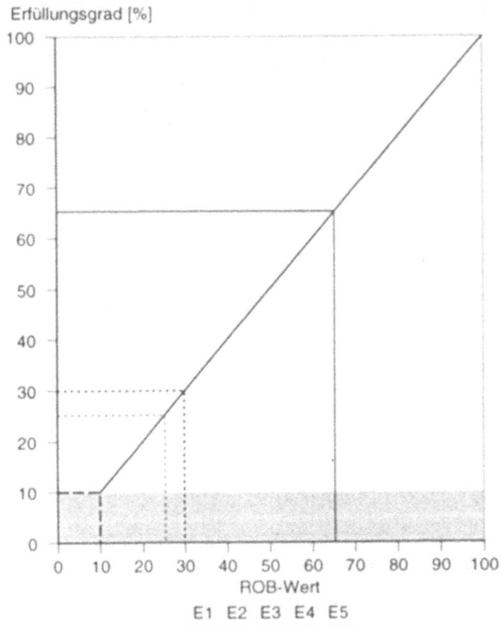

Bild 3.4-7 Bewertungsergebnis „Fehlerunanfällige Herstellbarkeit"

3.4.2.4 Aggregation

Durch Aggregation der berechneten ROB-Werte erhält man eine Aussage über die Robustheit. Ausgehend von der in Abschnitt 3.2.2 abgeleiteten Stammwichtung (1) werden weitere sieben Wichtungen betrachtet, um so den Einfluß spezieller Randbedingungen aufzuzeigen (Tabelle 3.4-1). Damit soll die Empfindlichkeit des Endergebnisses durch veränderte Wichtung der Kriterien zum Ausdruck kommen (Sensitivitätsanalyse). Die „Leitwichtung", welche sich z.B. für einige der in Abschnitt 3.2.2 beschriebenen Fälle ergeben kann, ist hier jeweils fett dargestellt (Wichtung (2) bis (8)).

In Bild 3.4-8 sind die Ergebnisse in Polardiagrammen dargestellt.

Die Ausgangs- bzw. Stammwichtung (1) ist fett dargestellt. Es zeigt sich, daß die Rangfolge der beiden ersten Plätze (Entwurf 2 und 1) in allen Fällen unabhängig vom Ansatz der Wichtung bleibt. Das bedeutet, daß keiner der beiden Entwürfe in bezug auf einzelne Kriterien gravierende Schwächen gegenüber dem anderen aufweist. Eine Änderung dieser Reihenfolge kann hier nur durch eine überdurchschnittlich hohe Wichtung der „schwächeren" Kriterien des Erstplazierten erfolgen. Das gleiche gilt für den letztplazierten Entwurf 5. Änderungen in der Rangfolge ergeben sich nur für die Entwürfe 3 und 5.

Wichtung der Kriterien	(1)	(2)	(3)	(4)	(5)	(6)	(7)	(8)
Fehlerunanfällige Herstellbarkeit	8,6	**25,8**	7,0	7,0	7,0	5,4	5,9	5,2
Kompaktheit	8,6	7,0	**25,8**	7,0	7,0	5,4	5,9	**12,9**
Verformungsfähigkeit	8,6	7,0	7,0	**25,8**	7,0	5,4	5,9	5,2
Kraftflußorientierte Form	8,6	7,0	7,0	7,0	**25,8**	5,4	5,9	**12,9**
Monolithische Bauweise	27,1	22,0	22,0	22,0	22,0	**54,2**	18,6	**40,7**
Austauschbarkeit	38,5	31,2	31,2	31,2	31,2	24,2	**57,8**	23,1

Tabelle 3.4-1 Variation der Wichtungsfaktoren

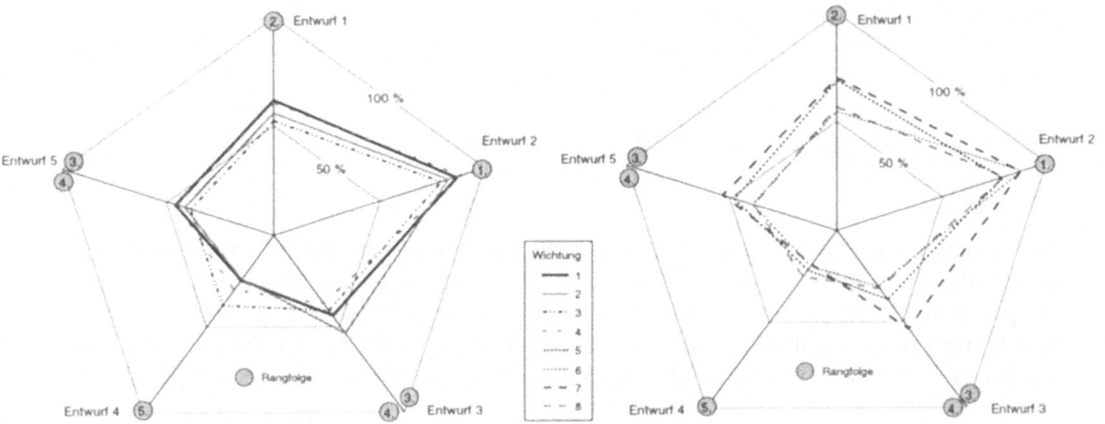

Bild 3.4-8 Einfluß der Wichtungsfaktoren auf das Endergebnis

Die exemplarische Bewertung macht folgendes deutlich: Entwürfe, die alle Kriterien überdurchschnittlich gut erfüllen und keine ausgeprägten Schwächen aufweisen, „reagieren" auf veränderte Wichtungsansätze vergleichsweise unempfindlich. Sie erzielen auch in der Summe die besten Ergebnisse. Gleichwohl tritt in der Praxis auch der Fall auf, daß Entwürfe über unterschiedliche „Stärken" verfügen. Hier wird die Entscheidung über die Plazierung maßgeblich durch die Wichtung herbeigeführt. Dies hat zwar den Nachteil, daß sich die Rangfolge mit jeder Wichtung grundlegend verändern kann, andererseits aber den Vorteil, daß sich die Bewertenden (z.B. eine Wettbewerbsjury) vorab über ihre Zielvorstellungen verständigen müssen (Konsensbildung). In der besten Lösung spiegeln sich dann einige wenige, aber dafür besonders ausgeprägte Stärken des Entwurfs wider.

3.4.3 Wettbewerbsentwürfe für die Südbrücke Oberhavel (Berlin)

3.4.3.1 Situation und Aufgabenstellung

Gegenstand der Wettbewerbsaufgabe war eine etwa 270 m lange und 22 m breite Brücke über die Havel in Berlin-Spandau [FOGIB, 1994]. Ziel war die Erarbeitung eines realisierbaren Entwurfs, der die funktionalen, wirtschaftlichen und konstruktionsbedingten Anforderungen erfüllt und sich auf überzeugende Weise mit den städtebaulichen, architektonischen und landschaftsplanerischen Gegebenheiten auseinandersetzt. Bis zur Verfügbarkeit einer zweiten Brücke ist neben der Nutzung für Fußgänger und Radfahrer eine vierstreifige Nutzung für den Baustellenverkehr vorgesehen.

Für die Bewertung der sicherheitsrelevanten Kriterien „Redundanz“ und „Ausfallsicherheit“ ist im Bereich der Schiffahrtsrinne ein 54,0 m breites und 5,25 m hohes Lichtraumprofil vorzusehen. In den Auslobungsunterlagen wird ferner gefordert, daß im Gefahrenbereich (Durchfahrtsjoch) befindliche Pfeiler einen Schiffsstoß als Frontal- und Flankenstoß aufnehmen müssen.

3.4.3.2 Kurzbeschreibung der Entwürfe

(a) *Entwurf 1*

Die Konstruktion besteht aus einer Bogenbrücke im Bereich der Schiffahrtsrinne und fischbauchartig unterstützten Vorlandbrücken, die als Einfeldträger auf Kragarmen der Pfeiler gelagert sind. Der Bogen ist mit den Pfeilern als Rahmen ausgebildet. Die Tragkonstruktion besteht aus Stahl, die Fahrbahn ist eine Verbundkonstruktion. Pfeiler und Widerlager sind in Stahlbeton vorgesehen. Die Festpunkte befinden sich an den Widerlagern (Bild A.2-1).

(b) *Entwurf 2*

Die abgespannte Trägerrostkonstruktion ist asymmetrisch und spannt über sieben Felder. Die aus Rundrohren bestehenden Pylone durchdringen die Querträger der Fahrbahnplatte. Die Lagerung der Pylone erfolgt auf Punktkipplagern (Bild A.2-2).

(c) *Entwurf 3*

Der Überbau ist als einzelliger Hohlkasten-Durchlaufträger über drei Felder in Spannbeton ausgebildet. Für die beidseitigen Fuß- und Radwege ist eine leichte auskragende Stahlkonstruktion mit orthotroper Platte vorgesehen. Festpunkt der Brücke ist der rechte Pfeiler (Bild A.2-3).

(d) *Entwurf 4*

Die Brücke ist eine Zweigelenkbogenbrücke aus Stahl über fünf Felder mit orthotroper Fahrbahnplatte und geschweißten Kastenquerschnitten. Pfeiler und Widerlager werden in Stahlbeton ausgebildet. Die Fahrbahnplatte ist in Längsrichtung einmal getrennt. Die Kämpferpunkte sind mit Spanngliedern auf den Pfeilern fixiert (Bild A.2-4).

(e) *Entwurf 5*

Der Überbau besteht aus einem vierstegigen Plattenbalken, welcher im Bereich der Mittelöffnung durch eine Stahlrohrkonstruktion gevoutet ist. Die Kragarme der Fuß- und Radwege sind als leichte Stahlkonstruktion an den Plattenbalken angeschlossen. Die Festpunkte der Brücke befinden sich im Bereich der Vouten, die Stützen in den Seitenfeldern sind als Pendelstützen ausgebildet (Bild A.2-5).

(f) *Entwurf 6*

Die durchlaufende Stahlbrücke besteht aus vier Hohlkasten-Hauptträgern und einer orthotropen Fahrbahnplatte. Im Bereich der Mittelöffnung ist der Überbau in vier parallelen Ebenen unterspannt. Die mittleren vier V-förmigen Stützen sind unverschieblich an Überbau und Pfeiler angeschlossen (Bild A.2-6).

3.4.3.3 Einzelbewertungen

Den Berechnungen sind die in Abschnitt 3.2.1 abgeleiteten ROB-Kennzahlen sowie die in Tabelle A.2-1 und A.2-2 angegebenen Zahlenwerte zugrunde gelegt.

(a) *Redundanz*

Zur Bestimmung der Redundanz wird der Grad der statischen Unbestimmtheit herangezogen. Die innere statische Unbestimmtheit wird abweichend zu Gl. 3.2-33 nur zu 25% berücksichtigt, um die stark gegliederten Konstruktionen mit ihren zahlreichen untergeordneten Traggliedern nicht überzubewerten. Die Ergebnisse in Bild 3.4-9 zeigen, daß die gegliederten Systeme besser abschneiden als die Spannbetonhohlkastenbrücke (Entwurf 3). Einzelne Tragglieder (z.B. Hänger) können ausfallen, ohne daß das Gesamttragwerk gefährdet ist. Gleichwohl muß hier angemerkt werden, daß „innere" Reserven vollwandiger Konstruktionen mit dem Grad der statischen Unbestimmtheit nur sehr unzureichend berücksichtigt werden können.

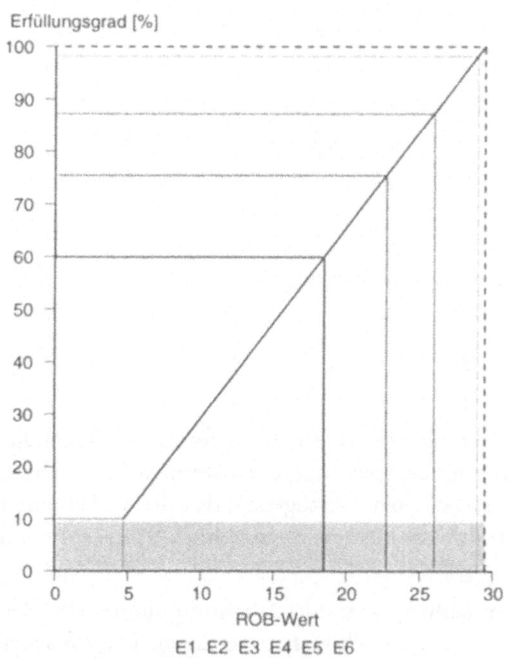

Bild 3.4-9 Bewertungsergebnis „Redundanz"

(b) *Ausfallsicherheit*

Die Berechnung erfolgt vereinfachend ohne Berücksichtigung von Geometrie und Steifigkeit der ausfallgefährdeten Tragglieder (s.a. Gl. 3.2-45). Maßgebend sei ausschließlich die effektive Gefahrenzone A_{eff}. Die Ausfallsicherheit wird getrennt für einen Schiffsanprall unterhalb sowie für einen Fahrzeuganprall auf der Brücke ermittelt und anschließend im Verhältnis 1:2 zueinander gewichtet. Die Gefahrenzone A_{Gefahr} unterhalb der Brücke erstreckt sich seitlich jeweils 10 m und oberhalb 2 m über den Lichtraum hinaus. Oberhalb der Brücke erstreckt sich der seitliche Gefahrenbereich aufgrund der innerörtlichen Verhältnisse auf nur 3 m. Die besten Lösungen sind dadurch gekennzeichnet, daß oberhalb der Brücke überhaupt keine Anprallgefahr besteht (Entwurf 3, 4, 5). Am ungünstigsten ist Entwurf 2 einzustufen, da zahlreiche Tragglieder auf der Brücke gefährdet sind und zudem ein sehr geringer Abstand des Lichtraums zu den beiden Mittelpfeilern unterhalb der Brücke besteht.

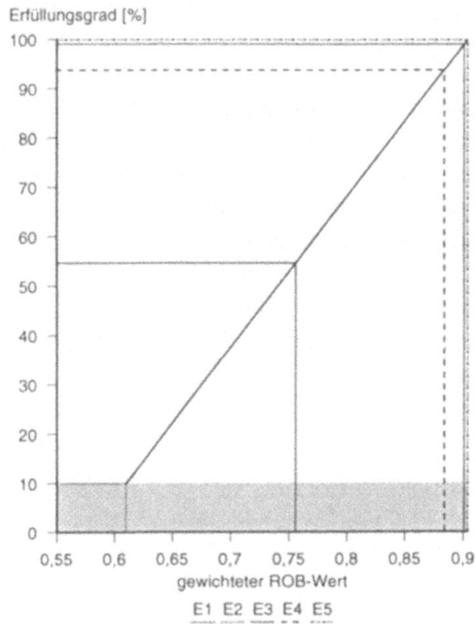

Bild 3.4-10 Bewertungsergebnis „Ausfallsicherheit"

3.4.3.4 Aggregation

Im Gegensatz zur Aggregation der wirtschaftlichkeitsrelevanten Kriterien können in diesem Fall keine abgesicherten Wichtungsfaktoren angegeben werden. In Anlehnung an Abschnitt 3.1.2 und 3.2.2 ist jedoch im Regelfall davon auszugehen, daß die Ausfallsicherheit höher einzustufen ist als die Redundanz. Ausgehend hiervon ist in Bild 3.4-11 das Endergebnis für drei unterschiedliche Wichtungen dargestellt.

Entwurf 4 und 5 belegen unabhängig von der Wichtung immer eine der beiden Spitzenplätze, da beide über keinerlei ausgeprägte Schwächen verfügen. Die Entscheidung, welche Lösung bevorzugt wird, müßte damit losgelöst von der Robustheit, also z.B. über die Gestaltqualität, erfolgen. Anders verhält es sich mit Entwurf 3, welcher bezüglich der Redundanz deutlich schwächer abschneidet und dadurch zwischen dem 3. und 6. Platz differiert.

Mit diesem Beispiel wird deutlich, daß eine Sensitivitätsanalyse vor allem bei nicht genügend abgesicherten Wichtungsfaktoren eine hilfreiche Entscheidungshilfe für die Bewertung darstellen kann.

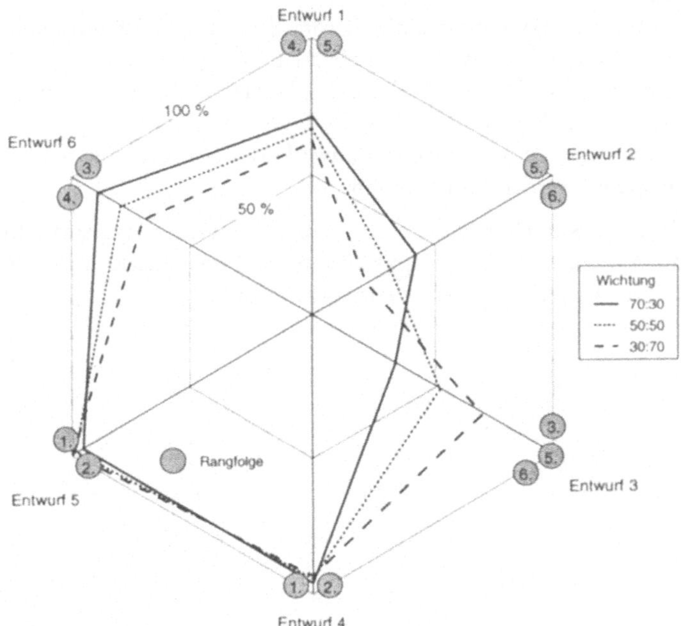

Bild 3.4-11 Einfluß der Wichtungsfaktoren auf das Endergebnis

3.5 Folgerungen für den Entwurf

Mit dem in Abschnitt 3.2 und 3.3 entwickelten Modell ist es möglich, die Robustheit von Brückentragwerken zu bewerten. Dies entspricht der in Abschnitt 1.2 dargestellten deduktiven Vorgehensweise, mit der aus einer Anzahl vorhandener Varianten die „beste" Lösung gefunden werden kann.

Zwar ist vor dem Hintergrund der beschriebenen Kriterien grundsätzlich auch die Entwicklung neuer Varianten (induktives Vorgehen) möglich, doch fehlt hierzu bislang eine auf die gewonnenen Erkenntnisse aufbauende Entwurfsstrategie.

Es stellt sich also die Frage, wie ein robustes Brückentragwerk aussehen sollte. Selbstverständlich ist, daß es möglichst viele Robustheitskriterien überzeugend erfüllen sollte. Zwar sind hierzu allgemeingültige Aussagen aufgrund der jeweils unterschiedlichen Randbedingungen schwierig, doch lassen sich nicht zuletzt aus den in Abschnitt 3.4 dargelegten Beispielen gewisse Empfehlungen ableiten.

So zeigt sich, daß lager- und fugenlose Brücken, vor allem wenn sie in Beton ausgeführt werden, eine ganze Reihe der Robustheits-Kriterien erfüllen:

- Durch biegesteife Verbindungen, welche zu hochgradig statisch unbestimmten bzw. redundanten Tragsystemen („Redundanz") führen.
- Durch fehlende Lager und Fugen, welche den Unterhaltungsaufwand verringern („Monolithische Bauweise").
- Durch Minimierung von Bauteiloberflächen, vor allem an den Fügungspunkten (Knoten). Dadurch wird die Dauerhaftigkeit lokal verbessert („Kompaktheit").
- Durch kraftflußorientierte Detailausbildungen (Auflagerbereiche), wodurch lokale Beanspruchungsspitzen vermieden werden („Kraftflußorientierte Form").
- Durch möglichst wenig auszutauschende Bauwerkskomponenten. So kann der Unterhaltungsaufwand begrenzt werden („Austauschbarkeit").

Lager- und fugenlose Brücken können damit in vielen Fällen als „Startvariante" für den Entwurf dienen. Ausgehend von diesem Brückentypus könnte die Robustheit dann im Entwurfsprozeß auch bezüglich anderer Kriterien sukzessiv verbessert werden.

4 Grundlagen für den Entwurf am Beispiel lager- und fugenloser Brücken

4.1 Geschichtliches

Vom Beginn des Massivbrückenbaus im Altertum bis zum Anfang dieses Jahrhunderts waren Lager und Fugen, so wie sie in heutigen Betonbrücken ausgebildet werden, völlig unbekannt. Betrachtet man die Vorläufer heutiger Großbrücken, zu denen im Okzident die römischen Aquädukte gezählt werden können, so wird deutlich, daß bereits mit den damals zur Verfügung stehenden Mitteln große Täler überquert werden konnten. Dabei setzten die Baumeister den Baustoff ein, der in ausreichendem Maße vorhanden und einfach zu be- und verarbeiten war: den Naturstein. Dieser wurde oftmals in trockenem Mauerwerk, also ohne die Verwendung von Mörtel eingesetzt. Obwohl die Römer als Erfinder des Betons, genannt „opus caementitium", gelten, verzichteten sie auf hydraulische Bindemittel für die langen Aquädukte. Lediglich für die Wasserleitung setzten sie Mörtel ein. Es entstanden nicht nur gestalterisch anspruchsvolle, sondern vor allem außergewöhnlich dauerhafte Bauwerke.

Zwei der größten, heute noch existierenden Aquädukte sind der Pont du Gard in Südfrankreich und der Aquädukt von Segovia in der Nähe von Madrid (Bild 4.1-1), der mit einer fugenlosen Länge von 813 m heutige Betonbrücken bei weitem übertrifft. Freilich ist hier der Begriff „fugenlos" nur eingeschränkt gültig, da Mörtel im Mauerwerk fehlt. Diese aus den damaligen technologischen Bedingungen entwickelte und im modernen Brückenbau unserer Zeit natürlich nicht mehr vorzustellende Bauweise führte allerdings zu äußerst zwangunempfindlichen und robusten Bauwerken. Selbst der auf einer Höhe von über 1000 m ü.N.N. liegende Aquädukt von Segovia hielt über viele Jahrhunderte nicht nur extremen Temperaturschwankungen, sondern auch der zeitweise undichten Wasserleitung, die übrigens bis heute in Betrieb ist, stand.

Fast zweitausend Jahre später, in der Mitte des vorigen Jahrhunderts, griff man in Deutschland den Entwurfsgedanken aus der Römerzeit wieder auf und baute im Vogtland drei große Eisenbahnbrücken. Die größte von ihnen ist die Göltzschtalbrücke, die mit einer Länge von 574 m und einer Höhe von 78 m als die größte Steinbrücke der Welt gilt (Bild 1.1-1b) [Heinrich, 1983]. Diese Brücken wurden aus vermörteltem Ziegel- bzw. Natursteinmauerwerk und natürlich ohne Lager und Fugen hergestellt. Sie können daher als eine der ersten modernen, in monolithischer Bauweise errichteten Großbrücken angesehen werden.

Auch eine Reihe von Autobahnbrücken aus den 30er Jahren ist fugenlos ausgebildet worden. Zu den größten dieser Art gehört die 600 m lange Saale-Brücke bei Jena. Sie besteht aus Mauerwerk und Stampfbeton [Standfuß, 1988]. Die meisten „echten" bis heute gebauten monolithischen Betonbrücken sind Durchlässe, z.B. für die Unterfahrung von Bahndämmen. Deren Spannweiten betragen jedoch maximal 15 m. In den 30er Jahren baute man Autobahnüberführungen mit einer Länge bis zu 25 m ohne Lager und Fugen. Sie sind als Rahmentragwerk mit massiven Widerlagern ausgebildet worden, so daß temperatur- und schwindbedingte

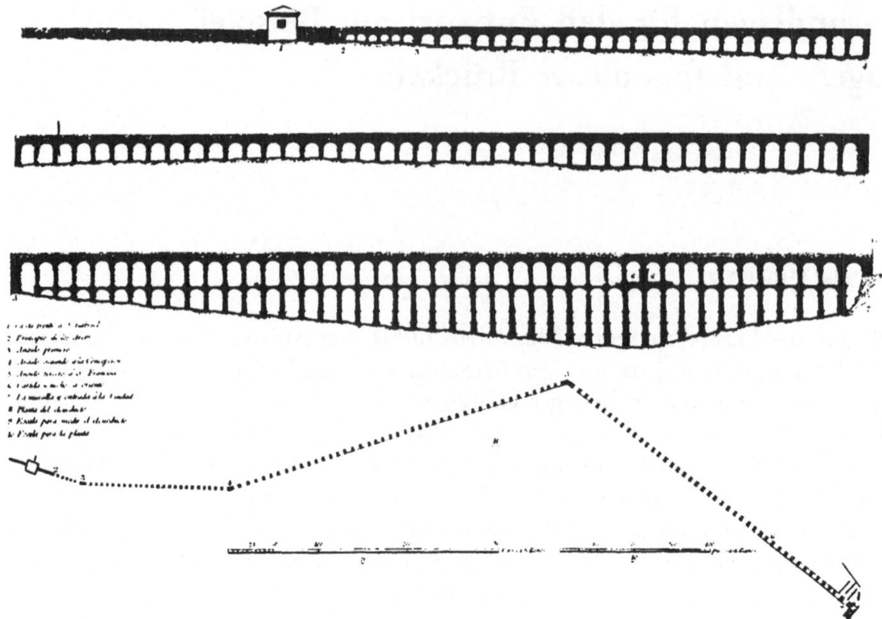

Bild 4.1-1 Aquädukt von Segovia in Spanien [Gockel, 1983]

Längenänderungen des Überbaus weitgehend ausgeschlossen werden konnten [Schaechterle, 1942].

Mit der nach dem 2. Weltkrieg rasch fortschreitenden Anwendung des Stahl- und Spannbetons entwickelte sich die Beherrschung von Zwängungen und deren Auswirkung auf die Dauerhaftigkeit der Bauwerke zu einem derart wichtigen Problem, daß man von den alten Entwurfsprinzipien mehr und mehr abwich. Was die Erbauer der alten Steinbrücken mit Hilfe der mauerwerksspezifischen Eigenschaften bewerkstelligten, löst man heute durch die Anordnung von Fugen und werksmäßig gefertigter Lager. Brücken werden damit aber vertikal und horizontal „aufgetrennt". Horizontal, um Längenänderungen zwängungsfrei zu ermöglichen, und vertikal, um die Lagerverschiebungen sicherzustellen.

Bild 4.1-2 zeigt die Folgen für den heutigen Brückenbau. Während Temperaturverformungen bei Steinbrücken aus Trockenmauerwerk bereits durch eine minimale Setzfugenbreite quasi zwängungsfrei möglich sind, gelingt dies bei den heute aus fertigungstechnischen Gründen üblichen, langen Bauteilabschnitten nur mit Hilfe breiter Fugen. Ihre erforderliche Breite übersteigt die Setzfugenbreite des Trockenmauerwerks um den Faktor L/l.

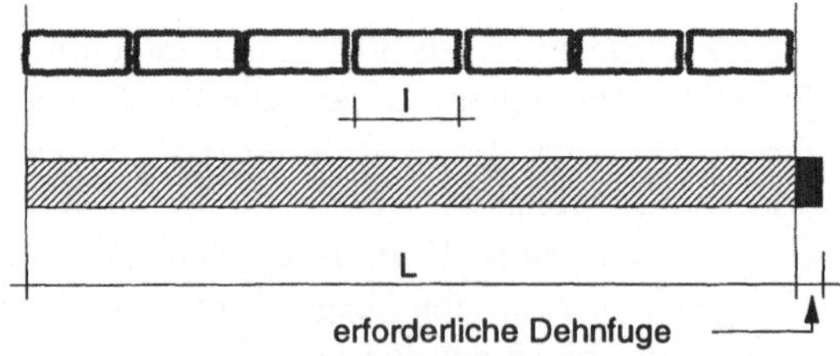

Bild 4.1-2 Verformungsverhalten von Mauerwerk und Beton im Vergleich

4.2 Merkmale lager- und fugenloser Brücken

4.2.1 Zum Begriff „lager- und fugenlos“

Die Begriffe „lager- und fugenlos“ bezeichnen die Art der Verbindung zweier Bauteile.

Unter lagerlosen Verbindungen sind in diesem Zusammenhang solche zu verstehen, bei denen auf vorgefertigte Lager wie z.B. Elastomer- oder Kalottenlager gänzlich verzichtet wird. Relativverschiebungen zwischen beiden Bauteilen müssen ausgeschlossen sein. Einbezogen sind auch Bauteilverbindungen aus unterschiedlichen Werkstoffen, wie z.B. auf Stahlstützen unmittelbar aufbetonierte Überbauten. Solche Verbindungen werden im weiteren als hybride Verbindungen bezeichnet (Bild 4.2-1).

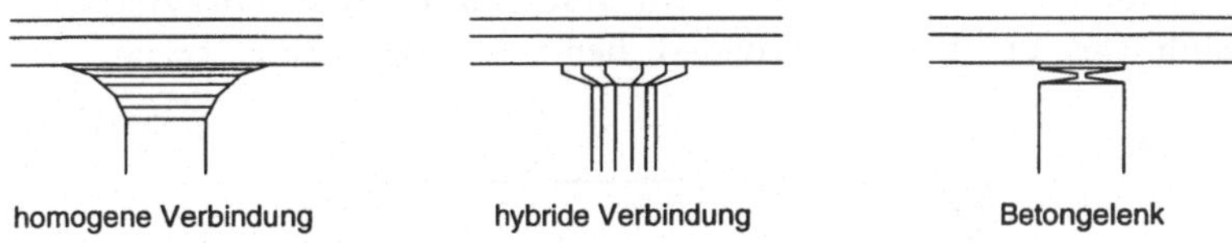

Bild 4.2-1 Monolithische Verbindungen im Brückenbau

Fugenlos bedeutet, daß Bauteile nicht mit einem durchgehenden Spalt voneinander getrennt sind. Auch hier müssen Relativverschiebungen ausgeschlossen sein und zumindest Normal- und Querkräfte übertragen werden können.

Werden diese Kriterien erfüllt, können derartige Verbindungen auch als monolithisch bezeichnet werden. Dieser Begriff wird im weiteren sinngemäß verwendet.

4.2.2 Zum Begriff „lager- und fugenlose Brücke“

Die Begriffe „lager- und fugenlos“ gelten mit der Einschränkung, daß an den Widerlagern bewegliche Fahrbahnübergänge zugelassen sind. Erfüllen alle anderen Verbindungen der Brücke die unter Abschnitt 4.2.1 formulierten Anforderungen, können sie als lager- und fugenlose bzw. monolithische Brücken bezeichnet werden. Brücken mit Querfugen in Überbauten, welche selbst aber monolithisch mit allen Pfeilern sowie den Widerlagern verbunden sind, werden als semimonolithisch bezeichnet.

4.2.3 Besonderheiten

Lager- und fugenlose Brücken sind Rahmentragwerke und hochgradig statisch unbestimmt. Sie sind redundant und verfügen über systemabhängige Tragreserven (s.a. Abschnitt 3.2.1.1). Im Vergleich zu konventionell gelagerten Brücken mit durchlaufenden Überbauten kann sich dadurch der Grad der statischen Unbestimmtheit verdreifachen. Gerade die statische Unbestimmtheit ist es aber, welche hohe Zwangbeanspruchungen erzeugen kann.

Die Rahmenwirkung solcher monolithischer Brücken verursacht bereits bei vertikalen Überbaulasten Biegebeanspruchungen in den Pfeilern. Dies gilt bei feldweisen Verkehrslasten, ungleichen Feldweiten sowie für schwimmend gelagerte Systeme und hier vor allem bei der Abtragung horizontaler Lasten aus Anfahren und Bremsen, da sie ausschließlich von den Pfeilern abgetragen werden müssen.

In bezug auf Zwangeinwirkungen sind zwei Fälle zu unterscheiden (Bild 4.2-2): (a) Stützensenkung bzw. ungleichmäßige Temperatur im Überbau, welche ebenso bei durchlaufenden Lagerbrücken auftreten und sich in ihrer Wirkung nicht wesentlich von monolithischen Brücken unterscheiden. Die Zwangbeanspruchungen treten vorrangig in den Überbauten auf. (b) Längsverformung des Überbaus, resultierend aus einer Änderung der Schwerpunkttemperatur bzw. Schwinden. Während dieser Zwang bei Lagerbrücken überhaupt nicht auftritt, wenn man von der Lagerreibung einmal absieht, ist dieser bei monolithischen Brücken vor allem in den Unterbauten wirksam.

Gäbe es die Phänomene Temperatur und Schwinden nicht, stünden der Anwendung beliebig langer, monolithischer Brücken keine sonderlichen Schwierigkeiten entgegen.

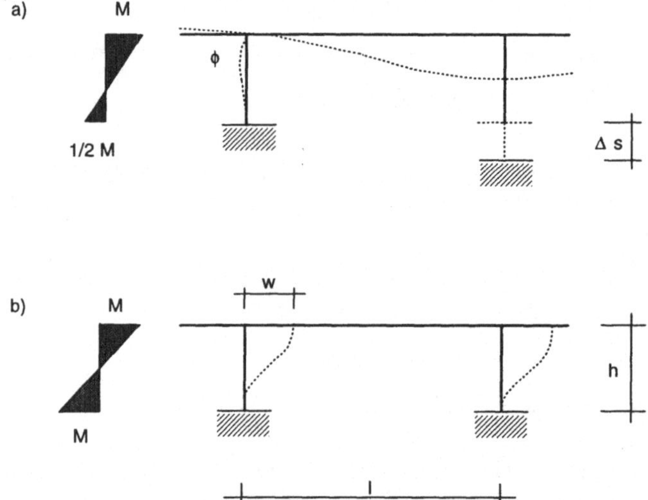

Bild 4.2-2 Vergleich von a) Stützensenkung und b) Längenänderung des Überbaus

Fall a) stellt also kein spezielles Problem monolithischer Brücken dar, zumal der Einfluß auf die Zwangbeanspruchung im Unterbau gegenüber b) gering ist. Vergleicht man die Pfeilerkopfverdrehung aus Stützensenkung und die Längenänderung des Überbaus unter der Annahme, daß die maximal auftretenden Momente im Pfeiler jeweils gleich groß sind, wird der in (b) dargestellte Einfluß besonders deutlich (Bild 4.2-2b)). Ausgehend von einem Feldweiten-Pfeilerhöhenverhältnis $l/h = 2$ dürfte nämlich die Überbaulängsverschiebung w höchstens $\Delta s/3$ betragen, wenn hier vereinfacht von $\phi = \Delta s/l$ ausgegangen wird. Dieser Wert wird jedoch bereits bei kleinen bis mittleren Brückenlängen überschritten.

Der Vergleich zeigt, daß die monolithische Bauweise nur dann eine mögliche Alternative zum konventionellen Brückenbau darstellt, wenn entweder die Längenänderungen des Überbaus begrenzt bleiben, oder die Verformungsfähigkeit der Unterbauten ausreichend groß ist.

4.2.4 Klassifikation nach der Verformungsgeometrie

Zwangbeanspruchungen sind abhängig von der Verformungsfähigkeit des gesamten Tragsystems. Sie erreichen ihren Höchstwert dann, wenn Verformungen vollständig unterbunden werden. Die Fähigkeit eines Tragwerks, sich bei gleichmäßiger Temperaturänderung oder Schwinden hoher Zwangbeanspruchung zu entziehen, wird wesentlich von der Lagerung an den Brückenenden und der Geometrie der Brücke im Grundriß bestimmt. Das unterschiedliche Verhalten kann anhand der in Bild 4.2-3 dargestellten Systeme charakterisiert werden:

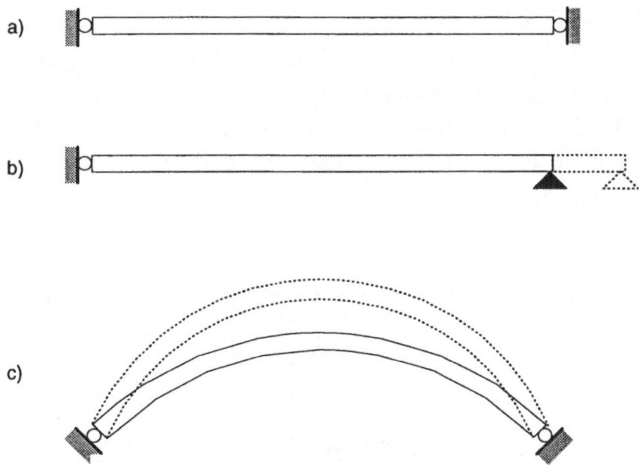

Bild 4.2-3 Klassifikation nach der Verformungsgeometrie

(a) *Brücke gerade und an beiden Enden unverschieblich gelagert*

Verformungen sind gänzlich ausgeschlossen; der Zwang wird in Form hoher Normalkräfte im Überbau und in den Widerlagern voll wirksam (Bild 4.2-3a)). Ein Abbau der Zwangbeanspruchungen kann nur durch das nichtlineare Werkstoffverhalten der Überbauten erfolgen.

(b) *Brücke gerade und an mindestens einem Ende unverschieblich gelagert*

Verformungen in Brückenlängsrichtung sind sehr stark abhängig von der Unterbausteifigkeit; die Normalkräfte im Überbau sind geringer als in Fall (a) (Bild 4.2-3b)), jedoch entstehen Momente im Über- und Unterbau.

(c) *Brücke gekrümmt und an beiden Enden unverschieblich gelagert*

Verformungen in Brückenlängs-, vor allem aber in Brückenquerrichtung führen zu einer Verringerung der Zwangbeanspruchung. Es wirken Normal- und Querkräfte sowie Biegemomente. Im Überbau sind diese Schnittgrößen in hohem Maße von der Grundrißgeometrie der Brücke abhängig (Bild 4.2-3c)).

4.3 Grundsätzliche Vorgehensweise beim Entwerfen

4.3.1 Zuordnung der Einflußgrößen

Die Chronologie des Entwerfens läßt es sinnvoll erscheinen, alle zu betrachtenden Einflußgrößen unterschiedlichen Betrachtungsebenen zuzuordnen. Damit kann dem sich ständig ändernden Informationsbedarf in der jeweiligen Entwurfsphase durch einen adäquaten Detaillierungsgrad Rechnung getragen werden. Während etwa im Vorentwurf Überlegungen zum Tragsystem angestellt werden, ist beispielsweise der Bewehrungsgehalt oder die Blechdicke eines Stahlprofils noch unerheblich.

Für ein systematisches Vorgehen werden deshalb drei Betrachtungsebenen differenziert. Sie orientieren sich am erforderlichen Detaillierungsgrad und umfassen das Gesamtsystem („Makro"-Betrachtung), die Bauteile („Meso"-Betrachtung) und die Details („Mikro"-Betrachtung) (Bild 4.3-1). Damit soll auch zum Ausdruck kommen, daß der Entwurfsprozeß einer fokussierenden Betrachtung entspricht.

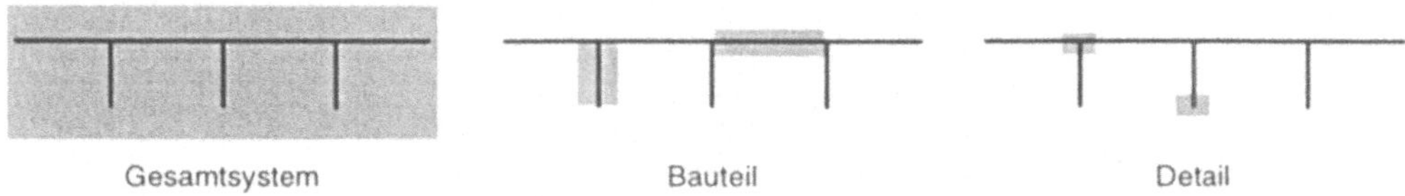

Bild 4.3-1 Unterscheidung in Betrachtungsebenen

4.3.1.1 Betrachtung am Gesamtsystem

Bei der Betrachtung am Gesamtsystem sind all die Einflußgrößen enthalten, die für die Bewertung des Tragwerks als Ganzes erforderlich sind. Eine Unterscheidung von Brückentypen wird an dieser Stelle nicht vorgenommen, da sich die Untersuchungen auf Balkenbrücken beschränken.

Statisches System

Das Trag- und Verformungsverhalten ist abhängig von den Lagerungsbedingungen des Tragwerks. Während diese bei der Lastabtragung im wesentlichen die Pfade innerhalb des Tragwerks vom Ort der Einwirkung bis in den Baugrund beeinflussen, bestimmen sie bei der Wirkung von Zwang außerdem die Beanspruchungshöhe.

Systemgeometrie

Die Systemgeometrie umfaßt die Form der Brücke im Grund- und Aufriß. Im Grundriß werden gerade und gekrümmte Brücken unterschieden. Im Aufriß werden das Feldweiten-Pfeilerhöhen-Verhältnis, die Anordnung der Pfeiler in Brückenlängs- und querrichtung sowie unterschiedliche Pfeilerhöhen betrachtet.

4.3.1.2 Betrachtung am Bauteil

Bei der Bauteilbetrachtung sind die einzelnen Tragelemente entsprechend ihrer Tragfunktion zugeordnet. Dazu wird eine Einteilung in Überbau, Pfeiler, Fundament und Widerlager vorgenommen.

Bauteilform

Die Bauteilform wirkt sich in hohem Maße auf die Zwangbeanspruchung aus. Zu verstehen ist darunter die Änderung der Überbauhöhe in Brückenlängsachse (z.B. Voutung) bzw. der Pfeilerdicke über die Höhe. Auch aufgelöste Tragglieder (z.B. Doppelpfeiler) gehören dazu.

Querschnittsform

Die Form der Querschnitte (Vollquerschnitt, profilierter Querschnitt) bestimmt wesentlich das Verformungsverhalten des gesamten Bauteils. Dies betrifft vor allem die sich in Zustand II ändernden Steifigkeiten im Grenzzustand der Gebrauchstauglichkeit und das Rotationsvermögen im Grenzzustand der Tragfähigkeit.

Konstruktive Parameter

Im Zustand II wird das Verformungsverhalten sehr stark von der Bewehrung bestimmt. Durch eine geeignete Wahl kann die Verformungsfähigkeit auch ohne Beeinträchtigung der Tragfähigkeit bzw. Gebrauchstauglichkeit verbessert werden. Im Gegensatz zur Bauteil- und Querschnittsform beziehen sich die konstruktiven Parameter auf das „Innenleben“ der Tragglieder.

Werkstoffe

Die Festigkeit ist maßgebend für die Querschnittsabmessungen. Durch die Verwendung hochfester Werkstoffe kann die Nachgiebigkeit der Tragglieder verbessert werden. In diesem Zusammenhang werden Normalbetone (NSC), hochfeste Betone (HSC) und Stahl miteinander verglichen.

Gründung

Auf die Pfeilerkopfverschiebungen wirkt sich der Verformungswiderstand der Gründung aus. Besondere Bedeutung kommt der Pfahlgründung zu, mit der die statisch wirksame Pfeilerhöhe in den Baugrund vergrößert werden kann.

4.3.1.3 Betrachtung am Detail

Die Betrachtung am Detail umfaßt Bereiche geometrischer Diskontinuitäten (D-Bereiche). Sie beschränkt sich in diesem Zusammenhang auf die Verbindung von Überbau und Pfeiler, da hier signifikante Unterschiede zu konventionell gelagerten Brücken vorliegen.

Knotenform

Die Knotengeometrie bestimmt den Kraftfluß und das Rotationsverhalten. Ein stetiger Kraftfluß ist die Voraussetzung dafür, daß Spannungsspitzen vermieden werden. Ein ausreichendes Rotationsvermögen ermöglicht den Abbau von Zwangbeanspruchungen im Grenzzustand der Tragfähigkeit.

Art der Verbindung

Es werden homogene Verbindungen mit gleichen Werkstoffen (z.B. Betonüberbau-Betonpfeiler) und hybride Verbindungen mit unterschiedlichen Werkstoffen (z.B. Betonüberbau-Stahlstütze) unterschieden.

4.3.2 Klassifikation der Einwirkungen

Der Begriff Einwirkungen umfaßt all diejenigen Einflüsse auf ein Bauwerk, welche Zustandsänderungen bewirken. Dazu gehören zunächst spannungsverursachende Einwirkungen, die gemäß EC 2, Abschnitt 2.2.2 in direkte (Lasten) und indirekte (Zwang) Einwirkungen unterschieden werden. Einwirkungen aus Umwelteinflüssen werden als Angriffe bezeichnet [EC 2, Abschnitt 4.1.2; MC 1990, Abschnitt 8.3].

4.4 Einflußgrößen auf das Trag- und Verformungsverhalten

4.4.1 Einflußgrößen bei Betrachtung des Gesamtsystems

4.4.1.1 Direkte Einwirkungen

4.4.1.1.1 Statisches System

Im Gegensatz zu konventionell gelagerten Brücken erfahren die Unterbauten monolithischer Brücken höhere Beanspruchungen aus Lasten. Zu unterscheiden sind dabei Brücken mit Festpunkt am Widerlager bzw. mit quasi-unverschieblichen Aussteifungen einerseits (Bild 4.4.1-1b)-d)) sowie mit schwimmender Lagerung andererseits. Im erstgenannten Fall entstehen Pfeilermomente bei feldweisem Verkehr, Wind und bei ungleichen Feldweiten bzw. Pfeilerhö-

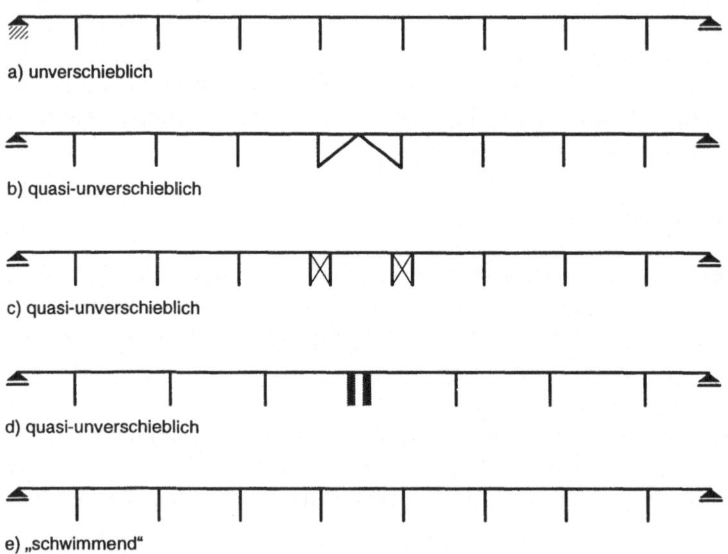

Bild 4.4.1-1 Lagerungsmöglichkeiten für monolithische Brücken

hen. Im zweiten Fall kommen Pfeilermomente aus Anfahren und Bremsen hinzu. Dies hat zur Folge, daß die Pfeiler steifer ausgebildet werden müssen.

Im Hinblick auf die in Abschnitt 4.2.3 angesprochenen Zwangeinwirkungen haben damit unverschiebliche bzw. quasi-unverschiebliche Tragsysteme deutliche Vorteile gegenüber „schwimmend" gelagerten Brücken.

4.4.1.1.2 Systemgeometrie

Die Grundrißform spielt für die Beanspruchung der Pfeiler eine wichtige Rolle. Dies gilt für Vertikalkräfte aus den Überbauten ebenso wie für horizontale Windlasten. Ist die Brücke gerade, stellen die Pfeiler bezüglich der Windlasten nachgiebige Auflager dar und werden an der Lastabtragung unmittelbar beteiligt. Die Momentenbeanspruchung hängt dabei wesentlich von der Brückenlänge und Biegesteifigkeit des Überbaus um die „starke Achse" ab. Ist die Brücke gekrümmt, muß zwischen beidseitig unverschieblicher Lagerung („Zweigelenkbogen") und einseitig verschieblicher Lagerung unterschieden werden (Bild 4.4.1-2).

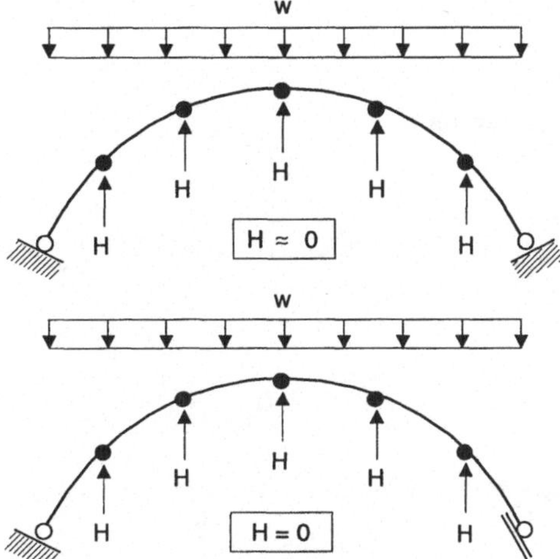

Bild 4.4.1-2 Abtragung der Windlasten bei gekrümmten Brücken (Grundriß)

Pfeiler von beidseitig unverschieblich gelagerten Brücken erhalten nahezu keine Beanspruchungen, da der steife „Bogen" die Lasten weitgehend über Normalkräfte abträgt. Die Verformungen des Überbaus sind hier gering.

Bei der einseitig gehaltenen bzw. in Brückenlängsrichtung verschieblichen Brücke, die dem Regelfall in der Praxis entspricht, beteiligen sich auch die Pfeiler an der Lastabtragung. Allerdings ist die Beanspruchung der Pfeiler geringer als bei der geraden Brücke, da ebenso ein „Bogeneffekt" wirksam ist.

Erweisen sich gekrümmte Brücken für die Abtragung von Windlasten günstiger als gerade Brücken, so gilt dies aber nicht bei vertikalen Lasten. Denn die durch den gekrümmten Grundriß entstehenden, auch bei symmetrischer Belastung vorhandenen Torsionsmomente beanspruchen die Pfeiler zusätzlich. Lediglich bei torsionssteifen Überbauten bzw. in Querrichtung biegeweichen Pfeilern bleiben diese Beanspruchungen gering.

4.4.1.2 Indirekte Einwirkungen

4.4.1.2.1 Statisches System

Die Höhe der Zwangbeanspruchungen hängt davon ab, inwieweit Verformungen durch die Lagerungsbedingungen ermöglicht werden. In Abschnitt 4.2.4 wurden dazu drei Systemtypen unterschieden.

(a) *Brücke gerade und an beiden Widerlagern unverschieblich (starr) gelagert*

Bei mehrfeldrigen Brücken sind Zwangbeanspruchungen infolge gleichmäßiger Temperaturänderung und Schwinden im Überbau unabhängig von der Brückenlänge und den Pfeilersteifigkeiten. Sie hängen ausschließlich von der Dehnsteifigkeit des Überbaus, indirekt natürlich auch von den Feldweiten ab, da sie die erforderliche Querschnittshöhe des Überbaus bestimmen (Bild 4.4.1-3). Für den zentrischen Zwang N gilt bei linear-elastischem Verhalten und starren Widerlagern:

$$N = \varepsilon \, EA \tag{4.4.1-1}$$

E – Elastizitätsmodul
A – Querschnittsfläche
ε – Dehnung infolge Zwang

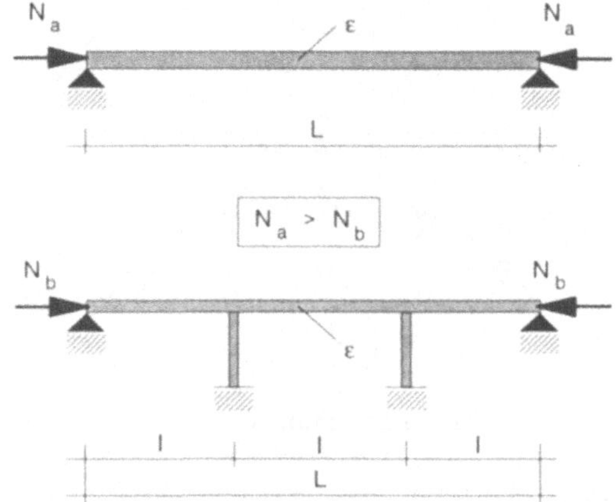

Bild 4.4.1-3 Zentrischer Zwang im Überbau

Einen Sonderfall stellt die einfeldrige und an mindestens einem Widerlager in Längsrichtung nachgiebig („federnd“) gelagerte Brücke dar. Dieser Fall kommt in der Regel bei rahmenartigen Durchlässen kürzerer Spannweite vor, bei denen der Überbau monolithisch mit den seitlichen Stützwänden verbunden ist. Der Widerstand der Widerlager resultiert bei Verlängerung des Überbaus aus der Steifigkeit der Stützwände und dem von der auftretenden Wandverschiebung mobilisierten Teil des passiven Erddrucks, bei Verkürzung dagegen nur aus der Steifigkeit der Stützwände. Der hierbei entstehende aktive Erddruck kann sogar günstig wirken, weil im Überbau wirkende Zugkräfte abgebaut werden.

Die bezogene Zwangbeanspruchung N/εEA hängt also zusätzlich von der Widerlagersteifigkeit c_W ab. Sie nimmt abhängig vom Steifigkeitsverhältnis λ gemäß Gleichung 4.4.1-2 mit der Länge L zu.

$$\frac{N}{\varepsilon\, EA} = \frac{1}{1+\frac{\lambda}{L}} \qquad (4.4.1\text{-}2)$$

L – gesamte Brückenlänge
λ – Steifigkeitsverhältnis EA/c_W

In Bild 4.4.1-4 wird die starke Zunahme der bezogenen Zwangbeanspruchung für kleine Überbaudehnsteifigkeiten EA deutlich. Liegt diese Dehnsteifigkeit in der Größenordnung der Widerlagersteifigkeit, unterscheidet sich das Verhalten nur noch unwesentlich von einem starr gelagerten System. Die Normalkraft N wird allerdings erheblich kleiner.

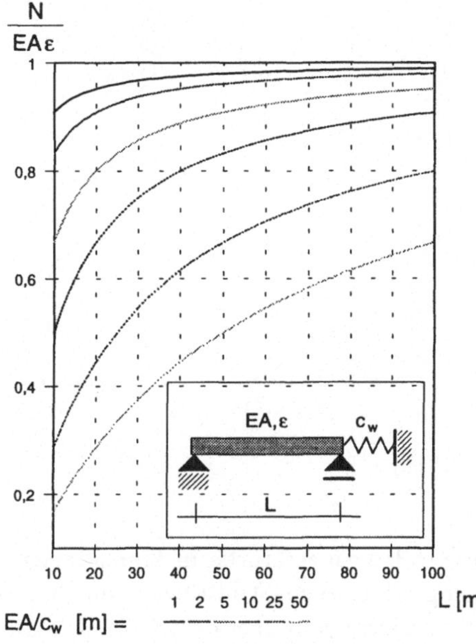

Bild 4.4.1-4 Zentrischer Zwang bei nachgiebigen Widerlagern

(b) *Brücke gerade und an einem oder beiden Widerlagern verschieblich gelagert*

Diese Lagerung wird in abgewandelter Form auch für Brücken angewandt, bei denen nur die mittleren Pfeiler monolithisch mit dem Überbau verbunden sind. Wichtigstes Merkmal dieser Brücken ist, daß Pfeiler und Gründungen durch Längenänderungen des Überbaus in Längsrichtung mitverformt werden. Damit entstehen Beanspruchungen auch in den Unterbauten (Bild 4.4.1.5).

Topographische Randbedingungen oder besondere gestalterische Anforderungen führten auch in der jüngeren Vergangenheit dazu, Brücken weitgehend ohne Lager und Fugen auszubilden. Beispielsweise wurde die 378 m lange Elztal-Brücke in der Eifel bis auf eine Querfuge in Brückenmitte monolithisch ausgeführt und an beiden Widerlagern unverschieblich gelagert (Bild 4.4.1-6).

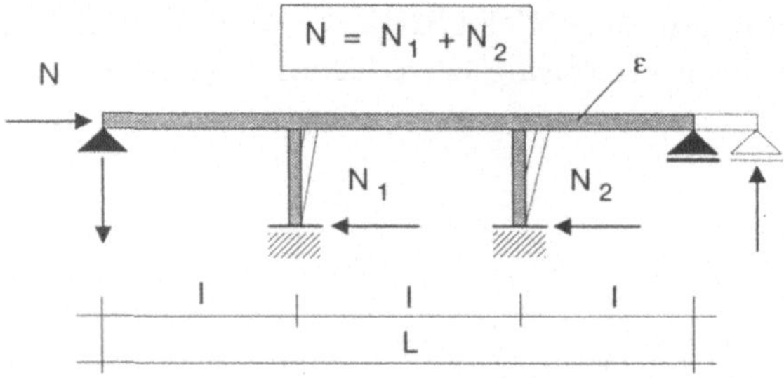

Bild 4.4.1-5 Zentrischer Zwang bei mehrfeldrigen Brücken

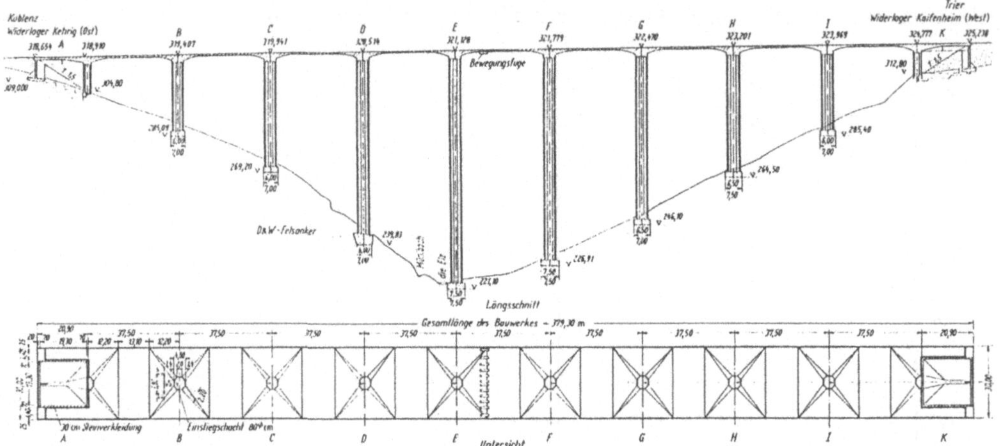

Bild 4.4.1-6 Elztal-Brücke [Finsterwalder/Schambeck, 1966]

Ein weiteres Beispiel ist die von Schlaich entworfene Fußgängerbrücke in Sindelfingen. Sie besteht aus einer Betonplatte mit monolithisch angeschlossenen Stahlstützen und hat eine fugenlose Länge von 74 m, obwohl die Gradiente höchstens 5 m über dem Gelände verläuft (Bild 4.4.1-7).

(c) *Brücke gekrümmt und an beiden Widerlagern unverschieblich gelagert*

Gekrümmte Brücken werden gewöhnlich nur an einem Widerlager unverschieblich gelagert. Wird der Überbau in Längsrichtung nicht vorgespannt, kann durch eine Polstrahllagerung jegliche Zwangbeanspruchung vermieden werden. Die Form des Überbaus bleibt dann erhalten („formtreue Verformungen") (Bild 4.4.1-8a)). Ist die Brücke vorgespannt, so daß nicht formtreue Verformungsanteile hinzukommen, werden die Lager im allgemeinen so angeordnet, daß Verformungen ausschließlich in Brückenlängsachse auftreten können (Bild 4.4.1-8b)).

Durch die Unterbindung der radialen Verschiebungen treten dann aber Zwangbeanspruchungen infolge Temperatur und Schwinden im Überbau und in den Pfeilern auf (Bild 4.4.1-9). Größere, gekrümmte Brücken können daher selbst bei konventioneller Lagerung nicht zwängungsfrei ausgebildet werden.

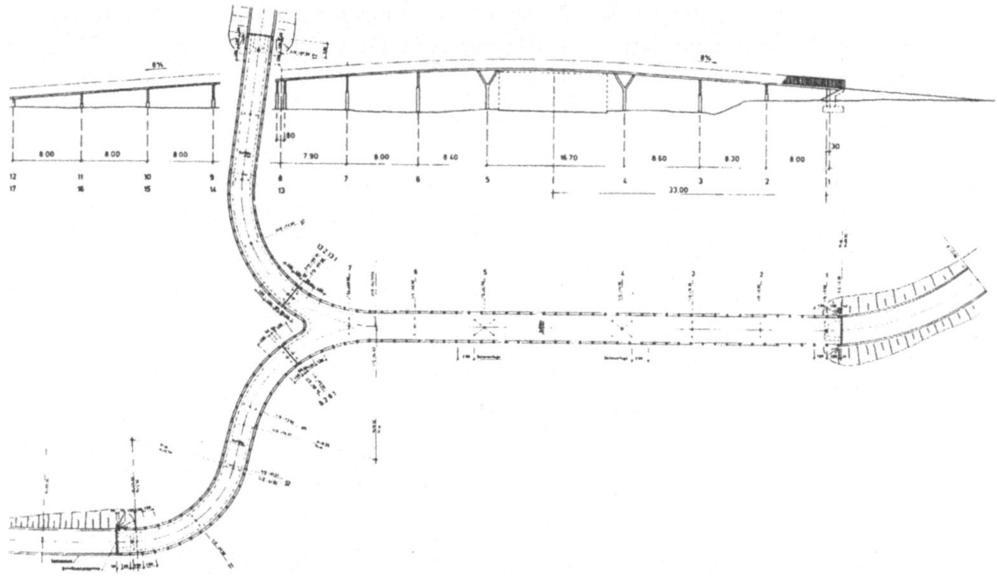

Bild 4.4.1-7 Fußgängerbrücke in Sindelfingen [Schlaich/Bergermann, 1992]

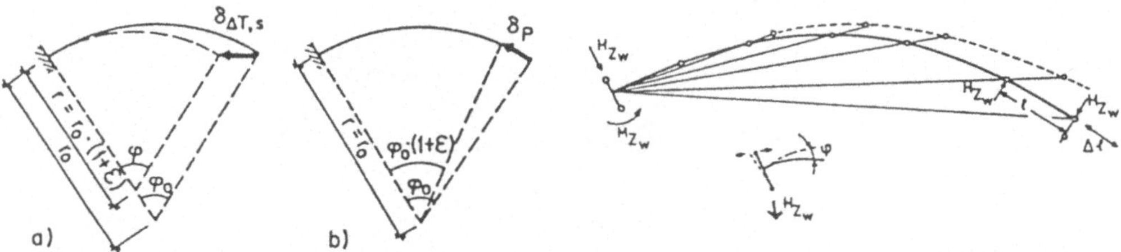

Bild 4.4.1-8 Verformung einseitig gehaltener und gekrümmter Brücken [Menn, 1990]

Bild 4.4.1-9 Zwangkräfte durch Tangentiallagerung des Überbaus [Leonhardt, 1979]

Beidseitig unverschieblich gelagerte Brücken zeigen ein grundlegend anderes Verhalten. Im Vergleich zur geraden Brücke kann sie sich Zwangbeanspruchungen durch seitliches „Ausweichen" mehr oder weniger stark entziehen. Damit wird ein nicht unerheblicher Teil der bei geraden Brücken auftretenden Zwangbeanspruchungen a priori vermieden. Maßgebend für deren Größe sind neben der Dehnsteifigkeit des Überbaus auch die Biegesteifigkeit des Überbaus und der Pfeiler, der Widerlagerabstand L_W und der Öffnungswinkel α. Als erste soll dazu das Verhalten beidseitig unverschieblich gelagerter Brücken mit einseitig unverschieblich gelagerten, kreisförmigen Brücken in bezug auf Längenänderungen des Überbaus verglichen werden.

Zunächst stellt sich die Frage, ob es im Hinblick auf die maximalen Überbauverschiebungen überhaupt zweckmäßig ist, gekrümmte Brücken an beiden Enden unverschieblich zu lagern.

Dazu sind in Bild 4.4.1-10 die jeweils größten Verschiebungen einer kreisförmig gekrümmten Fußgänger- und Straßenbrücke dargestellt. Die verformungsmindernde Wirkung der Pfeiler ist hierbei nicht berücksichtigt.

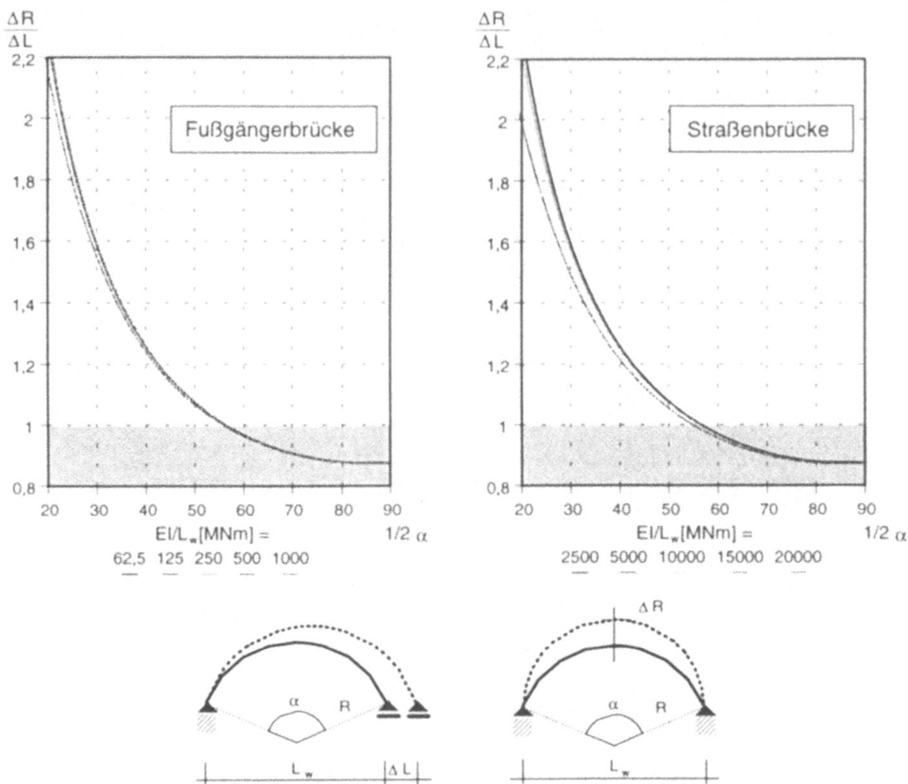

Bild 4.4.1-10 Maximale Horizontalverschiebungen kreisförmiger Brücken

Der Vergleich zeigt, daß die unverschieblich gelagerte Brücke bei einem Öffnungswinkel α zwischen 110° und 180° kleinere Größtverschiebungen als die verschieblich gelagerte Brücke aufweist. Und dies gilt nahezu unabhängig von EI/L_W und I/A, da die Biegesteifigkeit des Überbaus um die „starke" Achse absolut maßgebend wird.

Vernachlässigt man die Steifigkeit der Pfeiler, weisen Brücken mit einem Öffnungswinkel $\alpha >$ 110° geringere Größtverschiebungen auf, als bei einseitiger Verschieblichkeit des Widerlagers. Das entspricht einem Kurvenradius von $R < 0{,}6\ L_W$. Selbst bei einem Öffnungswinkel von $\alpha =$ 40°, was einem Kurvenradius von $R = 1{,}45\ L_W$ entspricht, steigen diese auf den 2,2-fachen Betrag an. Erst für große Verhältnisse R/L_W nehmen auch die Radialverschiebungen ΔR deutlich zu.

Ergänzend muß allerdings darauf hingewiesen werden, daß dieser Vorteil nur dann voll wirksam wird, wenn sich Pfeiler auch in der Nähe des verschieblichen Widerlagers befinden.

4.4.1.2.2 Systemgeometrie

4.4.1.2.2.1 Systemgeometrie im Grundriß

Die Grundrißform einer Brücke wird von der Trassenführung bestimmt. Sieht man einmal von Trassierungselementen mit variabler Krümmung (Klothoiden) ab, können die Betrachtungen auf einen Vergleich zwischen gerader und kreisförmiger Brücke beschränkt werden. Im Vordergrund steht dabei die Frage, inwieweit sich Längenänderungen des Überbaus auf die Zwangbeanspruchung in beiden Systemen auswirkt.

Dazu sind in Bild 4.4.1-11 die maximalen Normalkräfte N_{Kreis} der kreisförmig gekrümmten Brücke bezogen auf die Normalkräfte einer geraden Brücke dargestellt. Es wird deutlich, daß die Normalkräfte der gekrümmten Brücke auf einen Bruchteil absinken. Auch bei der hohen Überbaubiegesteifigkeit der Straßenbrücke, die sich aus der breiten Fahrbahnplatte ergibt, führt der gekrümmte Grundriß immer noch zu eine drastischen Reduzierung der Normalkräfte.

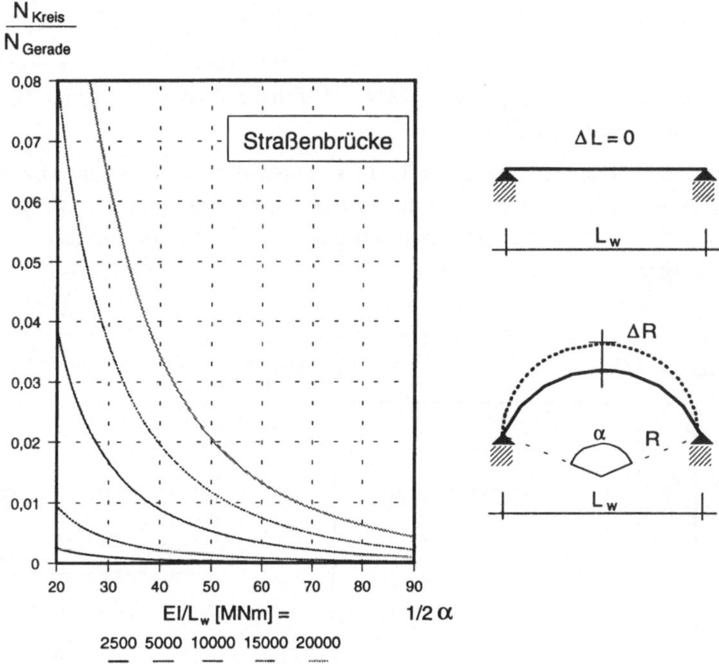

Bild 4.4.1-11 Maximale Normalkräfte gerader und kreisförmiger Brücken infolge Zwang

Ein zahlenmäßiges Beispiel soll dies unterstreichen: Eine 15 m breite Straßenbrücke mit einer mittleren Fahrbahnplattendicke von 30 cm hat eine ideelle Biegesteifigkeit EI von $3{,}5 \cdot 10^6$ MNm^2 (Normalbeton mit $E_c = 35000$ MN/m^2). Bei einem Widerlagerabstand $L_W = 350$ m und einem Öffnungswinkel $\alpha = 40°$ (Radius R = 500 m) beträgt die maximale Normalkraft im Überbau nur noch 3,7% einer vergleichbaren, geraden Brücke!

Die in Bild 4.4.1-11 betrachteten Normalkräfte sind vor allem für die Ausbildung der Widerlager von Bedeutung. Für eine Beurteilung der Beanspruchungszustände im Überbau sind jedoch die Normalspannungen aussagekräftiger. Ihre Betrachtung ist hier deshalb notwendig, da in gekrümmten Brücken zusätzlich Biegemomente wirken. In Bild 4.4.1-12 sind dazu die aus einer solchen Zwangbeanspruchung resultierenden maximalen Normalspannungen unter Einbeziehung von Normalkraft und Moment dargestellt. Weil quantitative Aussagen hierzu nicht mehr unabhängig von der Brückenbreite gemacht werden können, ist für die Fußgängerbrücke eine Breite b = 3,50 m, für die Straßenbrücke eine Fahrbahnplattenbreite b = 15 m angenommen worden.

Die Diagramme zeigen im Vergleich zu Bild 4.4.1-11 ein insgesamt höheres Beanspruchungsniveau. Dennoch sind die Normalspannungen gekrümmter Brücken immer noch vergleichsweise gering. Die Spannungen der Straßenbrücke sind trotz höherer Normalkräfte kleiner als die der Fußgängerbrücke. Grund dafür ist das größere Widerstandsmoment der 15 m breiten Fahrbahnplatte.

Bezugnehmend auf das vorangegangene Beispiel, betragen die Maximalspannungen der gekrümmten Brücke nur 7,7% derjenigen einer geraden Brücke. Die Normalspannungen der gekrümmten Brücke ergeben sich zu $\sigma_{kreis} = 2695\ \varepsilon\ MN/m^2$.

Bei einer angenommenen Zwangdehnung $\varepsilon = -0{,}5 \cdot 10^{-3}$ (aus Temperatur und Schwinden) betragen die Zugspannungen $\sigma_{kreis} = 1{,}35\ MN/m^2$. Dieser Wert liegt immer noch unterhalb der mittleren Zugfestigkeit von Beton.

Unberücksichtigt geblieben ist bislang der Verformungswiderstand des Unterbaus. Die ermittelten Verschiebungen stellen daher obere und die Normalspannungen untere Grenzwerte dar. Im folgenden soll der Einfluß der Unterbausteifigkeit auf das Verformungsverhalten kreisförmiger Brücken aufgezeigt werden.

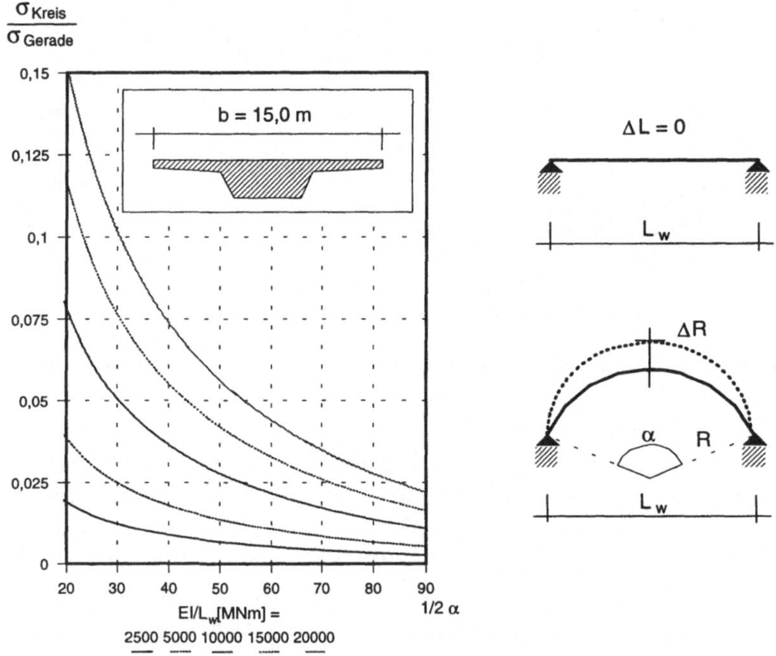

Bild 4.4.1-12 Maximale Normalspannungen gerader und kreisförmiger Brücken

Im Gegensatz zu geraden Brücken werden die Pfeiler gekrümmter, beidseitig unverschieblich gelagerter Brücken nicht nur in Längsrichtung, sondern auch in Querrichtung verformt. In Bild 4.4.1-13 sind die Verschiebungen zweier kreisförmiger Brücken mit monolithisch angeschlossenen Pfeilern infolge Temperaturabnahme als Ergebnis einer linear-elastischen FE-Rechnung für zwei unterschiedliche Öffnungswinkel α dargestellt.

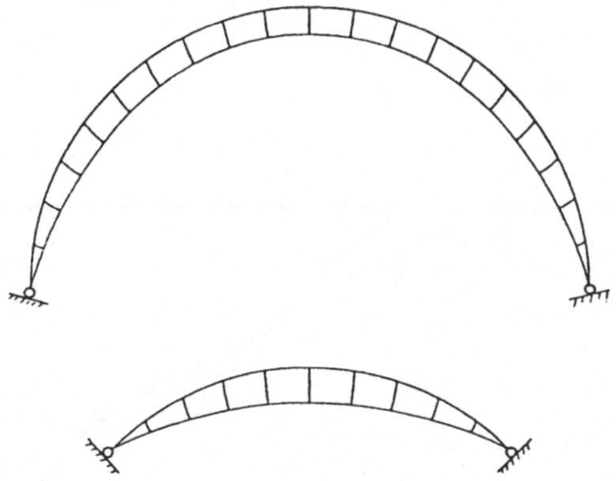

Bild 4.4.1-13 Verformungen des Überbaus und der Pfeiler infolge Überbauverkürzung (Grundriß)

In beiden Fällen ergeben sich vorwiegend radiale Verschiebungen. Lediglich in den Auflagerbereichen treten aufgrund der Verformungsbehinderung auch nennenswerte Tangentialverschiebungen auf. In den Pfeilern entstehen Zwangbeanspruchungen vorrangig aus den Überbauverschiebungen quer zur Brückenlängsachse. Um eine Aussage über deren Größe erhalten zu können, muß das Steifigkeitsverhältnis zwischen Überbau und Pfeiler bekannt sein.

Idealisiert man dazu die Steifigkeit des Überbaus in der horizontalen Ebene durch eine Normalkraftfeder mit der Steifigkeit c und bezieht sie auf die entsprechende Feder eines Einfeldträgers mit der Länge L_W, kann das vom Öffnungswinkel α sowie vom Verhältnis I/A des Überbaus abhängige Steifigkeitsverhältnis β_1 ermittelt werden. Die Größe β_1 gibt das Verhältnis der Steifigkeit von kreisförmiger zu gerader Brücke in Richtung von F an (Bild 4.4.1-14). Für halbkreisförmige Brücken ($\alpha = 180°$) und Brücken mit $\alpha < 10°$ ist β_1 weitgehend unabhängig von EI/L_W und I/A. Die gekrümmte Brücke ist dann besonders steif, wenn auch die Dehnsteifigkeit in größerem Umfang zur Gesamtsteifigkeit beiträgt. Dies gilt für Öffnungswinkel $40° < \alpha < 80°$, da hier der Normalkraftanteil am größten ist.

Wichtig für das Verformungsverhalten gekrümmter Brücken ist die Steifigkeit der Pfeiler quer zur Brückenlängsachse. Sie verringern einerseits die Verformungen, vergrößern andererseits aber die Zwangbeanspruchung im Überbau.

Um diesen Einfluß erfassen zu können, ist in Bild 4.4.1-15 das Verhältnis der Überbau- zur Gesamtsteifigkeit $\beta = c_Ü/(c_Ü + c_P)$ in Abhängigkeit von L_W/h dargestellt. Zugrunde gelegt ist ein Modell, bei dem vereinfacht alle Pfeiler mit der Höhe h in der Winkelhalbierenden $1/2\alpha$ (Mitte des Kreisabschnitts) zusammengefaßt sind und somit konzentriert mit ihrem Verformungswiderstand wirken. Die Größe $c_Ü$ stellt die bereits in Bild 4.4.1-14 verwendete Federsteifigkeit des Überbaus ohne Pfeiler dar, die Größe c_P entspricht der Federsteifigkeit der Pfeiler.

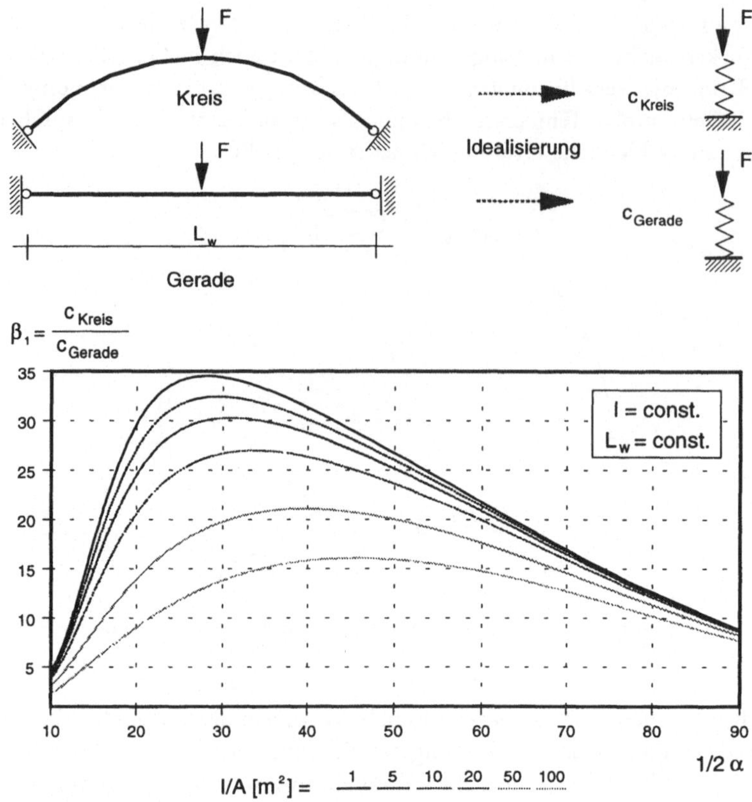

Bild 4.4.1-14 Überbausteifigkeit kreisförmig gekrümmter Brücken (ohne Pfeiler)

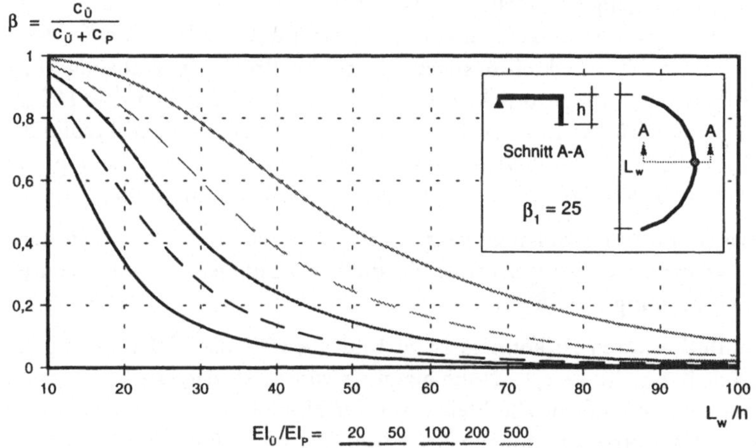

Bild 4.4.1-15 Steifigkeitsanteil des Überbaus

Beispielsweise gilt für an beiden Enden voll eingespannte Pfeiler $c_P = 12\ EI/h^3$. Es wird linear-elastisches Verhalten angenommen.

Es wird deutlich, daß der Steifigkeitsanteil β des Überbaus mit steigendem Verhältnis L_W/h schnell abnimmt. Besonders ausgeprägt ist dies für große Öffnungswinkel (Bild 4.4.1-15 unten). Treten so große Überbauverschiebungen auf, daß die Pfeiler in Zustand II übergehen, nimmt der Verformungswiderstand der Pfeiler stark ab. Damit erweitert sich der Bereich für L_W/h, für den die Unterbauten einen untergeordneten Einfluß auf die Zwangbeanspruchungen haben. Für überschlägige Berechnungen in der Entwurfsphase können sie dann vernachlässigt werden. Mit den nachfolgend abgeleiteten Gleichungen können alle maßgebenden Zwanggrößen berechnet werden.

Als statisches System wird hierzu ein Kreisbogenabschnitt mit gelenkiger Lagerung an beiden Widerlagern zugrunde gelegt. Dies entspricht statisch einem Zweigelenkbogen.

Mit der Auflagerkraft A_{Sek} (Bild 4.4.1-16) als statisch Unbestimmte X = 1 ergeben sich die δ-Werte der Nachgiebigkeitsmatrix bekanntlich wie folgt:

$$\delta_0 = \varepsilon\ L_W \qquad (4.4.1\text{-}3)$$

$$\delta_1 = \int \frac{M_1^2}{EI}\,ds + \int \frac{N_1^2}{EA}\,ds + \int \frac{Q_1^2}{GA}\,ds \qquad (4.4.1\text{-}4)$$

Da der Anteil der Querkraft insbesondere bei kleinen Öffnungswinkeln α_0 vernachlässigt werden kann, ergibt sich δ_1 nach Multiplikation mit EI zu:

$$\delta_1 = \int y^2\,ds + \int \frac{I}{A}\,ds \qquad (4.4.1\text{-}5)$$

Deutet man das aus der Mechanik bekannte erste Integral in Gl. 4.4.1-5 als doppeltes statisches Moment der Fläche A_M des Einheitsspannungszustands (Bild 4.4.1-16), kann daraus Gl. 4.4.1-6 abgeleitet werden. Sie enthält ausschließlich geometrische Größen eines definierten Kreisabschnitts.

$$\delta_1 = 2\,A_M\,y_s + \frac{I}{A}\,\pi r\,\frac{\alpha_0}{180} \qquad (4.4.1\text{-}6)$$

Öffnungswinkel: $\alpha_0 = 2\sin\left(\frac{L_W}{2r}\right)$

Momentenfläche: $A_M = \frac{r^2}{2}\left(\frac{\alpha_0}{180}\pi - \sin\alpha_0\right)$

Schwerpunkt: $y_s = \frac{L_W^3}{12\,A_M} - r\cos\left(\frac{\alpha_0}{2}\right)$

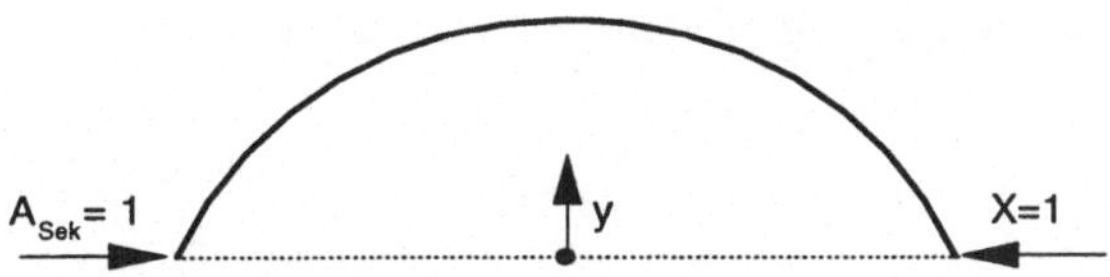

Bild 4.4.1-16 Ansatz der statisch unbestimmten Größe X

Daraus ergeben sich nachfolgende Gleichungen für Schnittgrößen und Normalspannungen eines Kreisbogenabschnitts:

(a) *Schnittgrößen N und M*

$$N(\alpha) = \frac{\varepsilon L_W}{\delta_1} EI \sin\alpha \tag{4.4.1-7a}$$

$$M(\alpha) = N(\alpha)\, r\, (\sin\alpha - \sin\alpha_1) \tag{4.4.1-7b}$$

(b) *Normalspannungen σ*

$$\sigma(\alpha) = \frac{\varepsilon L_W}{\delta_1} EI \sin\alpha \left(\frac{1}{A} + \frac{r(\sin\alpha - \sin\alpha_1)}{W}\right) \tag{4.4.1-8a}$$

$$\max\sigma(\alpha) = \frac{\varepsilon L_W}{\delta_1} EI \left(\frac{1}{A} + \frac{r(1 - \sin\alpha_1)}{W}\right) \tag{4.4.1-8b}$$

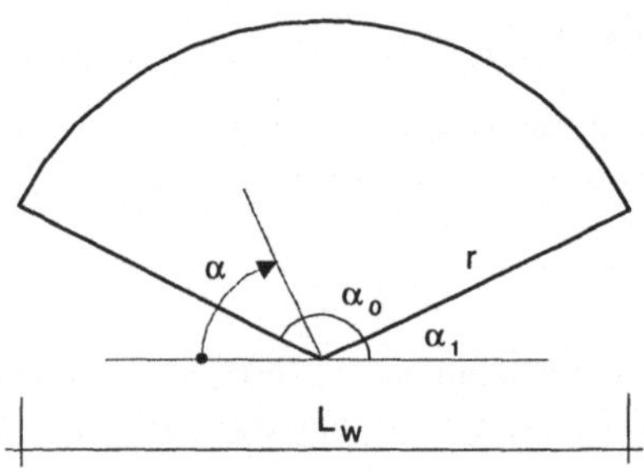

Bild 4.4.1-17 Geometrische Größen

Aufbauend darauf soll die Vorgehensweise anhand eines Beispiels gezeigt werden: Gegeben sei die in Bild 4.4.1-18 dargestellte 10-feldrige Fußgängerbrücke mit 100 m (Bogen-) Länge. Der Krümmungsradius beträgt 64 m.

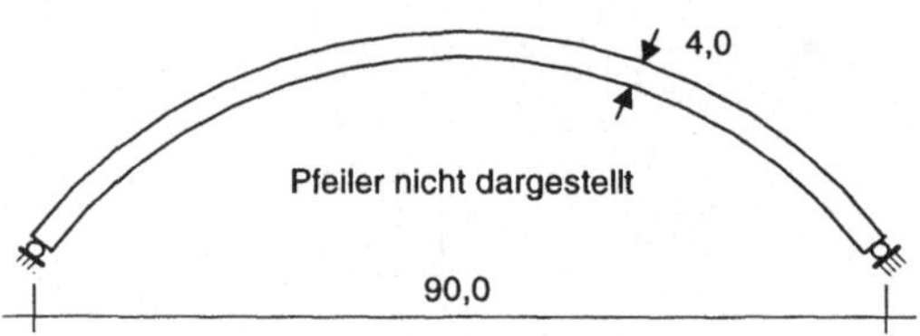

Bild 4.4.1-18 Beispiel: 10-feldrige Fußgängerbrücke im Grundriß

Abmessungen der Bauteile

Überbau: b/h = 400/40 [cm/cm]

A = 1,6 m^2; W = 1,07 m^3; I = 2,13 m^4
Pfeiler: b/h = 50/50 [cm/cm]
Pfeilerhöhe: h = 5,0 m

Steifigkeit des Überbaus

für: I/A = 1,33 m^2 und 1/2 α_0 = 45°
aus Bild 4.4.1-14: β_1 = 28

Steifigkeitsanteil des Überbaus

für: L_W/h = 18,0 und $EI_Ü$ / EI_P = 410
aus Bild 4.4.1-15: β = 0,94
Die Steifigkeit der Pfeiler kann in diesem Fall vernachlässigt werden!

Zwanggrößen mit Gl. 4.4.1-7b) und 4.4.1.8b)

für: $\alpha_0 = \alpha = 90°$ A_M = 1169 m^2
y_s = 6,8 m δ_1 = 17508 m^3

a) Maximale Normalkraft
N = 0,011 εE (1,1% einer geraden Brücke)

b) Maximale Normalspannung
σ = 0,19 εE (19% einer geraden Brücke)

Zusätzlich zum Verformungswiderstand der Pfeiler wirkt sich auch das nichtlineare Verhalten des Überbaus auf die Zwangbeanspruchung aus. Abhängig von der Grundrißgeometrie haben entweder die Dehn- oder Biegesteifigkeit einen entsprechend großen Einfluß. Aufgrund der vergleichsweise hohen Rißschnittgrößen hängt es stark vom Öffnungswinkel α ab, ob ein Abbau der Zwangbeanspruchung durch Rißbildung im Überbau überhaupt erreicht werden kann.

Im folgenden werden zwei Fußgängerbrücken für eine gleichmäßige Temperaturänderung (ΔT = –30°C) des Überbaus im Hinblick auf das jeweils zugrunde gelegte Werkstoffverhalten betrachtet. Es werden Brücken mit Öffnungswinkeln α = 36° und α = 180° gegenübergestellt. Das Verhalten des Überbauquerschnitts um die starke Achse wird in Bild 4.4.1-19 mit einer M-(N)-κ-Beziehung erfaßt, welche mit einem speziell dafür entwickelten Computer-Programm ermittelt wurde [Steidle, 1987]. Die Mitwirkung des Betons zwischen den Rissen wird vereinfacht nach Kreller, 1990, angesetzt. Als maßgebende Größen wird die Normalkraft, das Moment und die radiale Verschiebung des Überbaus in der Winkelhalbierenden des Kreisabschnitts (α_{Mitte} = 1/2α) herangezogen. Alle in Bild 4.4.1-20 aufgeführten Ergebnisse sind auf linear-elastisches Verhalten bezogen. Die Berechnungen wurden mit dem FE-Programmsystem ABAQUS durchgeführt.

Beim Öffnungswinkel von α = 36° hat die Steifigkeit der Pfeiler einen geringen Einfluß auf Schnittgrößen und Verformungen, da der Überbau sehr viel steifer als der Unterbau ist. Wird nichtlineares Verhalten für die Biegesteifigkeit des Überbaus zugrunde gelegt, verringern sich die Schnittgrößen bzw. erhöhen sich die Verformungen (Bild 4.4.1-20).

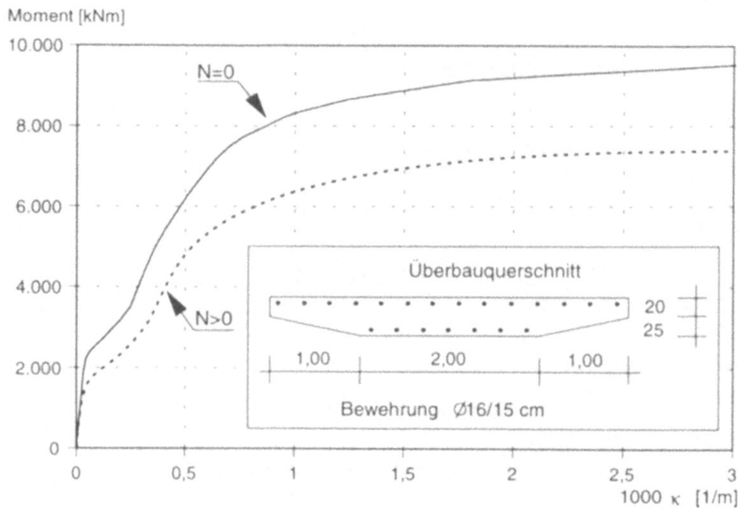

Bild 4.4.1-19 M-(N)-κ-Beziehung für den Überbauquerschnitt („starke Achse")

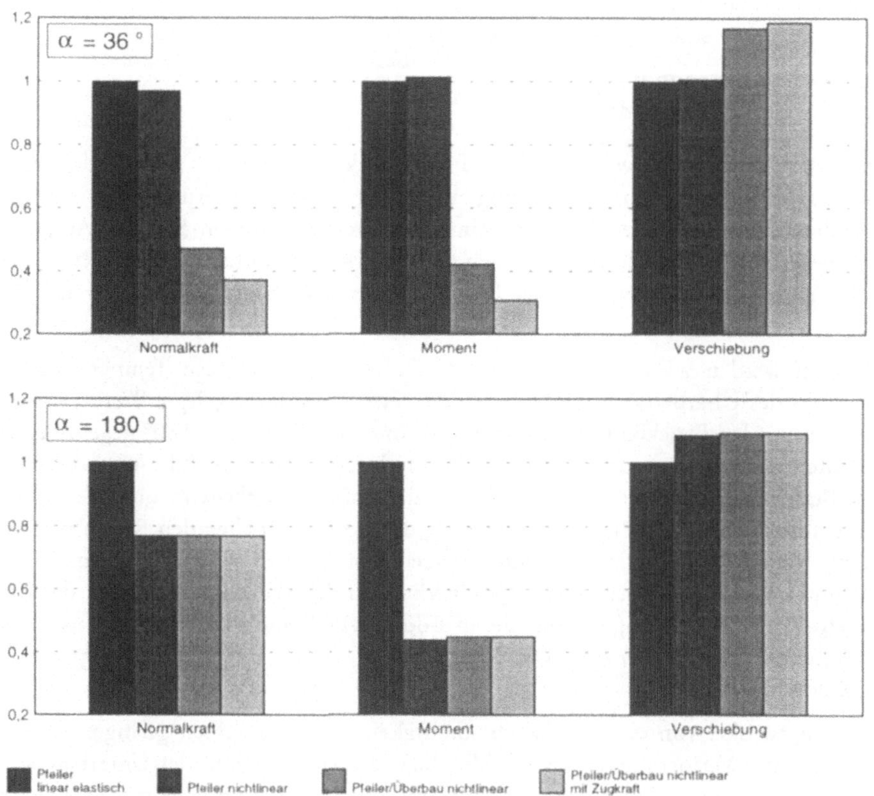

Bild 4.4.1-20 Einfluß des nichtlinearen Werkstoffverhaltens

Die „weichere" halbkreisförmige Brücke (α = 180°) verursacht deutlich geringere Zwangbeanspruchungen und Verformungen. Die gleichbleibenden Werte bei nichtlinearem Verhalten des Überbaus zeigen, daß die entstehende Zwangbeanspruchung nicht ausreicht, um ein Aufreißen zu erreichen (Bild 4.4.1-20).

Der steifigkeitsmindernde Einfluß der Zugkraft macht sich nur bei der Brücke mit kleinem Öffnungswinkel bemerkbar, da sich hier der Überbau bereits im Zustand II befindet. Sie bewirkt nochmals eine Reduzierung der Zwangschnittgrößen.

Es zeigt sich, daß eine Berücksichtigung des nichtlinearen Verhaltens für den Überbau bei kleinen Öffnungswinkeln notwendig ist, um die Zwangbeanspruchungen wirklichkeitsnah zu erfassen. Für die Pfeiler gilt dies nur, wenn ihr Verformungswiderstand quer zur Brückenlängsachse groß ist.

4.4.1.2.2.2 Systemgeometrie im Aufriß

Pfeilerabstände bzw. Feldweiten werden im Regelfall von den zu überquerenden Hindernissen, den Baugrundverhältnissen oder der Gradientenhöhe bestimmt. Vor allem im bebauten innerstädtischen Umfeld können darüber hinaus auch gestalterische Aspekte eine Rolle spielen.

Im Hinblick auf das Verhalten infolge Zwang sind die Pfeilerabstände insofern relevant, als sie die Bauteilabmessungen und damit die Steifigkeit von Überbau und Pfeiler bestimmen. Bei konventionellen Lagerbrücken betrifft dies nur den Überbau, bei monolithischen Brücken aber auch die Pfeiler, da sie Kopfverschiebungen erfahren.

Die Überbauhöhe nimmt mit der Feldweite überproportional stark zu, weil gleichzeitig die Eigenlasten ansteigen und ein Teil des höheren Bauteilwiderstandes wieder kompensiert wird. Für den statisch bestimmten Einfeldträger mit Rechteckquerschnitt kann die Bauteilhöhe h bei ausschließlich wirkender Eigenlast über das Tragfähigkeitskriterium berechnet werden:

$$h = \frac{3}{4}\frac{\gamma}{f}l^2 \qquad (4.4.1\text{-}9)$$

γ – Wichte
f – Festigkeit
l – Feldweite

Wesentlich für das Erscheinungsbild einer Brücke ist nicht nur das häufig verwendete Verhältnis Feldweite zu Überbauhöhe l/h, sondern auch das Verhältnis Lichtraumhöhe zu -breite. Den Pfeilerabständen kommen damit besondere Bedeutung zu, da sie sich auf beide Größen unmittelbar auswirken.

Die maximal mögliche Schlankheit eines Überbaus ist keine feste Größe, sondern vom Werkstoff, der Querschnittsform und der Feldweite abhängig. Der Einfluß des Werkstoffes kommt in Gl. 4.4.1-9 durch das Verhältnis γ/f, welches den Kehrwert zur Reißlänge darstellt, zum Ausdruck. Als Kriterium zur Ermittlung der Überbauhöhe wird häufig die zulässige Durchbiegung, in selteneren Fällen, vor allem bei Überbauten mit konstanter Höhe, auch die Tragfähigkeit der Betondruckzone im Stützbereich herangezogen.

In Bild 4.4.1-21 ist die erforderliche Schlankheit l/h in Abhängigkeit von Feldweite und Querschnittsform für eine Fußgänger- und Straßenbrücke dargestellt. Betrachtet wird ein n-feldriger Rahmen mit gleichen Feldweiten. Die erforderliche Überbauhöhe h wurde über eine

Begrenzung der Durchbiegung auf f = l/500 ermittelt. Dieser Wert kann für Straßenbrücken als oberer Grenzwert zur Einhaltung der Gebrauchstauglichkeit betrachtet werden [Menn, 1990]. Die Verkehrslasten sind als Gleichstreckenlasten nach DIN 1072 angesetzt. Die berechneten Schlankheiten gelten für Überbauten aus Normalbeton im Zustand I und ohne Berücksichtigung von Kriechverformungen. Folgende Ergebnisse lassen sich aus den Diagrammen in Bild 4.4.1-21 ableiten:

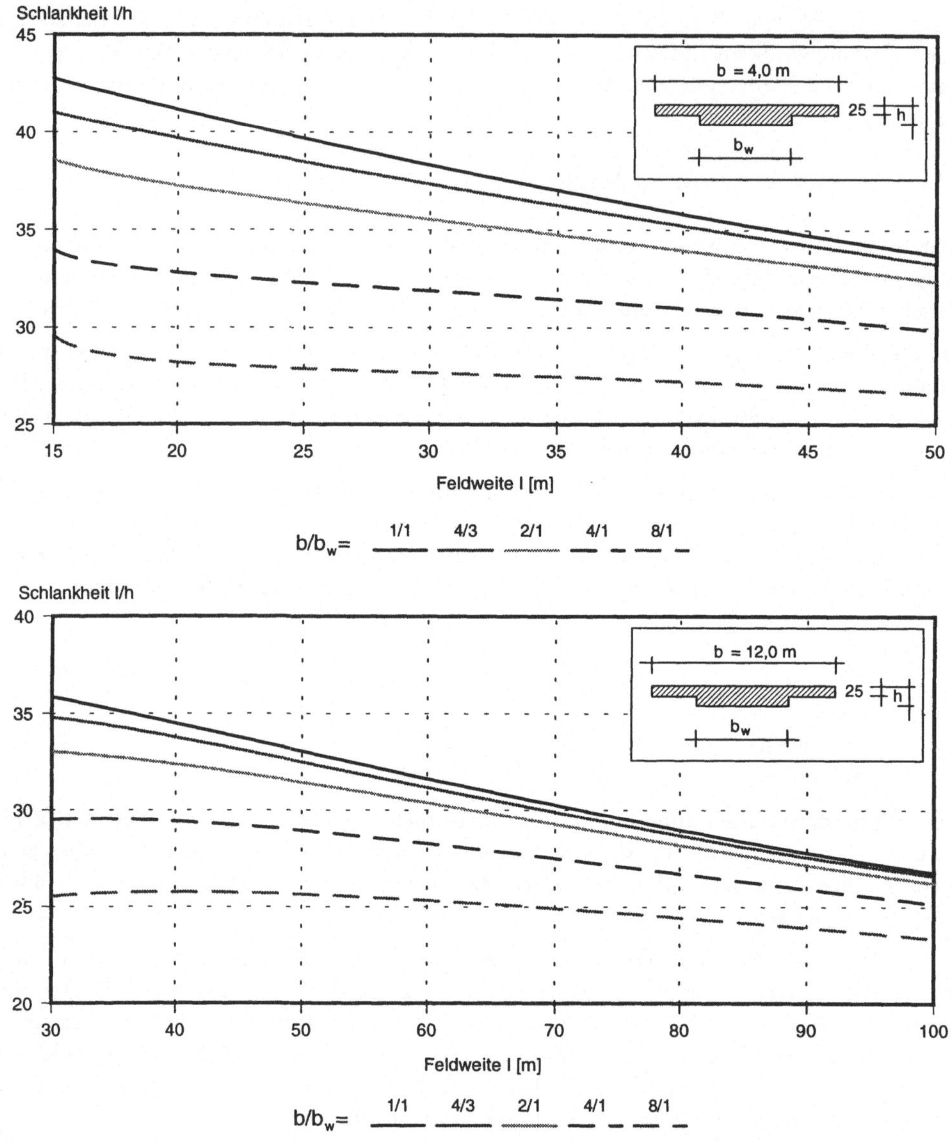

Bild 4.4.1-21 Abhängigkeit der Schlankheit l/h von Feldweite und Querschnittsform

Fußgängerbrücke Breite (b = 4,0 m)

Gedrungene Querschnitte ($b/b_W > 4/3$) erreichen größere Schlankheiten als profilierte Querschnitte ($b/b_W \leq 4/3$). Grund dafür ist, daß der günstige Effekt aus der größeren Steifigkeit nicht durch die ungünstig wirkende höhere Eigenlast kompensiert werden kann. Mit zunehmender Feldweite nehmen die Unterschiede zwischen den Querschnittsformen ab, da sich das Verhältnis $p/(p + g)$ zugunsten der gewichtssparenden profilierten Querschnitte ändert.

Straßenbrücke Breite (b = 12,0 m)

Aufgrund des bereits beschriebenen Effekts können mit den gedrungenen Querschnitten auch hier durchweg die größten Schlankheiten erzielt werden. Querschnitte mit schmalen Stegen weisen über den gesamten Feldweitenbereich eine geringere Schlankheit auf, da hier der Anteil aus Verkehrslasten überwiegt.

Zur Veranschaulichung dieser Ergebnisse sind in Bild 4.4.1-22 die Stützbereiche einer Fußgängerbrücke für zwei unterschiedliche Feldweiten und Querschnittsformen angegeben. Auch hier wird die größere Schlankheit des Vollquerschnitts ($b/b_w = 1$) sichtbar. Mit zunehmender Feldweite nehmen diese Unterschiede jedoch ab. Der optische Eindruck dieser maßstäblichen Darstellung verstärkt allerdings noch die Unterschiede.

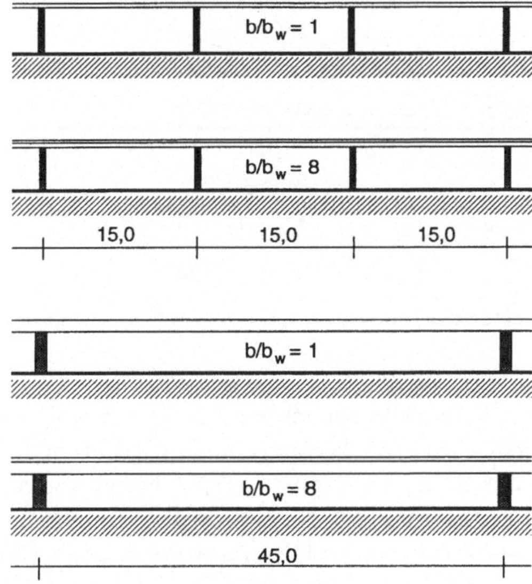

Bild 4.4.1-22 Einfluß von Feldweite und Querschnittsform auf das Erscheinungsbild

Aus Bild 4.4.1-22 werden auch die Auswirkungen auf die Pfeilerabmessungen deutlich. Dies führt zu der Fragestellung, inwieweit Zwangbeanspruchungen auch hier beeinflußt werden.

Bei geraden monolithischen Brücken hängen die Zwangbeanspruchungen aus der Längenänderung des Überbaus ausschließlich von der Überbaudehnsteifigkeit und der Verformungsfähigkeit der Pfeiler ab. Beide werden wiederum von den Feldweiten bestimmt.

Wesentlich für den Verformungswiderstand der Pfeiler ist das Flächenträgheitsmoment. Bild 4.4.1-23 zeigt dazu Pfeilerträgheitsmomente in Abhängigkeit von Feldweite und Querschnittsform des Überbaus für die in Bild 4.4.1-21 bereits behandelte Fußgängerbrücke. Sie sind auf das Pfeilerträgheitsmoment I für eine Feldlänge l = 12 m bezogen. Es wird vereinfachend angenommen, daß sich die statisch erforderliche Pfeilerquerschnittsfläche ausschließlich aus der Bemessung für Normalkräfte ergibt, Biegemomente werden also nicht berücksichtigt. Diese Annahme trifft recht gut für Brücken mit einem hohen Anteil an ständigen Lasten, gleichen Feldweiten bzw. geringen Pfeilersteifigkeiten zu.

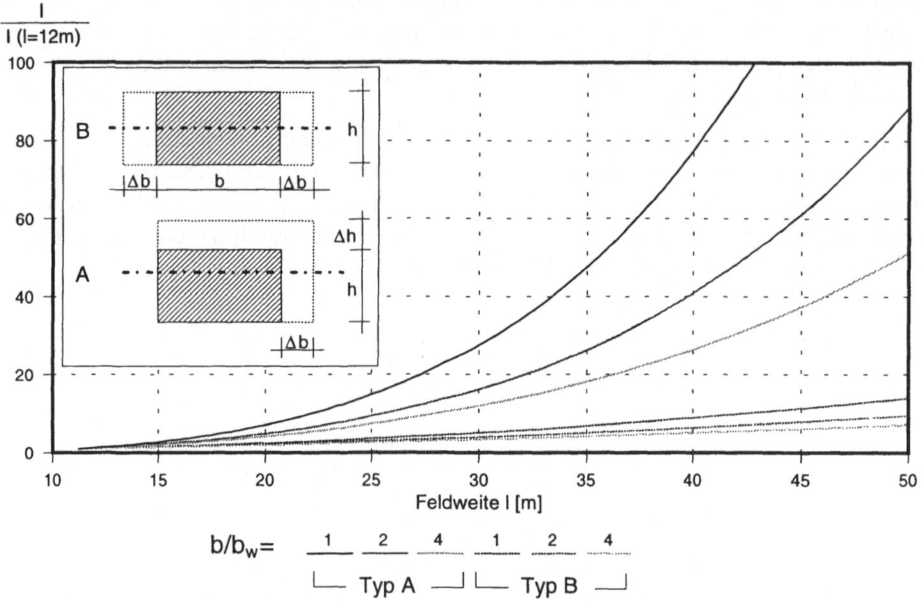

Bild 4.4.1-23 Einfluß von Feldweite l und Querschnittsform b/b_w auf das Pfeilerträgheitsmoment

Es werden zwei unterschiedliche Fälle betrachtet: Für Typ A wird eine proportionale Vergrößerung der Querschnittsfläche in Brückenlängs- und querrichtung (h/b = Δh/Δb) angenommen, für Typ B nur in Querrichtung (h = const.). Typ A bringt Vorteile bei der Schrägdurchsicht, da sich nur ein Teil der zusätzlichen Querschnittsfläche in Querrichtung ausbildet. Typ B hingegen verfügt über den geringsten Verformungswiderstand in Längsrichtung. Die Trägheitsmomente der Pfeiler steigen bei gedrungenen Überbauquerschnitten aufgrund der stark ansteigenden Eigenlasten am deutlichsten an. Gedrungene Querschnitte verhalten sich mit zunehmender Feldweite ungünstiger als profilierte Querschnitte. Der im Hinblick auf die Schlankheit beschriebene Vorteil entwickelt sich hier zu einem gravierenden Nachteil.

Selbst bei einer Vergrößerung des Pfeilerquerschnitts ausschließlich in Brückenquerrichtung (Typ B) erhöhen sich die Trägheitsmomente noch überproportional stark. So führt beispielsweise eine Verdreifachung der Feldweite von 15 m auf 45 m bei einem Vollquerschnitt und den hier geltenden Randbedingungen bereits zu einer etwa 7-fachen Erhöhung des Pfeilerträgheitsmoments. Wäre der Überbau dehnstarr und blieben alle Pfeiler ungerissen, würde sich die Zwangbeanspruchung im Pfeiler ebenfalls um dieses Maß erhöhen.

Eine Aussage über den maximalen zentrischen Zwang im Überbau ist damit noch nicht möglich, da dieser zusätzlich von der Anzahl der wirksamen Pfeiler vom Bewegungsnullpunkt aus abhängt. Geht man vereinfachend von einem dehnstarren Überbau und jeweils gleichen Pfeilersteifigkeiten und Feldweiten aus, kann der zentrische Zwang N folgendermaßen abgeschätzt werden:

$$\frac{N}{\varepsilon} = \frac{1}{2} cl n (n+1) \qquad (4.4.1\text{-}10)$$

c – Steifigkeit eines Pfeilers gegenüber einer horizontalen Kopfverschiebung
n – Anzahl der Pfeiler vom Bewegungsnullpunkt
l – Feldweite
ε – Dehnung des Überbaus infolge Zwang

Sind alle Pfeiler in den Überbau und in die Gründungen voll eingespannt und gleich lang, ergibt sich für linear-elastisches Verhalten der Pfeiler nach Gl. 4.4.1-11:

$$\frac{N}{\varepsilon} = 6\frac{EI}{h^3} l n (n+1) \qquad (4.4.1\text{-}11)$$

EI– Biegesteifigkeit der Pfeiler
h – Pfeilerhöhe

Legt man die in Bild 4.4.1-23 ermittelten Trägheitsmomente für die Fußgängerbrücke zugrunde, ergeben sich daraus die in Bild 4.4.1-24 qualitativ vergleichbaren, quantitativ aber recht unterschiedlichen Verläufe für den zentrischen Zwang im Überbau. Dieser nimmt im Gegensatz zu den Trägheitsmomenten weniger stark zu, weil mit größer werdender Feldweite gleichzeitig die Anzahl der wirksamen Pfeiler abnimmt. Dennoch bleibt die Zunahme der Zwangbeanspruchung vor allem bei Pfeilertyp A immer noch beachtlich.

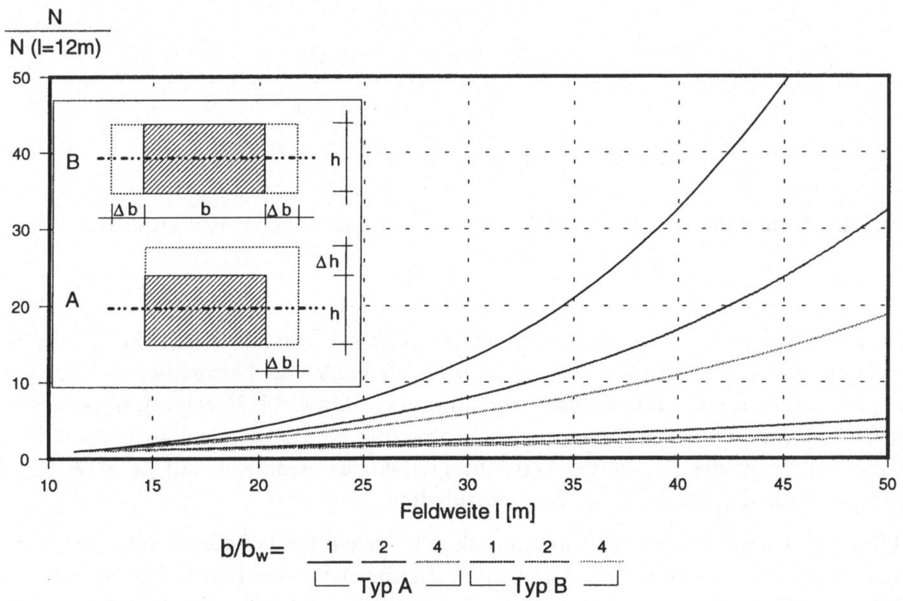

Bild 4.4.1-24 Einfluß von Feldweite und Querschnittsform auf den maximalen zentrischen Zwang

Große Feldweiten mindern also die Verformungsfähigkeit der Brücke aufgrund der dafür erforderlichen steiferen Pfeiler beträchtlich. Eine Verbesserung in dieser Hinsicht ist mit Doppelpfeilern zu erreichen. Sie sind aus dem Freivorbau bekannt und wurden bislang bei Talbrücken angewandt [Menn, 1976; Vogler, 1989]. Damit können nicht nur die Momente des im Bauzustand auskragenden Pfeilers besser aufgenommen, sondern vor allem die bereits erwähnte Verformungsfähigkeit in Brückenlängsrichtung erhöht werden.

Bei einer „Auftrennung“ rechteckiger oder kreisförmiger Vollquerschnitte in zwei gleiche Teilquerschnitte reduziert sich das Trägheitsmoment auf 1/4; für Hohlquerschnitte ist diese Verringerung noch größer. Die getrennten Pfeilerhälften können dicht nebeneinander, also nur durch eine schmale Längsfuge voneinander getrennt oder mit deutlich wahrnehmbarem Abstand angeordnet werden. Damit wird auch das Erscheinungsbild der Brücke spürbar beeinflußt (Bild 4.4.1-26). Werden die Doppelpfeilerhälften mit großem Abstand angeordnet, stellt sich eine Rahmenwirkung ein, welche die Nachgiebigkeit wieder einschränkt. Dieser Versteifungseffekt ist besonders ausgeprägt für kleine Steifigkeitsverhältnisse $EI_Ü/EI_P$ (Bild 4.4.1-25).

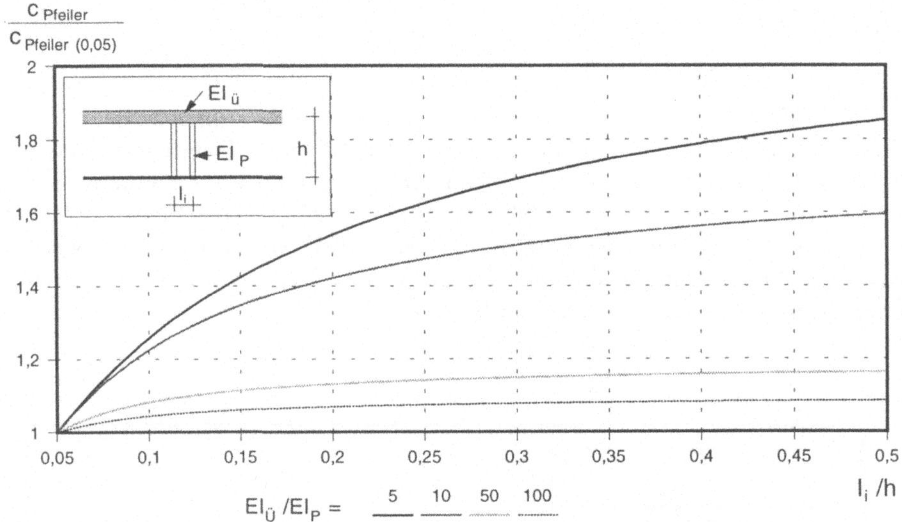

Bild 4.4.1-25 Einfluß des Abstands l_i auf den Verformungswiderstand zweiteiliger Pfeiler

Für den Entwurf folgt daraus, daß Pfeiler aus hochfesten Werkstoffen (z.B. HSC oder Stahl) mit größerem Abstand ausgebildet werden könnten als Pfeiler aus Normalbeton. Der gestalterische Spielraum ist damit im erstgenannten Fall größer. Bild 4.4.1-26 zeigt dazu eine Fußgängerbrücke mit Doppelpfeilern aus einem Stahlrohr- und einem Betonvollquerschnitt im Vergleich. Begrenzt man den genannten Versteifungseffekt für beide Fälle auf ca. 10% (s.a. Bild 4.4.1-25), sind die dargestellten Abstände einzuhalten.

Die Höhe der Pfeiler kann, vor allem bei Brücken in freiem Gelände, stark variieren. Dies gilt in Bereichen großer Gelände- und Gradientenneigungen, in der Regel aber immer an den Brückenenden. Durch Längsverschiebungen des Überbaus treten daher sehr unterschiedliche

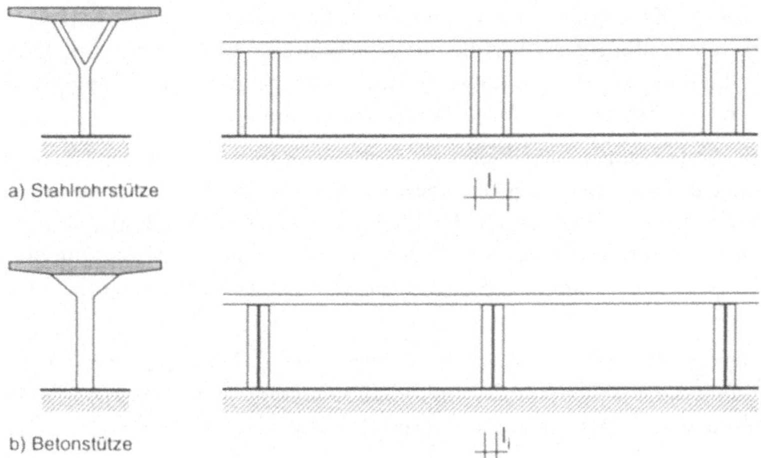

Bild 4.4.1-26 Auswirkung des Pfeilerabstandes auf das Erscheinungsbild

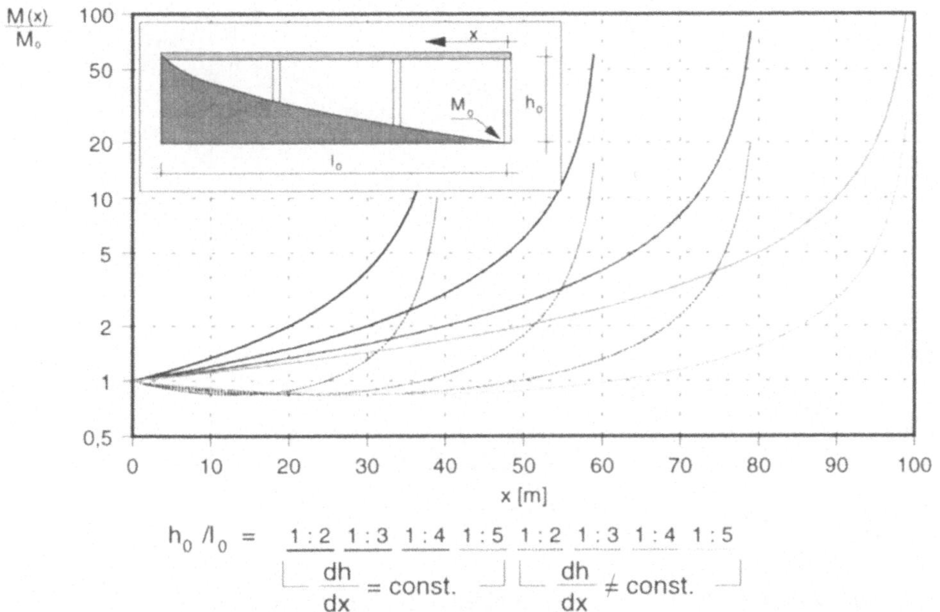

Bild 4.4.1-27 Einfluß des Geländeverlaufs auf die Zwangmomente der Pfeiler

Zwangbeanspruchungen in den einzelnen Pfeilern auf. In Bild 4.4.1-27 ist der Einfluß des Geländeverlaufs auf die Zwangmomente der Pfeiler dargestellt. Es wird von einem Festpunkt am linken Widerlager und gleichen Einspannverhältnissen am Pfeilerkopf und -fuß ausgegangen.

Es zeigt sich, daß die Zwangmomente bei konstanter Geländeneigung sehr schnell anwachsen, während sie bei parabelförmigem Verlauf mit zunehmender Entfernung vom Festpunkt zunächst noch geringfügig abnehmen. Diese Zusammenhänge gelten unabhängig von der Ausgangshöhe h_0 und werden nur von der Geländeform bestimmt.

Würde man die Abmessungen aller Pfeiler an den jeweils unterschiedlichen Zwangbeanspruchungen orientieren, hätte dies möglicherweise negative Auswirkungen auf das Erscheinungsbild der gesamten Brücke. Der durch die Pfeiler entstehende Rhythmus wäre gestört. In bestimmten Fällen könnte es daher sinnvoll sein, den Gründungshorizont für die Pfeiler so festzulegen, daß sich die Zwangbeanspruchungen der Pfeiler nicht wesentlich voneinander unterscheiden.

Aus der Bedingung, daß die Zwangmomente aller Pfeiler gleich groß sind, kann mit Gl. 4.4.1-12 der in Bild 4.4.1-28 dargestellte funktionale Zusammenhang zwischen der Pfeilerhöhe h_P und dem Abstand vom Bezugspunkt x = 0 ermittelt werden:

$$h_p(x) = h_0 \sqrt{\frac{x}{l_0}} \qquad (4.4.1\text{-}12)$$

Dieser ist unabhängig von absoluten Größen und damit allgemein gültig.

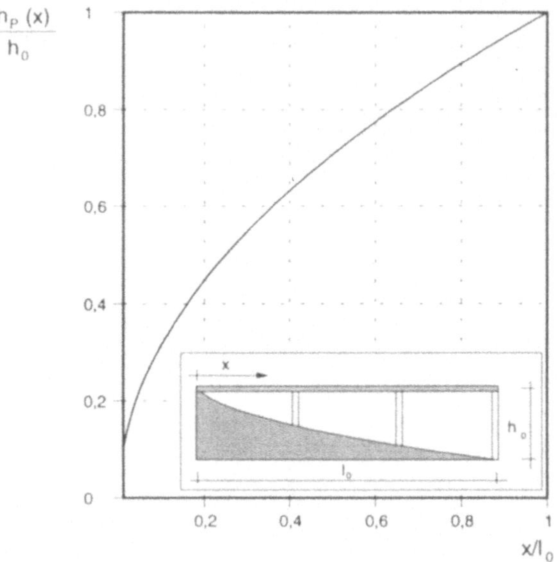

Bild 4.4.1-28 Verlauf der Pfeilerhöhen für gleichbleibende Zwangbeanspruchung

Auch in Fällen, in denen der tatsächliche Geländeverlauf von diesem „rechnerisch optimalen" abweicht, könnte er als Gründungshorizont für alle Pfeiler aufgefaßt werden.

Die Anordnung der Pfeiler in Querrichtung wirkt sich bei gekrümmten Brücken maßgeblich auf die Zwangbeanspruchung aus, da sich die Pfeiler, anders als bei geraden Brücken, auch rechtwinklig zu ihrer Längsachse verformen. Gerade Brücken erfahren dagegen in Querrichtung nur dann Zwangbeanspruchungen, wenn mehrere Pfeiler mit vergleichsweise großen Abständen, z.B. bei breiten Straßenbrücken, angeordnet sind. Wirken sich die Pfeilersteifigkeiten auf die Zwangbeanspruchungen maßgeblich aus, können sie durch eine „Auftrennung“ der Pfeiler in Querrichtung begrenzt werden.

In Bild 4.4.1-29 sind dazu zwei Fälle dargestellt. Unter der Voraussetzung, daß die Gesamtquerschnittsfläche der Pfeiler jeweils konstant bleibt, ergeben sich für das Pfeilerträgheitsmoment bei einer Aufteilung in quadratische Teilquerschnitte nicht nur in Querrichtung, sondern vor allem in Längsrichtung Vorteile.

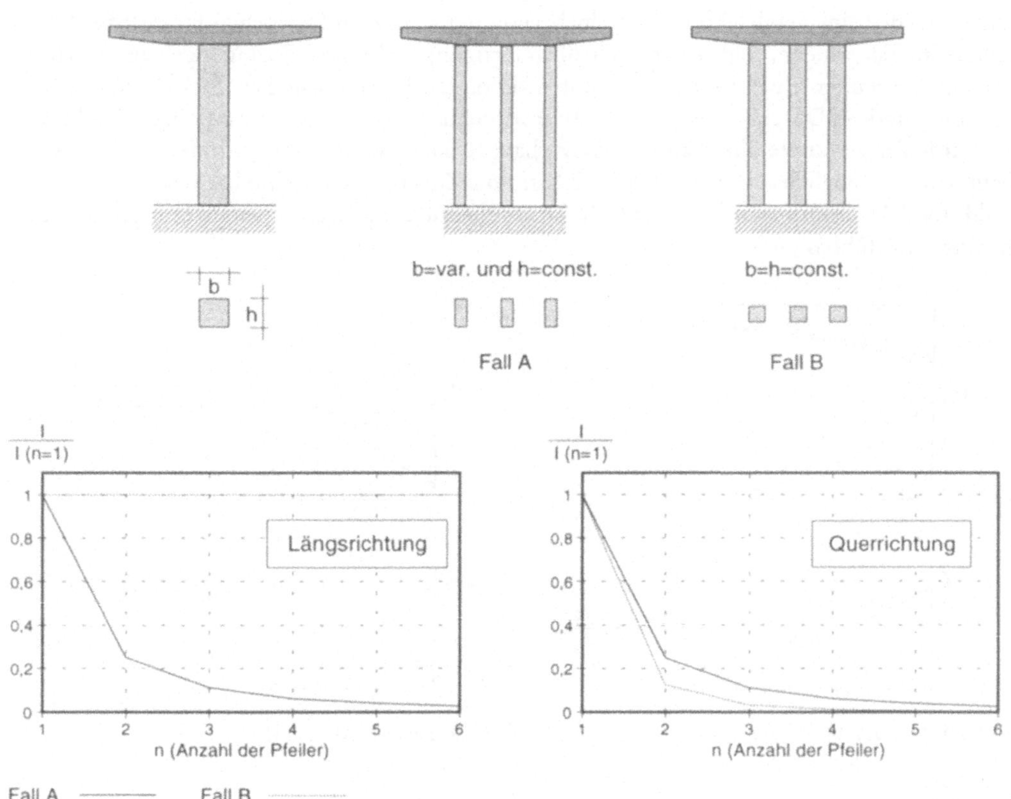

Bild 4.4.1-29 Einfluß der Pfeileranordnung in Querrichtung auf die Nachgiebigkeit in Brückenlängs- und -querrichtung

4.4.2 Einflußgrößen bei Betrachtung der Bauteile

4.4.2.1 Direkte Einwirkungen

4.4.2.1.1 Bauteilform

Bauteilformen werden im modernen Brückenbau von der Wirtschaftlichkeit für die Rüstung und Schalung bestimmt. Bei den Überbauten haben darüber hinaus auch die Herstellungsverfahren einen erheblichen Einfluß (s.a. Abschnitt 3.2.1.11). Besonders deutlich werden die Unterschiede beim Vergleich des Taktschiebeverfahrens mit dem klassischen Freivorbau. Während beim Taktschiebeverfahren ausschließlich fertigungstechnische Bedingungen zu Überbauten mit konstanter Querschnittshöhe führen, kommen beim klassischen Freivorbau Aspekte der konstruktiven Durchbildung und der Beanspruchung aus dem Bau- und Endzustand hinzu. So wurde der gevoutete Überbau von Freivorbaubrücken dahingehend optimiert, daß in jeder Bauphase ein möglichst gleichmäßiger Verlauf von Zuggurt- und Schubkräften erreicht wird (Bild 4.4.2-1). Damit wurde es möglich, Spanngliedführungen bzw. -verankerungen kostengünstig auszuführen.

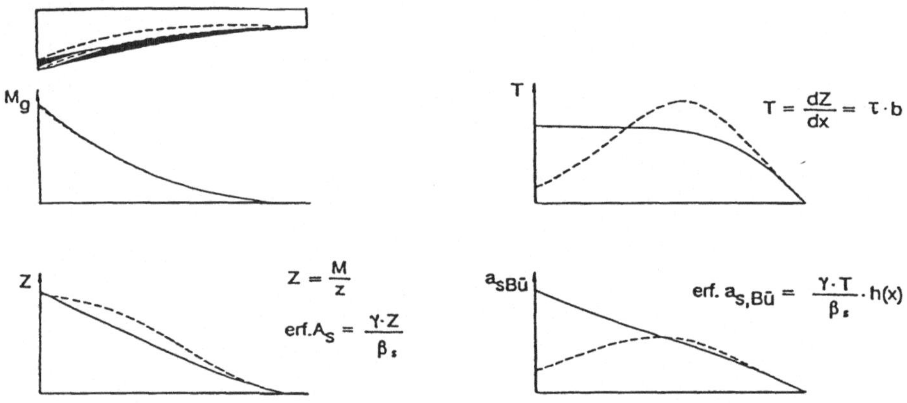

Bild 4.4.2-1 Zusammenhang zwischen Form und Beanspruchung [Menn, 1990]

Mit der Anfang dieses Jahrhunderts einsetzenden Anwendung hochfester Werkstoffe wurden zunächst die aus dem Mauerwerksbau bekannten und bewährten Entwurfsprinzipien angewandt. Die bogenförmige Brücke, die als archetypisch für den Massivbrückenbau bezeichnet werden kann, wurde Schritt für Schritt zur gevouteten Balkenbrücke weiterentwickelt. So stellte sich ein weitgehend nahtloser Übergang zu den heutigen, gevouteten Brücken aus Konstruktionsbeton ein, wobei anfangs die Unterschiede zwischen Bogen- und Balkenbrücke nicht unbedingt wahrnehmbar waren (Bild 4.4.2-2).

Die im Brückenbau am häufigsten verwendeten Bauteilformen können drei geometrischen Grundformen zugeordnet werden. Sie unterscheiden sich im Erscheinungsbild und Tragverhalten. Es werden Bauteile mit konstanter Dicke, sowie konkav und konvex geformte Bauteile voneinander unterschieden (Bild 4.4.2-3). Zu den konvexen und konkaven Formen werden in diesem Zusammenhang auch solche gezählt, deren Bauteilränder nicht nur gekrümmt, sondern ebenso polygonal verlaufen.

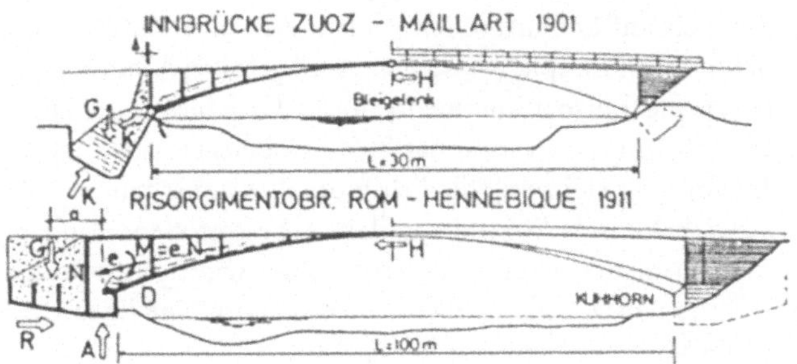

Bild 4.4.2-2 Übergang von der Bogen- zur Rahmenbrücke [Pauser, 1987]

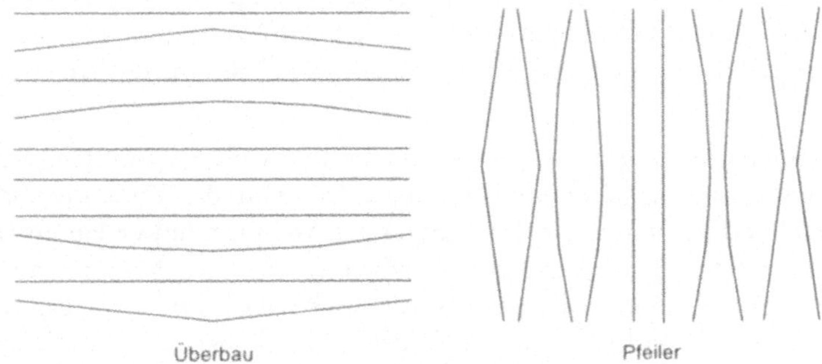

Bild 4.4.2-3 Geometrische Grundformen von Brückentraggliedern

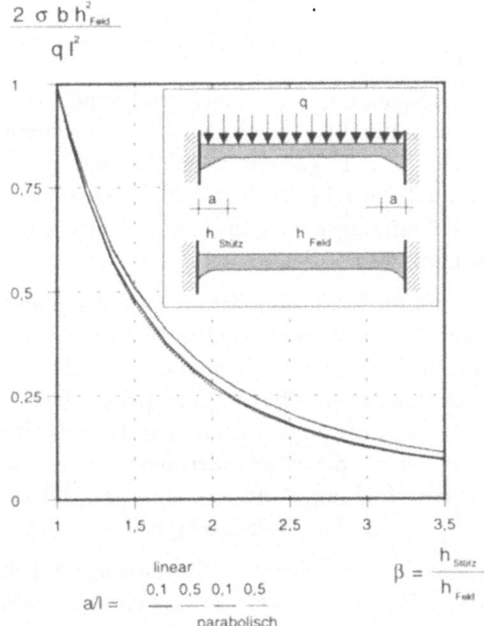

Bild 4.4.2-4 Randspannungen im Querschnitt an der Einspannung infolge Gleichlast

Die Bauteilform wirkt sich auf Schnittgrößen, Gurtkräfte und Randspannungen recht unterschiedlich aus. Betrachtet man beispielsweise den Auflagerbereich eines beidseitig eingespannten Balkens, so variieren die Einspannmomente unter Gleichlast und Querschnittshöhenverhältnissen bis etwa $h_{Stütz}/h_{Feld} = 2$ um maximal 20%, wobei sich bei einer Querschnittsaufweitung im Stützbereich (Voute) gleichzeitig die Feldmomente um maximal 40% vermindern. Die Randspannungen entwickeln sich konträr zu den Schnittgrößen. Aufgrund des sich stark ändernden Widerstandsmoments nehmen sie trotz Querschnittsaufweitung in jedem Fall ab (Bild 4.4.2-4). Dabei ist es nahezu unerheblich, ob es sich um eine lineare oder parabelförmige Voute handelt. Auch die Voutenlänge spielt keine Rolle.

Im Hinblick auf die Umlagerungsfähigkeit im Zustand II ist der Verlauf der Randspannungen über die Bauteillänge von Bedeutung, da er auf Bereiche einsetzender Rißbildung hinweist. Ein völliger Verlauf der Randspannungen vermeidet ausgeprägte Spannungsspitzen und damit auch große lokale Risse. Große Gradienten, wie sie z.B. beim Momentenverlauf im Stützbereich auftreten, sollten durch eine geeignete Formgebung nicht ebenso beim Verlauf der Randspannungen auftreten.

Die Größe der Randspannungen wird, besonders bei Rechteckquerschnitten, weitgehend von der Eigenlast des Überbaus bestimmt. Im folgenden wird der Zusammenhang zwischen Bauteilform und Randspannung für einen rechteckigen Vollquerschnitt erläutert (Bild 4.4.2-5). Die Betrachtung beschränkt sich auf den Stützbereich zwischen Momentennullpunkt und Auflagerung eines durchlaufenden Trägers, der nur durch seine Eigenlast beansprucht wird. Die dargestellten maximalen Randspannungen $\sigma(\xi)$ des Rechteckquerschnitts beziehen sich jeweils auf die Randspannungen des Querschnittts an der Einspannstelle. Es wird hier davon ausgegangen, daß die Querschnittshöhe außerhalb des Stützbereichs (> 0,2 l) konstant bleibt.

Der Verlauf kann mit den Formparametern α und $\beta = h_{stütz}/h_0$ sowie für $0 < \xi < 1$ beschrieben werden:

$$h(\xi) = h_{Feld}\,(1 + \xi^{\alpha}\,(\beta - 1)) \tag{4.4.2-1}$$

Bild 4.4.2-5 zeigt, daß die Randspannungen der konvexen Formen ($\alpha < 1$) vom Einspannquerschnitt aus schnell abnehmen. Sie erfüllen damit nicht die Anforderung nach einem völligen Verlauf. Für konkave Formen ($\alpha > 1$) gilt das nicht. Sie weisen insbesondere für $\beta = 4{,}0$ völligere Verläufe auf. Bild 4.4.2-6 macht deutlich, daß für kleine Querschnittshöhenverhältnisse (hier $\beta = 2{,}0$) größere Krümmungen notwendig sind. Leicht konkav gekrümmte Bauteile erweisen sich als besonders günstig.

Im Zustand II sind Spannungen zur Ermittlung des Ausnutzungsgrades eines Querschnittsrandes allein nicht mehr aussagekräftig. Kriterien sind nicht mehr Spannungen, sondern Randdehnungen bzw. Krümmungen. Letztgenannte stellen ein Maß für die Umlagerungsfähigkeit dar. Im Grenzzustand der Gebrauchstauglichkeit (SLS) stehen dabei zwei Anforderungen im Vordergrund: Große gerissene Bereiche und Ausnutzung der zulässigen Rißbreite bei größtmöglicher Krümmung. Damit kann die Formänderungsarbeit in diesen Bereichen optimal ausgenutzt werden. Ziel der Formfindung ist ein bereichsweise völliger Verlauf der Rißbreiten, was insbesondere für Bereiche mit großen Momentengradienten gilt.

Bild 4.4.2-7 zeigt die Möglichkeit der effizienteren Ausnutzung der zulässigen Rißbreite durch eine Voutung im Stützbereich. Der dabei erzielbare „Gewinn“ an zusätzlicher Krümmung in den Randbereichen führt zu einer insgesamt größeren Umlagerungsfähigkeit im SLS.

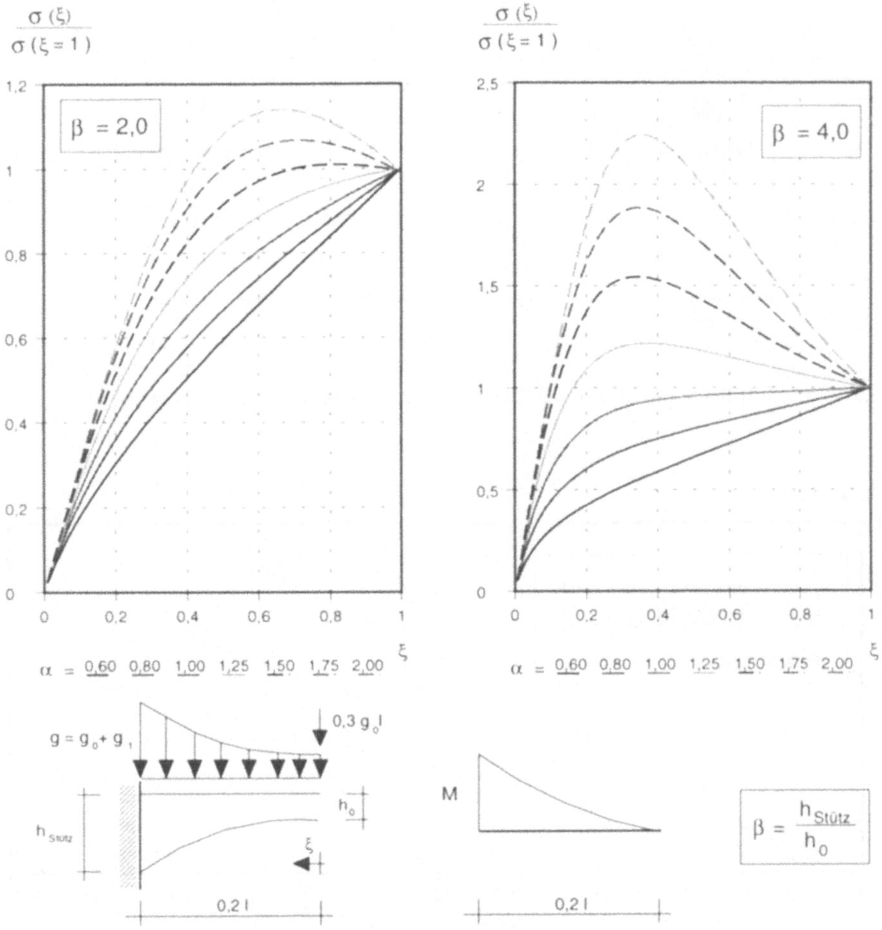

Bild 4.4.2-5 Randspannungsverlauf infolge Eigenlast (Rechteckquerschnitt)

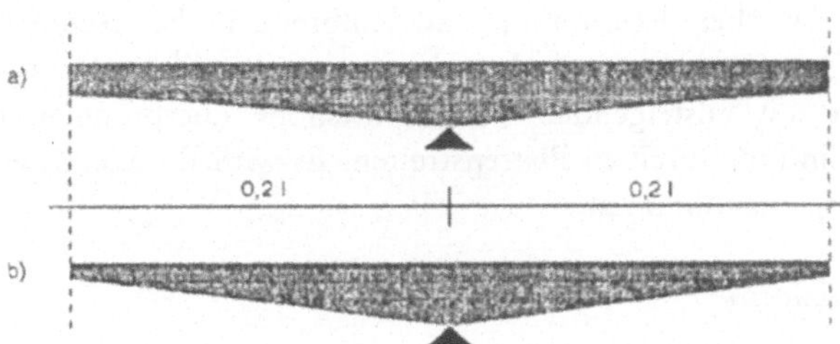

Bild 4.4.2-6 Überbauform mit völligem Randspannungsverlauf aus Eigenlast (Rechteckquerschnitt)

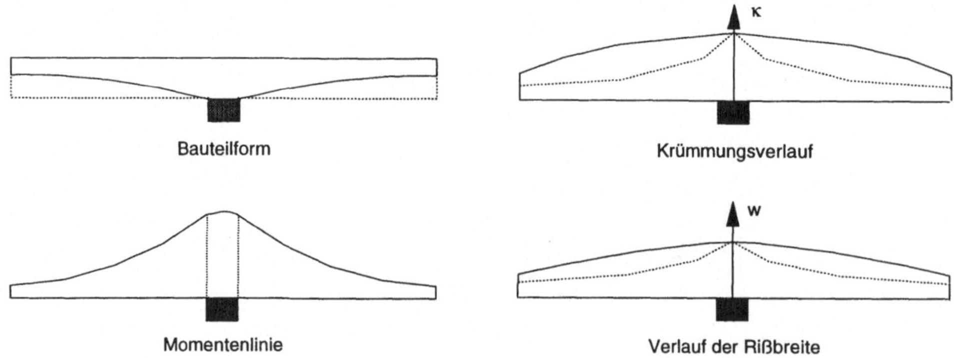

Bild 4.4.2-7 Einfluß der Bauteilform auf Krümmungen und Rißbreiten im Stützbereich

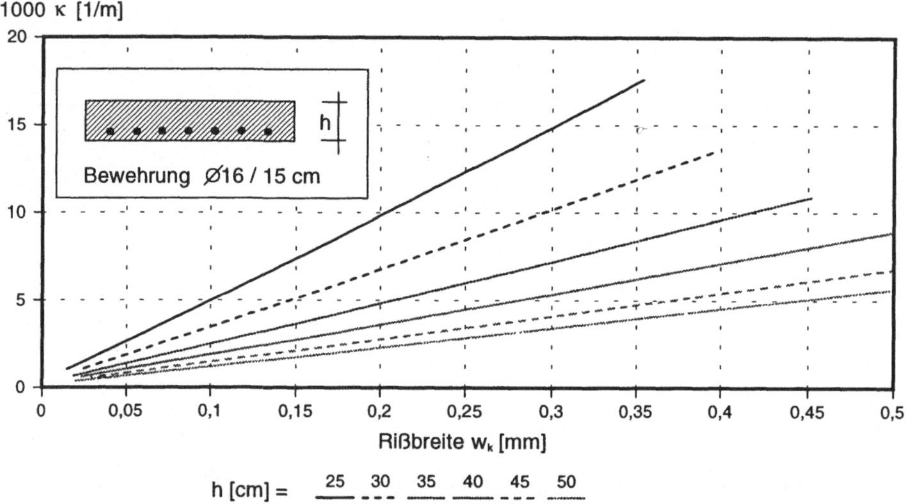

Bild 4.4.2-8 Zusammenhang zwischen Krümmung und Rißbreite (Plattenstreifen)

Der Zusammenhang zwischen Krümmung und Rißbreite ist bei rechteckigen, vorwiegend biegebeanspruchten Querschnitten und abgeschlossenem Rißbild nahezu linear. Die Krümmung nimmt jedoch mit ansteigender Querschnittshöhe überproportional stark ab. Bild 4.4.2-8 zeigt diesen Einfluß für einen Plattenstreifen. Es wird für alle Querschnittshöhen die angegebene Bewehrung angenommen.

4.4.2.1.2 Querschnittsform

Die Form der Querschnitte ergibt sich einerseits aus Nutzungsanforderungen, andererseits aus ihrem Trag- und Verformungsverhalten. Überbauquerschnitte sind aufgrund der breiten Fahrbahnen in der Regel aufgelöst bzw. profiliert. Ihr Verformungsverhalten unterscheidet sich für positive und negative Momente, also für Feld- und Stützbereiche, ganz erheblich.

Im Gebrauchszustand sind davon der Beginn und Verlauf der Rißbildung betroffen. Das im Stützbereich maßgebende Widerstandsmoment kann bei stark profilierten Querschnitten (b/b_w sehr groß) sehr viel größer als im Feld sein, was zur Folge hat, daß sich die erwünschten Schnittgrößenumlagerungen möglicherweise nicht einstellen können, und zudem die Gefahr großer Risse besteht.

Bild 4.4.2-9 zeigt diesen Unterschied anhand der Widerstandsmomente im Stütz- und Feldbereich. Schon für vergleichsweise gedrungene Querschnitte (h/h_0 = 4 und b/b_w = 5) ist das Widerstandsmoment im Stützbereich mehr als doppelt so groß als im Feld.

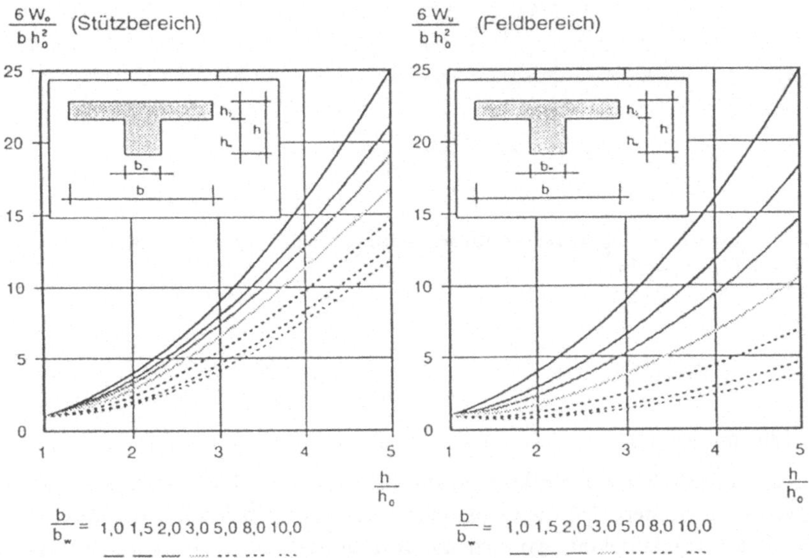

Bild 4.4.2-9 Widerstandsmomente von Plattenbalken

Im Grenzzustand der Tragfähigkeit beeinflußt die Querschnittsform das Rotationsvermögen. Im Stützbereich verringert es sich mit abnehmender Stegbreite, da die Randstauchungen schnell erreicht werden. Der für die Rotation maßgebende Zustand III kann sich somit gar nicht oder nur eingeschränkt ausbilden. Die Differenz $\Delta\kappa = \kappa_u - \kappa_{pl}$, welche ein Maß für die Rotationsfähigkeit ist, bleibt dann klein (s.a. Abschnitt 3.2.1.4).

Für die in Bild 4.4.2-10 dargestellten vorgespannten Querschnitte mit einem Vorspanngrad λ = 0,75 nach Leonhardt, 1980, wird die Verringerung der Rotationsfähigkeit mit abnehmendem Verhältnis b/b_w deutlich. Sie resultiert nicht nur aus dem schnelleren Erreichen der Randstauchungen bei M_u, sondern auch aus dem früheren Fließbeginn der Zugbewehrung bei M_{pl}.

Für die Anwendung der Plastizitätstheorie gemäß EC 2, Abschnitt 2.5.3.4 kann es gegebenenfalls notwendig sein, die Stegbreite b_w im Stützbereich soweit zu vergrößern, daß sich die erforderliche Rotation auch einstellen kann.

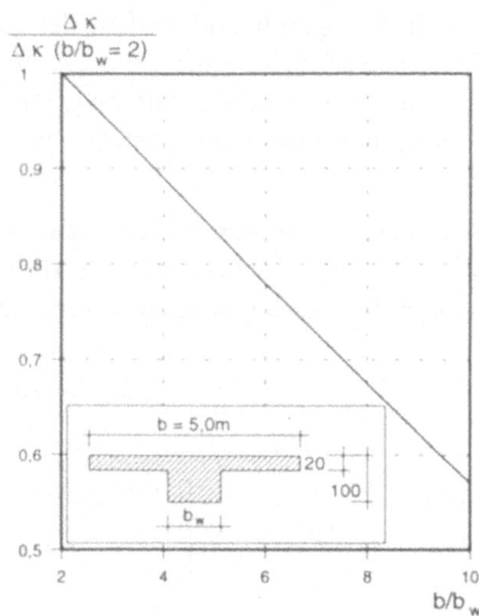

Bild 4.4.2-10 Zusammenhang zwischen Rotationsfähigkeit und Querschnittsform für einen vorgespannten (λ = 0,75) Querschnitt

4.4.2.2 Indirekte Einwirkungen

4.4.2.2.1 Allgemeines

Tragglieder monolithischer Konstruktionen sollten Relativverschiebungen bzw. Knotenverdrehungen soweit ermöglichen, daß die Gebrauchstauglichkeit erhalten bleibt. Im Gegensatz zum Grenzzustand der Tragfähigkeit, wo sich die Rotationen auf kleine Bereiche (meist in den Knoten) beschränken, wird im Gebrauchszustand das gesamte Bauteil stärker an der Formänderungsarbeit beteiligt. Während also im ersten Fall große Krümmungen über eine kurze Länge angestrebt werden, ist es im zweiten Fall gerade umgekehrt: Krümmungen sollten sich auf größere Bauteilbereiche erstrecken (Bild 4.4.2-11). Damit können zwei wichtige Kriterien der Dauerhaftigkeit von Bauteilen aus Konstruktionsbeton erfüllt werden: Die Einhaltung zulässiger Rißbreiten und Randdruckspannungen.

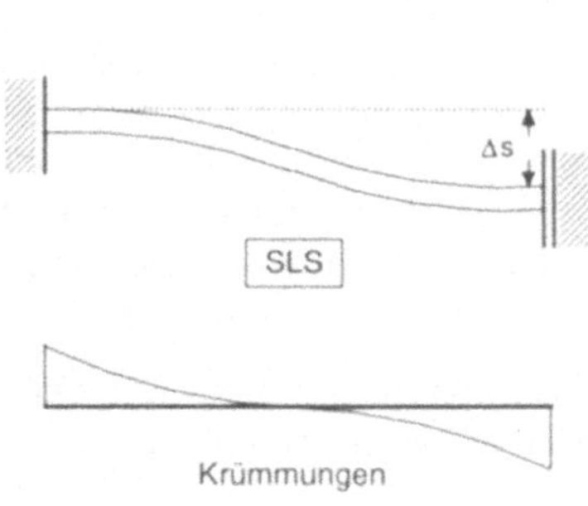

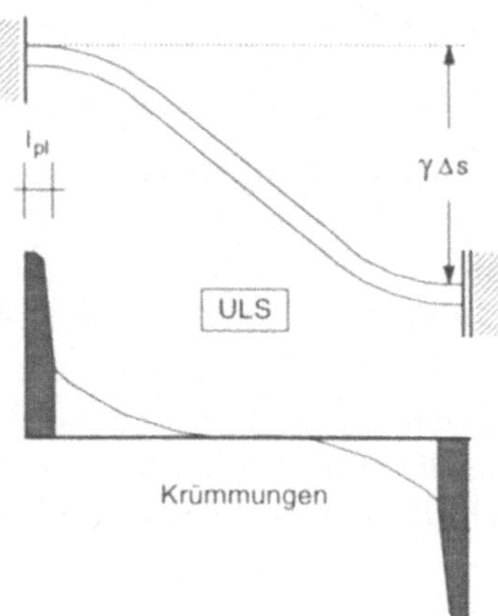

Bild 4.4.2-11 Verformungsverhalten von Bauteilen

4.4.2.2.2 Ansatzpunkte zur Reduzierung von Zwangbeanspruchungen

Wie bereits in Abschnitt 4.4.2.1.1 beschrieben, entwickelten sich neue Bauteilformen vorrangig mit dem Ziel, Beanspruchungen aus Lasten zu begrenzen. Überlegungen, durch ähnliche Maßnahmen auch Zwangbeanspruchungen zu verringern, sind bislang die Ausnahme. So verbesserte Maillart das Verhalten seiner Bogenbrücken dadurch, daß er die durchgehenden Seitenwände im Bereich der Kämpfer wegließ (Bild 4.4.2-12). Risse, wie sie noch bei der alten Rheinbrücke bei Tavanasa auftraten, konnten bei der später gebauten Brücke vermieden werden. Zwar standen die aufgetretenen Risse primär im Zusammenhang mit dem geschlossenen Kastenquerschnitt, dennoch zeigt dieser Fall, wie über die Bauteilform das Verhalten im Gebrauchszustand beeinflußt werden kann.

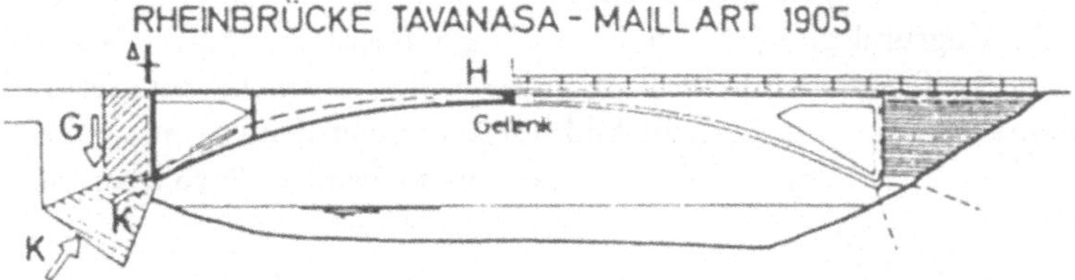

Bild 4.4.2-12 Verringerung der Zwangbeanspruchungen durch aufgelöste Kämpferbereiche [Pauser, 1987]

Stützensenkung und gleichmäßige Temperaturänderung erzeugen in Überbauten und Pfeilern affine Schnittgrößenverläufe. Der Momentenverlauf ist immer linear und erreicht in den Knoten seine Größtwerte (Bild 4.4.2-13). Maßnahmen zur Reduzierung der Zwangbeanspruchungen sind daher auf diese Randbereiche zu konzentrieren.

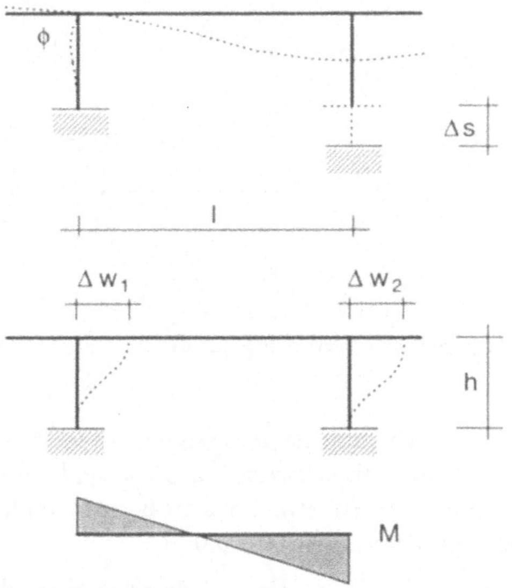

Bild 4.4.2-13 Qualitativer Verlauf der Biegemomente bei Zwangeinwirkung

Mit Hilfe des Arbeitssatzes kann der Verlauf der Randmomente für beliebige Steifigkeitsverteilungen über die Bauteillänge ermittelt werden:

$$M = \frac{\delta_{1c}(\delta_{11} + \delta_{12})}{\delta_{11}^2 - \delta_{12}^2} \qquad (4.4.2\text{-}2)$$

$$\delta_{12} = \int \frac{M_1 M_2}{EI} dx$$

$\delta_{1c} = \Delta s/l$ (aus Stützensenkung)
$\delta_{1c} = \phi$ (aus Knotenverdrehung)
$\delta_{1c} = \Delta w$ (aus Überbaulängsverschiebung)

In Bild 4.4.2-14 ist das bezogene Randmoment für bereichsweise unterschiedliche Biegesteifigkeiten dargestellt. Zugrundegelegt ist ein Biegesteifigkeitsverhältnis $EI/EI_0 = 0{,}10$. Erwartungsgemäß führt eine Steifigkeitsreduktion im Randbereich l_S zu einem sehr viel stärkeren Abbau der Zwangmomente als im Feldbereich. Bild 4.4.2-15 zeigt demgegenüber den Einfluß von EI/EI_0 auf die Höhe der Randmomente, welcher mit steigender Länge l_S zunimmt.

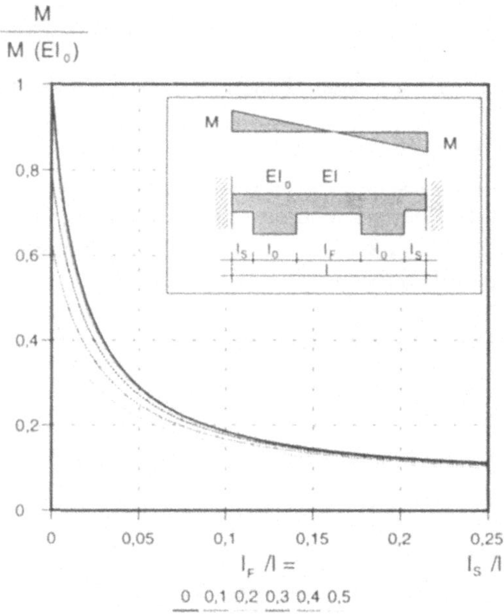

Bild 4.4.2-14 Einfluß der Biegesteifigkeitsverteilung auf die Einspannmomente

Wichtig ist in diesem Zusammenhang die Auswirkung der Größen EI/EI_0 und l_S. Zur Verringerung der Zwangmomente, beispielsweise auf 30%, sind zwei verschiedene Lösungen möglich: (a) Reduktion der Steifigkeit auf etwa 25% im Bereich von $l_S = 0{,}20$ l. (b) Reduktion der Steifigkeit auf etwa 10% im Bereich von $l_S = 0{,}05$ l.

Beide Lösungsmöglichkeiten sind auch insofern zu differenzieren, als die Tragfähigkeit und Steifigkeit über die Querschnittshöhe miteinander gekoppelt sind. Es ist also im Einzelfall zu prüfen, welche Lösung unter Einbeziehung der Schnittgrößen aus Lasten jeweils günstiger ist.

Die Bauteilform beeinflußt über die Querschnittsfläche ebenfalls den zentrischen Zwang. Dies gilt in besonderem Maße für beidseitig unverschieblich gelagerte Brücken sowie für Brücken mit steifen Unterbauten. In Bild 4.4.2-16 ist dazu der zentrische Zwang abhängig von der Dehnsteifigkeitsverteilung entlang der Längsachse dargestellt. Auch hier nimmt die Beanspru-

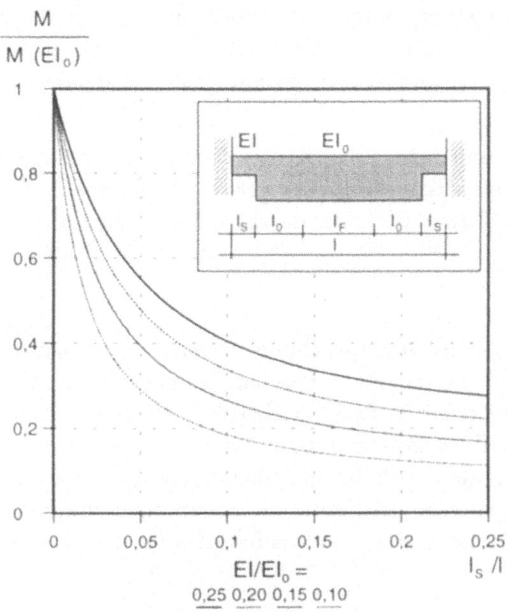

Bild 4.4.2-15 Einfluß des Steifigkeitsverhältnisses EI/EI_0 auf die Einspannmomente

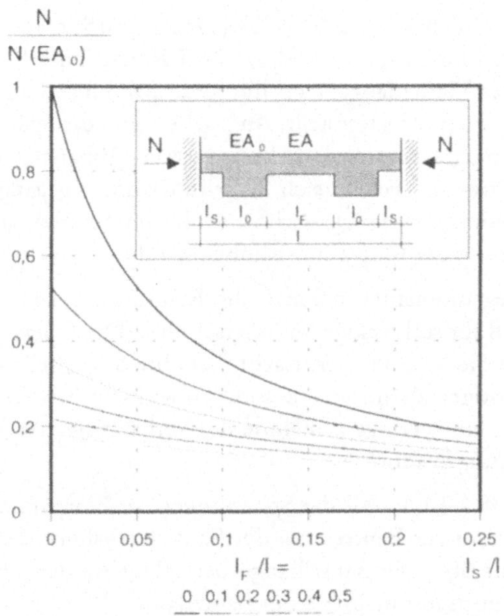

Bild 4.4.2-16 Einfluß der Dehnsteifigkeitsverteilung auf den zentrischen Zwang

chung mit zunehmender Länge l_S und l_F überproportional stark ab, wobei es im Gegensatz zu den Momenten (Bild 4.4.2-15 und 4.4.2-16) unerheblich ist, wo die Steifigkeit abgemindert ist.

Bezugnehmend auf die genannten Lösungsmöglichkeiten zur Reduzierung der Zwangmomente kann für den zentrischen Zwang festgestellt werden, daß Lösung (a) mit der Steifigkeitsreduzierung auf großer Länge anzustreben ist. Große Bereiche mit nur mäßig verringerter Steifigkeit sind immer günstiger als kurze Bereiche mit entsprechend stärker verringerter Steifigkeit zu beurteilen.

Die beschriebenen Zusammenhänge zeigen, daß Zwangbeanspruchungen durch bereichsweise abgeminderte Steifigkeiten wirkungsvoll verringert werden können. Möglich ist dies durch lokal einsetzende Rißbildung (Zustand II) oder durch veränderliche Querschnittshöhen.

4.4.2.2.3 Bauteilform

Werden Bauteilformen an der Beanspruchung orientiert, so geschieht dies im Regelfall für Lasten. Man spricht dann von lastaffinen Formen. Durchlaufende Überbauten werden deshalb gevoutet, um dem Momentenverlauf aus Gleichlasten weitgehend Rechnung tragen zu können. Vor allem bei weitgespannten Balkenbrücken haben sich parabolische Vouten durchgesetzt. Dadurch werden aber gerade dort hohe Steifigkeiten erzeugt, wo es für den Zwang ungünstig ist. Andererseits reduzieren sich gleichzeitig die Spannungen durch Erhöhung des Bauteilwiderstands. Es stellt sich damit die Frage, welche Bauteilform zu einer minimalen Beanspruchung aus Zwang führt.

Für eine erste Beurteilung eignen sich die Normalspannungen an den Querschnittsrändern. Damit sind Rückschlüsse auf das Verformungsverhalten, vor allem im Gebrauchszustand, möglich.

Überbauten monolithischer Brücken erfahren Zwangbeanspruchungen durch Stützensenkung und Längenänderung (s.a. Bild 4.2-2). In Bild 4.4.2-17 ist der Einfluß der Voutenform (linear und parabolisch) sowie der Voutenlänge a auf die Randspannungen an der Einspannstelle für einen rechteckigen Vollquerschnitt dargestellt. Angegeben sind die Spannungen für zwei gleich große, gegensinnig eingeprägte Knotenverdrehungen ϕ in Abhängigkeit vom Verhältnis der Querschnittshöhen im Stütz- und Feldbereich. Es wird davon ausgegangen, daß das Bauteilvolumen konstant bleibt; eine größere Querschnittshöhe im Stützbereich führt also zu einer entsprechenden Verringerung der Querschnittshöhe im Feld.

Im Gegensatz zu den Biegemomenten nehmen die Randspannungen trotz Voutung deutlich ab! Dies ist kennzeichnend für rechteckige Vollquerschnitte. Der Querschnittswiderstand steigt schneller an als die durch die Voutung verursachte erhöhte Steifigkeit. Erwartungsgemäß sind parabolische Vouten günstiger als lineare. Besonders wirksam erweisen sie sich bei kleinen Verhältnissen β, da bereits eine geringe Zunahme des Verhältniswertes β zu einer beachtlichen Abnahme der Randspannungen führt.

Ebenso wie in Abschnitt 4.4.2.1.1 sind die Spannungen im Einspannquerschnitt allein noch kein hinreichendes Kriterium zur Beurteilung des Bauteilverhaltens. Es soll deshalb auch hier der Randspannungsverlauf über die Bauteillänge betrachtet werden, da er ein anschaulicher Indikator für die Querschnittsausnutzung eines Bauteils ist.

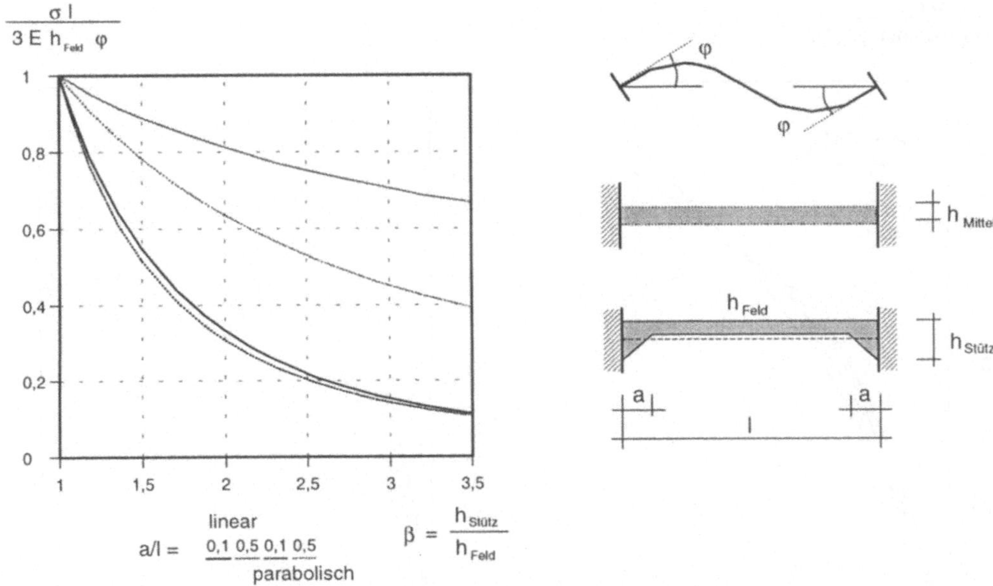

Bild 4.4.2-17 Einfluß von Vouten auf die Randspannungen im Einspannquerschnitt

Um ein Bauteil gleichmäßig ausnutzen zu können, ist der Spannungsgradient (für Vollquerschnitte) bzw. Gurtkraftgradient (für profilierte Querschnitte) zu minimieren. In Bild 4.4.2-18 und 4.4.2-19 sind Verläufe der Randspannungen bzw. Gurtkräfte über die halbe Bauteillänge ($0 < \xi < 1$) für einen beidseits eingespannten Träger dargestellt. Spannungen σ (ξ) und Gurtkräfte F (ξ) sind auf ein Bauteil mit gleichbleibender Querschnittshöhe ($h = 1$) bezogen. Im Gegensatz zur vorherigen Betrachtung (Bild 4.4.2-17) ist das Bauteilvolumen somit variabel. Daher kann die Voutung auch zu einer Erhöhung der Beanspruchung führen.

Als charakteristische Größen zur Beschreibung einer Voute werden wie bereits in Abschnitt 4.4.2.1.1 der Formparameter α sowie der Verhältniswert β verwendet. Für den Verlauf der Querschnittshöhe gilt ebenfalls Gl. 4.4.2-1.

Die Randspannungen der konvexen Bauteilformen ($\alpha < 1$) nehmen für Verhältnisse $\beta = 2,0$ vom Stützbereich, wo sie ihren Maximalwert erreichen, schnell ab (Bild 4.4.2-18). Das Spannungsniveau liegt hier deutlich über dem des Bauteils mit konstanter Querschnittshöhe. Bei konkaven Bauteilformen ($\alpha > 1$) dagegen verlagern sich die Spannungsspitzen erwartungsgemäß in den Feldbereich, was in besonderem Maße für stark variierende Querschnittshöhen ($\beta = 4,0$) gilt. Verläufe mit kleinem Spannungsgradienten sind nur mit schwach konvexen Bauteilformen ($0,8 < \alpha < 1$) zu erreichen.

Stark profilierte Querschnitte, die im folgenden vereinfacht ohne Steganteil betrachtet werden, weisen gegenüber Rechteckquerschnitten nur eine geringfügige Verlagerung der Spannungsmaxima in den Feldbereich auf. Signifikant ist allerdings die starke Zunahme der Gurtkräfte der konvexen Bauteilformen im Stützbereich für abnehmendem Formparameter α und $\beta = 4,0$.

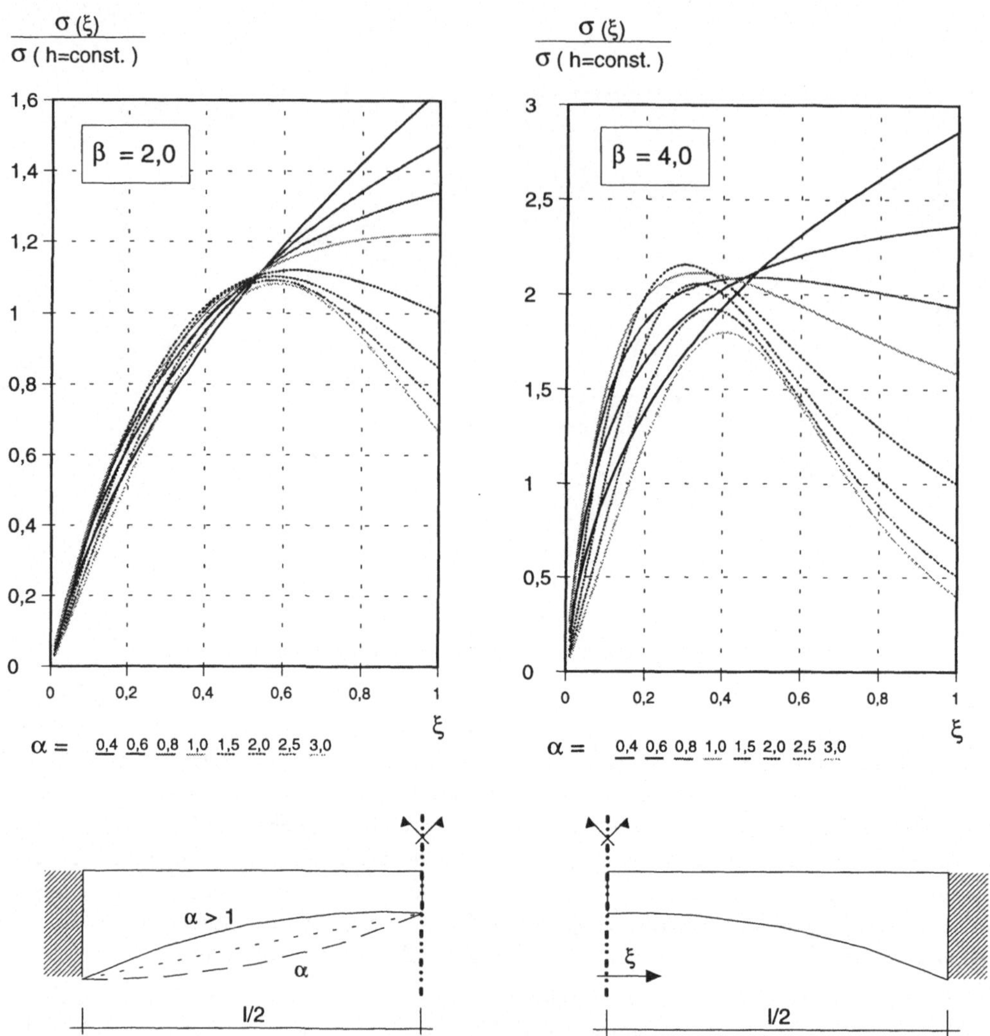

Bild 4.4.2-18 Verlauf der Randspannungen σ über die Bauteillänge (Rechteckquerschnitt)

Ein günstiges Verformungsverhalten ist dann zu erreichen, wenn möglichst große Bereiche Formänderungsarbeit leisten. Anzustreben sind daher Bauteilformen, die über einen völligen Spannungsverlauf verfügen. Dies gilt auch für Zustand II, wo die zulässige Rißbreite über große Bauteilbereiche ausgenutzt werden sollte. Weitgehend übertragbar ist dies auf die Pfeiler monolithischer Brücken, da hier die Lastmomente vergleichsweise klein sind. Hinzu kommt, daß die Momentenverläufe aus Last und Zwang nahezu affin zueinander sind. Beim Überbau können Beanspruchungsspitzen durch eine geeignete Formgebung aus den Stützbereichen in die Momentennullpunkte aus Last verlagert werden. So können zusätzliche „Verformungsreserven" genutzt werden.

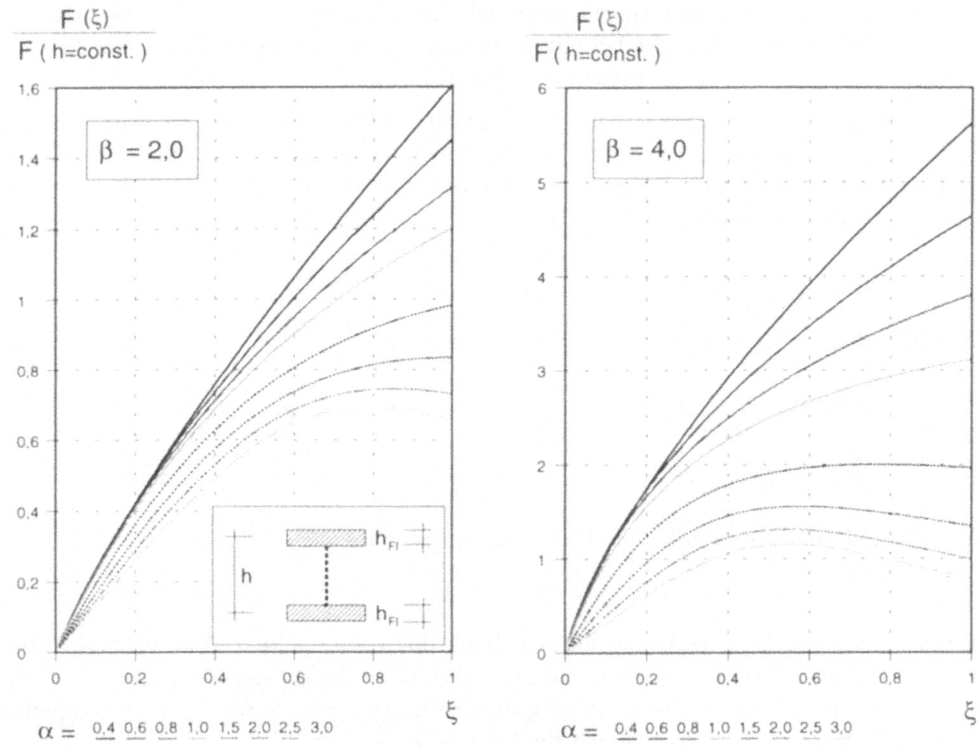

Bild 4.4.2-19 Verlauf der Gurtkräfte F über die Bauteillänge (profilierter Querschnitt)

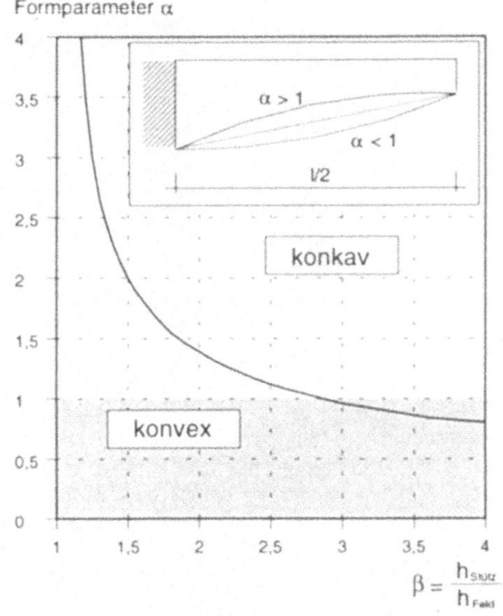

Bild 4.4.2-20 Optimaler Formparameter α für Rechteckquerschnitte

Aus den dargelegten Zusammenhängen lassen sich Bauteilformen mit minimalen Spannungsgradienten ableiten. Mit Hilfe des Formparameters α kann der optimale Verlauf der Bauteilhöhe $h(\xi)$ mit Gl. 4.4.2-1 berechnet werden (Bild 4.4.2-20).

Die Auswirkungen der gezeigten Zusammenhänge auf das Erscheinungsbild einer Brücke sind für zwei unterschiedliche geometrische Randbedingungen in Bild 4.4.2-21 veranschaulicht. Bemerkenswert ist, daß sich bei großen Verhältnissen (hier: β = 4,0) überraschenderweise konvexe Bauteilformen ergeben.

Bild 4.4.2-21 Optimierte Bauteilformen für Rechteckquerschnitte

Die bisherigen Betrachtungen beschränkten sich auf linear-elastisches Werkstoffverhalten. Im folgenden soll am Beispiel eines 5 m hohen, rechteckigen Brückenpfeilers gezeigt werden, inwieweit die für ungerissene Querschnitte geltenden Ergebnisse auch auf bereichsweise gerissene Bauteile übertragen werden können (Bild 4.4.2-22).

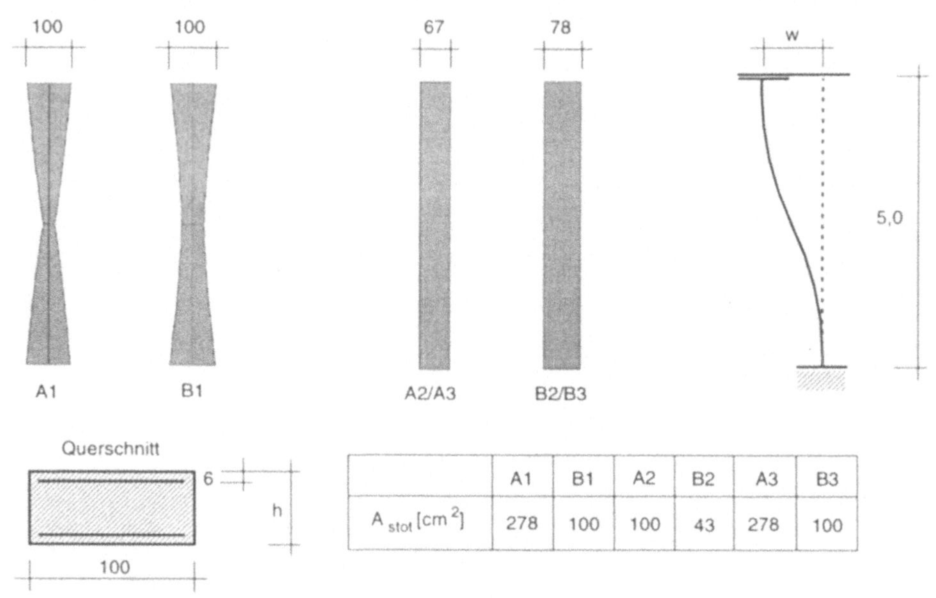

	A1	B1	A2	B2	A3	B3
A_{stot} [cm^2]	278	100	100	43	278	100

Bild 4.4.2-22 Untersuchte Pfeilerformen an einem Beispiel

Es wird das Verhalten für eine eingeprägte horizontale Kopfverschiebung w untersucht. Betrachtet werden die Pfeiler A1 (β = 3,0) und B1(β = 1,5) mit den sich aus Bild 4.4.2-20 für ungerissene Bauteile ergebenden optimierten Formparametern α_A = 0,9 und α_B = 2,2. Zum Vergleich werden die Pfeiler A2 und B2 mit konstanter Querschnittshöhe, jedoch gleichem Volumen wie Pfeiler A1 und B1 herangezogen. Die Normalkraft beträgt für alle Pfeiler N = 4670 kN. Es wird ein Beton C35/45 zugrunde gelegt. Pfeiler A3 und B3 haben die gleiche Bewehrungsmenge wie Pfeiler A1 und B1. Die Bewehrung ist über die gesamte Höhe konstant. Die Stabdurchmesser der Längsbewehrung sind in Hinblick auf eine wirksame Rißbreitenbeschränkung möglichst klein (d_s = 16 mm) gewählt. Maßgebendes Kriterium für die Begrenzung der Kopfverschiebung ist eine Rißbreite von w_k = 0,3 mm.

Aus dem Vergleich der Biegesteifigkeits- und Rißbreitenverteilung bei Erreichen der maximalen Kopfverschiebung kann das Verformungsverhalten veranschaulicht werden (Bild 4.4.2-23).

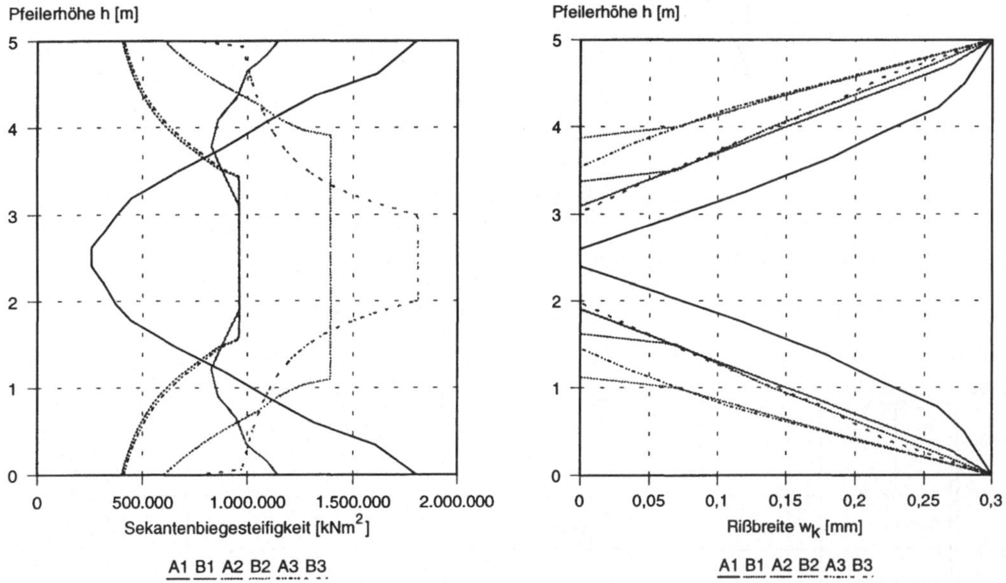

Bild 4.4.2-23 Verlauf der Sekantenbiegesteifigkeit und Rißbreite über die Pfeilerhöhe

Obwohl Pfeiler A1 am Kopf und Fuß über die größte Biegesteifigkeit verfügt, erreicht er mit w = 2,87 cm die größte Kopfverschiebung (Bild 4.4.2-24). Das entspricht immerhin einem Pfeilerhöhen-Verschiebungs-Verhältnis h/w von 175. Zwei Gründe sind dafür ausschlaggebend: Der sich am stärksten verjüngende Pfeilerquerschnitt bewirkt, daß die Rißbreite von den Rändern weniger stark abnimmt als bei allen anderen Pfeilern. Sie zeigt einen völligeren Verlauf. Zudem kann der gesamte Pfeiler A1 durch die starke Einschnürung in der Mitte annähernd in Zustand II übergehen, was auch dort eine verringerte Biegesteifigkeit hervorruft. Zum zweiten führt der hohe Bewehrungsgehalt zu einer günstigeren Risseverteilung. Der Steifigkeitseffekt wirkt sich hier also weniger stark aus. Vergleicht man Pfeiler A1 mit den volumengleichen Pfeilern A2 und A3, zeigen sich ebenfalls deutliche Vorteile für Pfeiler A1.

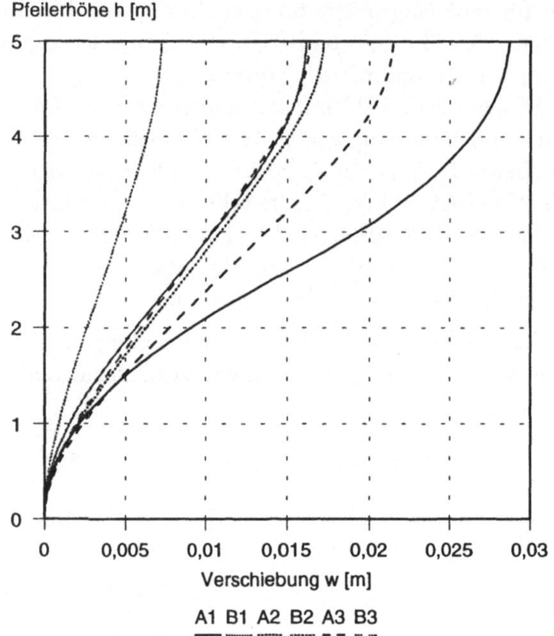

Bild 4.4.2-24 Biegelinien aus eingeprägter Kopfverschiebung w

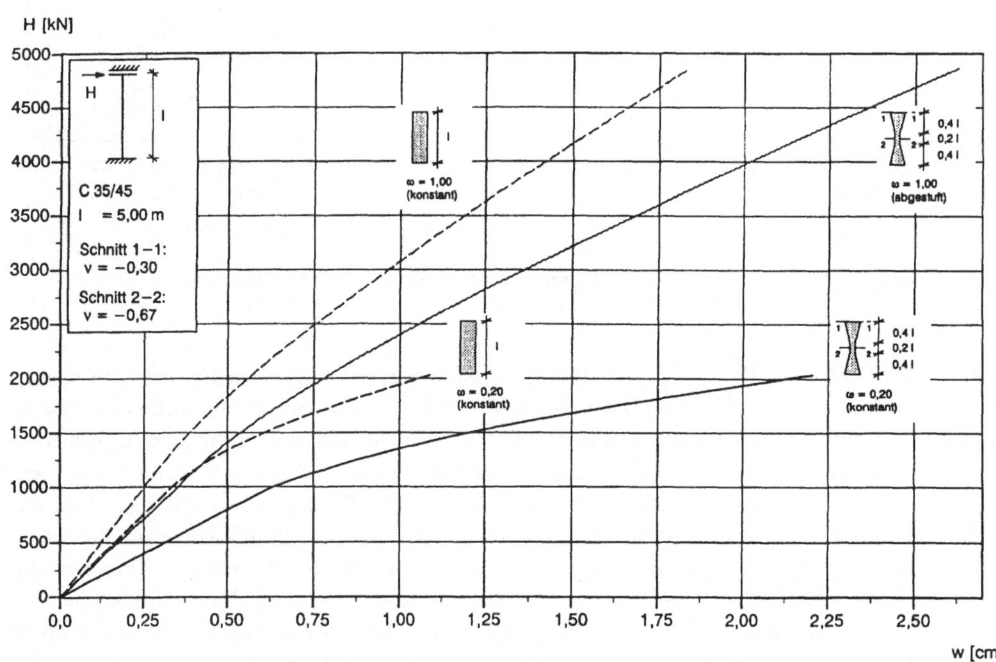

Bild 4.4.2-25 Einfluß von Bauteilform und Bewehrungsgrad auf die Kopfverschiebung eines Brückenpfeilers (Rechteckquerschnitt)

Pfeiler B1 verhält sich nur gegenüber Pfeiler B2 günstiger, weil dieser aufgrund der großen Querschnittsfläche vergleichsweise schwach bewehrt ist. Auch bei gleicher Bewehrungsmenge unterscheiden sich die Kopfverschiebungen von Pfeiler B1 und B3 nur unwesentlich. Die Verringerung der Querschnittsdicke von 100 cm auf 67 cm reicht nicht aus, um eine ausreichend große Formänderungsarbeit zu erzielen.

Es zeigt sich, daß Pfeiler, deren Querschnittshöhen von den Enden her stark abnehmen, auch in gerissenem Zustand außerordentlich verformungsfähig sind. Der Einfluß der Bauteilform „pflanzt" sich also auch in den Zustand II fort. Ist der Einfluß der Bewehrung, wie in diesen Fällen, gegenüber der Bauteilform vernachlässigbar, kann daher näherungsweise von einem linearen Zusammenhang zwischen Rißmoment M_{cr} und das bei Erreichen der zulässigen Rißbreite bzw. Betondruckspannung auftretende Moment zul M_i ausgegangen werden. Es gilt:

$$\text{zul } M_i \sim M_{cr} \qquad (4.4.2\text{-}3)$$

In Bild 4.4.2-25 wird noch einmal der unterschiedlich große Einfluß von Bewehrungsgrad und Bauteilform auf die Pfeilerkopfverschiebung w und Horizontalkraft H deutlich. Maßgebendes Kriterium für das Erreichen der Maximalverschiebungen ist in allen Fällen die zulässige Rißbreite (w_k = 0,3 mm) am Pfeilerkopf bzw. -fuß. Die zugehörigen Horizontalkräfte sind aus diesem Grund für alle Bewehrungsgrade jeweils gleich groß.

Es zeigt sich, daß ein hoher Bewehrungsgrad einerseits eine bessere Risseverteilung, andererseits aber auch eine Versteifung im Zustand II bewirkt. Im vorliegenden Fall erhöht sich dadurch die Horizontalkraft stärker als die mögliche Pfeilerkopfverschiebung. Wirksamer ist daher die Anpassung der Bauteilform an die Beanspruchung des Pfeilers. In diesem Beispiel kann die „zulässige" Kopfverschiebung im Gebrauchszustand durch die Einflußgrößen „Bewehrungsgrad" und „Bauteilform" insgesamt um das 2,5-fache gesteigert werden.

4.4.2.2.4 Konstruktive Parameter

4.4.2.2.4.1 Grundlagen

Im Zustand II hängt das Verformungsverhalten sehr stark vom Gehalt und von der Anordnung der Bewehrung ab. Damit stehen neben der Bauteil- und Querschnittsform, die bereits im Zustand I wirksam sind, weitere „Steuerparameter" zur Verfügung. Die Realisierung langer monolithischer Brücken ist nur möglich, wenn das gesamte, auch im „Bauteilinnern" vorhandene Verformungspotential ausgeschöpft wird. Dies gilt vor allem für die Pfeiler, welche durch Längenänderungen des Überbaus in beiden Grenzzuständen große Kopfverschiebungen erfahren.

Betrachtungen zum Trag- und Verformungsverhalten von Druckgliedern infolge eingeprägter Kopfverschiebung konzentrierten sich bislang auf den Grenzzustand der Tragfähigkeit (ULS). Gegenstand zahlreicher Untersuchungen ist die Frage, mit welchen konstruktiven Mitteln die Rotationsfähigkeit im ULS verbessert werden kann [u.a. Sheikh/Uzumeri, 1982; Zahn et al., 1989].

Wichtigste Einflußgrößen hierfür sind die Längsbewehrung, vor allem aber die Umschnürungsbewehrung der Betondruckzone. Steidle/Schäfer, 1986 zeigen, daß die Umschnürung der Betondruckzone im Bereich plastischer Gelenke bei Druckversagen maßgeblich zur Verformungsfähigkeit im ULS beiträgt. Eine optimale Ausnutzung des Querschnitts ergibt sich demnach immer dann, wenn im Versagensquerschnitt Druck- und Zugzone gleichermaßen voll ausgenutzt sind. Zur Abschätzung der Kopfverschiebung w_u wird von Hock, 1983, eine Gleichung angegeben, für die keine Momenten-Krümmungs-Beziehungen erforderlich sind:

$$w_u = \frac{1 - \frac{N}{N_u}}{0{,}3\,d}\, l^2 \qquad (4.4.2\text{-}4)$$

N – Normalkraft im SLS
N_u – Normalkraft im ULS
l – Höhe der Stütze
d – Nutzhöhe des Querschnitts

Im Grenzzustand der Gebrauchstauglichkeit (SLS) sind die erreichbaren Kopfverschiebungen sehr viel stärker vom Verhalten des gesamten Pfeilers, vor allem der gerissenen Bereiche, abhängig. Die Betrachtungen können also nicht, wie im ULS üblich auf die Bereiche plastischer Gelenke beschränkt bleiben.

Aufbauend auf der Vorstellung, daß Zwangbeanspruchungen beim Nachweis der Tragfähigkeit grundsätzlich unberücksichtigt bleiben können, sofern die maßgebenden Querschnitte duktil ausgebildet werden [SIA 162, 3.1], wird hier der u.a. von Menn, 1990, vorgeschlagene Ansatz, Zwangbeanspruchungen nicht über Schnittgrößen-Steifigkeitsbeziehungen, sondern über Verformungsbedingungen zu erfassen, zugrunde gelegt.

Anschaulich kann das Verformungsverhalten von Druckgliedern mit Hilfe sogenannter w-H-Linien beschrieben werden. w ist die eingeprägte Pfeilerkopfverschiebung und H die daraus resultierende Zwang- bzw. Querkraft des Pfeilers. Zur Ermittlung der maximalen Pfeilerkopfverschiebung ist der für den Grenzzustand der Gebrauchstauglichkeit (SLS) maßgebende Dehnungszustand zugrunde zu legen. Er wird durch die Einhaltung zulässiger Betonspannungen auf der Druckseite sowie der Rißbreiten auf der Zugseite bestimmt:

Einhaltung der Betonranddruckspannung

Zu große Betondruckspannungen können zur Bildung von Längsrissen führen und die Dauerhaftigkeit beeinträchtigen. In EC 2, A.4.4.1 werden daher Druckspannungen, die unter seltenen Lastkombinationen auftreten, auf 0,6 f_{ck} beschränkt, sofern keine ausreichende Betondeckung oder Querbewehrung in Form von Bügeln vorhanden ist. Da die Druckspannungen in den hier untersuchten Fällen primär aus Zwangeinwirkung resultieren und diese keine quasi ständigen, sondern „langsam veränderliche" Einwirkungen darstellen, wird darüber hinaus eine Druckspannung von 1,0 f_{ck} als oberer Grenzwert mit herangezogen. Dieser Wert ist gleichbedeutend mit dem Erreichen der Betonrandstauchung ε_{c1} gemäß EC 2, 4.2.1.3.3.

Befindet sich ein Querschnitt in ungerissenem Zustand, läßt sich das Moment für die zulässigen Randspannungen σ_r mit der Gleichung $M = W\,(\sigma_r + N/A)$ einfach bestimmen. Ist dagegen die Druckkraft so klein, daß diese Randspannungen erst nach Überschreiten des Rißmoments auftreten, ist zur Bestimmung der Biegemomente die für den Querschnitt geltende M-N-κ-Beziehung notwendig.

Einhaltung der Rißbreite

In Abhängigkeit von den Umweltbedingungen kann die Dauerhaftigkeit durch Rißbildung beeinträchtigt werden. In EC 2, 4.4.2 werden Rißbreiten daher abhängig von der geltenden Umweltklasse begrenzt. Brückenpfeiler werden als Außenbauteile unter Frosteinwirkung eingestuft. Zudem können Taumitteleinwirkungen von einer Straße unterhalb der Brücke (Sprühnebel) oder auch aus einer schadhaften Entwässerung des Überbaus herrühren [Keller, 1991]. Daraus ergibt sich gemäß EC 2, Tab. 4.1 im allgemeinen eine Einordnung in Umweltklasse 3, für die im Abschnitt 4.4.2.1 Punkt (6) die maximale Rißbreite auf 0,3 mm begrenzt wird. Ferner ist eine Mindestbetondeckung gemäß Tabelle 4.2 von 40 mm einzuhalten. Der hier zugrunde gelegte Rechenwert der Rißbreite erfolgt gemäß EC 2, 4.4.2.4:

$$w_k = \beta\, s_{rm}\, \varepsilon_{sm} \qquad (4.4.2\text{-}5)$$

β – Verhältnis von Rechenwert zum Mittelwert der Rißbreite
s_{rm} – mittlerer Rißabstand bei abgeschlossenem Rißbild
ε_{sm} – mittlere Stahldehnung

Für die Ermittlung der Rißbreiten wurden folgende Annahmen getroffen: Da eine Aufspaltung der Rißbreitenanteile aus Last und Zwang bei nichtlinearem Verhalten nicht möglich ist, wird auf der sicheren Seite liegend für $\beta = 1{,}7$ angenommen. Der mittlere Rißabstand wird gemäß EC 2, 4.4.2.4 zu

$$s_{rm} = 50 + 0{,}25\, k_1\, k_2 \frac{d_s}{\rho_r} \qquad (4.4.2\text{-}6)$$

bestimmt, wobei $k_1 = 0{,}8$ (gerippter Stahl) und $k_2 = 0{,}5$ (Vollquerschnitt) zugrunde gelegt wird. Es werden innerhalb eines Querschnitts sowie bei mehrlagiger Bewehrung für jede Lage nur Stäbe gleichen Durchmessers verwendet. Die Ermittlung von $\rho_r = A_s/A_{c,eff}$ erfolgt gemäß EC 2, Bild 4.33. Die mittlere Stahldehnung errechnet sich damit zu:

$$\varepsilon_{sm} = \frac{\sigma_s}{E_s}\left(1 - \beta_1\, \beta_2 \left(\frac{\sigma_{sr}}{\sigma_s}\right)^2\right) \qquad (4.4.2\text{-}7)$$

Für die verwendeten Rippenstähle gilt $\beta_1 = 1{,}0$. Der Beiwert β_2 wird sinngemäß zu β angesetzt. Während die tages- bzw. jahreszeitlich bedingten Pfeilerverschiebungen infolge Temperatur sehr geringe Frequenzen aufweisen und Beanspruchungen daraus nicht plötzlich, sondern allmählich eintreten, verursachen Verkehrslasten sehr viel häufigere Lastwechsel. In beiden Fällen schreibt EC 2, 4.4.2 für $\beta_2 = 0{,}5$ vor.

Das im folgenden aufgezeigte Verformungsverhalten von Brückenpfeilern ist mit einem eigens dazu entwickelten Programm und unter Verwendung nichtlinearer Stoffgesetze erfolgt [Jaenke/Pötzl, 1993]. Die dabei im weiteren verwendeten w-H-Verläufe beschreiben das Verhalten im Gebrauchszustand anschaulich. Sie weisen alle eine ähnliche Charakteristik auf und können in vier kennzeichnende Abschnitte unterteilt werden:

Bis zum Erreichen des Rißmoments ist der Verlauf linear, solange sich die Randstauchungen im linearen Bereich der σ-ε-Linie des Betons befinden. Maßgebend für die Steigung sind die Querschnittsabmessungen. Der Einfluß der Bewehrung bleibt im allgemeinen auf eine geringfügige Erhöhung der Biegesteifigkeit gegenüber dem Bruttoquerschnitt beschränkt.

Da sich der Pfeiler noch vollständig in Zustand I befindet, kann die aus einer eingeprägten Kopfverschiebung w entstehende Horizontalkraft H direkt ermittelt werden. Für Pfeiler mit gleichen Einspannverhältnissen an beiden Enden gilt H = 2 M/l (l – Stützenlänge). Druckkräfte verändern hier zwar nicht die Steifigkeit im Zustand I, bestimmen aber maßgeblich das Dekompressions- bzw. Rißmoment. Sehr hohe Druckkräfte bewirken einen gestreckten und stetigen w-H-Verlauf (Bild 4.4.2-26a)).

Nach Einsetzen der Rißbildung ist der Verlauf stärker gekrümmt, wobei zwei Faktoren eine Rolle spielen. Erstens nimmt die Biegesteifigkeit im Querschnitt nach Überschreiten des Rißmoments deutlich ab. Zweitens verringert sich die Pfeilersteifigkeit durch die schnell zunehmende Rißbildung über die Pfeilerhöhe. In Bild 4.4.2-26b) ist zusätzlich zu den w-H-Linien die Rißentwicklung über die Pfeilerhöhe gestrichelt dargestellt. Diese ist auf die Gesamtlänge des hier jeweils betrachteten 5 m hohen Pfeilers bezogen und in % auf der rechten Ordinatenachse des Diagramms angegeben.

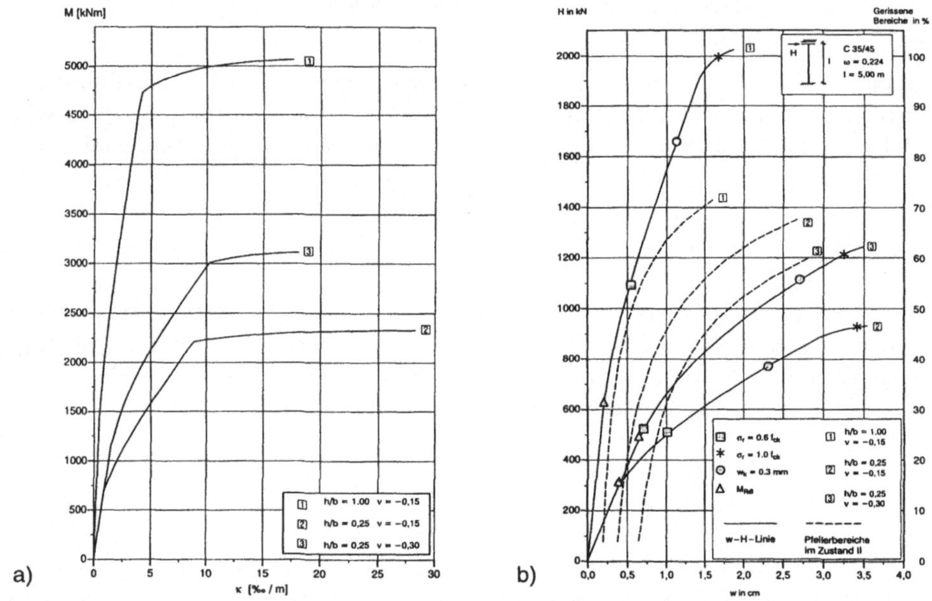

Bild 4.4.2-26 Einfluß der gerissenen Bereiche auf das Verformungsverhalten [Jaenke, 1993]

Es wird deutlich, daß die nach dem Rißmoment auftretenden, stärker gekrümmten Bereiche der w-H-Linien vor allem auf die Zunahme der gerissenen Bereiche über die Pfeilerhöhe zurückzuführen ist. Das gilt in besonderem Maße für steife Querschnitte (hier Nr. 1). Neben dem „Querschnittseffekt" kommt hier also noch ein „Bauteileffekt" zum Tragen.

Dem stark gekrümmten Verlauf schließt sich wieder ein annähernd linearer Verlauf an. Die Kopfverschiebungen steigen nahezu proportional mit der Horizontalkraft H an, da kaum noch weitere Pfeilerbereiche in Zustand II übergehen. Ein Großteil des möglichen Verschiebungszuwachses resultiert hier aus dem Querschnittsverhalten. Bild 4.4.2-26b) zeigt auch, daß Pfeiler mit hoher Steifigkeit (Nr. 1 und 2) größere gerissene Bereiche aufweisen.

Nach Erreichen des plastischen Moments trägt im wesentlichen nur noch die Rotationsfähigkeit im Bereich der plastischen Gelenke zur Erhöhung der Kopfverschiebung bei.

4.4.2.2.4.2 Einflüsse auf den w-H-Verlauf

Bewehrungsgrad ω

Der Einfluß des Bewehrungsgrades auf das Rißmoment und die Biegesteifigkeit in Zustand I ist gering. Entscheidend bestimmt er dagegen das Verhalten dann, wenn sich die gerissenen Pfeilerbereiche nur noch unwesentlich vergrößern, die Verformungsfähigkeit also primär aus dem Querschnitt resultiert.

Normalkraftausnutzung ν

Druckkräfte versteifen den Pfeiler, da sie zu einer Erhöhung des Rißmoments führen. Für das Erreichen der größtmöglichen Verformungsfähigkeit wird mit steigender Druckkraft die Druckzone maßgebend.

Seitenverhältnis h/b

Das Seitenverhältnis Querschnittshöhe/ -breite bestimmt die Steifigkeit eines Querschnitts von „Beginn an“ ganz entscheidend. Die Steigung der w-H-Linien hängt davon in allen vier Abschnitten maßgeblich ab.

4.4.2.2.4.3 Einflüsse auf die Rißbreite und Randdruckspannung

Neben dem Verlauf der w-H-Linien beeinflussen die genannten Parameter auch die maximal möglichen Krümmungen im Querschnitt. Sie stellen obere Grenzwerte der Pfeilerkopfverschiebungen im SLS dar.

Bewehrungsgrad ω

Mit steigendem Bewehrungsgrad nehmen die Stahlspannungen und Rißbreiten ab. Auf die Betondruckspannungen hat der Bewehrungsgrad nur insofern einen Einfluß als bei überbewehrten Querschnitten die Betonrandspannung maßgebend für die maximale Kopfverschiebung wird (Bild 4.4.2-27).

Normalkraftausnutzung ν

Druckkräfte reduzieren die Spannung in der Zugbewehrung, erhöhen gleichzeitig aber die Druckspannungen im Beton. Bei hohen Druckkräften wird daher nicht mehr die Rißbreite, sondern die Betonrandspannung auf der Druckseite maßgebend (Bild 4.4.2-28).

Seitenverhältnis h/b

Mit dem Erreichen der zulässigen Rißbreite ist eine definierte Stahldehnung auf der Zugseite verbunden. Dünne Querschnitte haben einen kleineren inneren Hebelarm als Querschnitte mit großer Dicke. Die zulässigen Stahldehnungen werden daher jeweils bei geringerem Moment und größerer Kopfverschiebung erreicht. Für die Betrachtung flächengleicher Querschnitte können Horizontalkräfte und Verschiebungen bei Erreichen der Randspannung von 1,0 f_{ck} in sehr guter Näherung auf Querschnitte mit anderen Seitenverhältnissen übertragen werden. Dabei nehmen die Horizontalkräfte im Verhältnis der Querschnittshöhen zueinander ab, die Verschiebungen dagegen umgekehrt proportional dazu. In gleicher Weise kann auch bei Erreichen der zulässigen Rißbreite vorgegangen werden, obwohl Unterschiede bei den jeweils

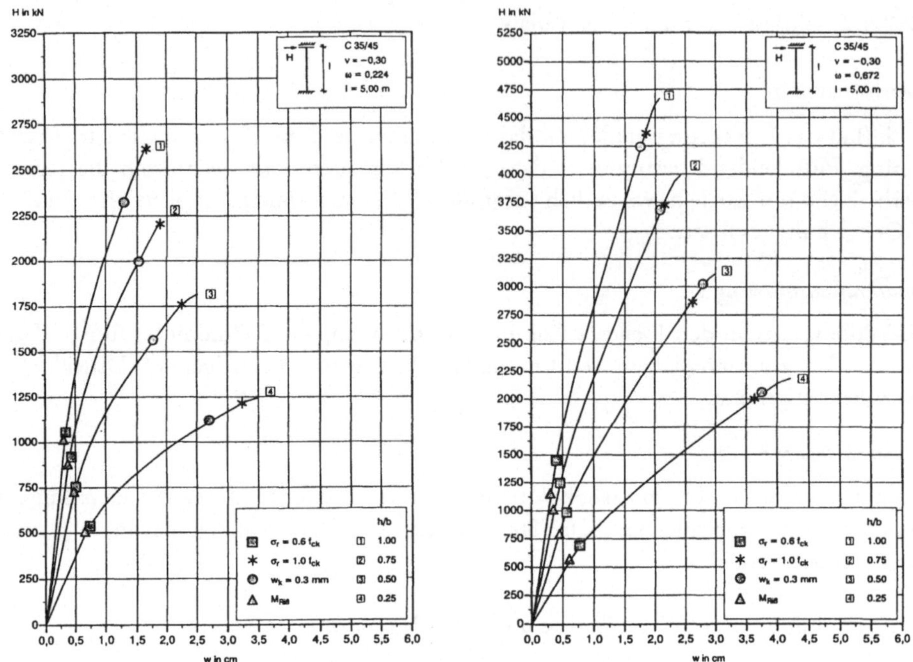

Bild 4.4.2-27 Einfluß des Bewehrungsgrads ω [Jaenke, 1993]

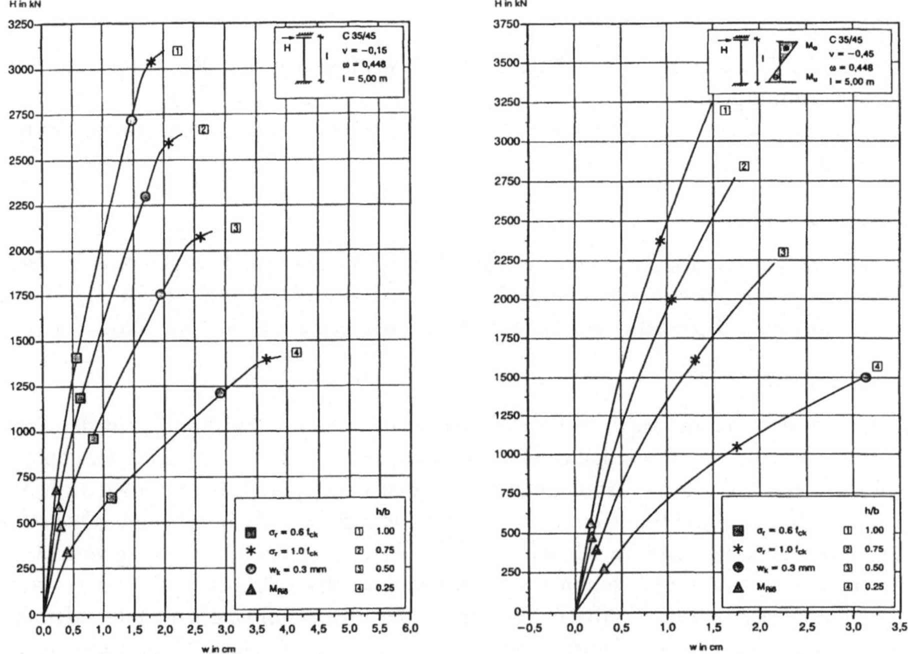

Bild 4.4.2-28 Einfluß der Normalkraftausnutzung ν [Jaenke, 1993]

verwendeten Stabdurchmessern zu berücksichtigen sind. Für Bewehrungen, deren Stabdurchmesser immer möglichst klein gewählt sind, erweisen sich die Ergebnisse als ausreichend genau. Für die „Rißbreitenpunkte" (in Bild 4.4.2-27 und 4.4.2-28 mit einem Kreis gekennzeichnet) der w-H-Linie liefert dieses Vorgehen allerdings dann keine brauchbaren Ergebnisse mehr, wenn die Zugbewehrung nicht mehr vollständig in der effektiven Betonfläche $A_{c,eff}$ liegt.

4.4.2.2.4.4 Einflüsse auf die maximalen Pfeilerkopfverschiebungen

Die dargelegten Ergebnisse zeigen, daß immer dann die größten Verschiebungen erzielt werden, wenn auch die zulässige Randdruckspannung und Rißbreite erreicht werden. Man kann in diesem Fall von einem „ausgewogen" konstruierten Querschnitt sprechen. Für die in Bild 4.4.2-29 dargestellten Querschnitte mit der Betonfestigkeitsklasse C35/45 wird deutlich, daß die Verschiebungen für eine mittlere Normalkraftausnutzung von ν = 0,30 am größten werden. Und dies gilt hier unabhängig vom Bewehrungsgrad ω und vom Verhältnis h/b.

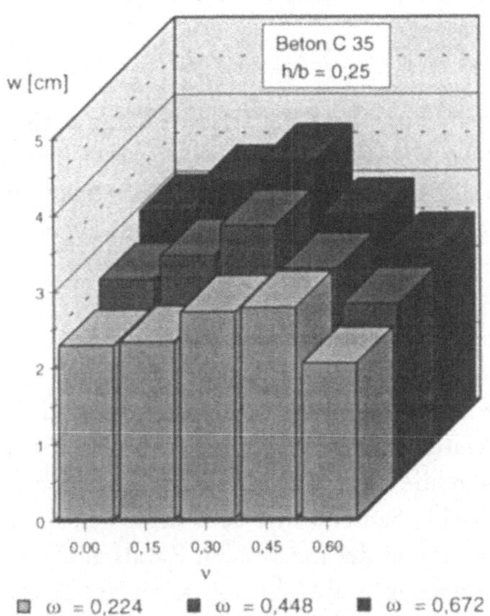

Bild 4.4.2-29 Maximale Pfeilerkopfverschiebungen w in Abhängigkeit von ω und ν

Für die behandelten Parameter können daraus die nachfolgenden vereinfachten Zusammenhänge abgeleitet werden. Damit ist es auch ohne aufwendige nichtlineare Rechnungen möglich, verschiedene Lösungsvarianten miteinander zu vergleichen.

Bewehrungsgrad ω

Die Verschiebungen nehmen mit dem Bewehrungsgrad ω zu. Die Zunahme ist bei gedrungenen Querschnitten (h/b > 0,5) geringer als bei schlanken Querschnitten (h/b < 0,5). Vereinfacht und auf der sicheren Seite liegend gilt:

$$\frac{\max w_i}{\max w_0} \cong \sqrt{\frac{\omega_i}{\omega_0}} \qquad (4.4.2\text{-}8)$$

ω_o – Bezugswert für den Bewehrungsgrad
ω_i – gewählter bzw. vorhandener Bewehrungsgrad
w_0 – Bezugswert für die Kopfverschiebung
w_i – zu berechnende Kopfverschiebung

Seitenverhältnis h/b

Die Verschiebungen erhöhen sich mit abnehmendem Seitenverhältnis h/b unterproportional:

$$\frac{\max w_i}{\max w_0} \cong \sqrt{\frac{b_i\, h_0}{h_i\, b_0}} \qquad (4.4.2\text{-}9)$$

h_0, b_0 – Abmessungen des Bezugsquerschnitts
h_i, b_i – Abmessungen des gewählten bzw. vorhandenen Querschnitts

Normalkraftausnutzung ν

Die optimale Normalkraftausnutzung des Querschnitts hängt maßgeblich von der Betonfestigkeit und dem Bewehrungsgrad ab. Während sie für den hier betrachteten Beton C35/45 bei $\nu = 0{,}30$ liegt, verringert sie sich mit zunehmender Betonfestigkeit und zunehmendem Bewehrungsgrad. Ein von den übrigen Parametern unabhängiger allgemeingültiger Zusammenhang kann in diesem Fall allerdings nicht angegeben werden.

4.4.2.2.4.5 Optimale Querschnittsausnutzung

Aussagen über die optimale Ausnutzung der Querschnitte ist unmittelbar über den Bewehrungsgrad und die Normalkraftausnutzung möglich. Mit Hilfe einer Gleichgewichtsbetrachtung am Querschnitt können die maximal zulässigen Randdehnungen bzw. Krümmungen ermittelt werden. Dies ist gleichbedeutend mit dem Erreichen der zulässigen Randdruckspannung und Rißbreite. Ausgehend von der maximalen Randstauchung und einer aus der zulässigen Rißbreite errechneten mittleren Stahldehnung kann der Zusammenhang zwischen Normalkraftausnutzung ν, Bewehrungsgrad ω sowie den Randdehnungen $\varepsilon_c$und ε_s abgeleitet werden (Bild 4.4.2-30).

$$F_c = \alpha\, f_{ck}\, d \frac{|\varepsilon_c|}{|\varepsilon_{s1}| + |\varepsilon_c|} \qquad (4.4.2\text{-}10a)$$

$$F_{s1} = 0{,}383\, \varepsilon_1\, \omega_{tot}\, E_s\, h \frac{f_{ck}}{f_{yk}} \qquad (4.4.2\text{-}10b)$$

$$F_{s2} = F_{s1} \frac{\varepsilon_c}{\varepsilon_{s1}} \left(1 - \frac{h_1}{d} \frac{\varepsilon_{s1} + \varepsilon_c}{\varepsilon_{s1}}\right) \qquad (4.4.2\text{-}10c)$$

$$N = \nu\, h\, f_{ck} \qquad (4.4.2\text{-}10d)$$

α – Völligkeitsbeiwert (für Normalbeton gilt bei $\sigma_c = \sigma_r = 1{,}0\ f_{ck}$: $\alpha = 2/3$)
ε_{s1} – Stahldehnung im Rißquerschnitt $\varepsilon_{s1} = \varepsilon_{sm} + \Delta\ \varepsilon_{sm}$
ε_{sm} – mittlere Stahldehnung (EC 2, 4.2.4.2)
$\Delta\varepsilon_{sm}$ – Abzugswert für die Mitwirkung des Betons [Schober, 1984; Kreller, 1990]
ε_c – zulässige Betonrandstauchung; für Normalbetone gilt: $\varepsilon_c = \varepsilon_{c1} = -2{,}2 \cdot 10^{-3}$

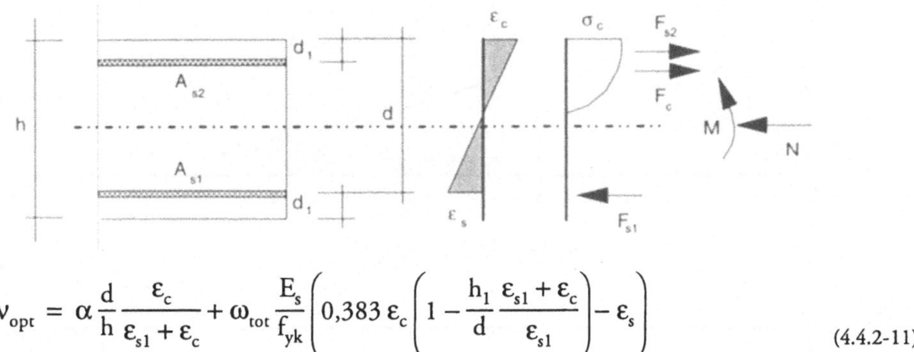

$$\nu_{opt} = \alpha \frac{d}{h} \frac{\varepsilon_c}{\varepsilon_{s1} + \varepsilon_c} + \omega_{tot} \frac{E_s}{f_{yk}} \left(0{,}383\, \varepsilon_c \left(1 - \frac{h_1}{d} \frac{\varepsilon_{s1} + \varepsilon_c}{\varepsilon_{s1}} \right) - \varepsilon_s \right) \tag{4.4.2-11}$$

Bild 4.4.2-30 Ansatz der Dehnungsverteilung

Mit Gl. 4.4.2-11 in Bild 4.4.2-30 kann die zur größtmöglichen Krümmung gehörende günstigste Normalkraftausnutzung ν berechnet werden. Die zugehörige mittlere Krümmung beträgt dann:

$$\kappa = \frac{\varepsilon_{sm} + \varepsilon_c}{d} \tag{4.4.2-12}$$

In Bild 4.4.2-31 ist Gl. 4.4.2-11 für die Betonfestigkeitsklassen C35/45 gemäß EC 2 sowie C85 gemäß Norwegian Code NS 3473 ausgewertet.

Es wird deutlich, daß ein hoher Bewehrungsgrad mit einer entsprechend geringen Normalkraftausnutzung korrespondiert. Hohe Druckkräfte erzeugen im Gegensatz zu hohen Bewehrungsgraden geringere Krümmungen, da zunehmend die Randdruckspannungen maßgebend werden. Größere Unterschiede ergeben sich auch abhängig vom Verhältnis d_1/h. Beim Vergleich der beiden Betonfestigkeiten ist der geringere erforderliche Bewehrungsgrad für den hochfesten Beton signifikant. Dagegen nimmt die Normalkraftausnutzung nicht in demselben Umfang ab, da die σ-ε-Linie des hochfesten Betons eine geringere Völligkeit ($\alpha \cong 1/2$) aufweist und die maßgebende Festigkeit bereits bei $\varepsilon_c = -2{,}1 \cdot 10^{-3}$ erreicht wird.

Anzumerken ist, daß die Normalkraftausnutzung für beide Betonfestigkeiten auf $\nu \leq 0{,}4$ begrenzt sein sollte, wenn nur mäßige Bewehrungsgrade verwendet werden.

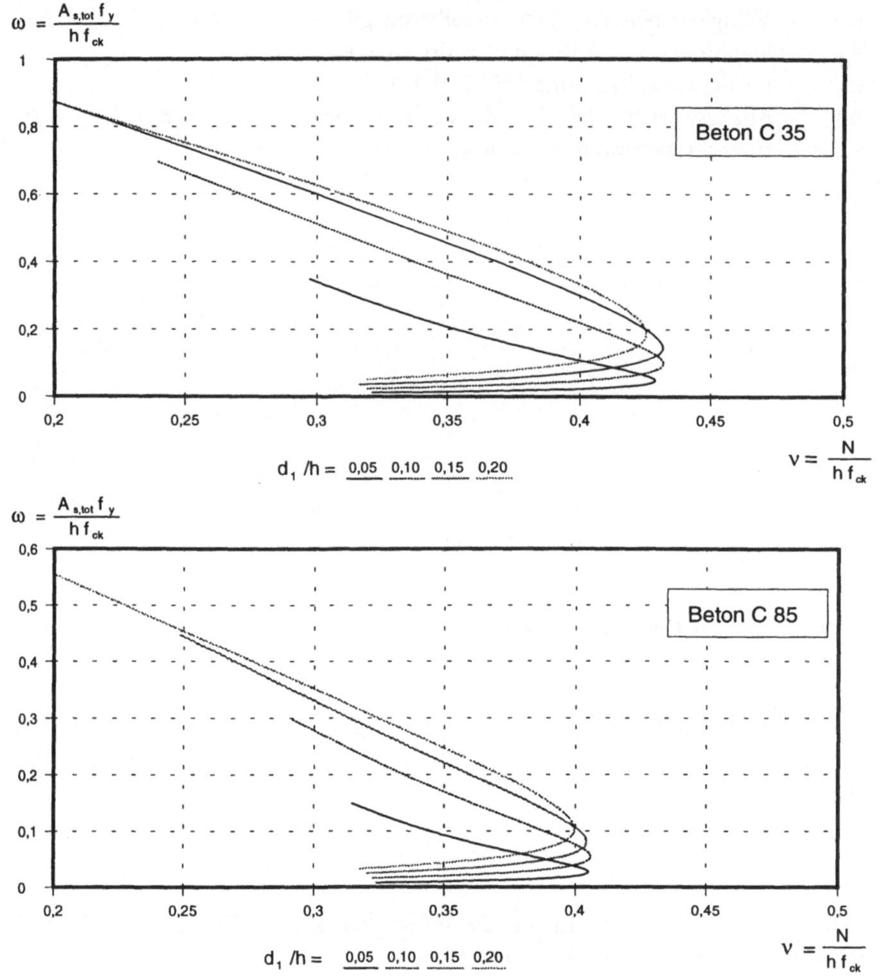

Bild 4.4.2-31 Verhältnis ω/ν zur Erzielung maximaler Randdehnungen

4.4.2.2.4.6 Einfluß zusätzlicher Lastmomente

Monolithisch angeschlossene Brückenpfeiler erhalten aus Rahmenwirkung Biegemomente infolge Last. Sie resultieren aus den vertikalen Lasten des Überbaus, aus Wind sowie bei schwimmend gelagerten Systemen zusätzlich aus Anfahren und Bremsen. Damit werden die Pfeiler mehr oder weniger stark „vorbelastet", und die Verformungsfähigkeit bei der Überlagerung mit Zwang eingeschränkt.

Im folgenden soll dieser Einfluß an einem einfachen Modell aufgezeigt werden. Dazu wird am Pfeilerkopf ein Lastmoment der Größe $M = M_u/\gamma_F$ angesetzt. Für den Ansatz der Momentenverteilung über die Höhe wird der Pfeilerkopf als horizontal gehalten angesehen (Bild 4.4.2-32).

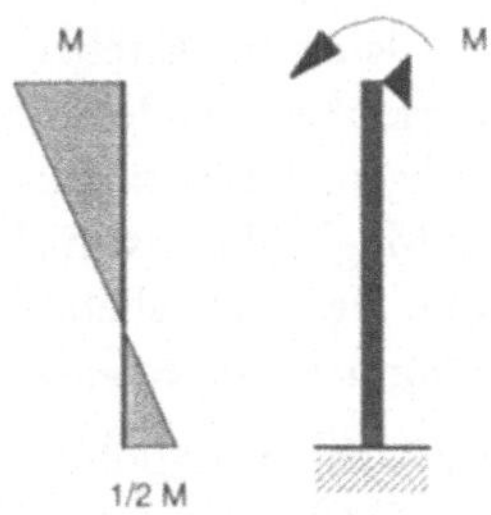

Bild 4.4.2-32 Momentenverlauf für ein Lastmoment am Pfeilerkopf

Abweichungen dieses Momentenverlaufs aufgrund des nichtlinearen Werkstoffverhaltens werden nicht berücksichtigt.

In Bild 4.4.2-33 werden die Unterschiede zwischen einem Pfeiler ohne und mit „Momentenvorbelastung" deutlich. Zwar verlaufen die w-H-Linien bei den hier vorbelasteten Pfeilern insgesamt flacher, was aus bereits vorhandenen Rissen resultiert, dennoch sind die maximal möglichen Kopfverschiebungen und zugehörigen Horizontalkräfte kleiner.

Ein Pfeiler, der trotz Momentenbeanspruchung aus Last in der Lage sein soll, große Kopfverschiebungen aufzunehmen, sollte also noch nicht zu weit aufgerissen sein. Denn erst durch die infolge Zwangeinwirkung in weiteren Pfeilerbereichen einsetzende Rißbildung kann das Verformungspotential optimal genutzt werden. Bild 4.4.2-33 zeigt auch, wie die Kopfverschiebungen trotz gleichbleibender Seitenverhältnisse h/b über die Normalkraft und den Bewehrungs-

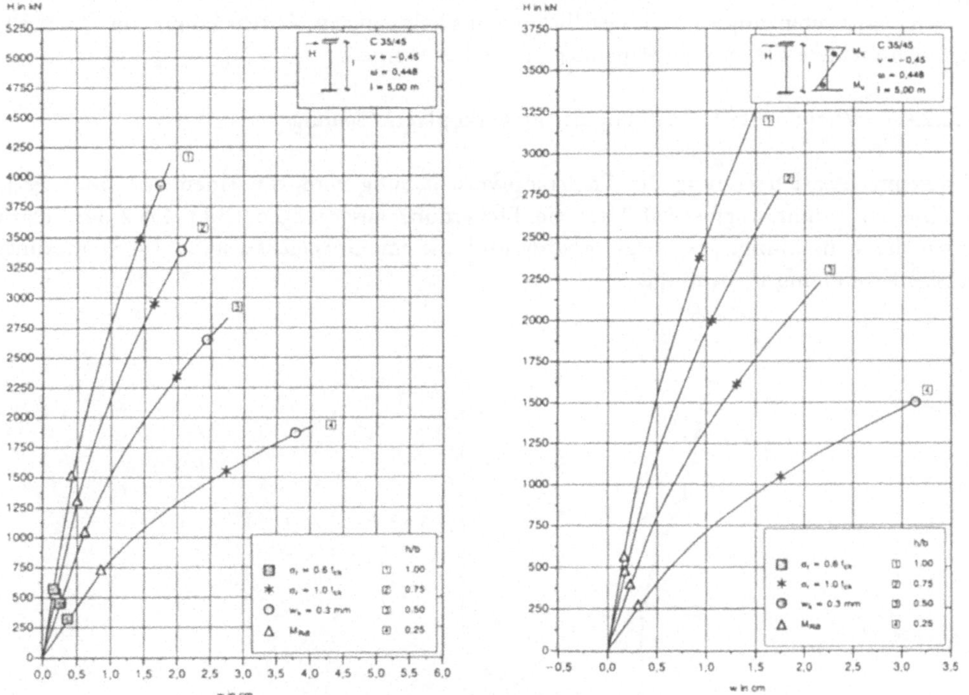

Bild 4.4.2-33 Einfluß einer Momentenvorbelastung auf die Pfeilerkopfverschiebung

grad vergrößert werden können. Es ist daher anzustreben, den Querschnitt so „überzudimensionieren", daß er unter den Lastschnittgrößen gerade noch ungerissen bleibt. Dies kann durch Veränderung der Querschnittsabmessungen, der Normalkraftausnutzung oder des Bewehrungsgehalts erreicht werden. Erstgenannte Möglichkeit ist nicht zweckmäßig, da sich dadurch der Verformungswiderstand unnötig erhöht. Sie ist vor allem für Überbauten, die nur noch geringe zusätzliche Normalkräfte aufnehmen können, ungeeignet.

Die zweite Möglichkeit besteht in der Wahl einer höheren Normalkraftausnutzung. Ist sie so gering, daß die Rißbreite maßgebend wird, vermindern sich mit steigender Momentenvorbelastung sehr schnell auch die Kopfverschiebungen. Es ist daher wichtig, die Normalkraftausnutzung nur so weit zu erhöhen, daß die Rißbreitenbeschränkung nicht mehr maßgebend wird.

Es zeigt sich, daß die günstigste Normalkraftausnutzung bei flächengleichen Querschnitten nur in ganz geringem Maße vom Seitenverhältnis h/b abhängt. Mit steigendem Bewehrungsgrad wird die optimale Normalkraftbeanspruchung kleiner, und zwar weitgehend unabhängig von der Momentenvorbelastung (s.a. Bild 4.4.2-31).

Im Gegensatz zu Pfeilern ohne Momentenvorbelastung werden die maximalen Verschiebungen bei größerer Normalkraftausnutzung und geringerem Bewehrungsgrad erreicht. Grund dafür ist, daß sich zwar mit zunehmendem Bewehrungsgrad die Verformungsfähigkeit verbessert, zugleich aber auch das Lastmoment am Pfeilerkopf erhöht wird, da es über die Bemessung an den Bewehrungsgehalt gekoppelt ist.

Die Ergebnisse zeigen, daß zur Sicherstellung einer ausreichenden Verformungsfähigkeit im Grenzzustand der Gebrauchstauglichkeit (SLS) eine Begrenzung der Momentenvorbelastung angestrebt werden sollte. Dies kann durch gleiche Feldweiten oder nicht zu steife Pfeiler erfolgen. Zur Begrenzung zweiachsiger Biegung aus halbseitigem Verkehr können in Querrichtung auch mehrere Pfeiler nebeneinander vorgesehen werden.

4.4.2.2.4.7 Vereinfachte Berechnung der Pfeilerkopfverschiebung

Bei vereinfachter Berechnung der Pfeilerkopfverschiebung wird von einem abschnittsweise linearisierten Krümmungsverlauf über die Pfeilerhöhe ausgegangen (Bild 4.4.2-34). Dazu werden die Krümmungen κ_0 beim Erstriß und die im Gebrauchszustand (SLS) maximal zulässige Krümmung κ_1 benötigt.

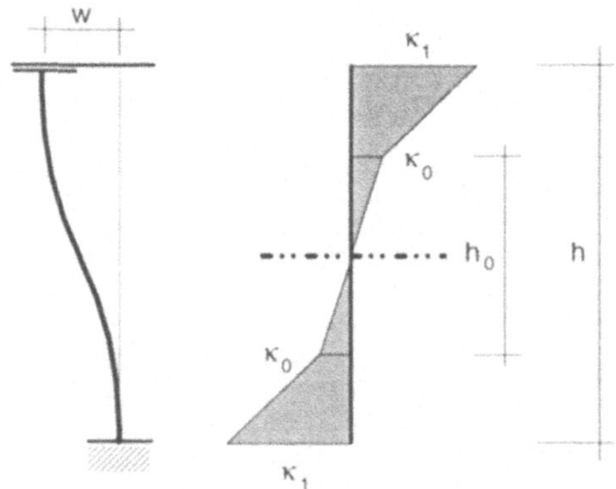

Bild 4.4.2-34 Ansatz des Krümmungsverlaufs

Für eine grobe Abschätzung braucht die zulässige Krümmung κ_1 nicht explizit berechnet zu werden. Es genügt das Verhältnis κ_1/κ_0, welches im Regelfall Werte zwischen 10 h/d und 20 h/d annimmt. Mit einer zunächst geschätzten, ungerissenen Pfeilerhöhe h_0 kann die bezogene Kopfverschiebung aus Bild 4.4.2-35 abgelesen werden. Abschließend ist die Annahme für h_0/h mit Gl. 4.4.2-13 zu überprüfen.

$$\frac{h_0}{h} \geq 2 \frac{\left(f_{ctm} + \frac{N}{A}\right) W}{E_c I \, w} h^2 \tag{4.4.2-13}$$

f_{ctm} – mittlere Zugfestigkeit des Betons
N – Normalkraft (Druckkraft positiv)
A – Querschnittsfläche
W – Widerstandsmoment
$E_c I$ – Biegesteifigkeit im Zustand I

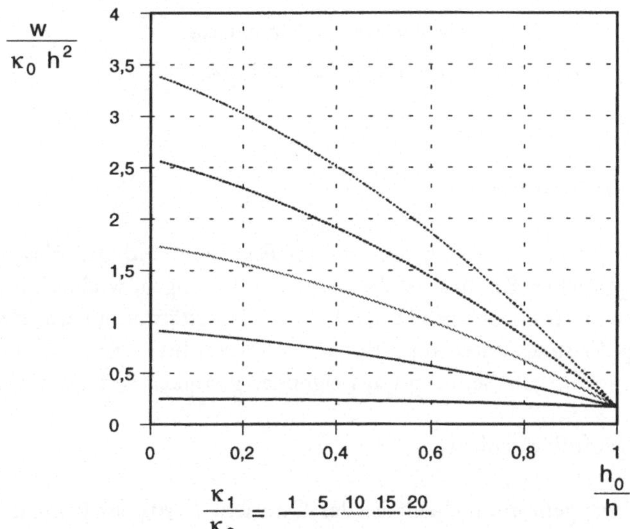

Bild 4.4.2-35 Diagramm zur Abschätzung der maximalen Pfeilerkopfverschiebungen w

4.4.2.2.5 Werkstoffe

4.4.2.2.5.1 Eigenlast

Betonkonstruktionen werden überwiegend durch ihr eigenes Gewicht belastet, was sich unmittelbar in den Querschnittsabmessungen niederschlägt. Ein nicht unerheblicher Teil der auftretenden Zwangbeanspruchungen wird dadurch überhaupt erst verursacht. Zwangunempfindliche Tragwerke zeichnen sich durch geringe Eigenlasten aus.

Diese können durch Baustoffe mit geringer Wichte (z.B. Leichtbeton) oder durch aufgelöste Konstruktionen erzielt werden. Im erstgenannten Fall können Eigenlasten um bis zu 30% reduziert werden [Schmitz, 1973]. Ein noch größerer „Einspareffekt" ist mit hybriden Tragsystemen zu erreichen (Bild 4.4.2-36). Und zwar vor allem dann, wenn zugbeanspruchte Tragglieder, wie z.B. bei extern vorgespannten Überbauten, eingesetzt werden. In diesen Fällen können die Eigenlasten aus dem Überbau gegenüber massiven Konstruktionen bis auf 50% reduziert werden.

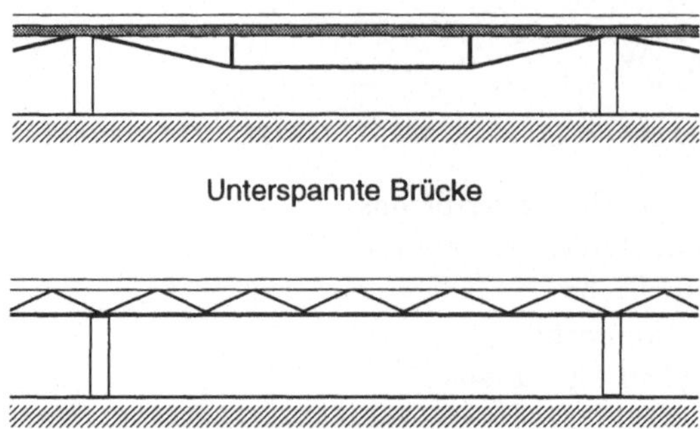

Bild 4.4.2-36 Möglichkeiten zur Verringerung von Eigenlasten

4.4.2.2.5.2 Festigkeit und E-Modul

Wesentlich für das Verformungsverhalten ist die Festigkeit und der Elastizitätsmodul. Die Festigkeit hat maßgeblichen Einfluß auf die Bauteilabmessungen, wodurch indirekt wieder die Eigenlast einer Konstruktion beeinflußt wird. Der Elastizitätsmodul des Betons ist von der Festigkeit abhängig. Er steigt unterproportional mit ihr an. Im Gegensatz zu Stahl nimmt also die Verformungsfähigkeit von Beton mit ansteigender Festigkeit weniger stark zu.

4.4.2.2.5.3 Zwangempfindlichkeit

Ein Maß für die Zwangempfindlichkeit ist der Quotient $E\ \gamma/f_d$. Er beinhaltet den Kehrwert der Reißlänge f/γ, der die Effizienz von Werkstoffen angibt (s.a. Abschnitt 3.2.1.6). Die in Bild 4.4.2-37 dargestellte Zwangempfindlichkeit einiger Werkstoffe zeigt, daß Beton vor allem aufgrund seines im Vergleich zum Stahl deutlich geringeren Elastizitätsmoduls günstiger abschneidet. Allerdings muß hier berücksichtigt werden, daß Stahlkonstruktionen nicht massiv, sondern aufgelöst ausgeführt werden. Geht man davon aus, daß Stahlüberbauten nur etwa 20% der Querschnittsfläche von Betonüberbauten haben, kehrt sich der Unterschied nahezu um.

Beim Vergleich der Verformungsfähigkeit von Brückenpfeilern aus Beton und Stahl ist also die Querschnittsform von wesentlicher Bedeutung. Pfeiler aus Beton werden im Gegensatz zu Stahlstützen in der Regel als Vollquerschnitt, ausgeführt. Wie Bild 4.4.2-38 zeigt, gibt es für Stahlprofile keine Vorteile gegenüber Betonquerschnitten, wenn die äußeren Abmessungen gleich sind und die rechnerische Streckgrenze des Stahls nicht erreicht wird. Im Gegenteil, insbesondere Pfeiler aus hochfestem Beton weisen für die hier angesetzte bezogene Normalkraft von $\nu = 0{,}135$ eine größere Verformungsfähigkeit auf als solche aus Stahl. Und dies gilt für höherfeste Betone sogar in Zustand I.

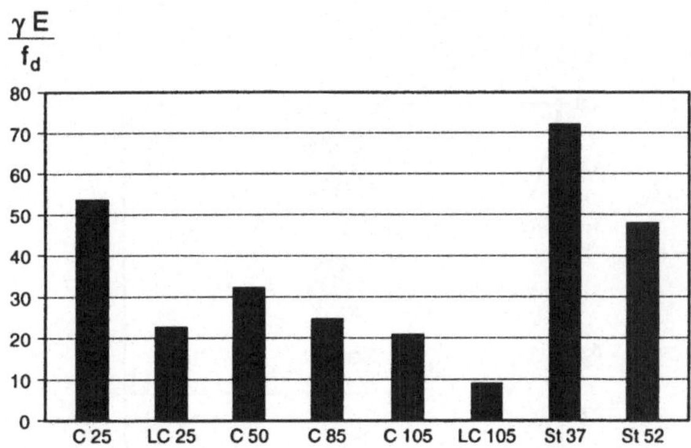

Bild 4.4.2-37 Zwangempfindlichkeit

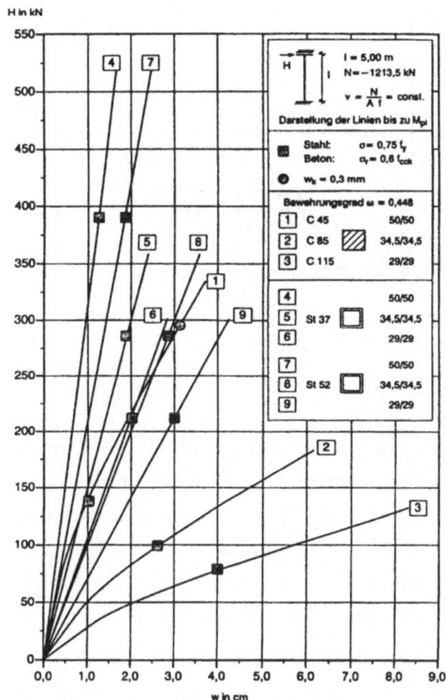

Bild 4.4.2-38 Werkstoffabhängiges Verformungsverhalten von Pfeilern

Eine verbesserte Verformungsfähigkeit von Stahlprofilen ist nur dann zu erzielen, wenn die äußeren Abmessungen gegenüber den Betonquerschnitten deutlich verringert werden. Bild 4.4.2-39 zeigt, wie die Biegesteifigkeit eines Stahlquerschnitts bei gleichbleibender Normalkrafttragfähigkeit durch eine verringerte Querschnittshöhe abnimmt. So kann z.B. die Biegesteifigkeit eines Stahlprofils gegenüber derjenigen eines Betonquerschnitts durch Halbierung der Außenabmessungen auf 1/4 reduziert werden. Gleichzeitig muß allerdings die Blechdicke t entsprechend erhöht werden.

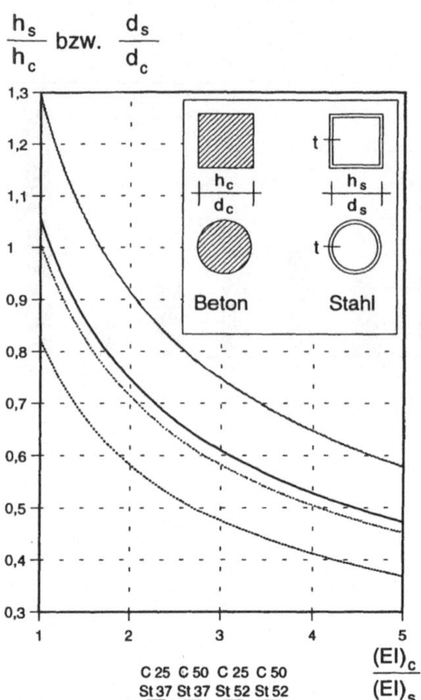

Bild 4.4.2-39 Werkstoffabhängige Biegesteifigkeit

4.4.2.2.5.4 Kriechen und Relaxation

Das Betonkriechen verringert die durch eingeprägte Verformungen verursachten Schnittgrößen. Bei langanhaltenden bzw. einmaligen Einwirkungen, wie es z.B. bei Stützensenkung der Fall ist, kann dieser Abbau beträchtlich sein. Monolithische Brücken, insbesondere deren Pfeiler, erfahren jedoch zusätzlich kurzzeitige Zwangeinwirkungen, die sich aus tageszeitlichen Temperaturschwankungen ergeben. Damit stellt sich die Frage nach dem für eine kurze Einwirkungsdauer möglichen Relaxationspotential des Betons.

Die maßgebenden Zwangbeanspruchungen monolithischer Brücken resultieren aus der Längenänderung des Überbaus. Sie setzen sich aus jahres- und tageszeitlichen Anteilen zusammen. Die jahreszeitlich bedingten Temperaturschwankungen sind größer als die tageszeitlichen, können aber aufgrund des größeren Zeitraums besser abgebaut werden. Tageszeitliche Temperaturzyklen umfassen 3 h bis 12 h und sind betragsmäßig sehr viel kleiner. Dennoch wird die Relaxation bereits in diesen kurzen Zeitspannen wirksam [Trost/Paschmann, 1991; Walraven/Shkoukani, 1993]. Sie bewirkt, daß nur etwa 70% der elastischen Zwangspannungen erreicht werden [Springenschmid et al., 1978]. Zur rechnerischen Erfassung des sogenannten frühen Kriechens (bis zu 1 Tag) stehen die in Bild 4.4.2-40 aufgeführten Ansätze zur Verfügung.

Temperaturbedingter Zwang ist zeitabhängig. Vernachlässigt man aufgrund der sehr kurzen Einwirkungsdauer von maximal 12 h die mit dem Betonalter abnehmende Kriechfähigkeit

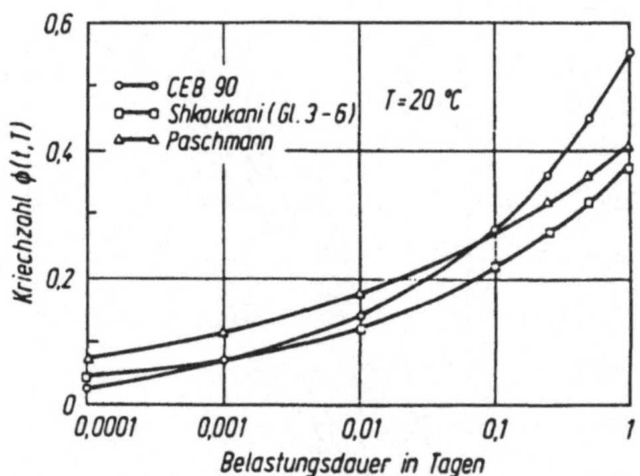

Bild 4.4.2-40 Ansätze für das Kurzzeitkriechen [Walraven/Shkoukani, 1993]

(ρ = 0) und setzt den zeitlichen Verlauf der Temperaturänderung proportional zum Kriechen an, gilt für die Spannung:

$$\sigma_t = \frac{\sigma_{el}}{1+\varphi_t} \qquad (4.4.2\text{-}14)$$

φ_t – Kriechbeiwert

Bei einer Einwirkungsdauer von 6 h betragen die Zwangspannungen nach Bild 4.4.2-41 nur noch etwa 75% der elastischen Werte.

Hängt die Relaxation nicht nur vom zeitlichen Verlauf der Spannungen bzw. des E-Moduls, sondern zusätzlich von der Temperaturgeschichte ab, sollte der Kriechbeiwert in Anlehnung an Walraven/Shkoukani, 1993, auf 0,7 ϕ_t (für ΔT = 40° K) abgemindert werden.

In gerissenem Beton ist der Einfluß des Kriechens weniger stark ausgeprägt. Die Spannungsnullinie verschiebt sich zum Zugrand hin, so daß dort der Dehnungszuwachs geringer ausfällt. Zwangspannungen werden deshalb nur auf einen Betrag von etwa 1/1 + 0,3 ϕ_t abgebaut. Am größten ist der Kriecheffekt bei Pfeilern mit hoher Druckkraft und niedrigem Bewehrungsgehalt. In Bild 4.4.2-41 ist der Einfluß der Normalkraft auf die Kopfverschiebung für einen Pfeiler mit Rechteckquerschnitt dargestellt.

Berechnungen zum Einfluß des kurzzeitigen Kriechens ergaben, daß die durch eingeprägte Kopfverschiebungen verursachten Schnittgrößen im Pfeiler um etwa 15% reduziert werden können. Diese Abschätzung gilt für Vollquerschnitte und bereichsweise gerissene Pfeiler. Sie stellen eine untere Grenze dar.

Für die Zwangschnittgrößen S (M,Q) kann vereinfacht folgende Reduktion angenommen werden:

$$S \cong 0{,}85\ S_0 \qquad (4.4.2\text{-}15)$$

S_0 – Schnittgrößen ohne Berücksichtigung des Kriechens zum Zeitpunkt t = 0

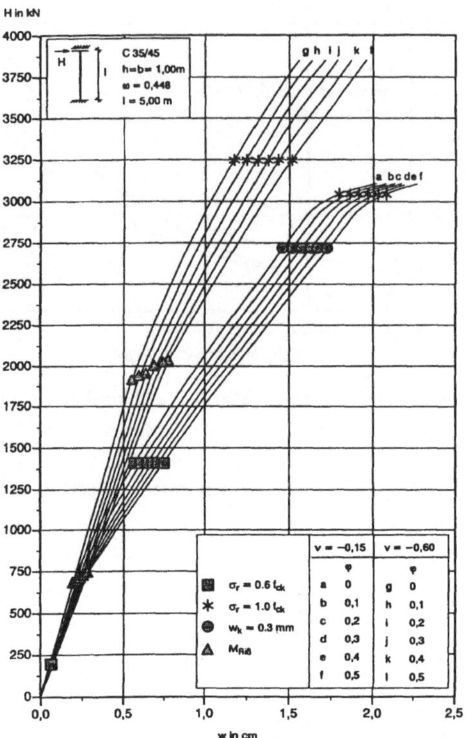

Bild 4.4.2-41 Einfluß des kurzzeitigen Kriechens auf die Kopfverschiebung

4.4.2.2.5.5 Schwinden

Schwinden verursacht in statisch unbestimmten Tragwerken Zwangspannungen. Monolithische Brücken sind davon in besonderer Weise betroffen, weil die Pfeiler durch die Längenänderung des Überbaus große Kopfverschiebungen erfahren. Ziel sollte daher sein, die durch Schwinden verursachten Verformungen gering zu halten und einen möglichst großen Anteil zwängungsfrei wirken zu lassen.

Das Schwinden setzt sich aus dem Trocknungsschwinden des erhärteten Betons und dem „chemischen Schwinden“, das die Volumenminderung des Zements während der Hydratation umfaßt, zusammen. Letztgenannter Anteil spielt für Normalbetone (NSC) mit gängigen Wasser-Zement-Werten eine untergeordnete Rolle und soll hier unberücksichtigt bleiben [Springenschmid/Fleischer, 1993]. Gleiches gilt für die Wärmeentwicklung während der Erhärtungszeit, die aufgrund der noch geringen Zugfestigkeit des Betons zur Rißbildung führen kann.

Von großem Einfluß ist dagegen das Trocknungsschwinden. Es kann technologisch über den Zementgehalt und Wasser-Zement-Wert (Bild 4.4.2-42) sowie durch konzeptionell-konstruktive Maßnahmen beschränkt werden.

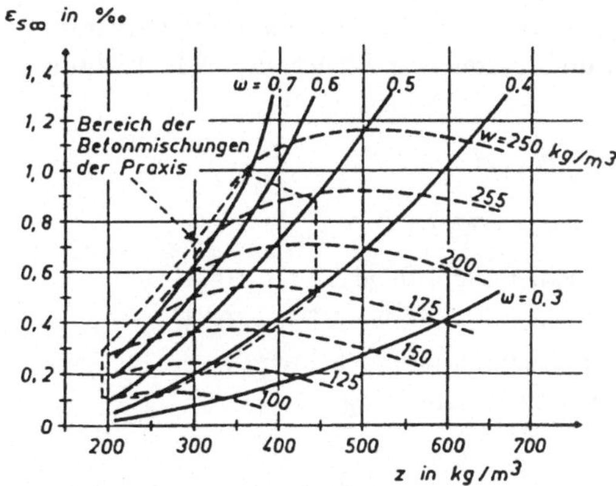

Bild 4.4.2-42 Einfluß des Zementgehalts und w/z-Werts auf das Endschwindmaß [Wesche, 1981]

Eine wichtige, vom Tragwerksentwurf abhängige Größe ist die effektive Bauteildicke, wie sie in DIN 4227, Teil 1 oder EC 2 zur Erfassung des zeitlichen Verlaufs bzw. der rechnerischen Endwerte herangezogen wird. Damit ist es möglich, den zeitlichen Verlauf des Schwindens über die Querschnittsausbildung zu steuern. In Bild 4.4.2-43 ist dazu beispielhaft der Schwindanteil von 100 Tagen bezogen auf das jeweilige Endschwindmaß für einen „klassischen" Plattenbalken und einen aufgelösten Stahlfachwerkverbundquerschnitt angegeben.

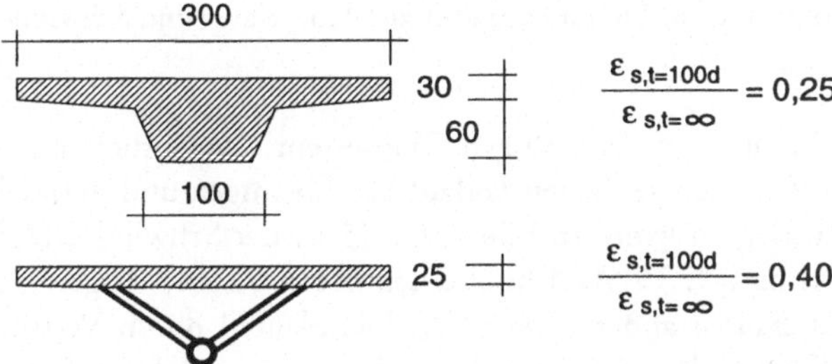

Bild 4.4.2-43 Einfluß der Querschnittsausbildung auf den Schwindverlauf

Dieser Aspekt ist deshalb von Bedeutung, weil das Gesamtsystem für den Endzustand durch ein frühes Wirksamwerden des Schwindens während der Herstellung „entlastet" werden kann. Denn Zwangbeanspruchungen aus Schwinden treten erst auf, wenn Überbau und Pfeiler monolithisch miteinander verbunden sind. Ist das Tragwerk gleich nach Erhärtung des Betons als Rahmen wirksam, werden die gesamten Schwindverformungen in Beanspruchungen „umgesetzt". Ungünstig ist zudem, daß das Schwinden im Gegensatz zu Temperaturänderungen ausschließlich Verkürzungen der Bauteile verursacht. Damit treten Längenänderungen nur in eine Richtung auf, vorausgesetzt die Festpunkte der Brücke werden im Bau- und Endzustand beibehalten.

Genau an diesem Punkt kann aber durch den Bauablauf gezielt Einfluß genommen werden. So ist die Schwindrichtung durch Lageänderung des Fest- bzw. Ruhepunktes während der Herstellung so steuerbar, daß sich bei Überlagerung mit den Pfeilerkopfverschiebungen aus

Temperatur im Endzustand nur kleine Verschiebungsdifferenzen für beide Richtungen ergeben (Gl. 4.4.2-17). Im Idealfall wären die Pfeiler in beide Richtungen um das gleiche Maß ausgelenkt.

$$\Delta w_S = 0{,}5\ (\Delta w_{T,1} - \Delta w_{T,2}) \qquad (4.4.2\text{-}16)$$

$$\Delta w_{T+S} = \Delta w_{T,1} - \Delta w_S = \Delta w_{T,2} + \Delta w_S \qquad (4.4.2\text{-}17)$$

$\Delta w_{T,1}$ – Kopfverschiebung infolge $\Delta T = -30°$ K
$\Delta w_{T,2}$ – Kopfverschiebung infolge $\Delta T = +20°$ K
Δw_S – Kopfverschiebung infolge Schwinden
Δw_{T+S} – resultierende Verschiebung

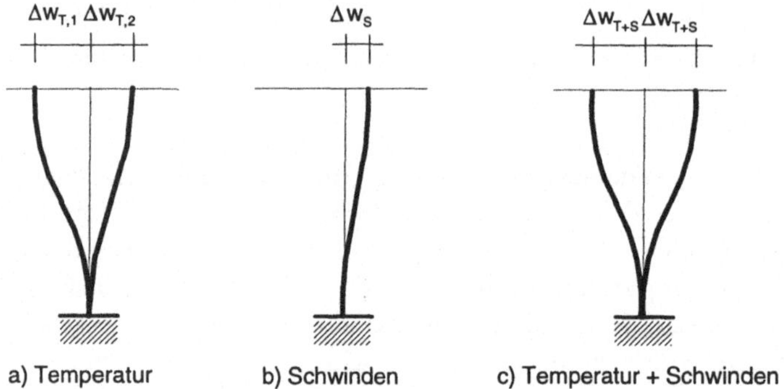

Bild 4.4.2-44 Optimierte Verschiebungsrichtungen aus Temperatur und Schwinden

Der größte Teil wirkt also im endgültigen Tragsystem. Wesentlich ist damit eine Querschnittsausbildung, welche den zeitlichen Verlauf beschleunigen und so das Schwinden stärker in die Herstellphase verlagern kann. In Bild 4.4.2-45 ist der Schwindverlauf bezogen auf den rechnerischen Endwert nach EC 2, A1.1.3 für einen Beton C35/45 dargestellt. Es ist erkennbar, daß der während des Bauzustandes wirkende Schwindanteil durch Verringerung der Querschnittshöhe, z.B. aufgrund kleinerer Feldweiten oder durch aufgelöste Konstruktionen, gesteigert werden kann. Dennoch bleibt dieser Anteil im Regelfall auf maximal 50% begrenzt.

Vorrangiges Ziel der Bauausführung sollte die Minimierung der im Endzustand verbleibenden Schwindverformungen sein. Geht man davon aus, daß die Felder hintereinander hergestellt werden und eine Änderung der Lagerungsbedingungen während der Nutzung ausgeschlossen ist, ergeben sich drei Lösungsmöglichkeiten für den Bauablauf:

(a) Konventionelle Herstellung von einem oder beiden Widerlagern aus (Bild 4.4.2-46). Der bzw. die Festpunkte bleiben im Bau- und Endzustand sowie unverändert. Da sich die Schwindverformungen aus dem Bau- und Endzustand und späteren Verformungen infolge Temperatur ungünstig überlagern, ist dieser Bauablauf für monolithische Brücken nicht zweckmäßig.

(b) Getrennte Herstellung des Überbaus von beiden Widerlagern aus, welche zunächst als Festpunkte wirken. Nach Fugenschluß beider Abschnitte werden die Widerlager gelöst, so daß das Tragwerk schließlich schwimmend gelagert ist (Bild 4.4.2-47).

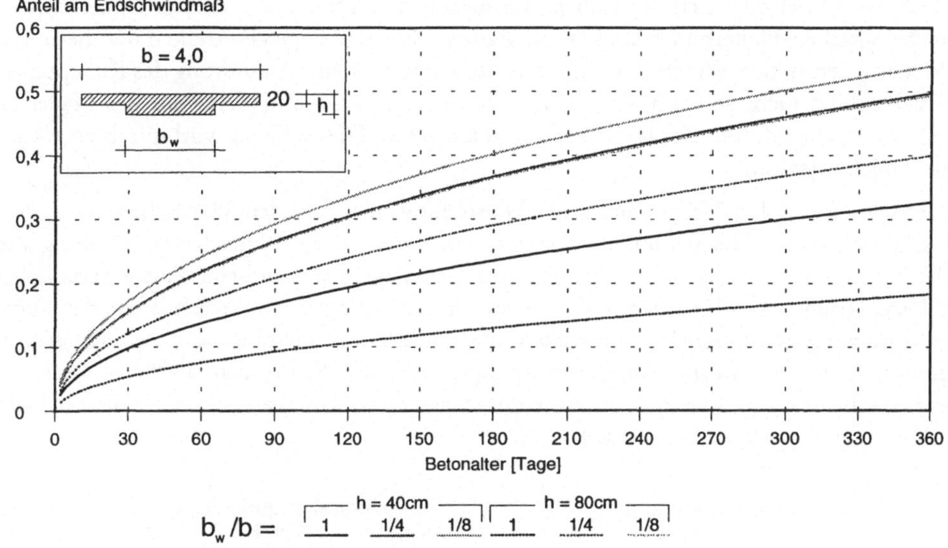

Bild 4.4.2-45 Wirksamer Schwindanteil im Bauzustand (Beton C35/45)

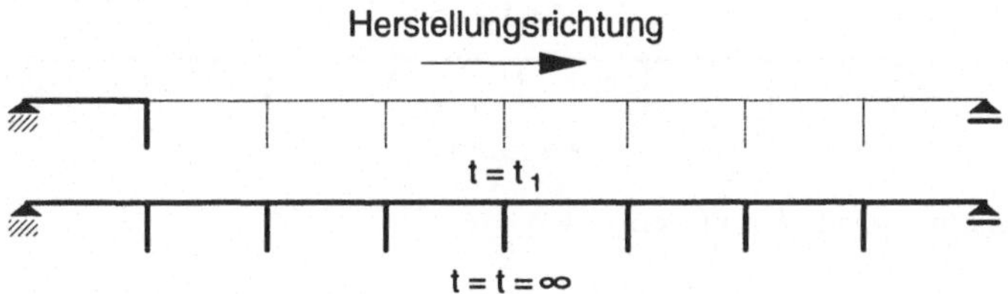

Bild 4.4.2-46 Konventionelle Herstellung

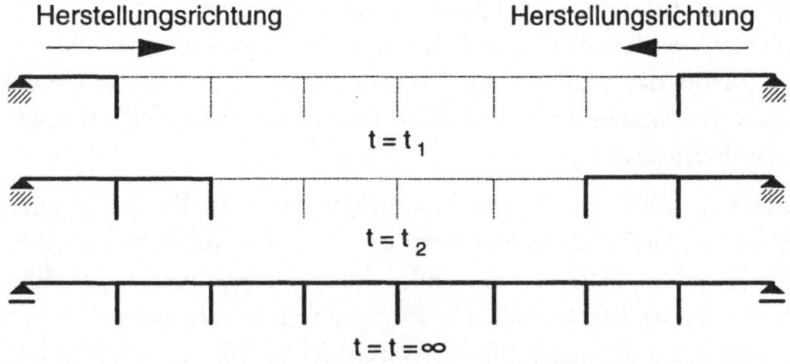

Bild 4.4.2-47 Herstellung mit Festpunktwechsel nach Fertigstellung

Im Endzustand befindet sich der Ruhepunkt in Brückenmitte. Dieser Ablauf eignet sich vor allem bei gleichen Pfeilerhöhen und langer Bauzeit. Für tief eingeschnittene Täler, bei denen die Pfeilerhöhen zu den Widerlagern hin stark abnehmen, ist eine Anordnung des Ruhepunktes in Brückenmitte nicht sinnvoll, da gerade dort, wo die Verformungsfähigkeit der Pfeiler am geringsten ist, die größten Kopfverschiebungen auftreten. Dieser Effekt wird durch eine kurze Bauzeit noch verstärkt.

(c) Herstellung von den Pfeilern aus. Diese Herstellung entspricht dem klassischen Freivorbau, wobei hier auch eine Herstellung auf Lehrgerüst denkbar wäre. Erst nach Fertigstellung aller Pfeiler mit ihrem auskragenden Überbauabschnitten werden sämtliche Fugen dazwischen geschlossen (Bild 4.4.2-48). Damit sind Schwindverformungen vor Verschließen der Fugen völlig zwängungsfrei möglich. Konstruktiv aufwendig sind allerdings die Arbeitsfugen in Feldmitte, da sie von Beginn an Zugspannungen aus dem Schwinden übertragen müssen. Dieser Bauablauf eignet sich auch weniger für vorgespannte Überbauten, da die Spannglieder in Feldmitte gekoppelt werden müssen.

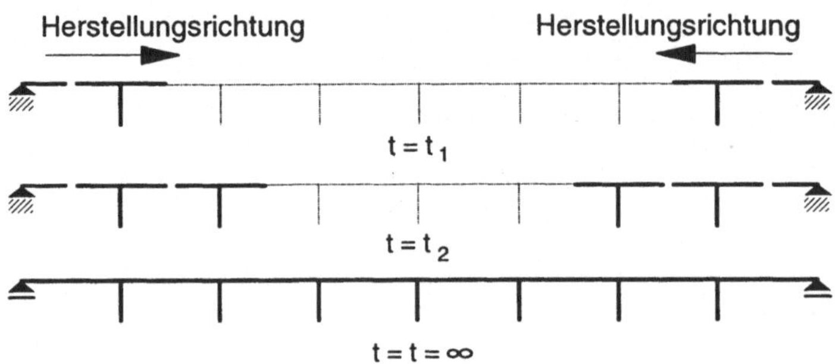

Bild 4.4.2-48 Herstellung von den Pfeilern

Es bleibt die Frage, wie groß der Vorteil des Bauablaufs mit Festpunktwechsel nach der Fertigstellung (Bauablauf (b)) gegenüber dem konventionellen Bauablauf (a) ist. Dazu werden im folgenden Pfeilerkopfverschiebungen und die daraus resultierenden Normalkräfte im Überbau betrachtet. Zunächst sollen die bezogenen Schwindverformungen w/l (w-Pfeilerkopfverschiebung, l-Feldweite) für wirklichkeitsnahe Randbedingungen im Bau- und Endzustand miteinander verglichen werden. Dazu wird der zeitliche Verlauf des Schwindens gemäß EC 2, A 1.1.3 für eine effektive Bauteildicke von 20 cm zugrunde gelegt (Bild 4.4.2-49). Es werden Bauzeiten von 4 bzw. 6 Wochen für jedes Feld angenommen. Der Verformungswiderstand der Pfeiler bleibt hier unberücksichtigt.

Die schraffierte Fläche in Bild 4.4.2-50 macht deutlich, wie stark die Pfeilerkopfverschiebungen durch den Bauablauf (b) verringert werden können. Zwar sind die Verschiebungen unmittelbar nach Fertigstellung in beiden Fällen gleich groß, jedoch entgegengesetzt gerichtet. Und die sich daraus ergebende Differenz bleibt auch im Endzustand als „Ersparnis" erhalten. Sie ist in Brückenmitte am größten und beträgt für dieses Beispiel ca. 50% (4-wöchige Bauzeit/Feld, hier dargestellt) bzw. 58% (6-wöchige Bauzeit/Feld). Der Höchstwert, der am äußersten Pfeiler auftritt, kann immerhin noch um 15% (4-wöchige Bauzeit/Feld) bzw. 18% verringert werden. Mit zunehmender effektiver Bauteildicke geht dieser Vorteil verloren, da der Anteil der nach Fertigstellung wirkenden Schwindverformungen ebenfalls geringer wird. Dieses Problem könn-

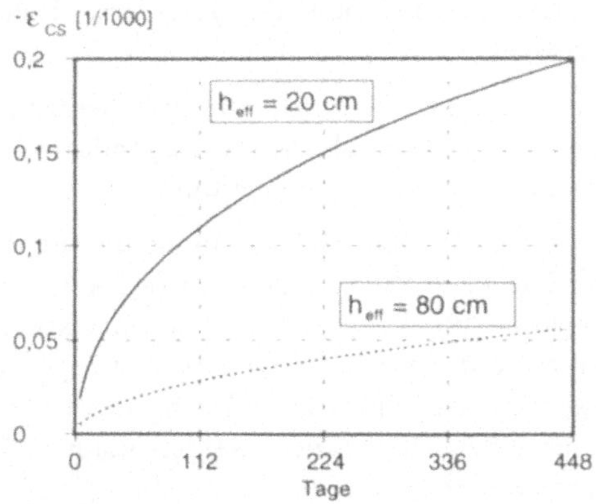

Bild 4.4.2-49 Einfluß der effektiven Bauteildicke auf den Schwindverlauf

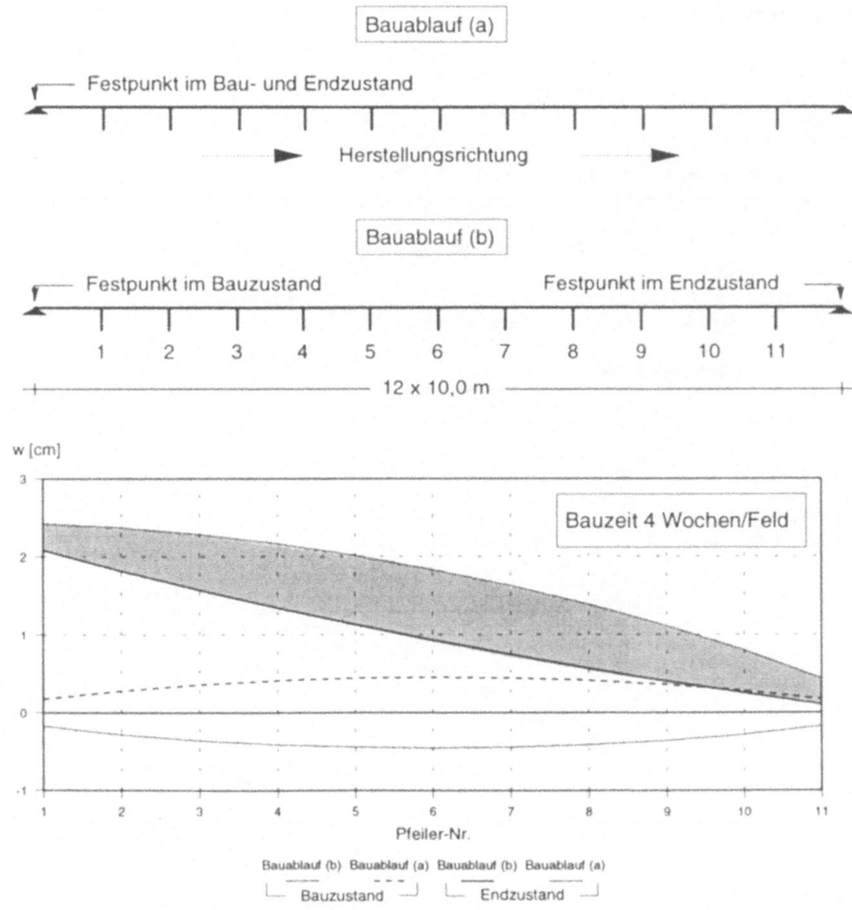

Bild 4.4.2-50 Einfluß des Bauablaufs auf die Schwindverformungen

te nur durch eine mehrfache Lageänderung des Fest- bzw. Ruhepunktes zu Beginn der Nutzungsphase begrenzt werden.

Die durch das Schwinden verursachten Normalkräfte im Überbau hängen von dessen Dehnsteifigkeit und der Steifigkeit der Pfeiler ab. Mit ansteigendem Verformungswiderstand der Pfeiler gewinnt somit auch der Bauablauf an Bedeutung.

Vergleicht man auch hier Bauablauf (a) und (b) in bezug auf die Normalkräfte, werden wiederum die Vorteile von Bauablauf (b) erkennbar. In Bild 4.4.2-51 ist dazu der Verlauf der Normalkräfte für eine 12-feldrige Brücke dargestellt, wobei das Kriechen vernachlässigt, linear-elastisches Werkstoffverhalten und ein dehnstarrer Überbau zugrunde gelegt wurde. Es wird deutlich, daß die Größtwerte durch eine Lageänderung des Festpunktes unmittelbar nach Fertigstellung des Überbaus erheblich reduziert werden können. Im vorliegenden Beispiel beträgt der Abbau der Normalkräfte etwa 25%.

Tritt im Überbau bereichsweise Zustand II ein, nehmen die Normalkräfte stärker ab. Dies gilt vor allem für den Abbau der Dehnsteifigkeit im Bereich des Festpunktes, weil dadurch alle Pfeiler betroffen sind. Die vorliegenden Ergebnisse stellen also für schlaff bewehrte Überbauten eine obere Grenze dar.

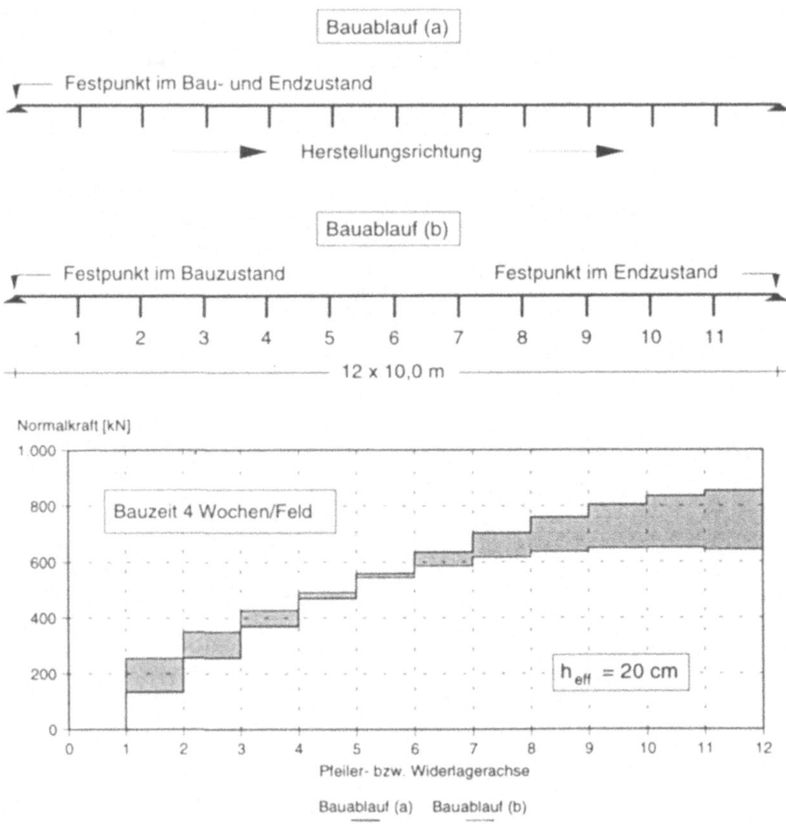

Bild 4.4.2-51 Einfluß des Bauablaufs auf die Normalkräfte infolge Schwinden

4.4.2.2.6 Gründung

4.4.2.2.6.1 Allgemeines

Die Nachgiebigkeit einer Gründung wird immer dann berücksichtigt, wenn sie sich auf das Tragverhalten der Konstruktion auswirkt. Dies ist der Fall, wenn vertikale Verformungen durch Setzungen auftreten oder wenn ein realistischer Einspanngrad für Berechnungen nach Theorie II. Ordnung erforderlich sind. Während aber bei Stützensenkungen der Baugrund selbst ursächlich für Beanspruchungen des Tragwerks ist, werden sie im zweiten Fall vom Baugrundverhalten nur beeinflußt. Ziel des Tragwerksentwurfs sind daher in der Regel verformungsarme bzw. starre Gründungen. Diese Anforderung steht jedoch in einem gewissen Widerspruch zum Entwurfsziel für monolithische Brücken. Hier sollte eigentlich die Verformungsfähigkeit der Gründung, ausgenommen natürlich Setzungen, möglichst groß sein.

Durch die vom Bauwerk selbst ausgehenden Zwangbeanspruchungen wirkt der Baugrund ebenso wie das Tragwerk selbst als Widerstand. Unter der Voraussetzung, daß ideal starre Widerlager zur Vermeidung von Zwangbeanspruchungen in den Pfeilern ausgeschlossen werden können, gibt es nur die Alternative, Pfeilergründungen ausreichend nachgiebig auszubilden. Eine solche Nachgiebigkeit kann dadurch erreicht werden, daß am Pfeilerfuß Verdrehungen bzw. Verschiebungen zugelassen werden, wobei Verschiebungen grundsätzlich nur bei Pfahlgründungen möglich sind. Wie groß der Einfluß der Gründung auf die gesamte Pfeilerkopfverschiebung sein kann, zeigt Bild 4.4.2-52.

Es ist erkennbar, daß der Verformungsanteil der Gründung w_{Feder} mit der Pfeilersteifigkeit EI zunimmt und die Bedeutung der horizontalen Verschiebbarkeit gegenüber der Verdrehbarkeit daher klein ist.

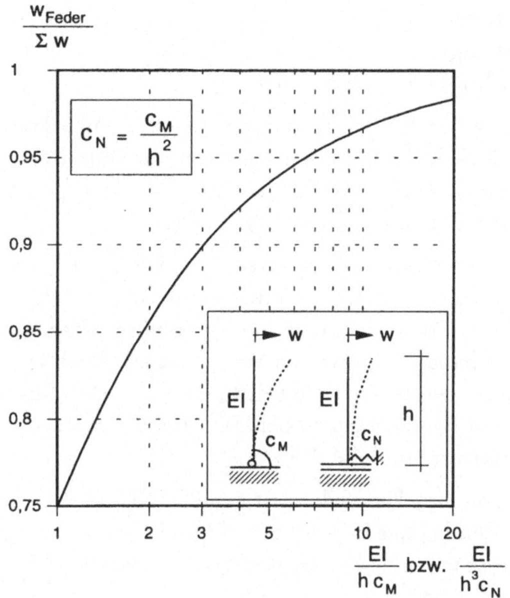

Bild 4.4.2-52 Anteil der Gründung w_{Feder} an der Pfeilerkopfverschiebung Σw

4.4.2.2.6.2 Flächengründung

Flächengründungen tragen Vertikalkräfte und Biegemomente ausschließlich über Normalspannungen in der Sohlfläche ab. Die Nachgiebigkeit resultiert damit aus der Verformungsfähigkeit des Systems Fundamentplatte-Baugrund. Wird der passive Erddruck zur Aufnahme von Horizontalkräften nicht mobilisiert und ein starrer Verbund zwischen Gründungskörper und Boden angenommen, entstehen Verdrehungen des Pfeilerfußes ausschließlich aus den Vertikalverschiebungen der Baugrundoberfläche sowie aus den Verformungen der Fundamentplatte selbst.

Eine genaue Erfassung dieser Verformungen ist unter wirklichkeitsnahen Bedingungen sehr aufwendig und rechnerisch nur in einem FE-Modell möglich. Vernachlässigt man einmal das nichtlineare Stoffverhalten des Baugrunds sowie die Eigenverformungen der Fundamentplatte (starr), stehen mit den nachfolgenden Gleichungen einfache Ansätze zur näherungsweisen Ermittlung der Drehfedersteifigkeit zur Verfügung:

$$c_M = 4\frac{E_s\, I_F}{\sqrt{A}} \quad \text{[Rausch, 1959]} \qquad (4.4.2\text{-}18)$$

$$c_M = \frac{B\, L^2}{E_s\, FS'} \quad \text{[Sherif/König, 1975]} \qquad (4.4.2\text{-}19)$$

$$c_M = \frac{A^3\, E_s}{4\, f_{s,A}} \quad \text{[Kany, 1974]} \qquad (4.4.2\text{-}20)$$

E_S – Steifemodul
I_F – Flächenträgheitsmoment der Fundamentplatte
A – Fläche der Fundamentplatte
$f_{s,A}$ – Beiwert nach [Kany, 1974]
B – Fundamentbreite
L – Fundamentlänge
FS' – Beiwert nach [Sherif/König, 1975]

Da eine analytische Lösung nur für den unendlich langen Streifen existiert, ist die Geometrie der Fundamentfläche zusätzlich durch numerisch zu ermittelnde Beiwerte zu berücksichtigen (Gl. 4.4.2-19 und 4.4.2-20). Kann das Fundament als starr angesehen werden, liefert Gl. 4.4.2-18 die zuverlässigsten Ergebnisse [Smoltczyk, 1988].

Die genannten Ansätze gelten unter der Voraussetzung, daß keine klaffende Fuge auftritt. Die Drehfedersteifigkeit c_M wird also konstant und damit unabhängig von den einwirkenden Schnittgrößen angenommen. Tritt allerdings in der Sohlfuge eine Klaffung auf, nimmt die Verdrehung aufgrund der kleineren wirksamen Sohlfläche erheblich zu. Dies ist der Fall, wenn die Resultierende außerhalb der ersten Kernweite ($e > d/6$) liegt. Aus Gl. 4.4.2-18 kann der funktionale Zusammenhang zwischen einwirkendem Moment M und zugehöriger Fundamentverdrehung ϕ abgeleitet werden (Bild 4.4.2-53).

Für Flächengründungen von Brückenpfeilern ist gemäß DIN 1075, 7.2.1 unter ungünstigster Lastkombination eine klaffende Fuge bis zum Schwerpunkt ($e \leq d/3$) zugelassen. Damit ist z.B. für ein quadratisches Fundament eine Verringerung der Sekantendrehfedersteifigkeit c_M bis auf etwa 1/6 möglich (Bild 4.4.2-53).

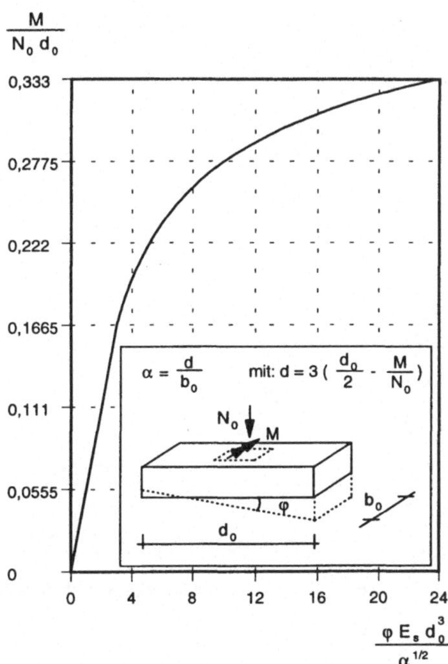

Bild 4.4.2-53 Fundamentverdrehung bei klaffender Sohlfuge

Die Auswirkung dieses nichtlinearen Verhaltens auf die Zwangbeanspruchung des Pfeilers ist beachtlich. In Bild 4.4.2-54 sind dazu beispielhaft die Zwangmomente für eine lineare (c = const.) und bilineare (c = var.) Federcharakteristik gegenübergestellt. Unter der Voraussetzung, daß das im Pfeiler maximal mögliche Moment begrenzt bleibt, können mit einer klaffenden Fuge noch beträchtliche Verschiebungszuwächse erzielt werden. Dies gilt vor allem dann, wenn die bis zur Klaffung der Sohlfuge wirksame Drehfedersteifigkeit im Vergleich zum Verhältnis EI/h groß ist. Wird, wie in diesem Beispiel, liner-elastisches Verhalten für den Pfeiler und der abgebildete bilineare M-ϕ-Verlauf für die Drehfeder angesetzt, ergeben sich im Vergleich zur starren Gründung fast 50% höhere Pfeilerkopfverschiebungen.

Das nichtlineare Verformungsverhalten einer Flächengründung kann im statischen Modell anschaulich durch eine „Pfeilerverlängerung" erfaßt werden (Bild 4.4.2-55). Diese hat gegenüber einer Drehfeder den Vorteil, daß auch die Gründung mit dem im übrigen System verwendeten Elementtyp modelliert werden kann. Die Biegesteifigkeit dieses zusätzlichen Stabes mit der Länge 1 m beträgt dann EI = c_M.

Maßgebend für die Zwangbeanspruchung ist das Zusammenwirken von Gründung und Pfeiler. Geht man davon aus, daß bei einer horizontalen Kopfverschiebung des Pfeilers keine Verdrehung am Überbau auftritt (Volleinspannung), variiert die Steifigkeit des Systems Pfeiler-Gründung in Abhängigkeit von der Drehfedersteifigkeit c_M zwischen $3EI/h^3$ und $12EI/h^3$. Zur Ermittlung der Steifigkeit c des Systems Pfeiler-Gründung kann das in Bild 4.4.2-56 dargestellte Diagramm herangezogen werden.

Wird keine klaffende Fuge zugelassen, kann für nichtbindige Böden im allgemeinen eine idealisierte Steifigkeit für das System Pfeiler-Gründung von etwa $9EI/h^3$ angesetzt werden.

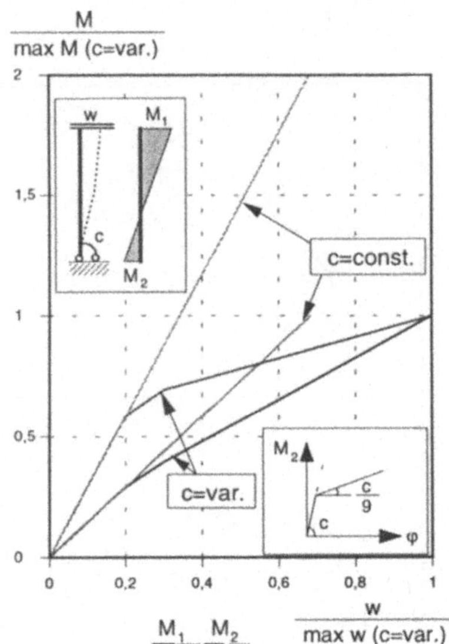

Bild 4.4.2-54 Einfluß einer bilinearen Drehfedercharakteristik auf Moment und Kopfverschiebung eines Pfeilers

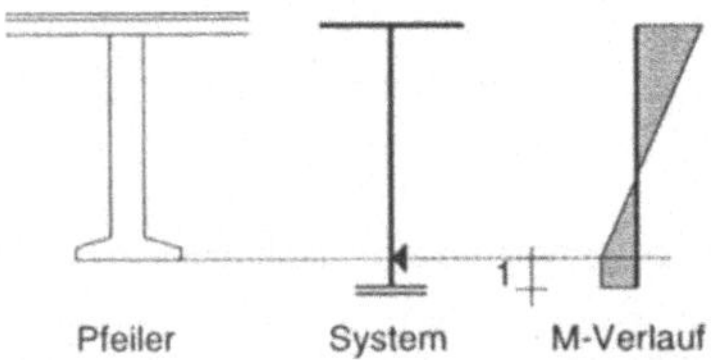

Bild 4.4.2-55 Erfassung einer Flächengründung im statischen Modell

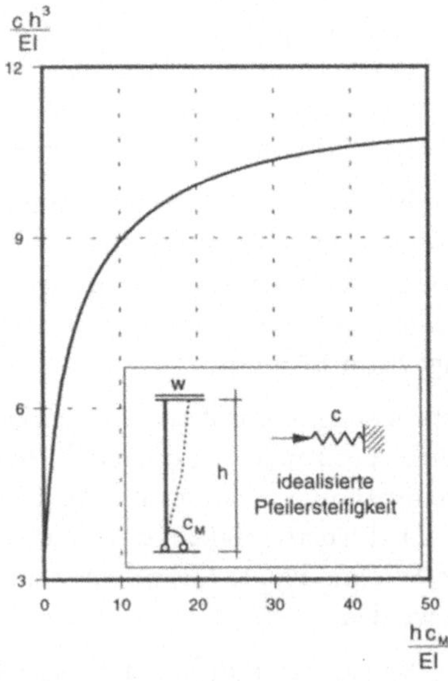

Bild 4.4.2-56 Steifigkeit des Systems Pfeiler-Gründung

4.4.2.2.6.3 Pfahlgründung

Pfahlgründungen werden ausgeführt, wenn tragfähiger Baugrund erst in größerer Tiefe ansteht. Die Notwendigkeit für derartige Gründungen ergibt sich auch hier primär aus den Anforderungen für die Standsicherheit des Tragwerks. Für monolithische Brücken wird die Pfahlgründung im Zusammenhang mit ihrer Nachgiebigkeit in Brückenlängsrichtung interessant. Denn Pfeiler können in den Baugrund „verlängert" werden, so daß auch das Verformungspotential der Pfähle genutzt werden kann (Bild 4.4.2-57).

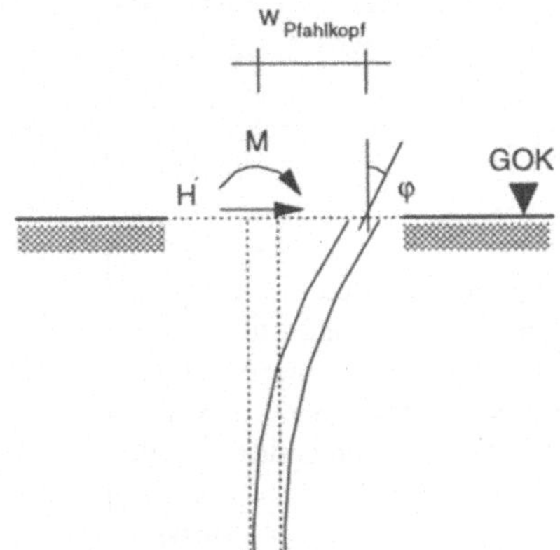

Bild 4.4.2-57 Wirkungsweise einer „Pfeilerverlängerung"

Zur rechnerischen Erfassung der Beanspruchungen und Verformungen von Pfählen stehen zahlreiche Verfahren zur Verfügung, von denen zwei gebräuchliche kurz beschrieben werden:

Behandlung der Pfahleinspannung als Erddruckproblem

Das Verfahren wird für Spundwandberechnungen herangezogen [Blum, 1931]. Dabei wird der Erdwiderstand in dem Maße angesetzt, wie er zur Erfüllung der Gleichgewichtsbedingungen notwendig wird. Eine Verfeinerung dieses Ansatzes für den Erdwiderstand besteht in der Annahme einer über die Tiefe nicht mehr linearen Erddruckverteilung. Dieses Verfahren wird bevorzugt zur Ermittlung der Pfahlbruchlast und für steife Pfähle mit geringer Einbindetiefe in nichtbindige Böden angewandt. Allerdings wird ein ebener Bruchmechanismus vorausgesetzt, was bei großen Pfahlabständen zu ungenauen Ergebnissen führt. Zudem sind plastische Verformungen des Bodens erforderlich, damit Reaktionskräfte entstehen können.

Berechnung des Pfahls als elastisch gebetteter Balken

Für Untersuchungen unter Gebrauchslasten ist die Erfassung der Wechselwirkung zwischen Pfahl und Baugrund nach der Bettungs- oder Steifemodultheorie zweckmäßig. Dem Bettungsmodulverfahren liegt der Ansatz zugrunde, daß sich örtliche Spannungen des Bodens proportional zur Pfahlauslenkung ergeben. Berücksichtigt man bei einzeln stehenden Pfählen die räumliche Ausbreitung der Druckspannungen in den Baugrund, wird die Nachgiebigkeit des Baugrunds allerdings leicht überschätzt. Weitere Modelle, wie z.B. die Behandlung des Baugrunds als linear-elastischen bzw. nicht-linear elastischen Halbraum sollen hier nicht weiter verfolgt werden.

Die der Bettungsmodultheorie zugrunde liegende Annahme ungekoppelter Baugrundfedern erweist sich für die vorliegende Fragestellung als geeignet, um das Verformungsverhalten des Systems Pfeiler-Pfahl zu diskutieren.

Zur Erfassung wirklichkeitsnaher Baugrundverformungen ist die Größe des Bettungsmoduls k_s notwendig. Anders als für die Bemessung, bei der die Schnittgrößen bereits mit einer groben Annahme ermittelt werden können, variiert die rechnerische Verformung mit der Höhe des Bettungsmoduls sehr stark. Da der Bettungsmodul zusätzlich von der Geometrie des Gründungskörpers abhängt, können keine allgemeingültigen Werte angegeben werden. Zahlenmäßige Angaben dazu sind daher als Richtwerte zu betrachten und müssen immer die zugrunde gelegten Systemabmessungen enthalten (Bild 4.4.2-58).

Bodenart	Bettungsziffer MN/m^3
Leichter Torf- und Moorboden	5 – 10
Schwerer Torf- und Moorboden	10 – 15
Feiner Ufersand	10 – 15
Schüttungen von Humus, Sand und Kies	10 – 20
Lehmboden: naß	20 – 30
feucht	40 – 50
trocken	60 – 80
trocken und hart	100
Fest gelagerter Humus mit Sand, Lehm und wenig Steinen	60 – 80
Dasselbe mit viel Steinen	80 – 100
Feiner Kies mit viel feinem Sand	70 – 90
Mittlerer Kies mit feinem Sand	90 – 110
Mittlerer Kies mit grobem Sand	110 – 130
Grober Kies mit viel grobem Sand	110 – 130
Grober Kies mit wenig grobem Sand	130 – 160
Sehr fest gelagerter, grober Kies mit wenig grobem Sand	160 – 200
Gewachsener Boden (88% Sand, 12% Ton)	20 – 30
Dichtgelagerter scharfer Sand	100 – 125
Alter angeschütteter Sand	7 – 13
Reiner gewachsener Sand	20 – 40
Angeschwemmter nicht besonders fest gelagerter Sand	20
Gewachsener Boden (sandiger Lehm mit 16% Wassergehalt)	13 – 120
Kleinschlag, Schlackenbettung	50 – 60
Kiesbettung	30 – 40

Bild 4.4.2-58 Ansätze für den Bettungsmodul nach [Schmidt, 1985]

Für den Verlauf des Bettungsmoduls gibt es unterschiedliche Ansätze. Im allgemeinen wird empfohlen, für bindigen Boden einen konstanten und für nichtbindigen Boden einen mit der Tiefe linear oder parabolisch ansteigenden Verlauf anzunehmen [Titze, 1970].

Das Verformungspotential von Pfahlgründungen kann dann voll ausgeschöpft werden, wenn die durch eingeprägte Horizontalverschiebungen entstehenden Beanspruchungen nicht über eine Rahmenwirkung der Pfähle abgetragen werden müssen. Damit wird das am Pfeilerfuß wirkende Biegemoment nicht über ein Kräftepaar, sondern vorwiegend über Pfahlbiegung abgetragen. Das hat zur Folge, daß entgegen der gängigen Entwurfspraxis nicht, wie in Bild 4.4.2-59a) dargestellt, in Brückenlängsrichtung mehrere Pfähle nebeneinander, sondern möglichst nur eine einzige Pfahlreihe angeordnet werden sollte. Damit können am Pfeilerfuß zusätzlich zu den horizontalen Verschiebungen auch Verdrehungen auftreten (Bild 4.4.2-59b)).

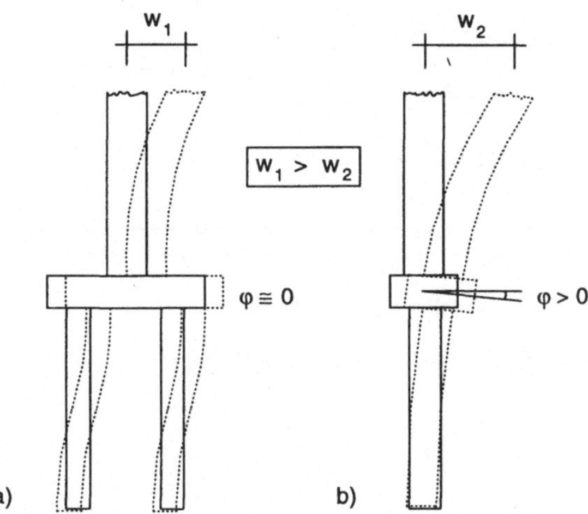

Bild 4.4.2-59 Einfluß der Pfahlanzahl auf das Verformungsverhalten

Die Nachgiebigkeit einer Pfahlgründung im statischen Modell kann, wenn auf umfangreiche FE-Berechnungen verzichtet wird, durch Dehn- bzw. Drehfedern grob erfaßt werden. Für den unendlich langen Pfahl mit konstantem Bettungsmodulverlauf können die Schnittgrößenverläufe und Biegelinien aus der Differentialgleichung des elastisch gebetteten Balkens mit expliziten Gleichungen berechnet werden [Smoltczyk, 1988]. Unter der Voraussetzung, daß sich der Bettungsmodul gemäß DIN 4014, 7.4 näherungsweise proportional zum Pfahldurchmesser verhält, können die Federsteifigkeiten am Pfeilerfuß mit Hilfe des Arbeitssatzes angegeben werden:

Dehnfeder: $c_N = 0{,}50\ L\ E_s$ (4.4.2-21)

Drehfeder: $c_M = 0{,}25\ L^3\ E_s$ (4.4.2-22)

L – elastische Pfahllänge $(4\ EI/E_s)^{1/4}$ (konstanter Bettungsmodulverlauf)
EI – Biegesteifigkeit des Pfahls
E_s – Steifemodul des Bodens

In DIN 4014, 7.4.3 wird die elastische Länge des Einzelpfahls für einen konstanten Bettungsmodulverlauf abweichend mit $L = (EI/E_s)^{1/4}$ angegeben.

In Bild 4.4.2-60 und 4.4.2-61 sind die mit Gl. 4.4.2-21 und 4.4.2-22 ermittelten Dehn- und Drehfedersteifigkeiten für unterschiedliche Pfahldurchmesser dargestellt.

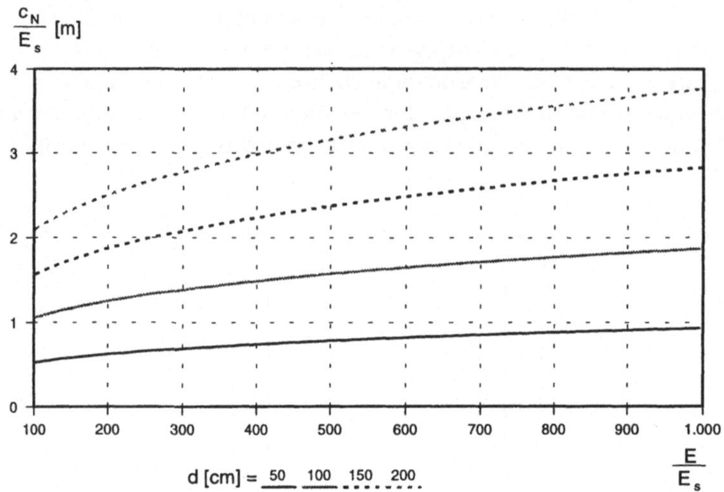

Bild 4.4.2-60 Dehnfedersteifigkeit c_N einer Pfahlgründung (mit konstantem Bettungsmodulverlauf)

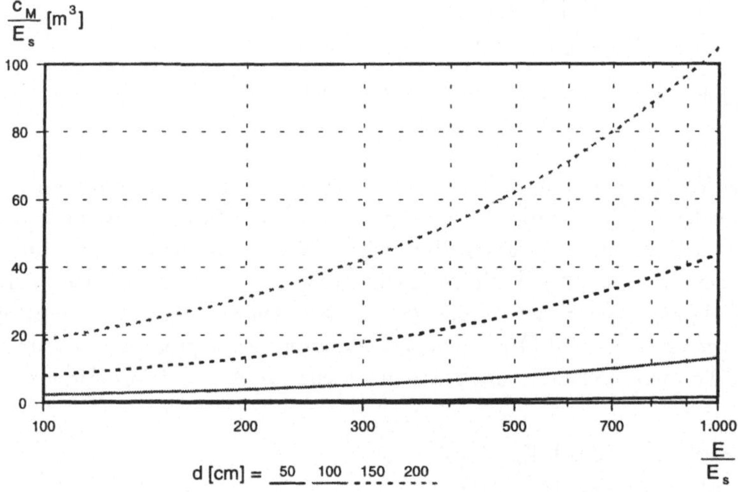

Bild 4.4.2-61 Drehfedersteifigkeit c_M einer Pfahlgründung (mit konstantem Bettungsmodulverlauf)

Geht man von einem für Pfahl und Pfeiler gleich großen Elastizitätsmodul aus, gewinnt die horizontale Nachgiebigkeit des Pfahlkopfes mit abnehmendem Steifemodul immer mehr an Bedeutung. Besonders bei weichen Böden stellt diese Nachgiebigkeit einen erheblichen Teil der Pfeilerkopfverschiebungen dar. Während das Verhältnis der Federsteifigkeiten c_N/c_M z.B. für einen steifen Boden (E/E_s = 200 und d_{Pfahl} = 50 cm) 1,28 m^{-2} beträgt, verringert es sich für einen weichen Boden (E/E_s = 30 und d_{Pfahl} = 50 cm) auf 0,57 m^{-2}.

Wichtig ist dieser Aspekt im Zusammenhang mit der Wahl geeigneter Pfahldurchmesser. Die Anordnung vieler Pfähle mit kleinem Durchmesser erweist sich als erheblich günstiger als entsprechend wenige Pfähle mit großem Durchmesser. Mit der Annahme, daß die Normalkrafttragfähigkeit eines Pfahles ausschließlich von der Mantelreibung abhängt, würde beispielsweise eine Halbierung des Durchmessers zu einer Verdopplung der erforderlichen Pfahlanzahl führen. Während die Dehnfedersteifigkeit c_N der Pfähle jeweils gleich bleibt, verringert sich die Drehfedersteifigkeit c_M in diesem Fall auf 1/4. Unter diesen Voraussetzungen gelten für die Federsteifigkeiten c_N und c_M in Abhängigkeit von der Pfahlanzahl und vom Pfahldurchmesser folgende Zusammenhänge:

$$\frac{c_N(n_i)}{c_N(n_j)} = \text{const.} \tag{4.4.2-23}$$

$$\frac{c_M(n_i)}{c_M(n_j)} = \frac{n_i}{n_j}\left(\frac{d_i}{d_j}\right)^3 \tag{4.4.2-24}$$

n_i, n_j – Anzahl der Pfähle
d_i, d_j – Pfahldurchmesser

Mit diesen Gleichungen sind darüber hinaus Aussagen über die günstigste Pfahlgeometrie möglich. Die sich aus einer vorhandenen Normalkraft ergebende Pfahloberfläche wird durch die Parameter Pfahllänge und -durchmesser bestimmt. Zur Erzielung einer großen Verformungsfähigkeit sind lange Pfähle mit kleinen Durchmessern am günstigsten. Für kreisrunde Pfähle kann davon ausgegangen werden, daß die Drehfedersteifigkeit etwa in der 3. Potenz mit dem Durchmesser zunimmt. So kann der Verdrehwiderstand durch Verdopplung der Pfahllänge (bei gleichzeitiger Halbierung des Durchmessers) auf etwa 1/8 verringert werden. Vorausgesetzt die Biegemomente werden vom Pfahl aufgenommen.

Eine mögliche Alternative zur Pfahlgründung stellt die Gründung mit Schlitzwänden dar. Sie kann bis in größere Tiefe und mit vergleichsweise geringer Querschnittsdicke ausgeführt werden [Graubner/ Wettmann, 1993].

4.4.2.2.6.4 Vergleich der Gründungen

Im folgenden Beispiel soll das Verformungsverhalten einer Flächen- und Pfahlgründung sowie dessen Einfluß auf die Zwangbeanspruchungen der Pfeiler miteinander verglichen werden. Betrachtet wird ein kreisrunder und in den Überbau voll eingespannter Brückenpfeiler. Der Pfahl bindet 20 m tief in den Baugrund ein (Bild 4.4.2-62). Es wird ungeschichteter, bindiger Boden mit folgenden Kennwerten angenommen:

Steifemodul	E_s = 10 MN/m^2
Pfahlspitzendruck	σ_s = 500 kN/m^2
Zul. mittl. Bodenpressung	σ = 250 kN/m^2
Mantelreibung	τ_m = 30 kN/m^2

Die Biegesteifigkeit von Pfeiler und Pfahl beträgt 500 MNm^2 (Zustand I). Zur Berücksichtigung von Zustand II wird eine konstante (Sekanten-) Biegesteifigkeit von 460 MNm^2 angesetzt. Der Bettungsmodulverlauf ist konstant; die Fundamentplatte der Flächengründung wird starr angenommen. Für die Berechnung werden die in Bild 4.4.2-63 dargestellten statischen

Systeme zugrunde gelegt. Es wird eine horizontale Kopfverschiebung von 3,0 cm am Pfeilerkopf eingeprägt. Die Pfahlabmessungen ergeben sich ausschließlich aus der Abtragung der Normalkraft N über Mantelreibung und Spitzendruck.

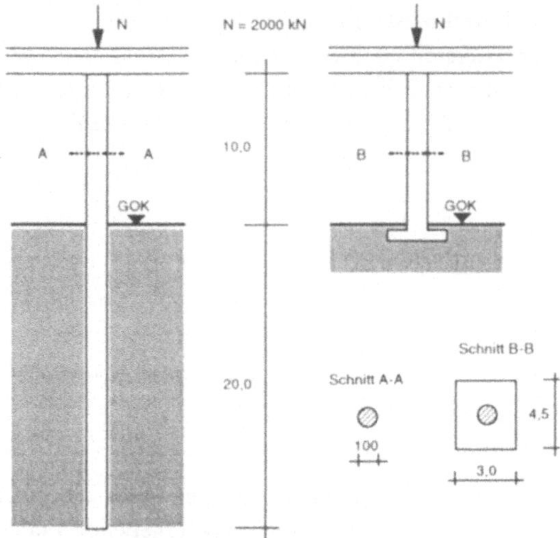

Bild 4.4.2-62 Beispiel: Abmessungen der Pfeiler und Gründungen

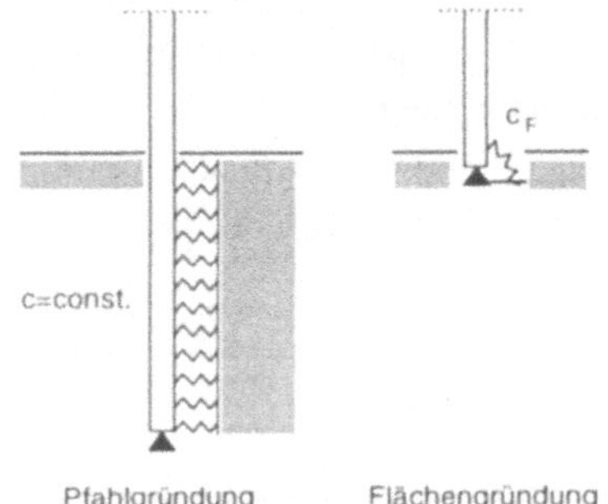

Bild 4.4.2-63 Beispiel: Statisches System der Flächen- und Pfahlgründung

Die Abmessungen der Fundamentplatte sind unter der Voraussetzung errechnet, daß gerade noch keine klaffende Fuge auftritt. Die Drehfeder weist also ein lineares Verhalten auf.

Nach DIN 4017, 7.1 ergibt sich daraus die erforderliche Fundamentbreite für außermittigen Lastangriff senkrecht zur Drehachse zu d = 1,5 N/b σ.

In Bild 4.4.2-64 sind die Momenten- und Biegelinien als Ergebnis einer nichtlinearen FE-Berechnung (ABAQUS) dargestellt. Folgende Erkenntnisse lassen sich daraus ableiten:

(a) Die Nachgiebigkeit der Pfahlgründung wird in starkem Maße von der horizontalen Verschiebung des Pfahlkopfes beeinflußt. Dadurch kann der im Vergleich zur Flächengründung größere Verdrehwiderstand mehr als kompensiert werden. Zur Erzielung gleicher Drehfedersteifigkeiten müßte der Pfahldurchmesser hier von 100 cm auf 72 cm reduziert werden.

(b) Das nichtlineare Werkstoffverhalten von Pfeiler und Pfahl wirkt sich weniger stark aus als bei einer starren Gründung. Bei der Flächengründung nehmen die Momente aufgrund der größeren Fundamentsteifigkeit stärker ab als bei der Pfahlgründung. Da die Rißbildung bei konstantem Pfeilerquerschnitt immer am Pfeilerkopf beginnt, werden die Zwangmomente im wesentlichen dort abgebaut.

Vergleicht man die hier ermittelten maximalen Pfeilerendmomente mit denen einer starren Gründung, ergibt sich für die nachgiebige Gründung in Zustand I ein Abbau auf 56% (Flächengründung) bzw. 41% (Pfahlgründung). Aufgrund der möglichen Pfahlkopfverschiebung ist damit sogar eine Verringerung auf unter 50% zu erreichen, was selbst mit einer ideal-gelenkigen Lagerung auf einem unverschieblichen Fundament (z.B. Betongelenk) nicht zu erreichen wäre.

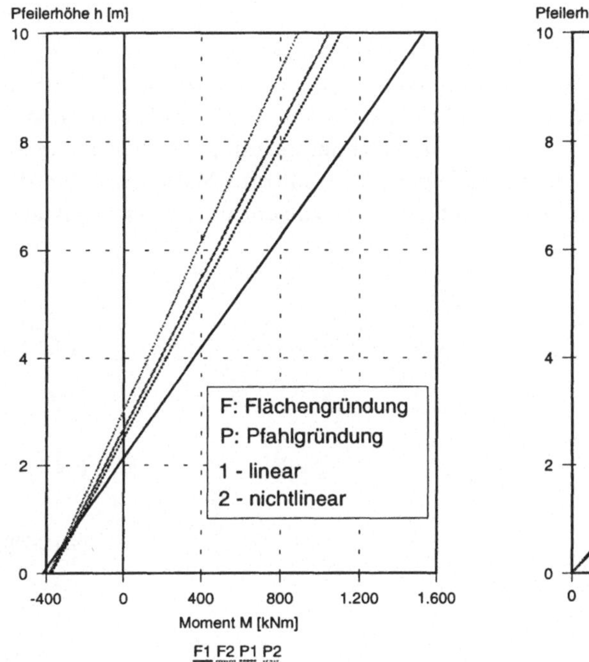

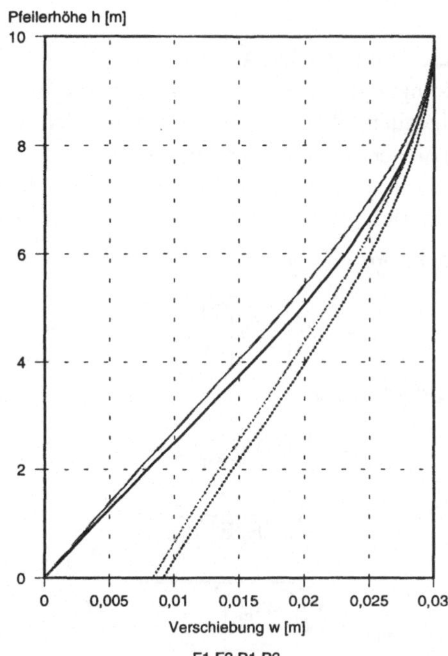

Bild 4.4.2-64 Beispiel: Momente und Biegelinien

Es kann festgehalten werden, daß Gründungen in erheblichem Maße zur Verformungsfähigkeit von Brückenpfeilern beitragen können. Dies gilt vor allem für Pfahlgründungen, welche außer Verdrehungen auch Verschiebungen am Pfahlkopf zulassen. Wirtschaftlich sinnvoll ist die Pfahlgründung vor allem dann, wenn in den oberen Schichten weicher Boden mit unzureichender Tragfähigkeit ansteht. Die zur Aufnahme der Normalkraft ohnehin erforderlichen langen Pfähle können gleichzeitig als zusätzliches Verformungspotential genutzt werden. Grundsätzlich sollten also lange und dünne Pfähle angestrebt werden. Gegebenenfalls können hierzu auch die Vorspannung oder hochfester Beton eingesetzt werden [Walraven, 1993].

Die Flächengründung erweist sich dann als besonders günstig, wenn eine klaffende Fuge auftritt, allerdings bei gleichzeitig stark ansteigenden Bodenpressungen.

Ermöglichen die Baugrundverhältnisse Flächen- oder Pfahlgründungen gleichermaßen, stellt sich die Frage, mit welcher Lösung die höchste Nachgiebigkeit des Systems Pfeiler-Pfahl erreicht werden kann. Betrachtet man dazu den Pfeiler vereinfacht als auskragenden Stab, können die aus der Gründung resultierenden Verschiebungsanteile w_F bzw. w_P für eine horizontale „1"-Last berechnet werden:

Flächengründung:

$$w_F = \frac{h^2}{c_F} \qquad (4.4.2\text{-}25)$$

Pfahlgründung:

$$w_P = \frac{1}{c_{P,N}} + \frac{h^2}{c_{P,M}} \qquad (4.4.2\text{-}26)$$

Ausgehend von Gl. 4.4.2-21 und 4.4.2-22 können die Federsteifigkeiten für konkrete Randbedingungen über die Normalkrafttragfähigkeit des Pfahls direkt ermittelt werden. Die nachfolgenden Gleichungen gelten unter den in Abschnitt 4.4.2.2.6.3 bereits formulierten Voraussetzungen; die erforderliche Fundamentbreite d (in Verschiebungsrichtung des Pfeilers) ergibt sich unter der Annahme, daß gerade keine klaffende Fuge auftritt. Maßgebend für die Ermittlung des Pfahldurchmessers d_P ist hier ausschließlich die aufzunehmende Normalkraft:

Flächengründung:

$$c_F \cong 0{,}9 \frac{E_s}{b^2} \sqrt[5]{\left(\frac{N}{\sigma}\right)} \qquad (4.4.2\text{-}27)$$

Pfahlgründung:

$$c_{P,N} \cong \frac{1}{3} \sqrt[4]{E_s^3 E}\, d_P \qquad (4.4.2\text{-}28)$$

$$c_{P,M} \cong \frac{1}{14} \sqrt[4]{E_s E^3}\, d_P^3 \qquad (4.4.2\text{-}29)$$

$$d_P = \sqrt{\left(\frac{2t\tau_m}{\sigma_s}\right)^2 + \frac{4\,N}{\pi\,\sigma_s}} - \frac{2t\tau_m}{\sigma_s} \qquad (4.4.2\text{-}30)$$

h – Pfeilerhöhe
t – Pfahllänge

Gl. 4.4.2-27 und 4.4.2-28 sind in Bild 4.4.2-65 exemplarisch für nachfolgende Werte ausgewertet:

Normalkraft	N	= 4000 kN
Pfeilerhöhe	h	= 10 m
Fundamentbreite	b	= 4 m
Elastizitätsmodul	E	= 30000 MN/m²

Es werden folgende Kenngrößen für nichtbindigen (N1 und N2) bzw. bindigen (B1 und B2) Boden zugrunde gelegt (Tabelle 4.4.2-1).

Boden	σ [kN/m²]	σ_s [kN/m²]	τ_m [kN/m²]	E_s [MN/m²]
N1	250	800	40	40
N2	400	2000	80	200
B1	150	300	20	2
B2	250	800	50	8

Tabelle 4.4.2-1 Beispiel: Bodenkenngrößen

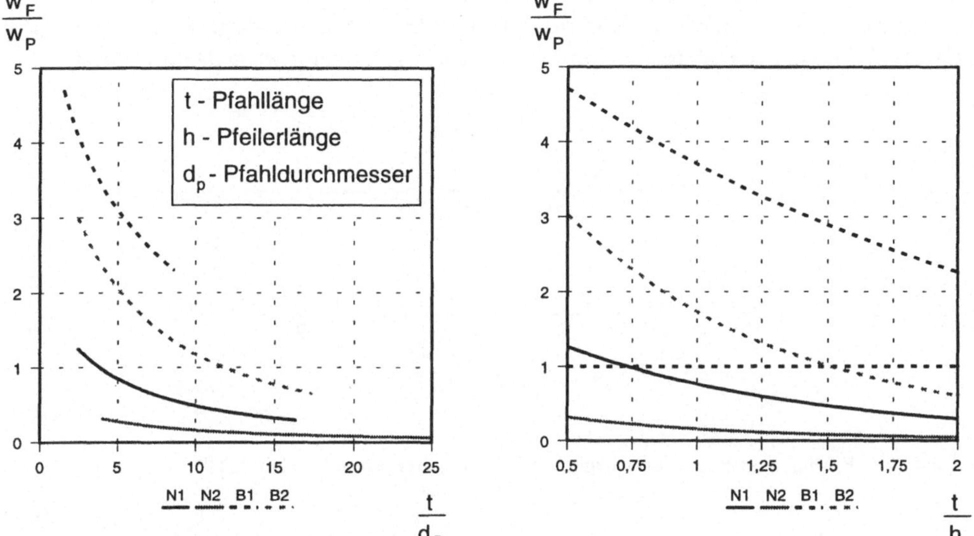

Bild 4.4.2-65 Beispiel: Verschiebungsanteile von Flächen- und Pfahlgründung

Es werden die Vorteile der Pfahlgründung bei Böden mit hohem Steifemodul deutlich, da sich die Pfahllänge primär im Bereich der zweifachen elastischen Länge auf die Verformungen auswirkt. Eine Erhöhung der Verformungsfähigkeit kann durch eine Verlängerung über dieses Maß dennoch erreicht werden, weil sich dadurch ebenfalls der Pfahldurchmesser verringert. Es ist daher zweckmäßig, die Pfähle auch in diesen Fällen über 2L hinaus in den Baugrund einzubinden, solange der Pfahldurchmesser mit vertretbarem Aufwand herstellbar ist.

Flächengründungen sind für einen Baugrund mit geringem Steifemodul geeignet, wenn die Anforderungen aus der Tragfähigkeit problemlos erfüllt werden können. Ansonsten sind auch hier Pfahlgründungen anzustreben.

Die Vorteile einer Pfahlgründung werden allerdings immer dann geschmälert, wenn für die Flächengründung eine klaffende Fuge zugelassen werden kann.

4.4.3 Einflußgrößen bei Betrachtung der Details

4.4.3.1 Knotenform

4.4.3.1.1 Allgemeines

Die monolithische Verbindung (s.a. Abschnitt 4.2.1) kann als archetypisch bezeichnet werden, da sie sich aus dem Stein- bzw. frühen Betonbrückenbau entwickelte (Abschnitt 4.1). Für ihre Eignung im Betonbau sind zwei Gründe ausschlaggebend: Erstens die Möglichkeit der Herstellung „aus einem Guß" und dies vor Ort. Damit kann jede beliebige Form ohne fertigungsbedingte Fugen hergestellt werden. Und zweitens die geringe Zugfestigkeit des Betons, welche eine konzentrierte Lasteinleitung nur mit zusätzlicher Bewehrung (z.B. Querzugbewehrung) zuläßt. Dies ist der wesentliche Unterschied zu Stahl, der aufgrund seiner hohen Festigkeit auch lokal hohe Spannungen erträgt. Hinzu kommt das Erscheinungsbild, das durch horizontales und vertikales „Auftrennen" der Konstruktion nachhaltig beeinträchtigt werden kann (Bild 4.4.3-1). Der homogene Charakter von Betonbrücken geht damit weitgehend verloren.

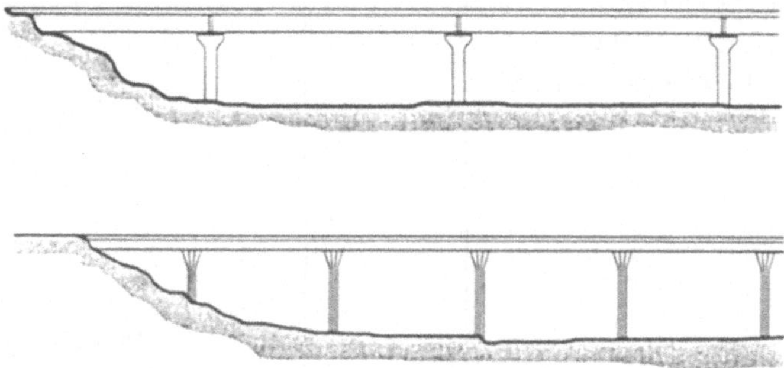

Bild 4.4.3-1 Einfluß von Fugen und Lagern auf das Erscheinungsbild [Pötzl, 1991]

4.4.3.1.2 Anforderungen an die Verbindung

Monolithische Verbindungen zwischen Überbau und Pfeiler verknüpfen die Vorteile eines kontinuierlichen, „laminaren" Kraftflusses mit dem Nachteil der nur bedingt vorhandenen Verformungsfähigkeit im Knoten. Im Vergleich zum konventionellen Lager müssen daher Knotenverdrehungen lokal vom Konstruktionsbeton aufgenommen werden.

Bereits vor 70 Jahren stellte man Überlegungen zur kraftflußorientierten Stützenkopfausbildung von Flachdecken an [Billington, 1979]. Ziel war es, Spannungskonzentrationen durch eine „allmähliche Bündelung" der Auflagerkräfte aus der Decke in die Stütze zu ermöglichen (Bild 4.4.3-2).

Monolithische Brücken müssen aber im Gegensatz zu Hochbauten zusätzlich über eine ausreichende Rotationsfähigkeit in den Knotenbereichen verfügen. Die Ausbildung der Knoten sollte in Formgebung und konstruktiver Durchbildung daran orientiert werden.

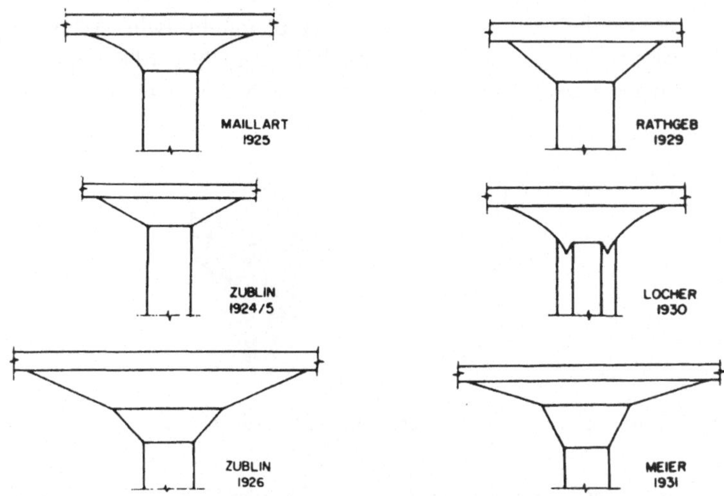

Bild 4.4.3-2 Stützenkopfausbildung für Flachdecken [Billington, 1979]

4.4.3.1.3 Kraftfluß

Geometrische Diskontinuitäten verursachen „Störungen" im Kräfteverlauf (s.a. Abschnitt 3.2.1.7). Daraus ergeben sich Umlenkkräfte, welche orthogonal zum Lastpfad wirken und vom Beton bzw. von der Bewehrung aufgenommen werden müssen. Im Trajektorienbild der in Bild 4.4.3-3 dargestellten Doppelkonsole wird dies durch die orthogonal zu den Lastpfaden verlaufenden Zugtrajektorien deutlich.

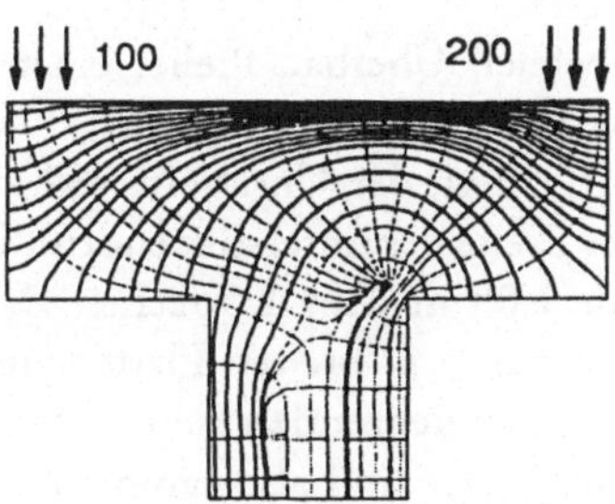

Bild 4.4.3-3 Trajektorien einer asymmetrisch belasteten Doppelkonsole [Rückert, 1992]

Ursächlich für Umlenkkräfte sind die durch geometrische Randbedingungen erzeugten Richtungsänderungen der Lastpfade. Ziel der Detailausbildung von Betonkonstruktionen sollte es sein, Spannungsspitzen und die damit verbundene Verdichtung von Bewehrung durch eine geeignete Bauteilform auf ein konstruktiv vertretbares Maß zu beschränken.

Das Auffinden solcher Bauteilformen, welche die genannten Anforderungen erfüllen, ist heute mit Hilfe von Optimierungsalgorithmen möglich [Mlejnek, 1992]. Dieses Hilfsmittel wird seit geraumer Zeit im Flugzeugbau eingesetzt, um gewichtsoptimierte Tragstrukturen zu entwickeln.

Dieser Gedanke soll im folgenden exemplarisch auf eine monolithische Verbindung übertragen werden, um Hinweise auf die Formgebung zu erhalten. Gesucht wird die optimale Massenverteilung für vorgegebene statische und geometrische Randbedingungen (Bild 4.4.3-4).

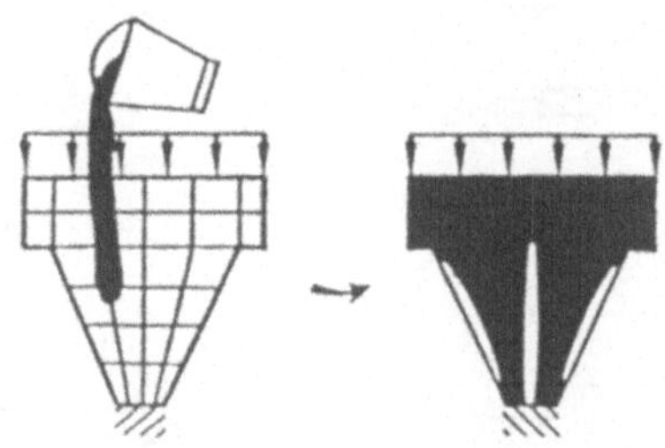

Bild 4.4.3-4 Problem der optimalen Massenverteilung [Mlejnek, 1992]

Dazu wird ein sogenannter Entwurfsraum definiert, der dem D-Bereich nach Schlaich/Schäfer, 1993, entspricht. An den Entwurfsraumgrenzen werden die inneren Kräfte und Lagerungsbedingungen angesetzt bzw. definiert. Für den Entwurfsraum wird eine bestimmte Materialmenge zur Verfügung gestellt, welche als mittlere Materialdichte α bezeichnet wird.

Ziel der hier mit dem Programm OM [Mlejnek, 1993] durchgeführten Optimierung ist, das Material im Entwurfsraum so zu verteilen, daß die Formänderungsenergie minimal wird. Der zur Berechnung der Formänderungsenergie erforderliche Elastizitätsmodul E ist somit abhängig vom Füllungsgrad μ und ergibt sich aus Gl. 4.4.3-1:

$$E = E_0 \, \mu \qquad (4.4.3\text{-}1)$$

E_0 – Elastizitätsmodul bei 100%iger Füllung, d.h. $\alpha = 1{,}0$

μ – Füllungsgrad

Im folgenden wird der Knotenbereich Überbau-Pfeiler einer Fußgängerbrücke in Brückenlängsrichtung optimiert. Dazu wird in Längsrichtung ein 1,30 m breiter Entwurfsraum untersucht, der auf einer Breite von 40 cm an der Unterseite voll eingespannt ist (Bild 4.4.3-5a)). Die Einspannbreite entspricht der Breite des unterstützenden Pfeilers. Die Höhe entspricht mit 85 cm dem D-Bereich, bzw. mit 1,05 m dem 1,5-fachen D-Bereich. Die zugrunde gelegte Eigenlast resultiert aus dem gegebenen 4 m breiten Plattenquerschnitt. Die Verkehrslast p ist nach DIN 1072 mit 5 kN/m^2 in den angrenzenden Feldern angesetzt. Die an beiden Entwurfsraumgrenzen angreifenden inneren Kräfte sind also symmetrisch.

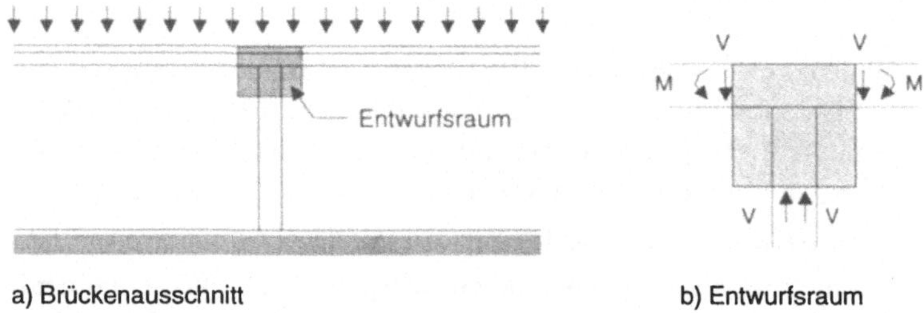

Bild 4.4.3-5 System und Entwurfsraum für die Formoptimierung des Pfeilerkopfs

Bild 4.4.3-6a) zeigt das Ergebnis der Formoptimierung für den klassischen D-Bereich [Jung, 1993]. Erkennbar ist die durch die Betondruckspannung im Überbau zunächst flach und zum Pfeiler hin zunehmend steiler verlaufende Bauteilform. Auch beim vergrößerten Entwurfsraum (Bild 4.4.3-6b)) wird die Tendenz deutlich, Krümmungen der Lastpfade bzw. der Bauteilränder zu minimieren. Dies wird durch die veränderliche Neigung des am Überbau anschließenden Bauteilrandes ersichtlich, obwohl Druckgurt- und Querkraft in beiden Fällen jeweils gleich groß sind. Die daraus abgeleiteten Stabwerkmodelle veranschaulichen den Kraftfluß (Bild 4.4.3-6c)).

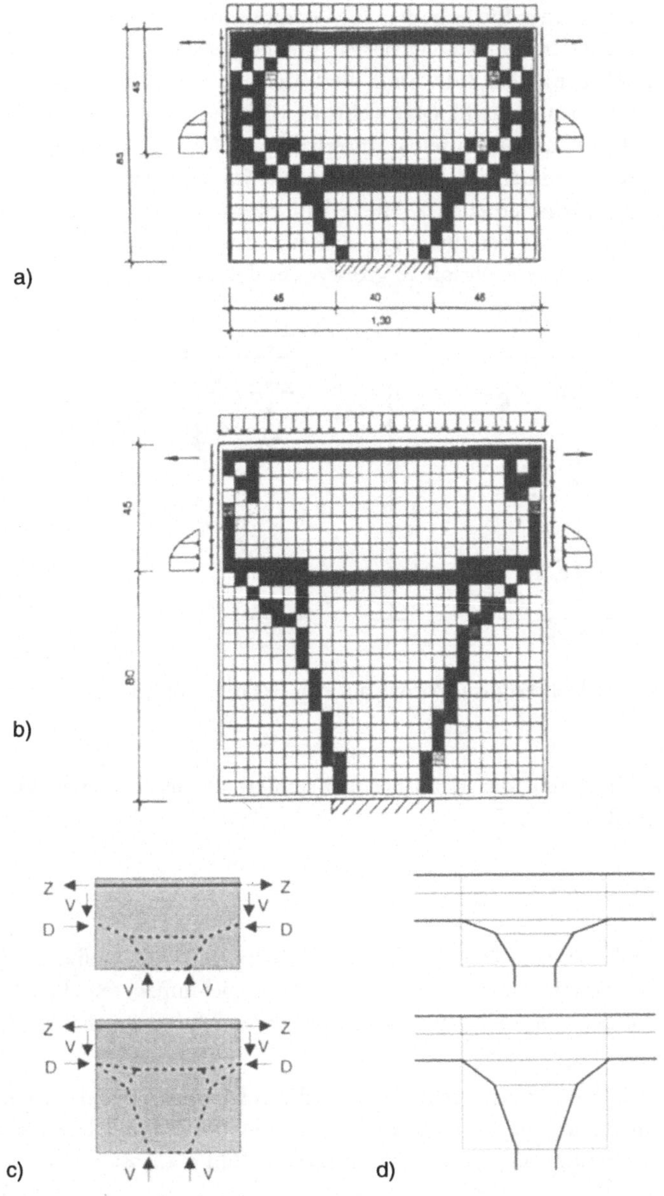

Bild 4.4.3-6 Formoptimierung

In Bild 4.4.3-6d) ist dieses Ergebnis in eine polygonal verlaufende Form umgesetzt worden.

Weitere von Jung, 1993, erzielten Ergebnisse zeigen, daß der durch die monolithische Bauweise mögliche kontinuierliche Übergang Überbau-Pfeiler eine wesentliche Voraussetzung für eine dauerhafte Verbindung darstellt, weil vor allem im Gebrauchszustand größere Risse vermieden werden können.

4.4.3.1.4 Rotationsfähigkeit

Die mögliche Auslenkung eines Pfeilerkopfes im Grenzzustand der Tragfähigkeit (ULS) hängt von der Rotationsfähigkeit in den maßgebenden Pfeilerquerschnitten und von der Lage der Fließgelenke ab (s.a. Abschnitt 3.2.1.4). Sind die Querschnittsabmessungen des Pfeilers über die gesamte Höhe konstant und die Längsbewehrung nicht oder nur schwach abgestuft, treten die Fließgelenke im allgemeinen unmittelbar unterhalb des Überbauquerschnitts bzw. oberhalb der Gründung auf. Wird jedoch der Pfeilerquerschnitt im Übergangsbereich zum Überbau aufgeweitet, um einen kontinuierlichen Kräfteverlauf zu erreichen, kann sich das Fließgelenk „nach unten verschieben". Dies hat zur Folge, daß sich die zur Aufnahme einer eingeprägten Kopfverschiebung erforderliche Rotation vergrößert (Bild 4.4.3-7).

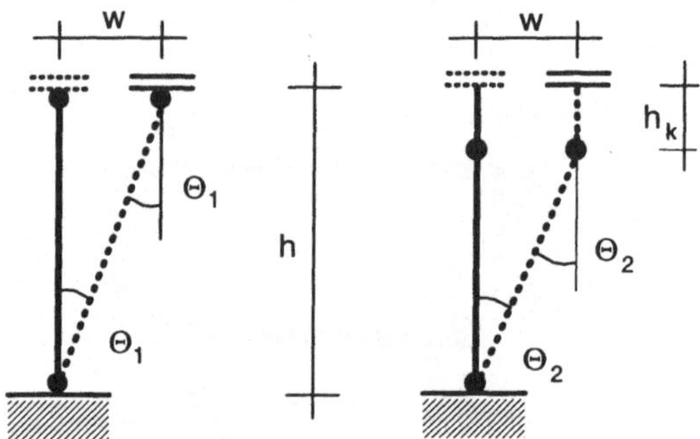

Bild 4.4.3-7 Einfluß einer Pfeilerkopfaufweitung auf den Rotationswinkel

Vernachlässigt man den Anteil der Krümmungen außerhalb der Fließgelenke, gilt für den Rotationswinkel nach Bild 4.4.3-7:

$$\frac{\Theta_2}{\Theta_1} = \frac{h}{h - h_k} \tag{4.4.3-2}$$

Es wird deutlich, daß dieser Effekt für kleine Verhältnisse h/h_k maßgebend für die im Grenzzustand der Tragfähigkeit aufnehmbaren Kopfverschiebungen sein kann. Für symmetrisch bewehrte Rechteckquerschnitte nimmt das plastische Moment annähernd proportional mit der Bauteilhöhe zu.

Beschränken sich die aufgeweiteten Pfeilerendbereiche auf jeweils 10% der Pfeilerhöhe, nehmen die Zwangmomente infolge Kopfverschiebung bereits in Zustand I nur noch unterproportional mit der Querschnittsaufweitung (Voutung) zu (Bild 4.4.3-8).

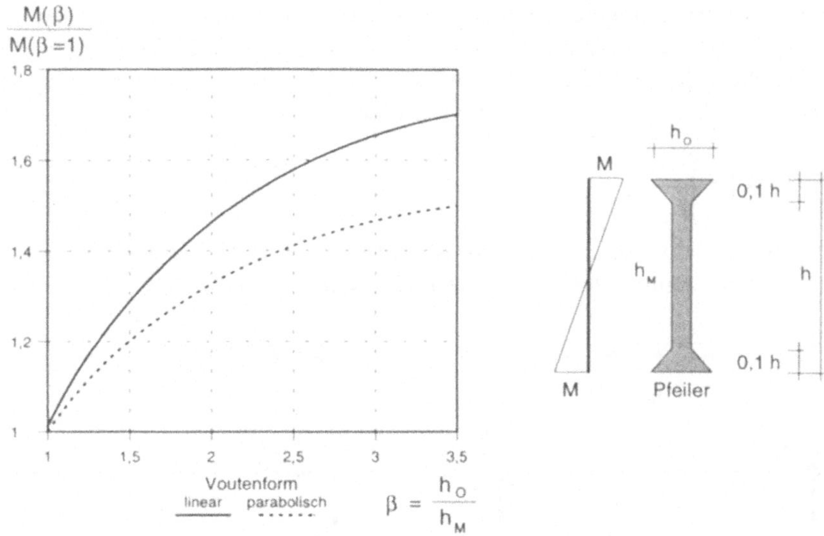

Bild 4.4.3-8 Zwangmomente (Zustand I) in gevouteten Pfeilern

Das in Bild 4.4.3-9 dargestellte Beispiel zeigt, daß sich die Fließgelenke bereits bei einer linear verlaufenden Voutung verschieben. Der erforderliche Rotationswinkel Q erhöht sich für diesen Querschnitt nach Gl. 4.4.3-2 dann um 25%.

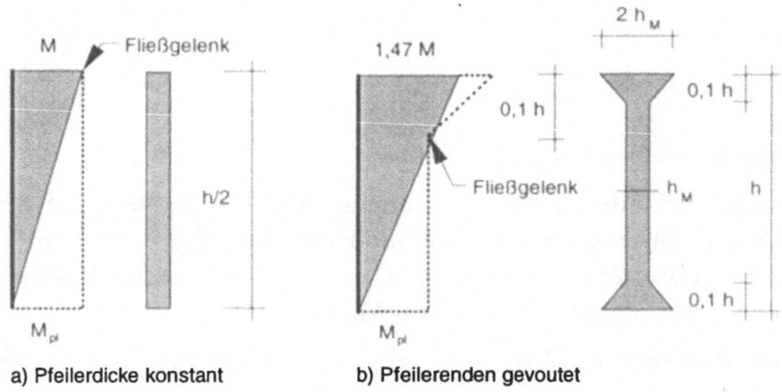

Bild 4.4.3-9 Einfluß der Voutung auf die Lage der Fließgelenke

Im Gegensatz zu rein biegebeanspruchten Bauteilen bewirkt die im gevouteten Bereich eines Pfeilers abnehmende Normalkraftausnutzung zunächst eine Erhöhung der Rotationsfähigkeit. Geht man davon aus, daß die statisch erforderliche Längsbewehrung herstellungsbedingt aus dem Pfeilerquerschnitt gerade durch den aufgeweiteten Pfeilerkopf geführt wird, verringert sich zusätzlich auch der Bewehrungsgehalt. Die Rotationsfähigkeit verändert sich dadurch allerdings nur geringfügig, da durch die geringere Bewehrung am Druckrand gleichzeitig kleinere Zuggurtdehnungen entstehen. Zusammen mit dem Einfluß aus abnehmender Querschnittshöhe wird die Rotationsfähigkeit demnach dort am größten sein, wo die Querschnittshöhe am geringsten ist [Langer, 1987].

Durch einen gevouteten Überbau kann dagegen die Traglast erhöht werden. Verlagern sich hier die Fließgelenke vom Stützquerschnitt in das Feld, verringert sich die maßgebende Länge zwischen den Fließgelenken (Bild 4.4.3-10). Bleibt das plastische Moment unverändert, erhöht sich die Traglast. Für Systeme mit Gleichstreckenlast gilt:

$$\frac{q_u\,(l_s)}{q_u\,(l)} = \left(\frac{l}{l_S}\right)^2 \qquad (4.4.3\text{-}3)$$

Verlagern sich beispielsweise die Fließgelenke beidseitig um 0,1 l und bleiben die plastischen Momente konstant, ergibt sich eine Traglasterhöhung um immerhin 56%.

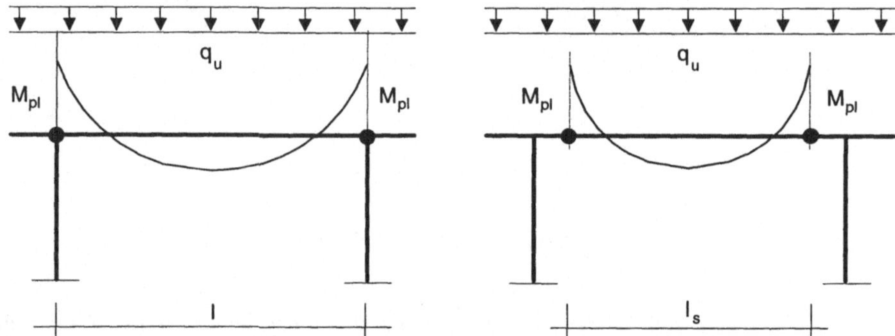

Bild 4.4.3-10 Einfluß der Lage der Fließgelenke auf die Traglast

4.4.3.2 Art der Verbindung

4.4.3.2.1 Homogene Verbindung

Im Betonbau erfolgt eine kraftschlüssige Verbindung durch die sich übergreifende Bewehrung. Die Arbeitsfuge hat im allgemeinen eine so große Rauhigkeit, daß parallel zur Fuge wirkende (Quer-) Kräfte ohne Relativverschiebungen übertragen werden können. Günstig wirken zudem die in Brückenpfeilern auftretenden hohen Druckkräfte.

Aus der vertikalen Belastung des Überbaus stellen sich Fließgelenke, abgesehen vom bereits behandelten Einfluß der Knotenform, unmittelbar oberhalb des Pfeilers ein. Zusätzlich wirkender Zwang aus horizontaler Überbauverschiebung kann dazu führen, daß sich der plastische Bereich entweder in den Pfeiler hinein oder aus der Auflagerachse nach rechts oder links in den Überbau ausdehnt. Erstgenannter Fall tritt dann ein, wenn aufgrund des hohen Verdrehwiderstandes des Überbaus das aus Zwang entstehende Pfeilerkopfmoment schnell zunimmt und dadurch dort das plastische Moment erreicht wird. Der zweite Fall betrifft Brücken mit biegesteifen Pfeilern.

Stellt sich das plastische Gelenk im Überbauquerschnitt ein, können zu den Verschiebungsanteilen aus der Gelenkrotation auch solche aus Translation hinzukommen. Diese entstehen dadurch, daß die am Pfeilerkopf vorhandenen Gurtkräfte im Überbau als Querkräfte wirken und somit lokal zu einer Verzerrung des Knotens führen [Jennewein/Schäfer, 1992]. Die dabei entstehende Winkeluntreue der Rahmenecke erhöht zusätzlich die Pfeilerkopfverschiebungen.

Geht man davon aus, daß am Pfeilerkopf gerade das plastische Moment M_{pl} erreicht wird, kann die aus der Schubverzerrung γ resultierende Verdrehung wie folgt abgeschätzt werden:

$$\Theta_{pl,\gamma} = 15 \frac{M_{pl}}{E_c V_K} \tag{4.4.3-4}$$

E_c – Elastizitätsmodul im Zustand I
V_K – Volumen des Rahmenknotens

Dieser Anteil kann bis zu 10% an der gesamten Rotation betragen.

4.4.3.2.2 Hybride Verbindung

Das Problem bei der Verbindung von Pfeilern aus Stahlprofilen mit Betonüberbauten (s.a. Bild 4.2-1) besteht in der Übertragung der senkrecht zur Kontaktfläche wirkenden Zuggurtkräfte, die sich aus dem Biegemoment ergeben. Diese können nicht, wie bei der Verbindung Betonüberbau-Betonpfeiler, kontinuierlich durch eine übergreifende Bewehrung abgetragen werden. Eine Lösungsmöglichkeit besteht darin, die Zuggurtkräfte über ein auf das Stahlprofil aufgeschweißtes Gußteil und profilierte Bolzen in den Überbau zu übertragen. Die im Pfeilerquerschnitt befindlichen Bewehrungsstäbe könnten direkt durch Bohrungen geführt werden (Bild 4.4.3-11).

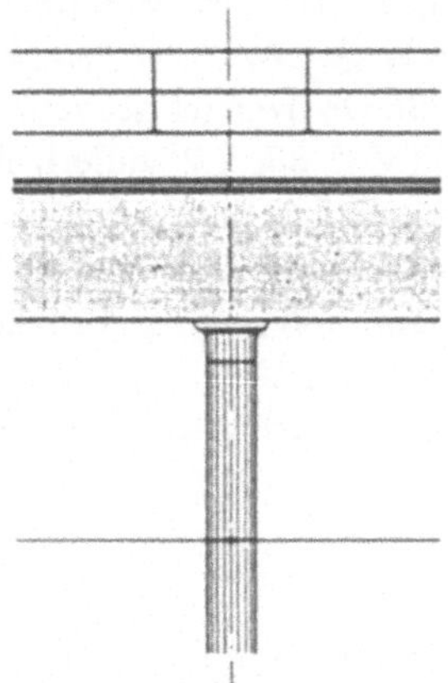

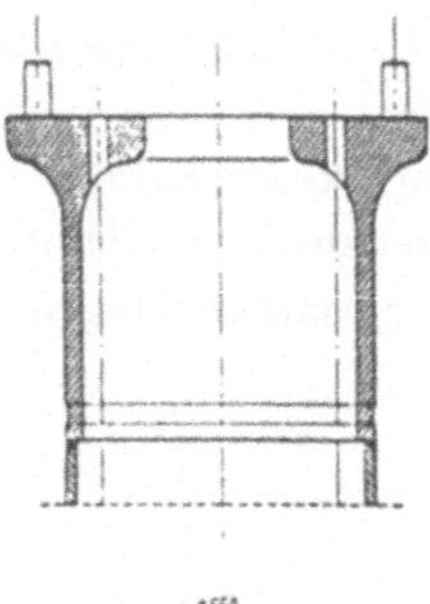

Bild 4.4.3-11 Hybride Verbindung

Für überwiegend normalkraftbeanspruchte Tragglieder kann die Kraftübertragung durch Stahlgußteile mit aufgeschweißten, vertikal angeordneten Blechen und Bügeln erfolgen, wie sie bereits für mehrere Fußgängerbrücken in Stuttgart ausgeführt wurden (Bild 4.4.3-12).

Hohe und parallel zur Kontaktfläche wirkende Pfeilerquerkräfte können wirkungsvoll durch Zahnleisten in den Beton übertragen werden [Ruth, 1993].

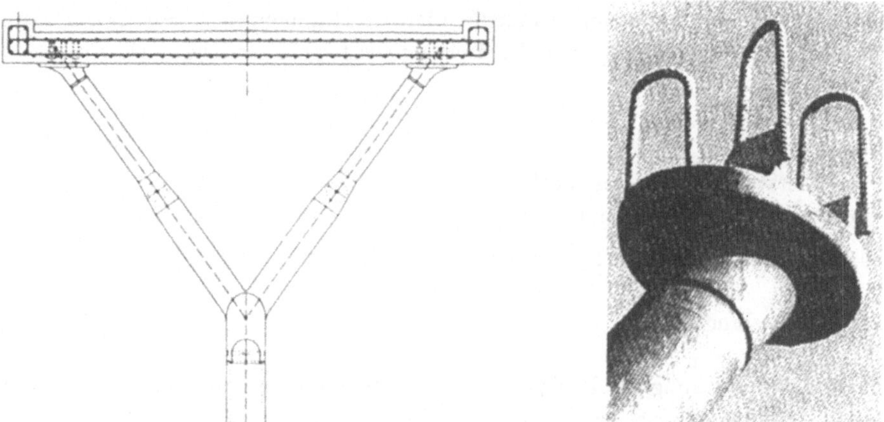

Bild 4.4.3-12 Ausbildung von Anschlußdetails [Schlaich/Bergermann, 1992]

4.4.3.2.3 Betongelenk

Betongelenke verfügen gegenüber biegesteifen Verbindungen über zwei wesentliche Vorteile. Sie erhalten den monolithischen Charakter und müssen im Gegensatz zu werksmäßig gefertigten Lagern nicht ausgetauscht werden. Sie ermöglichen große Drehwinkel bei vernachlässigbarem Verdrehwiderstand. Obwohl Betongelenke gemäß ZTV-K 88, 9.2 außerhalb des Einflußbereichs korrosionsfördernder Medien verwendet werden dürfen, sind sie aus dem heutigen Brückenbau nahezu verschwunden. Eine der wenigen Ausnahmen aus jüngster Zeit ist die neue Lorzentobelbrücke im Kanton Zug (Schweiz). Diese insgesamt 568 m lange Brücke wurde an einem der drei kurzen Pfeilerpaare mit Betongelenken ausgeführt. Damit konnten am Betongelenk Überbauverschiebungen von insgesamt 18 cm aufgenommen werden (Bild 4.4.3-13).

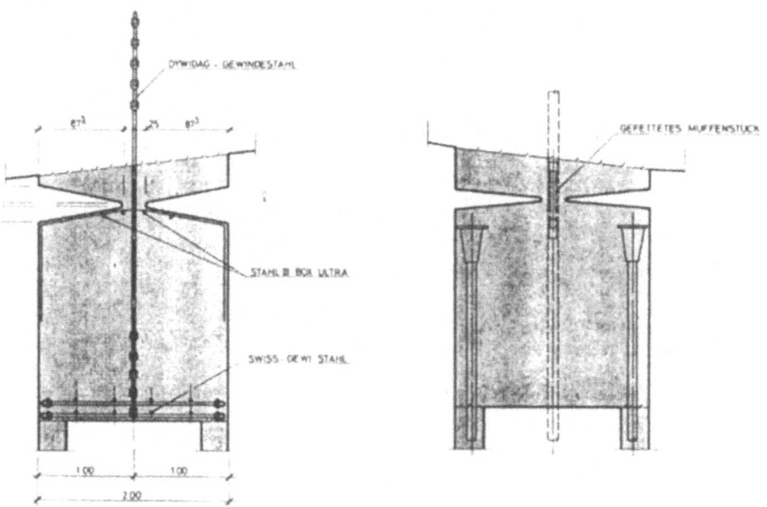

Bild 4.4.3-13 Betongelenk der Lorzentobelbrücke (Schweiz) [Eicher, 1986]

Obwohl ein Betongelenk Drehwinkel bis zu 0,015 zuläßt [Leonhardt, 1975], ist der dafür notwendige „Lagerspalt" auch im Vergleich zu herkömmlichen Elastomer- oder Kalottenlagern gering. Aufgrund ihres monolithischen Charakters könnten somit Betongelenke in Verbindung mit biegesteifen Pfeilerköpfen ausgeführt werden.

Betongelenke bieten sich insbesondere bei hohen Pfeilern an, weil bereits mit vergleichsweise kleinen Drehwinkeln große Kopfverschiebungen zu erreichen sind. Aus dem zulässigen Drehwinkel ergibt sich bei Pfeilern mit Betongelenken an beiden Enden (Pendelstab) die größtmögliche fugenlose Brückenlänge $L_{fugenlos}$ zu:

$$L_{fugenlos} \leq 15 \frac{h_P}{\varepsilon} \qquad (4.4.3\text{-}5)$$

h_P – Pfeilerhöhe
ε – Dehnung des Überbaus infolge Zwang

5 Entwurfs- und Bemessungsstrategie

5.1 Vorbemerkungen zum Entwurfsprozeß

Im Entwurfsprozeß entwickelt sich die gedankliche Vorstellung des Objekts. Das Entwerfen ist damit ebenso wie die Gestaltwerdung ein zeitabhängiger Vorgang. Charakteristisch hierfür ist das iterative Vorgehen. Begründet ist dies in der Existenz verschiedenartiger Randbedingungen und Anforderungen, die zudem meist implizit miteinander gekoppelt sind und sich daher auch in einzelnen Teilbereichen ganz unterschiedlich auswirken können [Rudolph/Kröplin, 1994]. Für ein systematisches Vorgehen beim Entwerfen ist es unerläßlich, die auf Fachwissen und Erfahrungsschatz, sehr häufig aber auch auf „Gefühl" und Intuition basierenden Entscheidungen nachvollziehbar, begründbar und bewertbar zu machen. Eine Entwurfsstrategie muß daher folgende Anforderungen erfüllen:

- Abbildung der Prozeßhaftigkeit des Entwerfens
- Erfassung und Bewertung aller maßgebenden Objekteigenschaften
- Aggregation der Einzelbewertungen zu einem Gesamturteil

Der entwerfende Ingenieur soll damit in die Lage versetzt werden, den außerordentlich komplexen Entwurfsprozeß sowohl zeitlich, d.h. von der Idee über die Skizze, das Tragwerkskonzept, die Vorbemessung bis hin zur Detailausbildung, als auch räumlich (Gesamtsystem, Bauteile, Details) in überschaubare Abschnitte zu gliedern. Im folgenden sind die in Abschnitt 4 ausführlich dargelegten Zusammenhänge so aufbereitet, daß ein systematisches Vorgehen möglich ist.

5.2 Restriktionen

Grundlage einer Tragwerksplanung ist die Einhaltung gegebener Randbedingungen sowie weiterer, auf den Einzelfall bezogener Anforderungen. Sie stellen Einschränkungen dar, die a priori berücksichtigt werden müssen und dadurch die Anzahl der in Frage kommenden Lösungsvarianten eingrenzt. Zu unterscheiden sind drei Stufen von Restriktionen:

(a) Grundlegende Anforderungen (z.B. Normen, Richtlinien)
(b) Situationsbezogene Randbedingungen (z.B. Baugrundverhältnisse)
(c) Zusätzliche Anforderungen des Bauherrn (z.B. geplante Lebensdauer, Gestaltung)

Der Spielraum für den Tragwerksentwurf wächst von (a) nach (c) erheblich. Während in Stufe (a) die Möglichkeiten zur Erfüllung der geltenden Vorschriften eher beschränkt sind (z.B. Mindestdicke einer quer vorgespannten Fahrbahnplatte von 23 cm gemäß ZTV-88), können die Anforderungen in Stufe (c) vom Entwurfsverfasser häufig „ad libitum" umgesetzt werden (z.B. hochfester Beton statt Normalbeton).

In Tabelle 5.2-1 sind zu (b) und (c) mögliche Restriktionen für den Entwurf monolithischer Brücken zusammengestellt.

Topographie	Trassenführung	Baugrund	Geometrische Zwangspunkte	Gestalterische Anforderungen
Geländeverlauf (Tal/Ebene)	Gradientenhöhe	Verformungsfähigkeit	Verkehrswege	Durchsicht
	Grundrißform (gerade, gekrümmt)	tragfähiger Boden	natürliche Hindernisse	Rhythmus der Pfeiler
				Schlankheit/ Transparenz des Überbaus
				Proportionen

Tabelle 5.2-1 Restriktionen für den Entwurf

5.3 Bewertungsmodell

5.3.1 Ziel der Bewertung

Die Ausführungen in Abschnitt 4 zeigen, daß die Beherrschung der Zwangbeanspruchungen von wesentlicher Bedeutung ist. Die Realisierbarkeit monolithischer Brücken hängt entscheidend davon ab, ob die auftretenden Zwangbeanspruchungen zu einer Beeinträchtigung von Gebrauchstauglichkeit bzw. Tragfähigkeit führen. Selbst wenn dies durch die Einhaltung der Norm sichergestellt werden kann, verbleibt für den Einzelfall immer noch ein beträchtlicher Entscheidungsspielraum. Um hier zu einer differenzierten Bewertung einzelner Lösungsvarianten zu gelangen, muß ein Bewertungsziel formuliert werden.

Für die vorliegende Problemstellung wird postuliert, daß eine größtmögliche fugenlose Brückenlänge mit minimaler Zwangbeanspruchung anzustreben ist:

$$\frac{L_{fugenlos}}{S_{Zwang}} \Rightarrow \text{Maximum} \tag{5.3-1}$$

Unter $L_{fugenlos}$ ist hier die gewählte bzw. angestrebte fugenlose Brückenlänge zu verstehen. Sie entspricht nicht zwangsläufig der Gesamtlänge, da auch eventuelle Querfugen im Überbau zu berücksichtigen sind (Bild 5.3-1). Unter S_{Zwang} werden alle relevanten zwangverursachenden Einflußgrößen subsummiert.

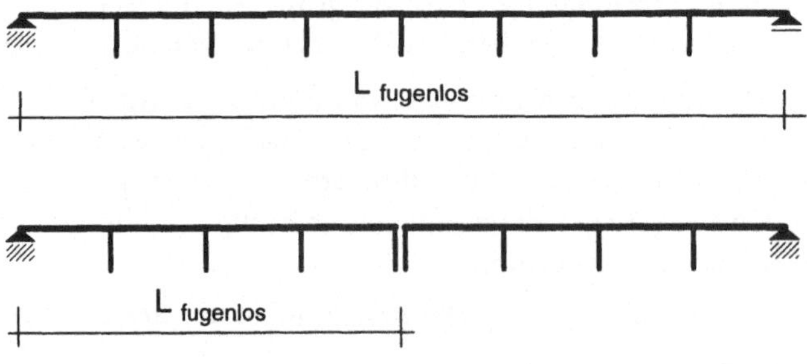

Bild 5.3-1 Fugenlose Brückenlänge

5.3.2 Aggregation der Einzelwertungen

Zur Aggregation der Einzelwertungen ist die Abbildung der einzelnen Einflußgrößen auf eine normierte Meßskala analog zu Abschnitt 3.3 erforderlich. Hierzu werden ebenso lineare Wertungsfunktionen eingeführt. Um auch solche Einflußgrößen zu erfassen, bei denen der kleinste Wert dem höchsten Zielerfüllungsgrad zugeordnet werden kann, werden zusätzlich stetig fallende Wertungsfunktionen (Typ B) eingeführt. Der untere und obere Grenzwert auf der Abszisse stellt jeweils den Wert der „schlechtesten" bzw. „besten" Variante eines Vergleichs dar.

Die Berücksichtigung unterschiedlicher Bandbreiten erfolgt analog zu Abschnitt 3.3:

a) Steigende Wertungsfunktion (Funktionstyp A)

a1) Große Bandbreite

$$p_{i,j} = 10 + 90\left(\frac{x_{i,j} - \min x_i}{\max x_i - \min x_i}\right) \tag{5.3-2}$$

a2) Kleine Bandbreite

$$p_{i,j} = 40 + 20\left(\frac{x_{i,j} - \min x_i}{\max x_i - \min x_i}\right) \tag{5.3-3}$$

b) Fallende Wertungsfunktion (Funktionstyp B)

b1) Große Bandbreite

$$p_{i,j} = 100 - 90\left(\frac{x_{i,j} - \min x_i}{\max x_i - \min x_i}\right) \tag{5.3-4}$$

b2) Kleine Bandbreite

$$p_{i,j} = 60 - 20\left(\frac{x_{i,j} - \min x_i}{\max x_i - \min x_i}\right) \tag{5.3-5}$$

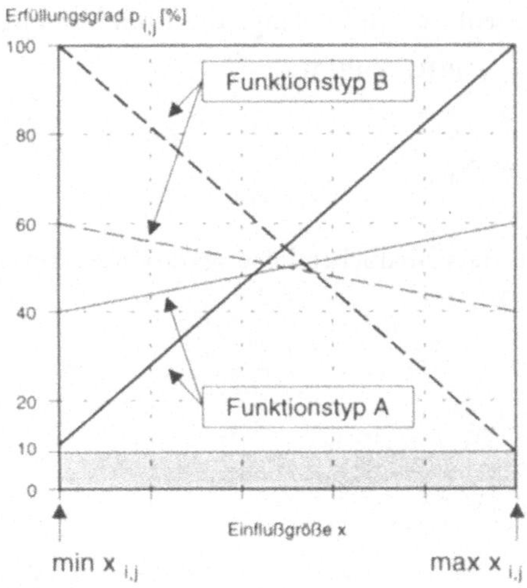

Bild 5.3-2 Wertungsfunktionen

Die Festlegung der für die Aggregation notwendigen Wichtungsfaktoren stellt die eigentliche Schwierigkeit dar. Die in den Tabellen 5.3-1 bis 5.3-3 angegebenen Wichtungsfaktoren sind als Empfehlungen anzusehen, welche weitgehend auf Erfahrungen der durchgeführten rechnerischen Untersuchungen beruhen. Gleichwohl sind sie sehr stark von Randbedingungen bzw. Restriktionen (s.a. Abschnitt 5.2) abhängig und unterliegen immer gewissen „Streuungen". Auch subjektive Präferenzen des Bewertenden sind hier zu nennen. Allgemeingültige Wichtungsfaktoren können bzw. sollten daher nicht vorgeschrieben werden.

Die Aggregation der Einzelwertungen zu einem Gesamturteil kann auf zwei Wegen erfolgen:

Berücksichtigung einzelner Entwurfsstadien

Damit wird dem zeitlichen Verlauf der Entwurfsplanung insofern Rechnung getragen, als die vom Detaillierungsgrad der Objektbeschreibung abhängigen Teilbewertungen zum Gesamtsystem (G), zu den Bauteilen (B) und den Details (D) getrennt vorgenommen werden können. Es gilt dann z.B. für das Gesamtsystem (G):

$$P(G)_j = \frac{1}{n} \sum_{i=1}^{n} w_i \, p_{i,j} \tag{5.3-6}$$

$P(G)_j$ – Zielerfüllungsgrad der j-ten Variante aus der Bewertung des Gesamtsystems (G)
w_i – Wichtungsfaktor der i-ten Einflußgröße
$p_{i,j}$ – Zielerfüllungsgrad für die i-te Einflußgröße
n – Anzahl der betrachteten Einflußgrößen

Zusammenfassende Bewertung

Die Bewertung umfaßt den gesamten Entwurfsprozeß und schließt damit alle Betrachtungsebenen (Gesamtsystem, Bauteil, Detail) ein:

$$P_j = P(G)_j + P(B)_j + P(D)_j \tag{5.3-7}$$

Als Maß für die Effizienz einer monolithischen Brücke wird das Produkt aus der Bewertungsgröße (Gl. 5.3-6 oder 5.3-7) und der fugenlose Brückenlänge (Bild 5.3-1) definiert. Das Produkt wird als effektive fugenlose Brückenlänge der j-ten Variante bezeichnet:

$$L_{eff,j} = L_{fugenlos,j} \left(P(G)_j + P(B)_j + P(D)_j\right) \tag{5.3-8}$$

$$L_{eff,j} = \frac{L_{fugenlos,j}}{n} \sum_{i=1}^{n} w_i \, p_{i,j} \tag{5.3-9}$$

Damit kann ein Vergleich unterschiedlicher Lösungsvarianten auf anschauliche Weise vorgenommen werden (Bild 5.3-3).

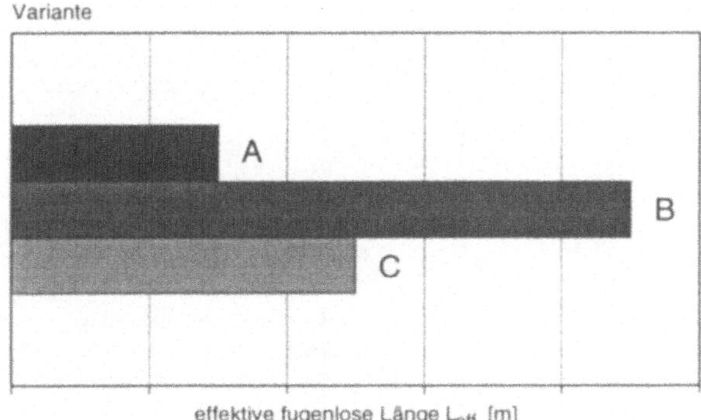

Bild 5.3-3 Bewertungsergebnis

G	Einflußgröße	Wichtung	Funktions-typ	Unterer Grenzwert	Oberer Grenzwert
Stat. System	Lage des Festpunkts	5	A	einseitig fest	schwimmend
	Nachgiebigkeit des Widerlagers [Bild 4.4.1-4]	3	B	0,1	1,0
Systemgeometrie	Überbauverschiebung (gekrümmt) [Bild 4.4.1-10]	4	B	0,8	2,2
	Normalkräfte (gekrümmt) [Bild 4.4.1-11]	2	B	0,001	0,8
	Spannungen (gekrümmt) [Bild 4.4.1-12]	3	B	0,01	0,15
	Pfeilersteifigkeit [Bild 4.4.1-23]	4	B	1	100
	Zentrischer Zwang [Bild 4.4.1-24]	2	B	1	50
	Versteifung 2-teiliger Pfeiler [Bild 4.4.1-25]	1	B	1	2
	Pfeileranordnung in Längsrichtung [Bild 4.4.1-29]	3 (gerade) 1 (gekr.)	B	0	1
	Pfeileranordnung in Querrichtung [Bild 4.4.1-29]	1 (gerade) 4 (gekr.)	B	0	1

Tabelle 5.3-1 Bewertungsgrundlagen für das Gesamtsystem (G)

B	Einflußgröße	Wichtung	Funktionstyp	Unterer Grenzwert	Oberer Grenzwert
Bauteilform	Randspannungen (Last) [Bild 4.4.2-4]	3	B	0	1
	Randspannungen (Zwang) [Bild 4.4.2-17]	3	B	0	1
Werkstoff	Zwangempfindlichkeit (Wichte) [Bild 4.4.2-37]	2	B	10	70
	Schwinden [Bild 4.4.2-45]	2	B	0,05	0,6
	Bauablauf [Bild 4.4.2.-46 bis Bild 4.4.1-48]	4	A	Bild 4.4.2-46	Bild 4.4.2-47 4.4.2-48
Gründung	Flächen-/Pfahlgründung [Bild 4.4.2-52]	5	A	0,75	1
	Dehnfedersteifigkeit (Pfahlgründung) [Bild 4.4.2-60]	4	A	0,5	4
	Drehfedersteifigkeit (Pfahlgründung) [Bild 4.4.2-61]	4	A	0	100

Tabelle 5.3-2 Bewertungsgrundlagen für die Bauteile (B)

D	Einflußgröße	Wichtung	Funktionstyp	Unterer Grenzwert	Oberer Grenzwert
Form	Geometrie	3	B	Bild 4.4.3-3	Bild 4.4.3-6d
Verbindung	Rotationswinkel [Gl. 4.4.3-2]	3	A	1,0	∞
	Rotationsfähigkeit [Bild 4.2-1]	4	A	biegesteif	Betongelenk

Tabelle 5.3-3 Bewertungsgrundlagen für die Details (D)

5.3.3 Zusammenfassende Darstellung der Vorgehensweise

Ausgehend von den in Bild 5.2-1 angegebenen Restriktionen werden erste Lösungsvarianten entwickelt. Für eine Vorauswahl ist es zunächst völlig ausreichend, die Betrachtung auf das Gesamtsystem (G) zu beschränken. In dieser Entwurfsphase reichen bereits einige wenige aussagekräftige Einflußgrößen zur Bewertung aus. In einem zweiten Durchgang, für den weitere Einschränkungen formuliert bzw. präzisiert werden müssen, sollte die Brücke umfassender beschrieben sein. Das bedeutet, daß die hierfür maßgebenden Einflußgrößen (z.B. Feldweite, Öffnungswinkel, Biegesteifigkeit etc.) quantifiziert sein müssen. Mit diesem zweiten Bewertungsgang ist die Reihenfolge und der Abstand der Lösungsvarianten untereinander quantifizierbar, was als Entscheidungsgrundlage für die weitere Bearbeitung dienen kann. In Bild 5.3-4 ist die Vorgehensweise in einem Ablaufdiagramm zusammengefaßt.

Mit dem beschriebenen Vorgehen ist es ebenso möglich, die Auswirkung veränderter Randbedingungen zu erfassen. So können z.B. geometrische Zwangspunkte für die Pfeilergründung, welche sich aus unzureichender Tragfähigkeit des Baugrunds ergeben, durch eine lokale Baugrundverbesserung verändert oder beseitigt werden. Dadurch können möglicherweise weitere, zunächst nicht in Betracht gezogene Lösungen gefunden werden.

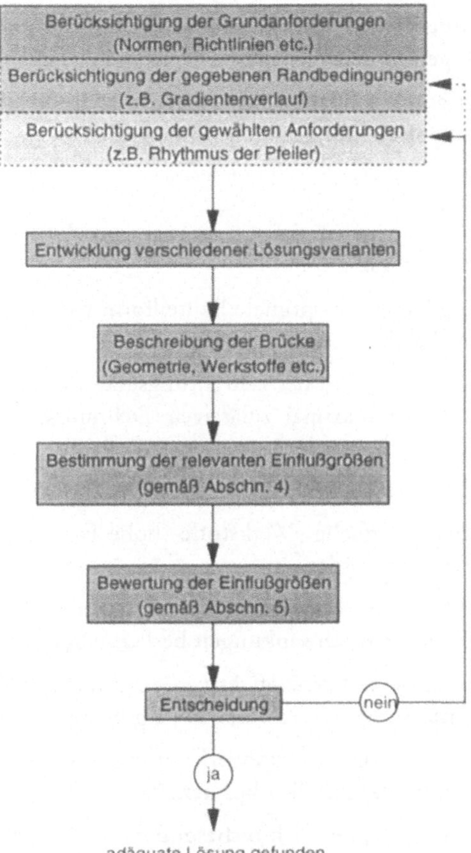

Bild 5.3-4 Ablaufdiagramm für den Entwurf monolithischer Brücken

5.4 Anhaltspunkte für das Entwerfen (Empfehlungen)

Als Alternative und Ergänzung zu der in Abschnitt 5.3.2 dargelegten streng formalen Vorgehensweise sind nachfolgend stichwortartig Empfehlungen für den Entwurf monolithischer Brücken formuliert. Sie sollen den Ingenieur auf wesentliche Aspekte aufmerksam machen und Lösungsmöglichkeiten aufzeigen.

Gesamtsystem (G)

(G1) Gerade und an den Widerlagern starr gelagerte Brücken sollten kleine Feldweiten aufweisen.

(G2) Die Gesamtlänge gerader Brücken mit nachgiebigen Widerlagern sollte nicht zu groß sein.

(G3) Im Grundriß gekrümmte Brücken sollten für Öffnungswinkel $\alpha > 110°$ an beiden Widerlagern unverschieblich gelagert sein; für steife Unterbauten gilt dies analog für $\alpha \cong 90°$.

(G4) Bei kleinen Öffnungswinkeln ($\alpha < 60°$) sollte das nichtlineare Verhalten des Überbaus und der Pfeiler berücksichtigt werden.

(G5) Profilierte Überbauquerschnitte (z.B. Plattenbalken) und kleine Feldweiten vermindern Zwangbeanspruchungen in den Pfeilern.

(G6) Mehrteilige („aufgetrennte“) Pfeiler sind solchen mit großer Dicke vorzuziehen; deren Abstände in Brückenlängsrichtung sollten klein sein.

Bauteil (B)

(B1) Gevoutete Überbauten verhalten sich unter Last und Zwang günstiger als solche mit konstanter Querschnittshöhe.

(B2) Bei Zwangeinwirkung hängt die optimale Bauteilform vom Verhältnis der Querschnittshöhen im Stütz- und Feldbereich ab.

(B3) Die Normalkraftausnutzung und der Bewehrungsgrad der Pfeiler sollte so aufeinander abgestimmt sein, daß die maximal zulässigen Dehnungen im SLS an Druck- und Zugrand gleichzeitig erreicht werden.

(B4) Pfeiler sollten im SLS unter Lasteinwirkung noch weitgehend ungerissen bleiben.

(B5) Es sollten „zwangunempfindliche“ Werkstoffe (hohe Festigkeit, geringe Steifigkeit, geringes Gewicht) verwendet werden.

(B6) Zur Ermittlung der Pfeilerverformungen sollte der günstige Einfluß der Relaxation auch bei tageszeitlichen Temperaturschwankungen berücksichtigt werden.

(B7) Betonüberbauten sollten eine kleine effektive Bauteildicke haben; hybride Überbauten mit dünner Betonplatte verhalten sich besonders günstig.

(B8) Ein möglichst großer Teil der Schwindverformungen sollte sich bereits während der Herstellphase zwängungsfrei einstellen können.

(B9) Nachgiebige Gründungen wirken sich insbesondere bei steifen Pfeilern günstig aus.

(B10) Bei Flächengründungen sollte eine Klaffung in der Sohlfuge planmäßig zugelassen werden.

(B11) Pfahlgründungen sollten mit dünnen und langen Pfählen und möglichst nur einer Pfahlreihe in Brückenlängsrichtung ausgeführt werden.

Detail (D)

(D1) Homogene Bauteilverbindungen sollten eine stetige Form („laminarer Kraftfluß") aufweisen.

(D2) Fließgelenke im Überbau sollten durch eine Voutung aus dem Stützbereich in das Feld verlagert werden.

(D3) In den Pfeilern sollten sich Fließgelenke unmittelbar am Pfeilerkopf bzw. -fuß ausbilden können.

6 Beispiele für den Entwurf lager- und fugenloser Brücken

6.1 Allgemeines

Im folgenden soll gezeigt werden, wie die in Abschnitt 4 und 5 erarbeiteten Hilfsmittel für den Entwurf monolithischer Brücken eingesetzt werden können. Dies erfolgt in Abschnitt 6.2 durch einen Vergleich zwischen einer geraden und kreisförmig gekrümmten Fußgängerbrücke mit jeweils gleicher Länge. Hierfür soll in erster Linie der Einfluß der Grundrißgeometrie auf das Tragverhalten dargestellt werden. In Abschnitt 6.3 wird eine Straßenbrücke behandelt. Es werden mögliche Alternativen für eine monolithische Ausführung diskutiert. Kriterium ist in beiden Fällen das Verhalten bei Zwangbeanspruchung. Die Ergebnisse werden mit nichtlinearen FE-Berechnungen verglichen.

6.2 Fußgängerbrücke

6.2.1 Beschreibung

Beide Brücken haben 12 Felder und eine Gesamtlänge von 116 m (Bild 6.2-1). Der Überbau besteht aus einer schlaff bewehrten, 45 cm dicken Betonplatte und monolithisch angeschlossenen, jeweils 5,0 m hohen Pfeilern. Diese haben einen quadratischen Querschnitt (40 x 40 cm). Die Flächengründungen wirken als „elastische" Einspannung.

Zur Berechnung der Schnittgrößen wird die Nachgiebigkeit der in Bild 6.2-1 dargestellten Gründungen über eine Drehfedersteifigkeit gemäß Abschnitt 4.4.2.2.6.2 ermittelt.

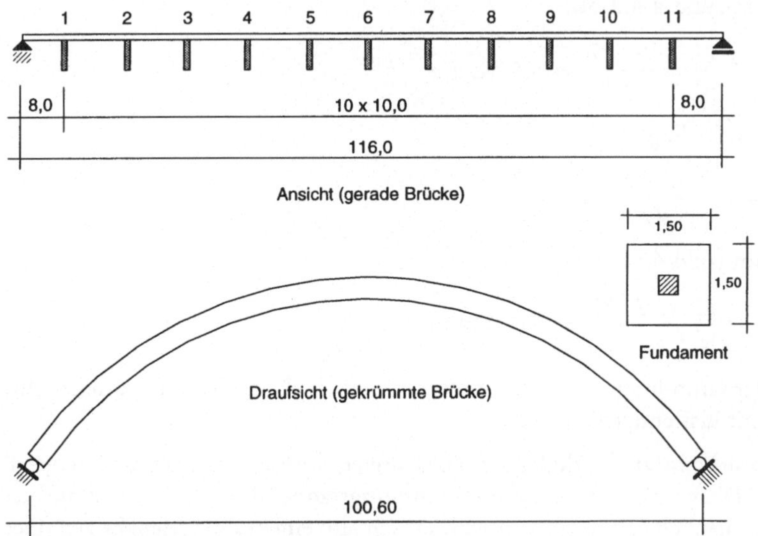

Bild 6.2-1 Abmessungen der Fußgängerbrücke

Ohne klaffende Fuge gemäß Gl. 4.4.2-18:

$$C_{M,1} = \frac{4\,E_s\,I_F}{\sqrt{A}} = \frac{4 \cdot 100 \cdot 1{,}5^4}{1{,}2 \cdot \sqrt{1{,}5^2}} = 112{,}5 \text{ MNm}$$

(b) Mit klaffender Fuge gemäß Bild 4.4.2-53:

$$\frac{M}{N_0\,d_0} = \frac{200}{530 \cdot 1{,}5} = 0{,}25$$

mit:

$$d = 3\left(\frac{1{,}5}{2} - \frac{200}{530}\right) = 1{,}12 \text{ m}$$

$$\alpha = \sqrt{\frac{1{,}12}{1{,}5}} = 0{,}864$$

aus Diagramm (Bild 4.4.2-53):

$$\frac{\varphi \cdot 100 \cdot 1{,}5^3}{0{,}864} = 7{,}5$$

Die (Sekanten-) Drehfedersteifigkeit beträgt damit:

$$c_{M,2} = \frac{1}{\varphi} = \frac{391}{7{,}5} = 52 \text{ MNm}$$

Das Verhältnis der Steifigkeiten $c_{M,1}/c_{M,2}$ beträgt 2,2. Die Nachgiebigkeit des Systems Pfeiler/ Drehfeder kann mit Bild 4.4.2-56 bestimmt werden:

(a) Ohne klaffende Fuge:

$$\frac{h\,c_{M,1}}{EI} = \frac{5{,}0 \cdot 112{,}5}{77} = 7{,}3$$

aus Diagramm (Bild 4.4.2-56):

$$c_{P,1} = 9\,\frac{EI}{h^3} = \frac{9 \cdot 77}{5^3} = 5{,}5 \text{ MN/m}$$

(b) Mit klaffender Fuge:

$$\frac{h\,c_{M,2}}{EI} = \frac{5{,}0 \cdot 52{,}5}{77} = 3{,}4$$

aus Diagramm (Bild 4.4.2-53):

$$c_{P,2} = 7\,\frac{EI}{h^3} = \frac{7 \cdot 77}{5^3} = 4{,}3 \text{ MN/m}$$

Der Anteil der Gründung an der gesamten Kopfverschiebung beträgt demnach ohne klaffende Fuge 25%, mit klaffender Fuge 42%.

Die gerade Brücke ist am Widerlager A längs unverschieblich und am Widerlager B verschieblich gelagert. Die gekrümmte Brücke (Krümmungsradius R = 63,66 m) ist an beiden Widerlagern unverschieblich gelagert, entspricht statisch also einem Zweigelenkbogen. Der Öffnungswinkel beträgt 104,4°.

6.2.2 Grundlagen der Bemessung

Für die Bemessung der Brücken sind die in DIN 1072, 3.3.7 und 4.2 angegebenen Lasten zugrunde gelegt:

Verkehrslast: $p = 5\ KN/m^2$
Windlast: $w = 0{,}9\ KN/m^2$
(mit 1,80 m hohem Verkehrsband)

Aus einer linear-elastischen Berechnung ergeben sich folgende maßgebende Bemessungsschnittgrößen:

Überbau

Stützbereich:
$M_{sd} = 1{,}35 \cdot 358 + 1{,}50 \cdot 102 = 636\ KNm$

Feldbereich:
$M_{sd} = 1{,}35 \cdot 179 + 1{,}50 \cdot 179 = 510\ KNm$

Pfeiler

$N_{sd} = 1{,}35 \cdot 430 + 1{,}50 \cdot 100 = 731\ KN$
$M_{sd} = 1{,}5 \cdot [100 + 0{,}6 \cdot 100] = 240\ KNm$

In Anlehnung an SIA 162, 3.1 werden die aus der Längenänderung des Überbaus resultierenden Schnittgrößen bei der Bemessung nicht berücksichtigt, sondern über den Nachweis der zulässigen Rißbreite erfaßt.

In Bild 6.2-2 ist die Bewehrung, welche der nachfolgenden nichtlinearen Berechnung zugrunde gelegt ist, dargestellt.

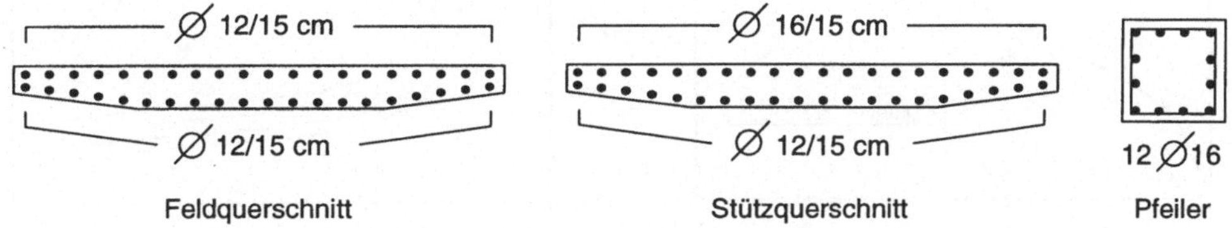

Bild 6.2-2 Bewehrung der Bauteile

6.2.3 Erfassung des nichtlinearen Werkstoffverhaltens

Für die Berechnungen werden die Biegesteifigkeit mit einer Momenten-Krümmungs-Beziehung und die Dehnsteifigkeit des Überbaus mit einer Normalkraft-Dehnungs-Beziehung erfaßt. Die Schubverformungen werden aufgrund des gedrungenen Überbauquerschnitts vernachlässigt. Zur Erfassung der durch die Zwangbeanspruchung entstehenden Normalkräfte im Überbau werden die in Bild 6.2-3 und 6.2-4 dargestellten M-(N)-κ- Verläufe als obere (N = 0) bzw. untere (N = maxN) Grenzwerte zugrunde gelegt. Für die M-N-κ- Beziehung der Pfeiler wird auf der sicheren Seite liegend die für Zwangbeanspruchungen ungünstige, d.h. größtmögliche Auflagerkraft des Überbaus angesetzt.

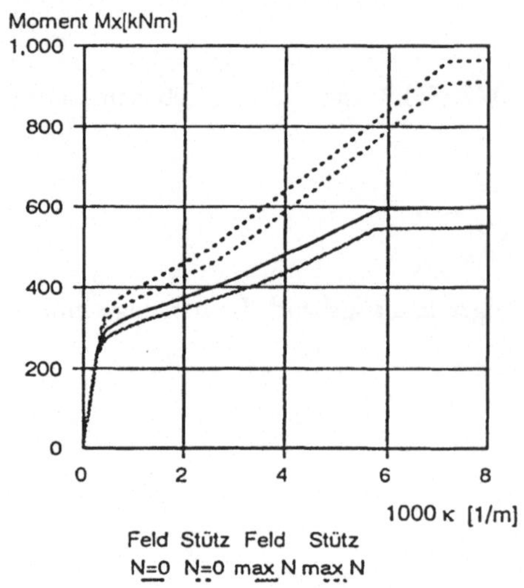

Bild 6.2-3 M-(N)-κ-Beziehung (Überbau)

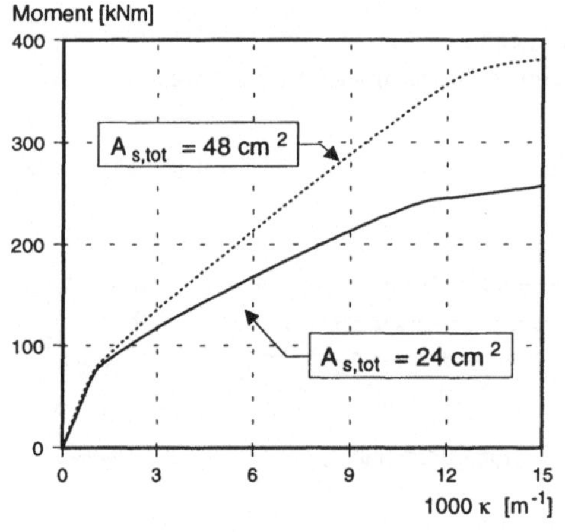

Bild 6.2-4 M-N-κ-Beziehung (Pfeiler)

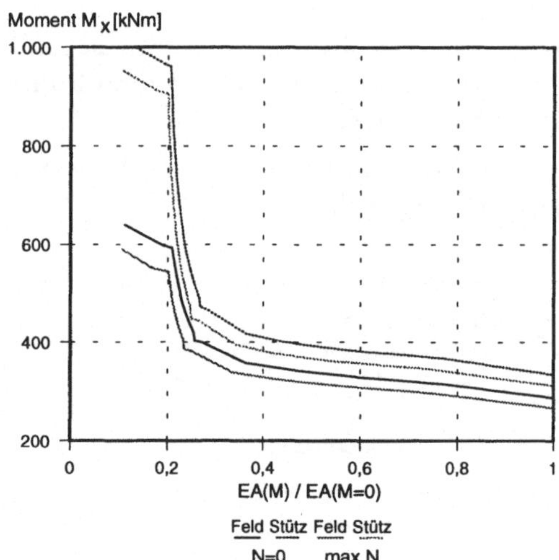

Bild 6.2-5 Dehnsteifigkeit (Überbau)

Die Dehnsteifigkeit des Überbaus hängt nicht nur von der Normalkraft, sondern auch vom Biegemoment ab. In gerissenen Bereichen sinkt sie deshalb auch dann ab, wenn keine Normalkraft wirkt. In Bild 6.2-5 wird deutlich, daß die Dehnsteifigkeit des vorliegenden Überbaus auf bis zu 20% der Steifigkeit des ungerissenen Querschnitts abnimmt.

6.2.4 Bewertung

6.2.4.1 Vorbemerkung

Grundlage der Bewertung ist das in Gl. 5.3-1 formulierte Minimum der Zwangbeanspruchungen. Im vorliegenden Fall betrifft es das Verhalten bei Längenänderungen des Überbaus. Die hieraus resultierenden Beanspruchungen werden herangezogen, um eine Aussage über die Tauglichkeit der monolithischen Bauweise zu erhalten.

6.2.4.2 Vergleich mit Einflußgrößen

Die beiden Brücken unterscheiden sich durch ihre Lagerungsbedingungen an den Widerlagern und durch die Grundrißgeometrie. Aus Bild 4.4.1-10 ergibt sich der obere Grenzwert für die maximalen Verschiebungen von Überbau bzw. Pfeiler. Mit der Biegesteifigkeit des Überbaus um die „starke Achse" ergibt sich EI/L_w = 57500/100,6 = 572. Der Öffnungswinkel beträgt α = 104,4°. Aus Bild 4.4.1-10 kann daraus das Verhältnis $\Delta R/\Delta L$ = 1,05 abgelesen werden. Berücksichtigt man, daß die maßgebende Überbauverschiebung der geraden Brücke nicht am Widerlager, sondern am „letzten" Pfeiler auftritt (hier gilt: L_{gerade} = 116-8 = 108 m), liegen für beide Brücken annähernd gleich große Maximalverschiebungen vor. Der Verformungswiderstand der Pfeiler ist im Vergleich zu dem des Überbaus vernachlässigbar, da sich gemäß Bild 4.4.1-15 mit $EI_ü/EI_p$ = 1,72/0,0023 = 784 und L_w/h = 100,6/5,0 = 20 für $\beta \cong 1$ ergibt. Die im Überbau entstehenden maximalen Normalspannungen können daher ohne Berücksichtigung der Pfeiler berechnet werden.

Aus Gl. 4.4.1-6 und 4.4.1-8b folgt für dieses Beispiel:

$$A_M = \frac{63{,}66^2}{2}\left(\frac{104{,}4}{180}\pi - \sin 104{,}4\right) = 1730\ \text{m}^2$$

$$y_s = \frac{100{,}6^3}{12 \cdot 1730} - 63{,}66\cos\left(\frac{104{,}4}{2}\right) = 10{,}0\ \text{m}$$

$$\delta_1 = 34724\ \text{m}^3$$

Maximale Normalspannungen für eine Änderung der Schwerpunkttemperatur von ΔT = –30°K:

$$\sigma_1 = \varepsilon\, 166{,}6\left(\frac{1}{1{,}61} + 63{,}66\frac{(1 - \sin 37{,}8)}{0{,}86}\right) =$$

$$\sigma_1 = 4877\,\varepsilon\ \text{MN/m}^2$$

Die Normalspannungen der geraden Brücke resultieren ausschließlich aus dem Verformungswiderstand der Pfeiler. Im Gegensatz zur gekrümmten Brücke hat damit die Nachgiebigkeit der Gründungen einen erheblichen größeren Einfluß.

Die Normalspannungen der geraden Brücke können vereinfacht mit Gl. 4.4.1-9 berechnet werden:

(a) Ohne klaffende Fuge:

$$\sigma_2 = \frac{N}{A} \cong \frac{5{,}5\,(11+1)\cdot 108}{1{,}62\cdot 2}\cdot \varepsilon =$$

$$\sigma_2 \cong 2200 \cdot 30 \cdot 10^{-5} = 0{,}66\ \mathrm{MN/m^2}$$

(b) Mit klaffender Fuge:

$$\sigma_3 = \frac{N}{A} \cong \frac{4{,}3\,(11+1)\cdot 108}{1{,}62\cdot 2}\cdot \varepsilon =$$

$$\sigma_3 \cong 1720 \cdot 30 \cdot 10^{-5} = 0{,}52\ \mathrm{MN/m^2}$$

Ein Blick auf den Verlauf der Normalspannungen über die Querschnittsbreite zeigt den grundlegenden Unterschied zwischen gerader und gekrümmter Brücke. Während er bei der geraden Brücke konstant verläuft, ist er bei der gekrümmten Brücke linear veränderlich (Bild 6.2-6).

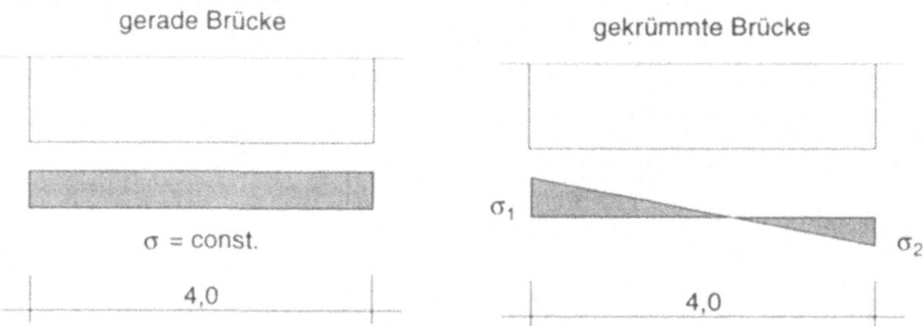

Bild 6.2-6 Normalspannungsverlauf infolge Zwang über die Querschnittsbreite

Bei Überlagerung der Beanspruchungen aus Last und Zwang ergeben sich daher die größten Rißbreiten an den Querschnittsecken.

Sieht man für eine vergleichende Bewertung von diesem Effekt einmal ab und betrachtet jeweils nur die Maximalwerte der Normalspannungen, kann die effektive fugenlose Länge L_{eff} in Anlehnung an Abschnitt 5.3.2 berechnet werden. Für die Abbildung der Normalspannungen auf die Meßskala (s.a. Bild 5.3-2) wird davon ausgegangen, daß ein zwängungsloser Überbau (σ = 0) einem Zielerfüllungsgrad von 100% und ein mit der mittleren Betonzugfestigkeit beanspruchter Überbau ($\sigma = f_{ctm}$ = 3,2 MN/m²) einem Zielerfüllungsgrad von 10% entspricht. Gl. 5.3-4 ergibt sich in diesem Fall zu:

$$p_j = 100 - 90\,\frac{x_i}{3{,}2} = 100 - 28{,}1\sigma$$

Mit den in Bild 5.3-1 dargestellten Ansätzen zur fugenlosen Länge $L_{fugenlos}$ können die Werte für die effektive fugenlose Länge L_{eff} gemäß Gl. 5.3-9 berechnet werden:

(a) Kreisförmige Brücke

$$L_{eff,1} = 2 \cdot 116\left(\frac{100 - 28{,}1 \cdot 1{,}46}{100}\right) = 137\,m$$

(b) Gerade Brücke (ohne klaffende Fuge)

$$L_{eff,2} = 116\left(\frac{100 - 28{,}1 \cdot 0{,}66}{100}\right) = 94\,m$$

(c) Gerade Brücke (mit klaffender Fuge)

$$L_{eff,3} = 116\left(\frac{100 - 28{,}1 \cdot 0{,}52}{100}\right) = 99\,m$$

Die kreisförmige Brücke (a) erweist sich am günstigsten. Sie erfüllt die Anforderung nach einer großen fugenlosen Länge und minimalen Zwangbeanspruchungen am besten.

6.2.4.3 Vergleich mit FE-Rechnung

Die Ergebnisse der nachfolgenden, mit dem Programmsystem ABAQUS durchgeführten, nichtlinearen FE-Rechnungen bestätigen die dargelegten Ergebnisse. Die in Bild 6.2-7 gezeigten Schnittgrößenverläufe ergeben sich aus Vollast (g + p) und einer Änderung der Schwerpunkttemperatur des Überbaus um -30°K. Der Normalkraftverlauf über die Brückenlänge zeigt einen signifikanten Unterschied zwischen beiden Brücken. Während er sich bei der gekrümmten Brücke nur wenig verändert, steigt er bei der geraden Brücke zum Festpunkt hin deutlich an (Bild 6.2-7a). Die Größtwerte liegen trotz nachgiebiger Pfeiler deutlich über denen der gekrümmten Brücke.

Deutlich werden die Unterschiede ebenso beim Verlauf der Biegemomente. Die Stützmomente M_x (um die „schwache" Achse) sind bei der geraden Brücke erheblich größer als bei der gekrümmten Brücke, da die Überbauverschiebungen bei der geraden Brücke ausschließlich in Längsrichtung, im zweiten Fall dagegen überwiegend in Querrichtung auftreten (Bild 6.2-7b)). Dadurch werden bei der gekrümmten Brücke zusätzlich zu den Momenten um die schwache Achse auch solche um die starke Achse erzeugt (Bild 6.2-7c).

Die grau dargestellten Flächen, welche den zu einer Rißbreite von 0,3 mm gehörigen Momentenverlauf der geraden Brücke darstellen, zeigen, daß diese bei der geraden Brücke in Achse 6 (Bild 6.2-7b) bereits erreicht wird. Grund hierfür ist die zum Festpunkt hin ansteigende Zugkraft im Überbau. Die gekrümmte Brücke dagegen weist deutlich kleinere Rißbreiten als die gerade Brücke auf, da sich die Überbauverschiebungen auf die Längs- und Querrichtung „verteilen" können. Allerdings ist zu beachten, daß sich die Rißbreite bei Überlagerung der Momente M_x und M_y in den Querschnittsecken des Überbaus noch erhöhen. Es wird deutlich, daß die Zwangmomente M_y insgesamt einen geringen Einfluß auf die Rißbildung im Überbau haben.

Ein Blick auf die maximalen Pfeilermomente (Bild 6.2-7d) zeigt, daß auch hier die Größtwerte der gekrümmten Brücke geringer sind. Dies gilt vor allem für die Pfeiler in der Nähe des verschieblichen Widerlagers. Insgesamt verlaufen die Pfeilermomente der gekrümmten Brücke ausgeglichener.

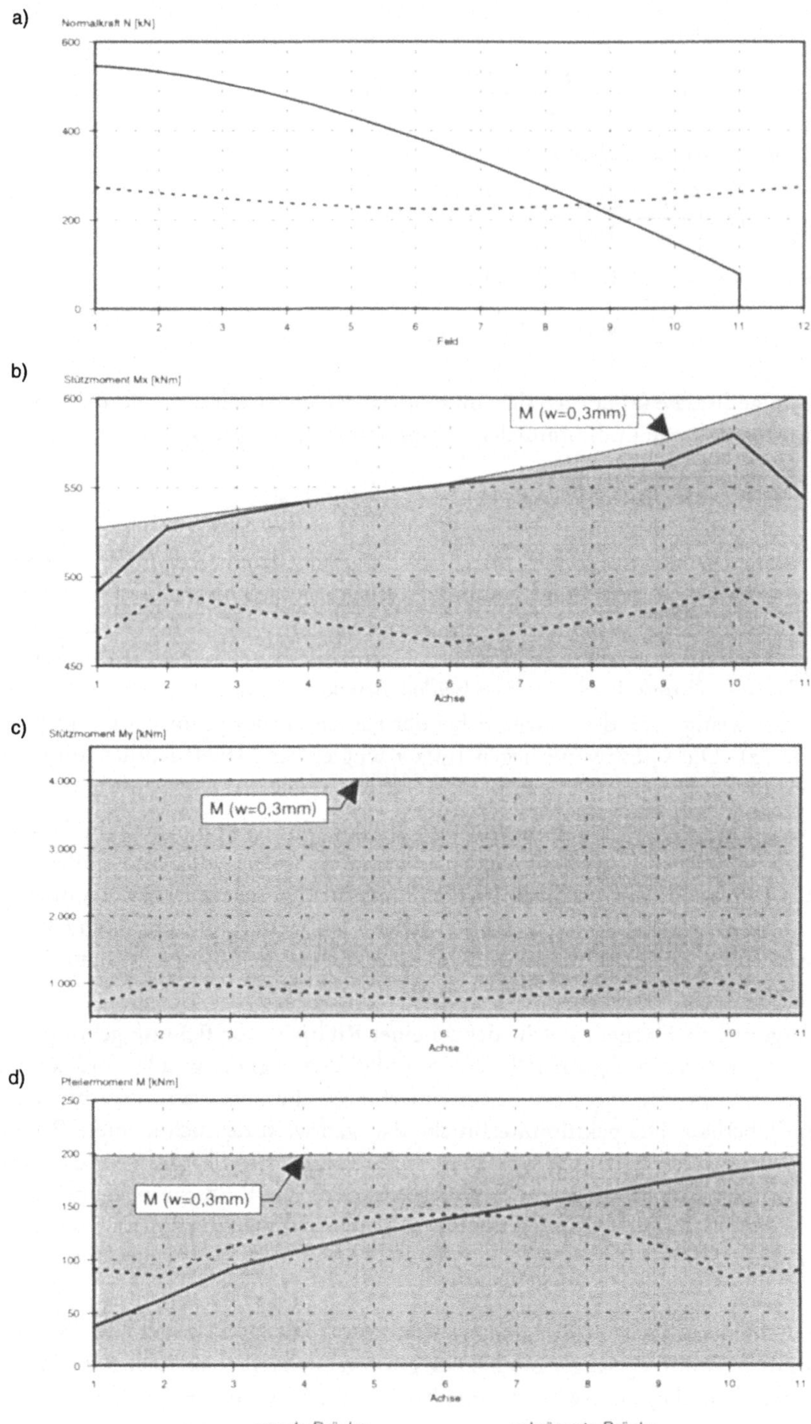

Bild 6.2-7 Schnittgrößen aus FE-Berechnung

Die geringfügige Abweichung des elektronisch berechneten Verhältniswerts $\Delta R/\Delta L$ = 2,7/3,1 = 0,9 (Bild 6.2-8a) zur vereinfachten Berechnung ($\Delta R/\Delta L \cong 1$) bestätigt das hier eingeschlagene Vorgehen nach Abschnitt 6.2.4.2.

Charakteristisch für Brücken mit dünner Fahrbahnplatte ist, daß bei großen Zwangbeanspruchungen neben den Pfeilern auch der Überbau maßgebend für die Rißbreitenentwicklung sein kann. Denn die im Vergleich zu den Pfeilern geringere Biegesteifigkeit des Überbaus verursacht entsprechend große Krümmungen. Bei einer Versteifung der Pfeiler, z.B. durch Vergrößerung der Querschnittsabmessungen oder des Bewehrungsgehalts, ist deshalb der Überbau zu überprüfen.

Bild 6.2-8b zeigt, wie sich ein doppelt so großer Bewehrungsgehalt der Pfeiler ($A_{s,tot}$ = 48 cm^2) auf die Biegemomente im Überbau auswirkt. Während dadurch die Rißbreiten im Pfeiler erwartungsgemäß absinken (Bild 6.2-8c), steigen sie im Überbau aufgrund der größeren Biegesteifigkeit der Pfeiler über den zulässigen Wert an (Bild 6.2-8b)). Folglich ist die Bewehrung auch an dieser Stelle zu erhöhen.

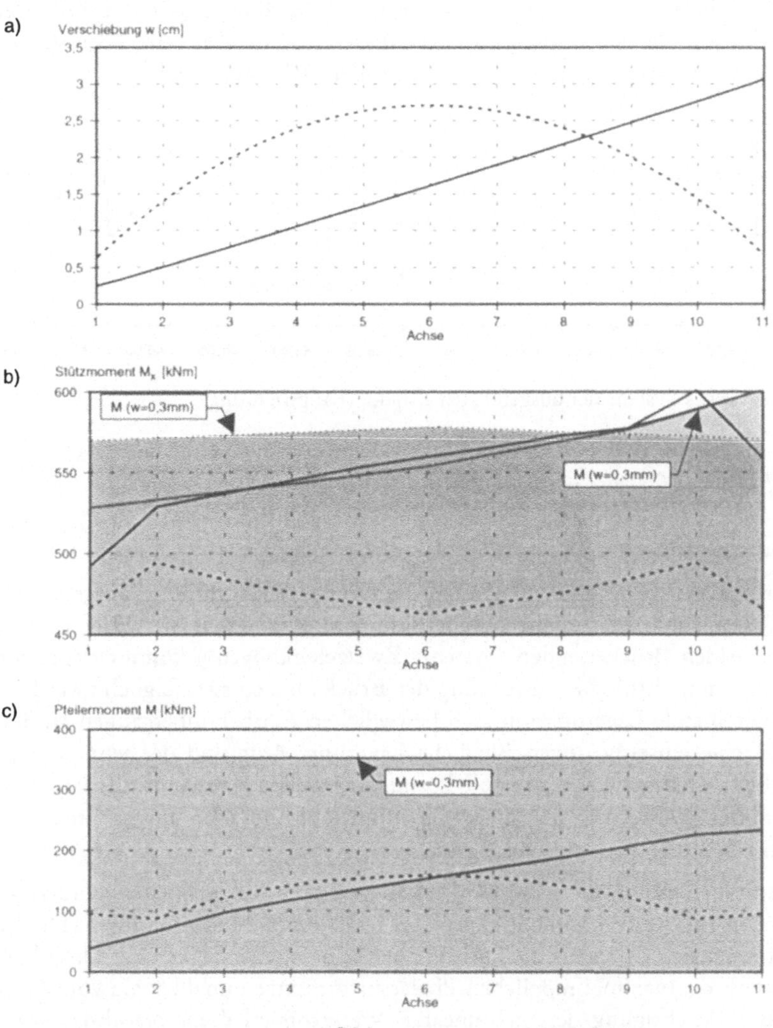

Bild 6.2-8 Schnittgrößen und Verschiebungen aus FE-Rechnung

6.3 Straßenbrücke

6.3.1 Beschreibung

Gegenstand der nachfolgenden Betrachtungen ist der Ausführungsentwurf einer Straßenbrücke über das Schornbachtal bei Stuttgart. Er ist bereits in Abschnitt 3.4.2 kurz beschrieben worden.

Die Straßenbrücke ist 618 m lang und verläuft mit einer Gradientenhöhe von maximal 15 m über ein langgestrecktes Tal. Die Trasse liegt in einem konstanten Radius von 1100 m. Der ausgeführte Entwurf hat zwei getrennte Überbauten, die als gevoutete Plattenbalken ausgebildet sind (Bild A.1-3). Er besteht aus einem Durchlaufträger mit Feldweiten von 46 m bzw. 33 m (in den Endfeldern), (Bild 6.3-1).

Die Unterbauten bestehen aus rechteckigen, mit leichtem Anzug versehenen Betonpfeilern, welche im Ausführungsentwurf auf zum Teil geneigten Pfählen gegründet sind. Der Überbau ist in Längsrichtung an den mittleren drei Pfeilern (6, 7, 8) über feste Lager unverschieblich gelagert (Bild 6.3-1). Auf jedem Pfeilerkopf befinden sich zwei Lager.

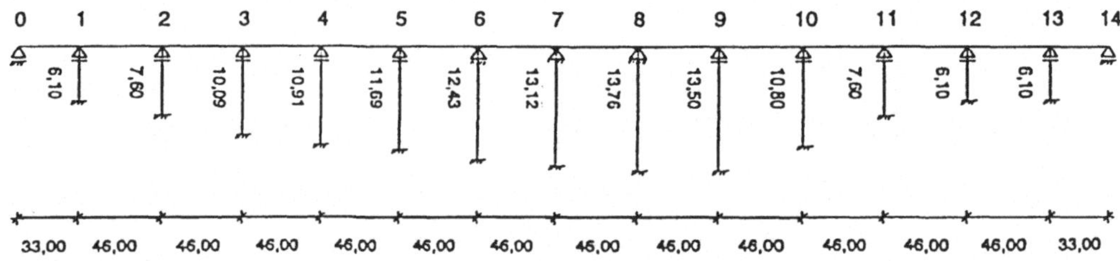

Bild 6.3-1 Statisches System der ausgeführten Brücke (Längsrichtung)

6.3.2 Möglichkeiten für eine monolithische Ausführung

6.3.2.1 Vorbemerkungen

Die Grundrißgeometrie zeigt, daß eine Ausnutzung der Krümmung aufgrund des kleinen Öffnungswinkels von 32,2° nicht möglich ist (s.a. Bild 4.4.1-10). Eine unverschiebliche Lagerung an beiden Brückenenden (System „Zweigelenkbogen") kommt daher nicht in Betracht. Für eine monolithische Ausführung der Brücke bieten sich folglich zwei Lösungen an: (a) Eine schwimmende Lagerung mit zwei beweglichen Fahrbahnübergängen an den Widerlagern und (b) eine einseitig unverschiebliche Lagerung. Aufgrund der sehr großen Verschiebungswege bei einseitiger Lagerung soll Lösung (a) weiter betrachtet werden. Nachteilig ist hierbei allerdings, daß die Überbauverschiebungen gerade dort am größten sind, wo die Pfeilerhöhen am geringsten sind (Bild 6.3-1).

Im folgenden sollen einige der in Abschnitt 4 aufgezeigten Möglichkeiten genutzt werden, um im vorliegenden Fall weitgehend auf Lager und Fugen verzichten zu können. Die Betrachtungen konzentrieren sich dabei auf die horizontale Verformungsfähigkeit der Unterbauten. Dazu werden zunächst die maximal möglichen Pfeilerverformungen unabhängig vom Gesamtsystem und unter Berücksichtigung des nichtlinearen Werkstoffverhaltens berechnet (s.a. Abschnitt 4.4.2.2.4).

6.3.2.2 Maßnahmen ohne Veränderung des Erscheinungsbildes

Die Gründungen können einen maßgeblichen Beitrag zur Erzielung großer Pfeilerkopfverschiebungen leisten (s.a. Abschnitt 4.4.2.2.6). Für die ausgeführte Brücke sind aufgrund des nicht ausreichend tragfähigen Baugrunds Pfahlgründungen vorgesehen. Die Pfähle sind bis zu 10 m lang und haben einen Durchmesser von 50 cm. Werden sie ausschließlich vertikal und nicht überwiegend geneigt ausgeführt, kann das Verformungspotential der Gründung in Brückenlängsrichtung vergrößert werden.

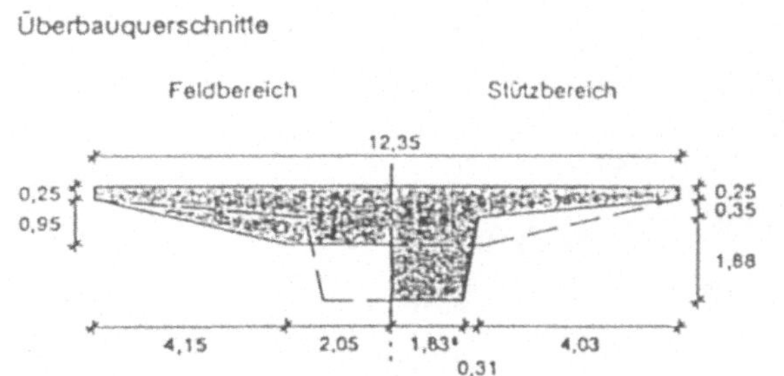

Bild 6.3-2 Querschnitte der ausgeführten Brücke

Bei Zugrundelegung des in Bild 6.3-2 dargestellten Pfeilerquerschnitts kann die Einspannwirkung vereinfacht mit den Diagrammen in Bild 4.4.2-60 bzw. 4.4.2-61 ermittelt werden.

Mit einem geschätzten Elastizitätsmodul $E_c \cong 30000/2 = 15000$ MN/m^2 für die Pfähle im Zustand II sowie einem Steifemodul $E_S = 10$ MN/m^2 für Ton bzw. Schluff ergeben sich die bezogene Dehn- bzw. Drehfedersteifigkeit zu:

$$c_N/E_S = 1{,}0 \text{ bzw. } c_M/E_S = 2{,}1$$

$$E_c/E_S = 15000/10 = 1500$$

Eine erste überschlägige Berechnung zeigt, daß der Verformungsanteil der Gründung w_{Feder} einen erheblichen Einfluß hat (s.a. Bild 4.4.2-52). Berücksichtigt man lediglich die Verdrehfähigkeit c_M, ergeben sich für den ausgeführten Pfeilerquerschnitt die in Bild 6.3-3 dargestellten w-H-Linien (s.a. Abschnitt 4.4.2.2.4). Betrachtet werden der kürzeste Pfeiler ($h_{Pf} = 6{,}10$ m) und ein Pfeiler mit mittlerer Höhe ($h_{Pf} = 10{,}80$ m). Der zugrunde gelegte Bewehrungsgehalt von $\mu = 1{,}3\%$ sowie die Stabdurchmesser der Längsbewehrung von $d_s = 28$ mm entsprechen den ausgeführten Pfeilern 6, 7, 8 (Bild 6.3-2).

Maßgebend für das Erreichen der maximal möglichen Kopfverschiebung ist die zulässige Rißbreite von 0,3 mm am Pfeilerkopf, da die maßgebende Normalkraft von 16,6 MN im SLS vergleichsweise gering ist. Die schraffierten Flächen zeigen den Verschiebungszuwachs durch die nachgiebige Gründung. Aufgrund des geringen Einspanngrades in den Baugrund können die Kopfverschiebungen im Vergleich zur Volleinspannung nahezu verdoppelt werden. Die Horizontalkraft wird entsprechend abgemindert.

Betonpfeiler können in vertikaler Richtung „aufgetrennt“ und in mehrere Teilquerschnitte gegliedert werden, ohne daß das Erscheinungsbild verändert wird. Voraussetzung ist, daß die Einzelquerschnitte nur durch einen schmalen Spalt voneinander getrennt werden. Sind die

Pfeiler, wie im vorliegenden Fall, zudem sehr breit (in Brückenquerrichtung), ist diese „Auftrennung" als solche nicht wahrnehmbar, sondern erscheint lediglich als Schattenfuge (Bild 6.3-4). Der zweiteilige Pfeiler (Doppelpfeiler) wird daher immer noch als ein einziger Pfeiler wahrgenommen.

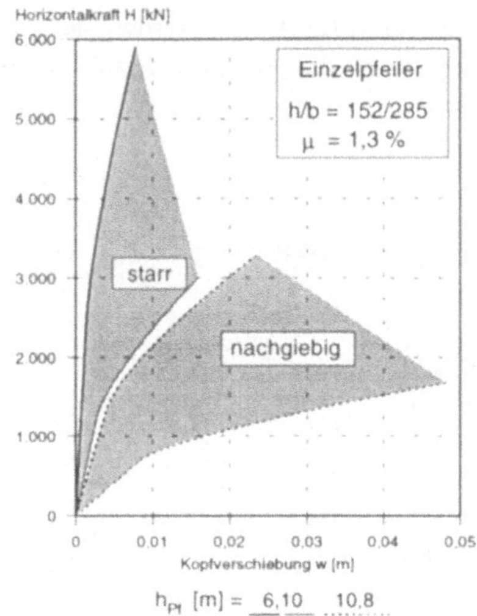

Bild 6.3-3 Einfluß der Gründung auf die Kopfverschiebung und Horizontalkraft

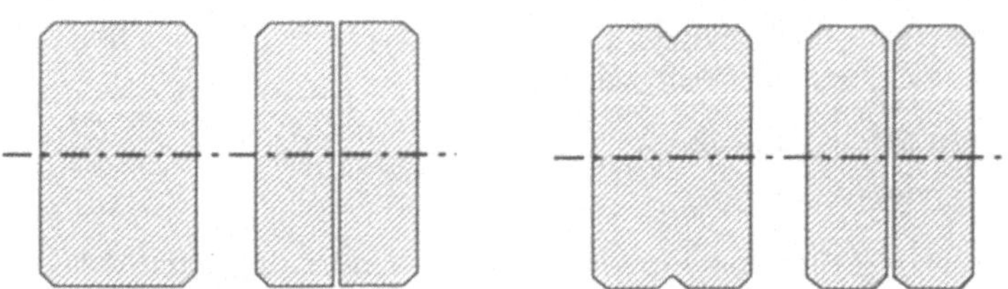

Bild 6.3-4 Querschnittsausbildung von Einzel- und Doppelpfeilern

In Anlehnung daran wird im weiteren der vorhandene Pfeilerquerschnitt (s.a. Bild 6.3-2) so „aufgetrennt", daß in Brückenlängsachse statisch zwei Einzelpfeiler wirksam sind. Da der vorhandene Bewehrungsgehalt von μ = 1,3% beibehalten werden soll, verringert sich das aufnehmbare Moment eines Teilquerschnitts auf 1/4, für das Pfeilerpaar also auf etwa 1/2. Mit der Annahme des um die Hälfte reduzierten aufnehmbaren Moments wird der durch die stark verringerte Biegesteifigkeit abnehmenden Biegebeanspruchung aus Last auf der sicheren Seite Rechnung getragen. Der Vergleich der Bilder 6.3-3 und 6.3-5 zeigt, daß dadurch die Kopfverschiebung nochmals etwa verdoppelt werden kann.

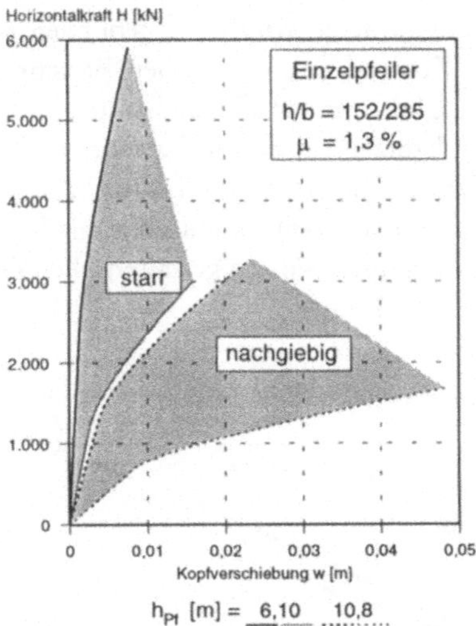

Bild 6.3-5 Einfluß der Gründung auf die Kopfverschiebung und Horizontalkraft (Doppelpfeiler)

In der Summe ergibt sich aus den Maßnahmen „nachgiebige Gründung" und „Doppelpfeiler" eine um etwa 4-fach erhöhte Kopfverschiebung der Pfeiler, und zwar ohne daß dadurch die Gebrauchstauglichkeit beeinträchtigt wird.

In einem weiteren Schritt soll der Einfluß des Bewehrungsgehalts bzw. der Betonfestigkeit gezeigt werden. In Bild 6.3-6 sind die w-H-Linien (s.a. Abschnitt 4.4.2.2.4.2) für den Pfeiler mit der zuvor zugrunde gelegten nachgiebigen Gründung dargestellt. Für die Betonpfeiler ist dabei jeweils die gleiche Biegetragfähigkeit zugrunde gelegt. Sie beträgt wie in Bild 6.3-5 etwa die Hälfte des Ausgangsquerschnitts der gebauten Brücke (Bild 6.3-2). Danach erhöhen sich die Kopfverschiebungen bei einer Steigerung des Bewehrungsgehalts von 1,3% auf 2,0% sehr deutlich (Vergleich von Linie 1 und 2), wobei der wesentliche Effekt durch die gleichzeitige Verringerung der Querschnittshöhe h erzielt wird. Bei Verwendung von hochfestem Beton (C85) stellen sich demgegenüber geringfügig kleinere Maximalverschiebungen ein. Grund hierfür ist die mit der Querschnittsfläche abnehmende Bewehrung A_S, da μ konstant bleibt. Die zulässige Rißbreite wird daher schneller erreicht. Eine nennenswerte Verbesserung der Verformungsfähigkeit gegenüber dem Pfeiler aus C25 kann nur bei gleichbleibender Bewehrung A_s, also gleichzeitig steigendem Bewehrungsgehalt μ erzielt werden.

6.3.2.3 Maßnahmen mit Veränderung des Erscheinungsbildes

Wird eine Veränderung des Erscheinungsbilds der Brücke in Kauf genommen, ergeben sich in Anlehnung an Abschnitt 4.4.1 und 4.4.2 weitere Möglichkeiten.

Im folgenden soll noch kurz auf die Möglichkeit, Betonpfeiler durch Stahlstützen zu ersetzen, eingegangen werden.

Unter der Voraussetzung, daß für Stahlprofile im Grenzzustand der Tragfähigkeit (ULS) unter Last und Zwang der Bemessungswert der Streckgrenze f_{yd} nur am Querschnittsrand erreicht wird, der Querschnitt sich also nicht im vollplastischen Zustand befindet, ergeben sich im

Vergleich zu Betonpfeilern keine größeren Kopfverschiebungen (Bild 6.3-6). Durch die Steifigkeitsabnahme im gerissenen Zustand und den hohen Bewehrungsgehalt verhalten sich die hier untersuchten Betonpfeiler günstiger als die Stahlstützen. Diese können nur verbessert werden, indem sie als Verbundstützen, also mit bewehrtem Beton, und mit reduziertem Durchmesser ausgebildet werden, da die Normalkraftausnutzung des Stahls allein bereits etwa 40% beträgt. Im Gegensatz zu den dicht nebeneinander, in Längsrichtung stehenden Doppelpfeilern aus Beton, sollten die Stahlstützen aus gestalterischen Gründen in Brückenquerrichtung nebeneinander angeordnet werden.

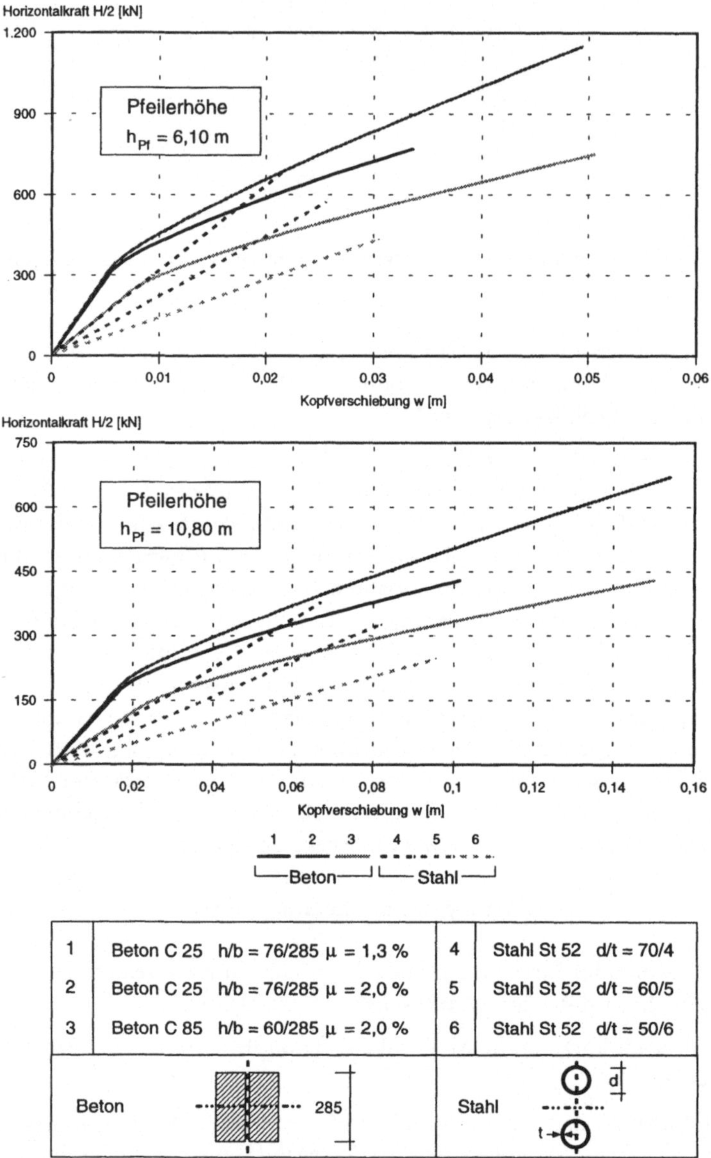

1	Beton C 25 h/b = 76/285 μ = 1,3 %	4	Stahl St 52 d/t = 70/4
2	Beton C 25 h/b = 76/285 μ = 2,0 %	5	Stahl St 52 d/t = 60/5
3	Beton C 85 h/b = 60/285 μ = 2,0 %	6	Stahl St 52 d/t = 50/6

Bild 6.3-6 Einfluß von Bewehrungsgehalt und Festigkeit auf die Kopfverschiebung und Horizontalkraft

6.3.2.4 Begrenzung der Überbauverschiebungen durch den Bauablauf

Verformungen des Überbaus entstehen durch Vorspannung, Kriechen, Schwinden und Temperaturänderung. Durch einen geeigneten Bauablauf können die zwangwirksamen Verschiebungsanteile verringert werden (s.a. Abschnitt 4.4.2.2.5.5).

Es wird davon ausgegangen, daß die Brücke von beiden, als unverschieblich wirkenden Widerlagern zur Brückenmitte hin Feld für Feld hergestellt wird und im Endzustand schwimmend gelagert ist. Dies entspricht dem Bauablauf gemäß Bild 4.4.2-47. Sobald ein Feld fertiggestellt ist, wirken alle Verbindungen zwischen Überbau und Pfeiler als biegesteife Verbindung. Die beiden Überbauhälften werden bis zur Brückenmitte (Pfeiler 7) hergestellt, aber erst dann verbunden, wenn auch der Brückenausbau abgeschlossen ist. Damit kann erreicht werden, daß weitere, über die Herstellungszeit hinaus auftretende zwangverursachende Verformungen in Richtung der Widerlager, also entgegen der Verschiebungsrichtung im Endzustand, wirken. Der Berechnung liegen folgende Annahmen zugrunde:

Bauzeit

Sie beträgt pro Feld 8 Wochen, für den gesamten Überbau und bei zeitgleicher Herstellung beider Brückenhälften insgesamt 56 Wochen. Für den gesamten Brückenausbau (Belag, Kappen, Geländer) werden weitere 24 Wochen angesetzt.

Vorspannung

Die mittlere Normalspannung aus Vorspannung beträgt $\sigma = 5$ N/mm²; mit einem Elastizitätsmodul von $E_c = 37000$ N/mm² ergibt sich für die Querschnittsstauchung im Mittel $\varepsilon_P = 0{,}135 \cdot 10^{-3}$.

Kriechen

Für die Kriechzahl wird gemäß EC 2, A.1 eine effektive Bauteildicke von $h_0 = 74$ cm, eine relative Luftfeuchtigkeit von RH = 80% und die Betonfestigkeitsklasse C35/45 zugrunde gelegt. Die Endkriechzahl beträgt damit $\phi = 1{,}5$ (Belastungsalter 28d). Der Ansatz für den zeitlichen Verlauf erfolgt nach EC 2, Gl. A.1.7.

Schwinden

Der zeitliche Verlauf des Schwindens wird gemäß EC 2, A.1.1.3 berücksichtigt. Das Endschwindmaß beträgt $\varepsilon_s = 0{,}28 \cdot 10^{-3}$.

Für den Überbau (Bild 6.3-2) werden vereinfachend die Steifigkeiten im Zustand I angesetzt.

Stützbereich:
$EA = 400$ MN, $EI_1 = 307200$ MNm²,
$EI_2 = 2837400$ MNm²

Feldbereich:
$EA = 363$ MN, $EI_1 = 32800$ MNm²,
$EI_2 = 4623000$ MNm²

Für das Verhalten der Pfeiler werden die in Bild 6.3-7 dargestellten M-N-κ-Beziehungen zugrunde gelegt. Aufgrund der zu erwartenden sehr großen Verschiebungen am Pfeilerkopf 1 bzw. 13 (Bild 6.3-1) werden dort jeweils Betongelenke angenommen.

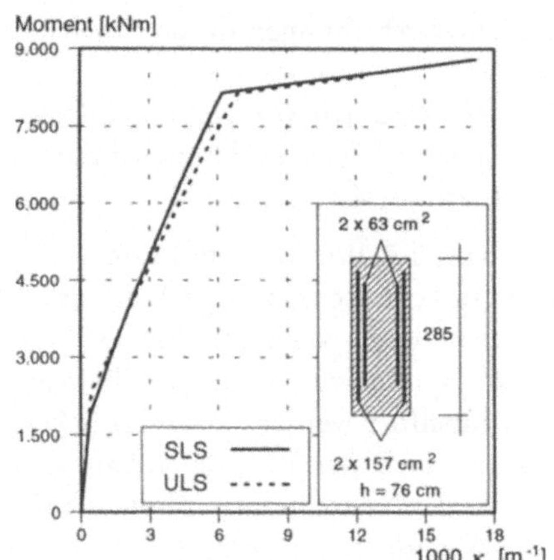

Bild 6.3-7 M-N-κ-Beziehung (1/2 Doppelpfeiler)

Bild 6.3-8 zeigt die in Brückenlängsrichtung auftretenden Kopfverschiebungen als Ergebnis einer nichtlinearen FE-Rechnung. Maßgebend ist hier der Pfeiler in Achse 2. Dort treten Kopfverschiebungen in Höhe von 6,5 cm auf, während für den 6,10 m hohen Pfeiler nach Bild 6.3-6 lediglich 4,9 cm zulässig sind. Soll kein Betongelenk am Pfeilerkopf angeordnet werden, müßte dieser Pfeiler um etwa 80 cm in den Baugrund verlängert werden, um die erforderliche Verformungsfähigkeit zu erreichen.

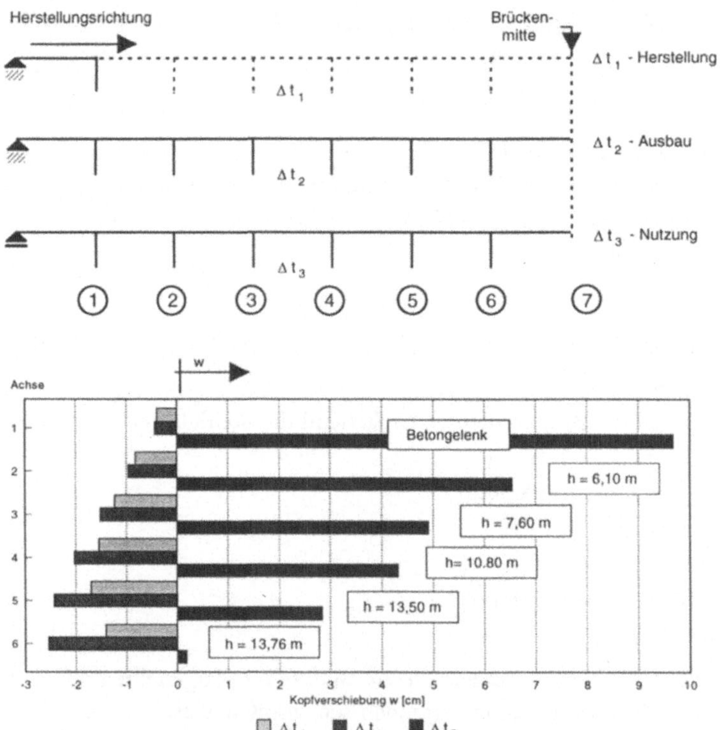

Bild 6.3-8 Zeitabhängiger Verlauf der Pfeilerkopfverschiebungen w in Bau- und Endzustand

Die maximale Verdrehung des Betongelenks in Achse 1 beträgt θ = 9,7/610 = 0,016 und entspricht damit dem von Leonhardt, 1975, vorgeschlagenen Höchstwert.

Bei Zwangeinwirkung ist im Grenzzustand der Tragfähigkeit (ULS) gemäß EC 2, 2.3.3 nachzuweisen, daß die γ_Q-fachen Kopfverschiebungen aufgenommen werden können. Da die Schnittgrößen unter Berücksichtigung des nichtlinearen Werkstoffverhaltens ermittelt wurden, gilt ein Sicherheitsbeiwert von γ_Q = 1,5. Für den maßgebenden, um 80 cm auf 6,90 m verlängerten Pfeiler in Achse 2, ergibt sich ein Verhältnis w_{ULS}/w_{SLS} = 9,8/6,5 ≅ 1,5. Dies entspricht der geforderten Sicherheit.

6.3.3 Schlußfolgerungen

Die Ergebnisse zeigen, daß der Ausführungsentwurf der Schornbachtalbrücke unter weitgehender Beibehaltung des Erscheinungsbilds monolithisch ausgeführt werden könnte. Voraussetzung ist, daß die Pfahlgründungen ausreichend nachgiebig (parallele statt geneigte Pfähle) ausgebildet werden, die Betonpfeiler als Doppelpfeiler ausgeführt, höher bewehrt (μ = 2,0% statt 1,3%) sowie im Bereich der Randfelder (Achse 1 und 13) am Kopf mit einem Betongelenk versehen werden.

Werden Zwangbeanspruchungen, wie hier angenommen, nicht bei der Bemessung, sondern beim Nachweis der Verformungsfähigkeit in beiden Grenzzuständen (SLS und ULS) wirklichkeitsnah erfaßt, ist die 618 m lange Schornbachtalbrücke monolithisch realisierbar.

Weiterführende, hier nicht weiter behandelte Maßnahmen betreffen eine Verringerung der Feldweiten, Überbauten mit geringeren Eigenlasten (s.a. Bild 4.4.2-36) sowie Betonpfeiler mit einer an der Zwangbeanspruchung besser orientierten Formgebung (z.B. Bild 4.4.2-17).

7 Zusammenfassung

7.1 Ausgangssituation

Ein Blick auf den Brückenbau des ausgehenden 20. Jahrhunderts offenbart eine unübersehbare Diskrepanz zu anderen Bereichen der Technik. Während beispielsweise seit Einführung des Automobils erhebliche Verbesserungen in bezug auf Energieverbrauch, Schadstoffausstoß, Sicherheit und Komfort erzielt werden konnten, beschränkte sich die Weiterentwicklung im modernen Brückenbau im wesentlichen auf rationellere Fertigungsmethoden (Bauverfahren) und die Verbesserung der Ausführungsqualität auf der Baustelle. Abgesehen von Großbrücken, welche immer wieder besondere Lösungen erforderlich machten, ist bei den sogenannten Standardbrücken seit Jahren eine Stagnation zu verzeichnen. So werden beispielsweise Autobahnüberführungen seit Jahrzehnten nach dem gleichen „Strickmuster“ gebaut: Spannbetonbalken mit konstanter Höhe, Mittelpfeiler mit Lager, beidseitiges Kastenwiderlager mit beweglichen Fahrbahnübergängen. Im Hinblick auf die gestalterische Qualität manifestiert sich diese Diskrepanz besonders deutlich bei den Brücken der DB im Zuge der Neubaustrecken. Über einfeldrige Hohlkastenträger, welche noch zu Maillart's Zeiten undenkbar gewesen wären, fährt ein moderner Hochgeschwindigkeitszug.

Die Folgen dieser Entwicklung bekommen die Straßenbauverwaltungen in zweierlei Hinsicht zu spüren: Erstens durch zunehmend steigende Kosten für die Unterhaltung des bestehenden Brückenbestands; denn im Verlauf der Nutzungsdauer fallen hierfür im Mittel nochmals die Erstellungskosten an. Und zweitens durch eine schwindende Akzeptanz gegenüber größeren Neubauvorhaben, da gestalterische Belange allzuoft technokratischen Sachzwängen untergeordnet werden.

Eine der Ursachen für diese Entwicklung ist die Tatsache, daß dem Entwurfsprozeß, der „Geburtsstunde“ einer Brücke, zu wenig Aufmerksamkeit geschenkt wird. Viele Schwachstellen könnten durch ein systematischeres, ganzheitlich ausgerichtetes Vorgehen beim Entwerfen verhindert werden.

Hier setzt der erste Teil der vorliegende Arbeit an. Mit Hilfe der Robustheit als ergänzendes Kriterium wird eine Möglichkeit zur entwurfsbegleitenden Bewertung zur Verfügung gestellt. Im zweiten Teil werden für einen robusten Brückentypus, bei dem auf Lager und Fugen verzichtet wird, wesentliche Einflußgrößen auf das Tragverhalten diskutiert und analysiert. Für den Entwurf lager- und fugenloser Brücken werden abschließend Empfehlungen gegeben.

7.2 Ergebnisse

Anforderungen an Brückenbauwerke entwickeln sich aus den individuellen und gesellschaftlichen Interessen bzw. Bedürfnissen der Menschen. Das technische Handeln ist damit immer vor dem Hintergrund allgemein gültiger Wertvorstellungen zu sehen. Zwei wesentliche dieser grundlegenden Werte stellen die Sicherheit des Menschen und der gesamtwirtschaftliche Wohlstand dar.

Obwohl den Sicherheitsanforderungen in den Normen traditionell große Aufmerksamkeit geschenkt wird, verbleiben immer gewisse Restgefahren. Dies hat folgende Gründe: (1) Die rechnerische Behandlung erfordert Annahmen und Vereinfachungen, welche die physikalische Realität nur angenähert wiedergeben und welche von den Sicherheitsbeiwerten der Norm nur zum Teil berücksichtigt werden. (2) Menschliche Fehlhandlungen, welche bewußt oder unbewußt hervorgerufen werden können, finden im Sicherheitsabstand der Norm keine Berücksichtigung. (3) Umwelteinflüsse, die zu einer Verschlechterung von Werkstoffeigenschaften führen, sind nur begrenzt quantifizierbar. Angaben hierzu beschränken sich überwiegend auf technologische Maßnahmen. (4) Ereignisse, welche aufgrund ihrer geringen Auftretenswahrscheinlichkeit oder eines zu hohen wirtschaftlichen Aufwands bei der Bemessung unberücksichtigt bleiben, stellen ein objektiv existierendes Restrisiko dar. (5) Das Ausmaß von Personen- und Sachschäden ist in den Sicherheitsabständen der Normen zumindest für Regelfälle nicht enthalten.

Die Wirtschaftlichkeit von Brückenbauwerken hängt zunehmend vom Unterhaltungsaufwand ab. Schadenserhebungen zeigen, daß dafür neben technologischen vor allem entwurfs- und konstruktionsrelevante Gründe verantwortlich sind. Ein Großteil von Schäden entsteht nicht mehr auf der Baustelle, sondern am Reißbrett. Die Kosten zur Vermeidung bzw. Behebung von Schäden steigen folglich nach Abschluß der Entwurfsphase überproportional stark an. Die Normen beschränken sich in ihren Angaben zur „Dauerhaftigkeit" auf technologische Maßnahmen, die Einhaltung von Einbautoleranzen oder bestimmter Schutzvorkehrungen. Diese sind jedoch auf das einzelne Bauteil bezogen. Grundlegende Anforderungen an das gesamte Bauwerk fehlen weitgehend.

Es zeigt sich, daß die gegenwärtig zur Verfügung stehenden Hilfsmittel des Ingenieurs Lücken aufweisen. Ein wesentlicher Grund hierfür liegt in einer formalistisch (rechnerische Nachweise) und zudem selektiv (lokale Betrachtung) ausgerichteten Arbeitsweise. Damit entstehen zwar „viele gute Teile" aber nicht zwangsläufig auch „ein gutes Ganzes". Offenkundig wird damit die Notwendigkeit einer integralen Vorgehensweise.

Die *Robustheit* als ein die normativen Anforderungen „Tragfähigkeit", „Gebrauchstauglichkeit" und „Dauerhaftigkeit" ergänzendes Kriterium soll einen Beitrag dazu leisten, die aufgezeigte Lücke zu schließen. Damit sollen für solche Fälle Lösungen entwickelt werden, für die formale rechnerische Nachweise weder möglich noch zweckmäßig erscheinen.

Die Robustheit, die den Grad der Widerstandsfähigkeit bzw. Unempfindlichkeit eines Bauwerks bezeichnet, bezieht sich sowohl auf rechnerisch nicht erfaßte bzw. erfaßbare Einwirkungen als auch auf alle planmäßigen, aber nur schwer zu quantifizierenden chemisch-physikalischen Einflüsse. Die Grundregel des Entwerfens im Sinne der Robustheit besteht darin, schädigende Einwirkungen nach Möglichkeit durch vorbeugende Maßnahmen zu vermeiden („Vorbeugen ist besser als heilen"). Vorrangiges Ziel ist, die Verhältnismäßigkeit von Ursache und möglicher Schäden zu wahren.

Mit Hilfe von elf Kriterien wurde die Robustheit beschrieben. Zur rechnerischen Erfassung der einzelnen Kriterien werden *ROB-Kennzahlen* herangezogen, welche den Einfluß aller maßgebenden Objekteigenschaften widerspiegeln. Die ROB-Kennzahlen besitzen keine absolute

Aussagekraft, sondern dienen lediglich als Maßzahl beim Vergleich mehrerer Lösungsvarianten. Die Ergebnisse zu den Einzelkriterien können wie folgt zusammengefaßt werden:

(1) Die *Redundanz* ist die Voraussetzung dafür, daß lokale Minderungen des Tragwiderstands, überhöhte Einwirkungen oder unsachgemäße Nutzung „ertragen" werden können. Die Ausnutzung von systemabhängigen Reserven erweist sich effizienter als lokale Verstärkungen. Wesentlich für die Redundanz eines Tragwerks ist die Lokalisierung kritischer Komponenten. (2) Eine hohe *Ausfallsicherheit* kann durch Vermeidung ausfallgefährdeter Tragglieder erreicht werden. Befinden sich Tragglieder dennoch in einer Gefahrenzone, kann die Wahrscheinlichkeit von Schäden durch eine geeignete Anordnung, Geometrie und Steifigkeit begrenzt werden. (3) *Stabilisierende*, d.h. zugbeanspruchte Konstruktionen mindern die Gefahr eines progressiven Versagens. Zusatzbeanspruchungen aus Überlast oder Imperfektion nehmen nur unterproportional zu. Zudem stellen rechnerisch nicht berücksichtigte Einflüsse aus Th. II. Ordnung zusätzliche Reserven dar. (4) Die *Duktilität* ist die Voraussetzung dafür, daß systemimmanente Reserven mobilisiert werden können. Zusätzlich zu den in den Normen angegebenen Anforderungen kann die Rotationsfähigkeit im Bereich der Fließgelenke durch gedrungene statt profilierte Querschnitte, eine große Trägerschlankheit, einen geringen Vorspanngrad und durch eine umschnürte Betondruckzone wirkungsvoll verbessert werden. (5) Die *Monolithische Bauweise* trägt durch das Fehlen schadensanfälliger Lager und Fugen in erheblichem Maße zur Reduzierung der Unterhaltungskosten bei. Außerdem werden unnötige Angriffsflächen vermieden, was ebenso zur Erhöhung der Dauerhaftigkeit der angrenzenden Bauteile beiträgt. (6) Eine ausreichende *Verformungsfähigkeit* ist notwendig, um auch unerwartet hohe Zwangbeanspruchungen ohne Beeinträchtigung der Gebrauchstauglichkeit aufnehmen zu können. Erreicht werden kann diese durch kleine Feldweiten, zwangorientierte Bauteilformen und weniger zwangempfindlicher Werkstoffe. (7) Mit einer *Kraftflußorientierten Form* können Beanspruchungskonzentrationen vermieden werden. Dadurch kann die „gefügestörende" Bewehrung in Betonkonstruktionen verringert werden, was die Dauerhaftigkeit erhöht. (8) Die *Kompaktheit* eines Bauwerks wirkt sich in zweierlei Hinsicht aus: Erstens können chemische und physikaliche Einwirkungen durch eine Minimierung der Oberflächen verringert werden. Zweitens erfahren kompakte Konstruktionen geringere Beanspruchungen aus Wind, da sowohl die Angriffsflächen als auch der formabhängige Widerstand kleiner sind. (9) Die *Austauschbarkeit* ist im Sinne der Robustheit dann als Qualitätsmerkmal aufzufassen, wenn die Verhältnismäßigkeit von Aufwand und erzielbarem Nutzen gewahrt bleibt. Das bedeutet, daß nur solche Komponenten austauschbar sein sollten, welche über eine deutlich geringere Nutzungsdauer als die Tragkonstruktionen selbst verfügen. Die robusteste Lösung ist durch möglichst wenig auszutauschende Komponenten gekennzeichnet, ohne daß dabei aber die Nutzungsdauer des Bauwerks insgesamt eingeschränkt wird. (10) Die *Anpassungsfähigkeit* an veränderte Nutzungsbedingungen erhält die Option aufrecht, eine Trasse auch ohne größere Investitionen für Neubaumaßnahmen weiterhin nutzen zu können. Diese Flexibilität kann in vielen Fällen bereits durch einen vorausschauenden Entwurf und mit geringfügig höheren Kosten ermöglicht werden. (11) In Anbetracht des überdurchschnittlich hohen Risikos menschlicher Fehlhandlungen während der Bauausführung erlangt die *Fehlerunanfällige Herstellbarkeit* in zweierlei Hinsicht Bedeutung. Erstens sollten ausführungsbedingte Abweichungen vom Soll-Zustand nicht zu folgenschweren Schäden führen. So sind gedrungene Bauteile günstiger als feingliedrige. Zweitens sollten Herstellungsverfahren in Hinblick auf das Verhalten des Tragwerks im Endzustand überprüft werden.

Die *Aggregation,* d.h. die Verknüpfung der Einzelbewertungen zu einem Gesamturteil erfolgt in zwei Schritten. Der erste Schritt beinhaltet die Abbildung der einzelnen ROB-Kennzahlen über *lineare Wertungsfunktionen* auf eine einheitliche Meßskala. Der zweite Schritt stellt die Summation der *gewichteten Einzelergebnisse* zur Gesamtbewertung der Robustheit dar, wobei zweckmäßigerweise zwischen *sicherheits-* und *wirtschaftlichkeitsrelevanten Kriterien* zu unterscheiden ist. Endergebnis ist eine die Robustheit ganzheitlich bewertende Maßzahl.

Eine Bewertung von Wettbewerbsentwürfen für zwei verschiedene Aufgabenstellungen stellt die Leistungsfähigkeit des vorgeschlagenen Modells unter Beweis. Sensitivitätsanalysen zeigen, daß das Endergebnis vergleichsweise unempfindlich auf veränderte Wichtungen der einzelnen Kriterien reagiert.

Lager- und fugenlose Brücken können als eine wichtige Voraussetzung zur Erfüllung der Robustheit angesehen werden. Sie stellen – dies zeigen zahlreiche historische Vorbilder – gewissermaßen den Archetyp einer robusten Brücke dar. Die Bezeichnung „lager- und fugenlose Brücke" gilt mit der Einschränkung, daß an einem bzw. beiden Widerlagern bewegliche Fahrbahnübergänge zugelassen sind, aber alle Pfeiler monolithisch mit dem Überbau verbunden sind.

Das Trag- und Verformungsverhalten lager- und fugenloser Brücken wird sehr stark von *Zwangbeanspruchungen* bestimmt. Zur Erfassung der Einflußgrößen wird eine dem Entwurfsprozeß entsprechende, fokussierende Betrachtungsweise gewählt: Vom Gesamtsystem über das Bauteil zum Detail.

Bei Betrachtung des *Gesamtsystems* zeigt sich, daß die Grundrißgeometrie einen entscheidenden Einfluß auf die Zwangbeanspruchungen hat. Diese betragen bei gekrümmten Brücken mit großen Öffnungswinkeln und unverschieblichen Widerlagern nur noch einen Bruchteil derjenigen von geraden Brücken. Vergleichbare gerade Brücken können bezüglich Zwang nur durch kleine Feldweiten verbessert werden. Hier, wie bei gekrümmten Brücken mit kleinen Öffnungswinkeln, ist zur wirklichkeitsnahen Erfassung der Zwangbeanspruchungen die Berücksichtigung der physikalischen Nichtlinearität des Konstruktionsbetons unerläßlich. Die Anordnung mehrteiliger Pfeiler in Brückenlängsrichtung führt ebenfalls zu einer deutlichen Verringerung der Zwangbeanspruchung in Pfeiler und Überbau.

Bei Betrachtung der *Bauteile* spielt die Formgebung eine entscheidende Rolle. Es zeigt sich, daß sich gevoutete Überbauten deutlich günstiger verhalten als solche mit konstanter Querschnittshöhe. Die optimale Form (konkav oder konvex) hängt vom Verhältnis der Querschnittshöhen im Stütz- und Feldbereich ab. Ähnliches gilt für die Pfeiler, wobei hier aufgrund der großen Längsverschiebungen des Überbaus auch konstruktive Parameter eine Rolle spielen. So zeigt sich, daß im Gebrauchszustand die größten Pfeilerkopfverschiebungen dann erzielt werden können, wenn die Normalkraftausnutzung ν und der Bewehrungsgrad ω aufeinander abgestimmt sind. Unter Gebrauchslast sollten Pfeiler noch weitgehend ungerissen bleiben. Auch bei tageszeitlich bedingten Verformungen führt die Relaxation des Betons zu einer Reduzierung der Zwangspannungen. Pfeilerkopfverschiebungen aus dem Schwinden des Überbaus können durch einen geeigneten Bauablauf (Festpunktwechsel während der Herstellung) wirksam verringert werden. Die Nachgiebigkeit der Gründungen leistet insbesondere bei steifen Pfeilern einen erheblichen Beitrag zur Verformungsfähigkeit. Flächengründungen verhalten sich günstig, wenn eine klaffende Sohlfuge zugelassen wird. Pfahlgründungen haben immer dann Vorteile, wenn in Brückenlängsrichtung nur eine Pfahlreihe angeordnet wird und in den oberen

Schichten weicher Boden ansteht. Dann können auch nennenswerte Pfahlkopfverschiebungen auftreten.

Bei Betrachtung der *Details* zeigen sich die Vor- und Nachteile der lager- und fugenlosen Bauweise gleichermaßen. Einerseits können die Bauteilverbindungen (Überbau-Pfeiler) am Kraftfluß orientiert werden, andererseits sind im ULS am Pfeilerkopf große Rotationen vom Querschnitt aufzunehmen. Durch eine nur mäßige Voutung an den Pfeilerenden ist sicherzustellen, daß die Fließgelenke unmittelbar unterhalb des Überbaus bzw. oberhalb der Gründung auftreten können. Die erforderliche Rotation wird damit verringert. Im Überbau dagegen können die Fließgelenke durch eine starke Voutung aus dem Stützbereich in das Feld verlagert und so die Traglast des Systems gegebenenfalls erhöht werden. Auch Betongelenke können in diesem Zusammenhang einen Beitrag zur Verbesserung der Verformungsfähigkeit der Pfeiler leisten.

Für das systematische Entwerfen lager- und fugenloser Brücken wird ein zur Bewertung der Robustheit analoges Modell vorgeschlagen. Als Maßzahl wird die *effektive fugenlose Brückenlänge* L_{eff} herangezogen. Sie ist das Produkt aus der vorhandenen fugenlosen Brückenlänge und den gewichteten Zielerfüllungsgraden der betrachteten Einflußgrößen. Mit dieser Entwurfsstrategie können Lösungsvarianten nachvollziehbar selektiert werden (deduktives Vorgehen).

An zwei *Beispielen* wird die Vorgehensweise verdeutlicht. Der Vergleich zwischen einer geraden und kreisförmig gekrümmten Fußgängerbrücke zeigt, daß mit den erarbeiteten Hilfsmitteln eine schnelle und zuverlässige Bewertung möglich ist. Nichtlineare FE-Rechnungen ergeben eine zufriedenstellende Übereinstimmung mit der Handrechnung. Die Ergebnisse bestätigen, daß Brücken mit gekrümmter Grundrißgeometrie deutlich größere fugenlose Längen als vergleichbare gerade Brücken erreichen können.

Am Beispiel einer 618 m langen, konventionell gebauten Straßenbrücke wurde gezeigt, daß eine monolithische Ausführung unter weitgehender Beibehaltung des Erscheinungsbilds realisierbar ist. Eine wesentliche Voraussetzung hierfür ist, Zwangbeanspruchungen wirklichkeitsnah zu erfassen und diese grundsätzlich nicht bei der Bemessung (ULS), sondern nur beim Nachweis der Gebrauchstauglichkeit zu berücksichtigen.

7.3 Ausblick

Die Ergebnisse der vorliegenden Arbeit stellen eine Grundlage für den Entwurf robuster Brückentragwerke dar. Aufgrund der breit angelegten Betrachtung konnten einige Aspekte nur andiskutiert und daher nicht eingehender behandelt werden. Folgende Ansatzpunkte ergeben sich für eine weitere Behandlung dieser Problemstellung:

- Zur Absicherung der Wichtungsfaktoren bei der Bewertung der Robustheit sollten Schadenserhebungen von Behörden ausgewertet werden.
- Zur besseren Erfassung des „Faktors Mensch“ sollten Fehlhandlungen systematisch analysiert und daraus „herstellungsunempfindlichere Konstruktionen“ abgeleitet werden.
- Das Tragverhalten „echter“, d.h. auch an beiden Widerlagern fugenlos ausgebildeter Brücken, sollte in Hinblick auf Zwangbeanspruchungen untersucht werden. Dabei ist die Erfassung des Baugrunds im statischen Modell ebenso wichtig wie der Einfluß des Kriechens von Brücke und Boden.

- Die „Gewichtsvorteile“ hybrider Konstruktionen (z.B. Stahlfachwerkverbundüberbau, unterspannte Platte, Stahlverbundstützen) sollten in Hinsicht auf ihr Verhalten bei Zwang betrachtet werden.
- Die Ausbildung monolithischer Verbindungen erfordert aufgrund der großen Krümmungen an den Pfeilerenden nähere Untersuchungen zur Formfindung und konstruktiven Durchbildung. Dies gilt ebenso für hybride Verbindungen (Stahlstütze-Betonüberbau).
- Zur Herstellung monolithischer Brücken sind die „konventionellen“ Bauverfahren zu modifizieren, da die Minimierung der durch das Schwinden verursachten Zwangbeanspruchungen im Vordergrund steht.
- Zur rechnerischen Behandlung monolithischer Betonbrücken sollte die Interaktion von Biegesteifigkeit (über M-κ-Beziehung) und Dehnsteifigkeit (über N-ε-Beziehung) in den Rechenprogrammen problemlos möglich sein.

Anzumerken bleibt, daß es den Versuch lohnen würde, das heute zur Verfügung stehende know-how konsequenter zu nutzen, um den Brückenbau neu zu beleben (Bild 7 b) bis e)). Denn dies dürfte nicht nur im volkswirtschaftlichen, sondern vor allem auch im kulturellen Interesse der Menschen sein.

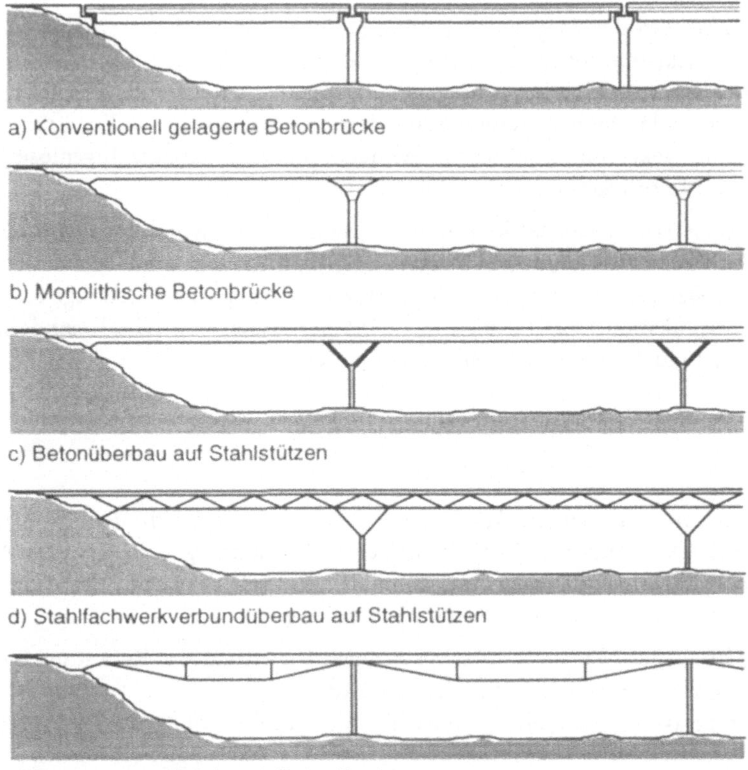

Bild 7 Möglichkeiten zur Verbesserung des Erscheinungsbildes durch robuste Brückentragwerke

8 Schrifttum

Ammann, W.: Stahlbeton- und Spannbetontragwerke unter stoßartiger Belastung. Institut für Baustatik und Konstruktion, ETH Zürich, Birkhäuser Verlag, 1983

Ayyub, B.M.; Ibrahim, A.: Posttensiond trusses: reliability and redundancy. Journal of Structural Engineering, 116 (1990), No. 6, p. 1507-1521

Bertsche, B.: Zur Berechnung der System-Zuverlässigkeit von Maschinenbau-Produkten. Institut für Maschinenelemente und Gestaltungslehre, Aichtal 1989

Bertsche, B.; Lechner, G.: Verbesserte Berechnung der Systemlebensdauer von Produkten des Maschinenbaus. Konstruktion 38 (1986), H.8, S. 40-43

Bigaj, A.: Einfluß des Maßstabs auf die Rotationsfähigkeit von plastischen Gelenken in Stahlbetonträgern. DAfStb-Forschungskolloquium, TU Delft 1994

Bilcik, J.: Prognostizierung der Lebensdauer von Stahlbetonbauteilen. Colloquium on Actual Problems of Concrete Structures, Bratislava 1991

Billington, D.P.: Robert Maillart und die Kunst des Stahlbetonbaus. Verlag für Architektur Artemis 1990

Billington, D.P.: Robert Maillart's bridges, The Art of Engineering. Princeton University Press, New Jersey 1979

Birolini, A.: Qualität und Zuverlässigkeit technischer Systeme – Theorie, Praxis, Management. 2. Auflage, Springer-Verlag, Berlin 1991

Blockley, D.: Structural Failure and Hazard Engineering. Structural Engineering International 3 (1993), No. 4, p. 253-257

Blum, H.: Einspannverhältnisse bei Bohlwerken. Verlag Ernst & Sohn Berlin, 1931

Breitschaft, G.; Hanisch, J.: Erläuterungen der Richtlinie zur Bestimmung der Sicherheit im Konstruktiven Ingenieurbau. Beiträge zum 1. Sicherheitsseminar des IfB, 1978

Bundesministerium für Verkehr (BMV): Erhaltungsarbeiten an Brücken und anderen Ingenieurbauwerken von Straßen. Dokumentationen 1982, 1990, 1994

Bunte, D.: Zum karbonatisierungsbedingten Verlust der Dauerhaftigkeit von Außenbauteilen aus Stahlbeton. Schriftenreihe des DAfStb, Heft 436, Beuth-Verlag, Berlin 1993

Bürge, M.; Schneider, J.: Variability in Professional Design, Structural Engineering International, Vol. 4, No. 4 (1994), p. 247-250

Cordes, J.: Fertigstellung der Elstertalbrücke Pirk – Handwerkliche Baukunst und moderner Spannbetonbrückenbau. Vorträge Betontag 1993, S. 180-186, Deutscher Beton-Verein e.V.

Deutsches Institut für Normung e.V. (DIN): Grundlagen zur Festlegung von Sicherheitsanforderungen für bauliche Anlagen. Beuth-Verlag, Berlin 1981

Eibl, J.: Zwängung und Rißbildung von Stahlbetonstäben bei Behinderung der Längsverformung. Bautechnik 46 (1969), H. 11, S. 373-379

Eibl, J.; Block, K.: Zur Beanspruchung von Balken und Stützen bei hartem Stoß (impact). Bauingenieur 56 (1981), S. 369-377

Eibl, J.; Voß W.: Zwei Autobahnbrücken mit externer Vorspannung. Beton- und Stahlbetonbau 84 (1989), H. 11, S. 291-296

Eicher, U.: Die neue Lorzentobelbrücke. Schweizer Ingenieur und Architekt, Sonderdruck aus Heft 13, 1986

Ellingwood, B.: Design and Construction Error Effects on Structural Reliability. Journal of Structural Engineering, 113 (1987), No. 2, p. 409-422

Finsterwalder, U.; Schambeck, H.: Von der Lahnbrücke Balduinstein bis zur Rheinbrücke Bendorf. Beton- und Stahlbetonbau 60 (1965), H. 3

Finsterwalder, U.; Schambeck, H.: Die Elztalbrücke. Der Bauingenieur 41 (1966), H. 6, S. 251-258

Fischer, M.; Wien, B.: Erfahrungen mit Brücken aus wetterfestem Baustahl. Stahlbau 57 (1988), H. 10, S. 299-308

Forschergruppe „Ingenieurbauten-Wege zu einer ganzheitlichen Betrachtung" (FOGIB). Fortsetzungsantrag 1995-96, Teil 1 und 2

Frangopol, D.M.; Klisinski, M.: Material behaviour and optimum design of structural systems. Journal of Structural Engineering 115 (1989), No. 5, p. 1054-1075

Frangopol, D.M.; Curley, J.P.: Effects of Damage and Redundancy on Structural Reliability. Journal of Structural Engineering, 113 (1987), No. 7, p. 1533-1549

Franz, G.; Hampe, E.; Schäfer, K.: Konstruktionslehre des Stahlbetons. Band II, Teil B, Springer-Verlag, 1991

Ghosn, M.; Moses, F.: Evaluation of the Redundancy of Highway Bridges. 3rd Int. Workshop on Bridge Rehabilitation, Darmstadt, June 1992

Gockel, B.: Bilddokumente aus „Wasserversorgung im antiken Rom". Frontinus-Gesellschaft e.V., R. Oldenbourg Verlag München, Wien 1983

Görtler, H.: Dimensionsanalyse. Theorie der physikalischen Dimensionen und Anwendungen. Springer-Verlag, Berlin 1975

Goller, A.: Zur Bewertung der Robustheit von Brückentragwerken. Universität Stuttgart, Diplomarbeit 1995

Graubner, C.-A.; Wettmann, V.: Schlitzwände im Brückenbau – ein neuartiges Gründungselement. Beton- und Stahlbetonbau 88 (1993), H. 12, S. 323-328

Greimann, L.; Wolde-Tinsae, A.M.: Design Model for Piles in Jointless Bridges. Journal of Structural Engineering 114 (1988), No. 6, p. 1354-1371

Grundmann, H.: Zuverlässigkeit der Bauwerke. Abschlußbericht SFB 96, Allgemeiner Teil, TU München, 1989

Heinrich, B.: Brücken – vom Balken zum Bogen. Deutsches Museum. Kulturgeschichte der Naturwissenschaft und Technik, 1983

Hergenröder, M.: Zur statistischen Instandhaltungsplanung für bestehende Betonbauwerke bei Karbonatisierung des Betons und möglicher Korrosion der Bewehrung. TU München, Dissertation 1992

Hirt M.A.: Norm SIA 160 „Einwirkungen auf Tragwerke". Forschungskolloquium des DAfStb, ETH Zürich 1990

Hock, B.: Über die Verformungen und Beanspruchungen von Stahlbetonskelettbauten infolge von Temperatur-Feuchtigkeitsänderungen. Universität Stuttgart, Dissertation 1983

Hohenbichler, M.; Gollwitzer, S.; Rackwitz, R.: New Light on First- and Second-Order Reliabilty Methods. Structural Safety 4 (1987), p. 267-284

Housner, G.W.: Competing against time. Report from the Governor's Board on Inguiry on the 1989 Loma Prieta Earthquake, 1990

Ivanyi, G.; Fastabend, M.; Lardi, R.; Pelle, K.: Statisch-konstruktive Verstärkung durch zusätzliche Vorspannung. Bautechnik 64 (1987), H. 6, S. 181-187

Jaenke, C.: Das Verhalten von Pfeilern monolithischer Brücken bei Zwangbeanspruchung. Universität Stuttgart, Diplomarbeit 1993

Jaenke, C.; Pötzl, M.: Programmbeschreibung BELEPE, Universität Stuttgart, Institut für Tragwerksentwurf und -konstruktion, 1993

Jennewein, M.; Schäfer, K.: Standardisierte Nachweise von häufigen D-Bereichen. Schriftenreihe des DAfStb, Heft 430, Beuth-Verlag, Berlin 1992

Jung, R.: Zur Formfindung monolithischer Verbindungen im Brückenbau. Universität Stuttgart, Diplomarbeit 1993

Jungwirth, D.; Beyer, E.; Grübel, P.: Dauerhafte Betonbauwerke. Betonverlag, Düsseldorf 1986

Kany, M.: Berechnungen von Flachgründungen. Verlag Ernst & Sohn, 1974

Käser, M.; Menn, C.: Dauerhaftigkeit von Stahlbetontragwerken; Auswirkungen der Rißbildung. Institut für Baustatik und Konstruktion, ETH Zürich 1988

Keller, T.: Dauerhaftigkeit von Stahlbetonbauten. Institut für Baustatik, ETH Zürich, Bericht Nr. 184, 1991

Kersken-Bradley, M.: Unempfindliche Tragwerke – Entwurf und Konstruktion. Bauingenieur 67 (1992), H. 1, S. 1-5

Kirsch, P.: Zusätzliche Vorspannung ohne Verbund bei der Erneuerung der Wangauer Achbrücke. Schriftreihe des Östreichischen Betonvereins über „Flexibilität im Massivbau" (1986), Heft 5, S.3 4-38

Koelliker, E.: Die Karbonatisierung von Stahlbeton – ein Überblick. Beton- und Stahlbetonbau 85 (1990), H. 6, S. 148-153

König, G.; Maurer, R.; Zichner, T.: Spannbeton: Bewährung im Brückenbau. Springer-Verlag 1986

König, G.: Robustness of Prestressed Concrete Members. Bulletin d'Information No. 219, Safety and Performance Concepts

Kotulla, B.; Wilhelm, H.: Konstruktion von freitragenden, stählernen Vorbaurüstungen und ihre Anwendung im Spannbetonbrückenbau. Der Stahlbau 47 (1978), H. 4, S. 114-126

König, G.; Maurer, R.: Sicherheit von Spannbetonbrücken. Forschung, Straßenbau und Straßenverkehrstechnik, Heft 590, 1990

de Kraker, A.; Tichler, J.W.; Vrouwenvelder, A.C.W.M.: Safety, Reliability and Service Life of Structures. Heron 27 (1982), No. 1

Kreller, H.: Zum nichtlinearen Trag- und Verformungsverhalten von Stahlbetonstabtragwerken unter Last- und Zwangeinwirkung. Schriftenreihe des DAfStb, Heft 409, Beuth-Verlag, Berlin 1990

Kuchling, H.: Taschenbuch der Physik. 3. Auflage, Verlag Harri Deutsch, 1981

Kupfer, H.; Garske, E.: Rehabilitation of the Bridge across the River Main between Sommerhausen and Winterhausen. 3rd International Workshop on Bridge Rehabilitation, Darmstadt, June 1992

Langer, P.: Verdrehfähigkeit plastifizierter Tragwerksbereiche im Stahlbetonbau. Mitteilungen des Instituts für Werkstoffe im Bauwesen, Universität Stuttgart 1987

Leonhardt, F.: Fugenlose Betonkonstruktionen. VDI-Seminar „Rißbreitenbegrenzung in Betonbauwerken", 1989

Leonhardt, F.: Vorlesungen über Massivbau, Teil 2, Springer-Verlag, 1975

Leonhardt, F.: Vorlesungen über Massivbau, Teil 5. Springer-Verlag, 1980

Leonhardt, F.: Vorlesungen über Massivbau, Teil 6. Springer-Verlag, 1979

Leonhardt, F.; Lippoth W.: Folgerungen aus Schäden an Spannbetonbrücken. Beton- und Stahlbetonbau 65 (1970), H. 10, S. 231-244

Leonhardt, F.: Maßnahmen zur Qualitätssicherung bei neuen Eisenbahnbrücken. Vortragsveranstaltung über „Qualitätssicherung im Brückenbau". Forschungsgesellschaft für das Verkehrs- und Straßenwesen im Östreichischen Ingenieur- und Architekten-Verein, 1985

Li, L.; Eligehausen, R.: Rotationsfähigkeit von vorgespannten plastischen Gelenken. Forschungskolloquium des DAfStb, Universität Stuttgart, 1994

Litzner, H.-K.: Grundlagen der Bemessung nach Eurocode 2. Vergleich mit DIN 1045 und DIN 4277, Betonkalender 1993, Teil 1

Matousek, M.; Schneider, J.: Untersuchungen zur Struktur des Sicherheitsproblems bei Bauwerken. Institut für Baustatik ETH Zürich, Bericht Nr. 59, 1976

Matousek, M.; Schneider, J.: Maßnahmen gegen Fehler im Bauprozeß. Schweizer Ingenieur und Architekt, Nr. 51, S. 1412-1417

Matousek, M.; Nutzungs- und Sicherheitspläne. Schweizer Ingenieur und Architekt, Nr. 18 (1985), S. 364-367

Matousek, M.; Sicherheitsplanung. Schweizer Ingenieur und Architekt, Nr. 4 (1989), S. 70-73

Menn, C.: Felsenau-Brücke in Bern. Beton- und Stahlbetonbau 71 (1976), H. 4, S. 81-84

Menn, C.: Gefährden „Temperaturspannungen" Spannbetonbrücken? Schweizer Ingenieur und Architekt, Nr. 7 (1983), S. 193-196

Menn, C.: Reussbrücke Wassen-Schadenanalyse und Rekonstruktionskonzept. Schweizer Ingenieur und Architekt, Nr. 25 (1989), S. 678-684

Menn, C.: Brückenunterhaltsforschungen. Schweizer Ingenieur und Architekt 43 (1987)

Menn, C.: Stahlbetonbrücken. 2. Auflage, Springer-Verlag, 1990

Menn, C.: The Place of Durability in Bridge Design Concepts. 11th International Congress on Prestressed Concrete (FIP), Hamburg 1990

Mensebach, W.: Straßenverkehrstechnik. Werner Ingenieurtexte, 1983

Meyer, A.; Wierig, H.-J.; Husmann, K.: Karbonatisierung von Schwerbeton. Schriftenreihe des DAfStb, Heft 182, Beuth-Verlag, Berlin, 1967

Mlejnek, H.P.: Some Explorations in the Genesis of Structures. Comett-Seminar „Conception optimale des structuresassistent par ordinateur", Liege, Juni 1992

Mönnig, F.: Bauüberwachung in Deutschland. Beton+Fertigteil-Technik, Heft 1, Bauverlag, 1993

Nürnberger, U.: Korrosion und Korrosionsschutz der Bewehrung im Massivbau. Schriftenreihe des DAfStb, Heft 405, Beuth-Verlag, Berlin 1990

Nürnberger, U.; Menzel, K.; Löhr, A.; Frey, R.: Korrosion von Stahl in Beton (einschließlich Spannbeton). Schriftenreihe des DafSb, Heft 393, Beuth-Verlag, Berlin 1988

Park, R.: Ductility of Structural Concrete. IABSE-Colloquium „Structural Concrete", Stuttgart 1991, p. 445-456

Pauser, A.: Entwicklungsgeschichte des Massivbrückenbaues. Österreichischer Betonverein, 1987

Peil, U.: Schadensfälle im Brückenbau. Bauingenieur 52 (1977), S. 411-412

Petersen, C.: Statik und Stabilität der Baukonstruktionen, 2. Auflage, Friedr. Vieweg & Sohn, 1982

Petschacher, M.: Zuverlässigkeit technischer Systeme. Computergestützte Verarbeitung von stochastischen Größen mit dem Programm VaP. Institut für Baustatik und Konstruktion, ETH Zürich, Bericht Nr. 199, August 1993

Pflugfelder, J.: Druckglieder aus hochfestem Beton. Universität Stuttgart, Diplomarbeit 1991

Pötzl, M.: Maßnahmen zur Erhöhung der Lebensdauer von Stahlbetonbrücken. Colloquium on Actual Problems of Concrete Structures, Bratislava 1991

Pötzl, M.: Pile Cap subjected to vertical Forces and Moments. IABSE-Workshop. „The Design of Structural Concrete", New Delhi 1993

Pötzl, M.; Schlaich, J; Schäfer, K.: Grundlagen für den Entwurf, die Berechnung und konstruktive Durchbildung lager- und fugenloser Brücken. Schriftenreihe des DAfStb, Heft 461, Beuth-Verlag, Berlin 1996

Rabe, D.: Die Unterhaltung von Stahlbeton- und Spannbetonbrücken. Bauingenieur 56 (1981), S. 431-437

Rackwitz, R.: Berechnungsverfahren für die Versagenswahrscheinlichkeit. Abschlußkolloquium SFB 96 „Zuverlässigkeit der Bauwerke", S. 7-16, TU München, 1986

Rausch, E.: Maschinenfundamente und andere dynamisch beanspruchte Baukonstruktionen. VDI-Verlag, 1959

Rehm, G.: Dauerhafte Betontragwerke: Eine vordringliche Bemessungsaufgabe. Beton 36 (1986), H. 3, S. 99-103

Rehm, G.; Nürnberger, U.; Frey, R: Zur Korrosion und Spannungsrißkorrosion von Spannstählen bei Bauwerken mit nachträglichem Verbund. Bauingenieur 56 (1981), S. 275-281

Rossner, W.: Brücken aus Spannbetonfertigteilen. Verlag Ernst & Sohn 1988

Rostam, S.: Service Life Design – The European Approach. Concrete International, July 1993, p. 24-32

Rudolph, S.; Kröplin, B.: Über die systematische Bewertung von Konstruktionen.

Bauingenieur 69 (1994), H. 1, S. 3-11

Rückert, K.: Entwicklung eines CAD – Programmsystems zur Bemessung von Stahlbetontragwerken mit Stabwerkmodellen. Universität Stuttgart, Dissertation 1992

Ruth, J.: Werkstoffverhalten in Grenzflächenbereichen der Tragelemente von Bauwerken, Universität Stuttgart, Dissertation 1993

Schaechterle, K.: Der Brückenbau der Reichsautobahnen. Volk und Reich Verlag Berlin, 1942

Schambeck, H.: Metro Medellin – Eine Paketlösung für Finanzierung, Planung und Bau eines neuen Verkehrssystems. Vorträge Betontag 1989, Deutscher Beton-Verein e.V.

Scheer, J.; Pasternak, H.; Hofmeister, M.: Gebrauchstauglichkeit – (k)ein Problem? Bauingenieur 69 (1994), H. 3, S. 99-106

Scheidler, J.: Die Erhaltung von Brücken. Bau Intern 10 (1982)

Schießl, P.: Grundlagen der Neuregelung zur Beschränkung der Rißbreite. Schriftenreihe des DAfStb, Heft 400, Beuth-Verlag, Berlin 1989

Schießl, P.: Einfluß von Rissen auf die Dauerhaftigkeit von Stahlbeton- und Spannbetonbauteilen. Schriftenreihe des DAfStb, Heft 370, Beuth-Verlag, Berlin 1986

Schießl, P.: Zur Frage der zulässigen Rißbreite und der erforderlichen Betondeckung im Stahlbetonbau unter besonderer Berücksichtigung der Karbonatisierung des Betons. Schriftenreihe des DAfStb, Heft 225, Beuth-Verlag, Berlin 1976

Schlaich, J.; Bergermann, R.: Fußgängerbrücken. Katalog zur Ausstellung an der ETH Zürich, 1992

Schlaich, J.; Pötzl, M.: Some thoughts on the application of design life principles in practice. The design life of structures, p. 47-56, Blackie, Glasgow und London, 1992

Schlaich, J.; Pötzl, M.: Zum Entwerfen von robusten Tragwerken. Festschrift „Industrie- und Spezialbau – Theorie und Anwendung", S. 45-53, Weimar 1993

Schlaich J., Reineck K.-H.: Die Ursache für den Totalverlust der Betonplattform Sleipner A. Beton – und Stahlbetonbau 88 (1993), H. 1, S. 1-4

Schlaich, J.; Schäfer, K.: Konstruieren im Stahlbetonbau. Betonkalender 1993, Teil II, S. 327-486

Schmidt, B.: Die Berechnung biegebeanspruchter, elastisch gebetteter Pfähle nach der Methode der finiten Elemente. Bautechnik (1985), H. 1, S. 20-25

Schmitz, H.: Konstruieren mit Leichtbeton. Festschrift Ulrich Finsterwalder: 50 Jahre für Dywidag. Dyckerhoff & Widmann AG München, 1973

Schneider, J.: Beurteilung der Tragsicherheit bestehender Bauwerke. Schweizer Ingenieur und Architekt, Nr. 46 (1990), S. 1328-1332

Schneider, J.: Unkonventionelle Überlegungen zum Thema „Sicherheit". Schweizer Ingenieur und Architekt, Nr. 7 (1983), S. 221-224

Schneider J., Bürge M.: Variability in Professional Design. Structural Engineering International, Vol. 4, No. 4 (1994), p. 247-250

Schneider, T.: Sicherheit – eine gesellschaftliche Herausforderung an den Ingenieur. Schweizer Ingenieur und Architekt, Nr. 15 (1988), S. 423-428

Schober, H.: Ein Modell zur Berechnung des Verbundes und der Risse im Stahl- und Spannbeton. Universität Stuttgart, Dissertation 1984

Schuëller, G.: Einführung in die Sicherheit und Zuverlässigkeit von Tragwerken. Verlag Ernst & Sohn, 1981

Sheik, S.A.; Uzumeri, S.M.: Analytical Model for Concrete Confinement in Tied Columns. Journal of Structural Division, Vol. 108, Dec. 1982

Sherif, G.; König, G.: Platten und Balken auf nachgiebigem Untergrund. Springer-Verlag, 1975

Siemes, A.J.M.; Vrouwenvelder, A.C.W.M.; van den Beukel, A.: Durability of Buildings: a Reliability Analysis. Heron 30 (1985), No. 3

Smoltczyk, U.: Bodenmechanik und Grundbau (Studienunterlagen). Institut für Geotechnik, Universität Stuttgart, 1988

Sohn, K.: Der Ingenieurwettbewerb für die Straßenbrücke über das Schornbachtal. Beton- und Stahlbetonbau 84 (1989), H. 12, S. 303-309

Somerville, G.: The design life of concrete structures. The Structural Engineer 2 (1986)

Spaethe, G.: Die Sicherheit tragender Baukonstruktionen. 2. Auflage, Springer-Verlag, Wien 1992

Specht, M.: Gedanken über die Dauerhaftigkeit von Betonbauwerken aus der Sicht der Planung und Konstruktion. Beton- und Stahlbetonbau 77 (1982), H. 5, S. 121-126 und H. 6 S. 150-155

Springenschmid, R.; Wagner-Grey, U.; Schwarzkopf, M.: Temperaturspannungen in Beton bei sommerlicher Erwärmung. Bauingenieur 53 (1978), S. 265-267

Springenschmid, R.; Fleischer, W.: Über das Schwinden von Beton, Schwindmessungen und Schwindrisse. Beton- und Stahlbetonbau 88 (1993), H. 11, S. 297-301 und H. 12, S. 329-332

Standfuß, F.: Grundsätze für Entwurf, Ausführung und Erhaltung von Brücken der Bundesfernstraßen. 3. Brückenbausymposium, TU Dresden 1994

Steidle, P.: Teilweise vorgespannte Stahlbeton-Stabtragwerke unter Last- und Zwangbeanspruchungen. Universität Stuttgart, Dissertation 1988

Steidle, P.: MNQκ – Programmbeschreibung und Dokumentation. 3. Auflage, Institut für Tragwerksentwurf und -konstruktion, Universität Stuttgart 1987

Steidle, P.; Schäfer, K.: Trag- und Verformungsfähigkeit von Stützen bei großen Zwangsverschiebungen der Decken. Schriftenreihe des DAfStb, Heft 376, Beuth-Verlag, Berlin 1986

Stein, E.: Vorlesung über Technische Mechanik, Teil 2 Elastostatik. Universität Hannover, Institut für Baumechanik und Numerische Mechanik, 1983

Stiefel, U.; Schneider, J.: Was kostet Sicherheit ? Schweizer Ingenieur und Architekt, Nr. 47 (1985), S. 1175-1182

Stolte, E.: Über die Spannungskorrosion an Spannstählen. Beton- und Stahlbetonbau (1968), H. 5, S. 116-118

Straninger, W.: Die Verbreiterung der Europabrücke – Vorlandbrücke. Schriftreihe des Östreichischen Betonvereins über „Flexibilität im Massivbau" (1986), Heft 5, S. 17-20

Titze, E.: Über den seitlichen Betonwiderstand bei Pfahlgründungen. Bauingenieur-Praxis Heft 77, Verlag Ernst & Sohn, Berlin 1970

van der Toorn, A.: The Maintenance of Civil Engineering Structures. Heron Vol. 39 (1994), No. 2, S. 3-34

Trost, H.; Paschmann, H.: Frühe Kriechverformungen des Betons. Schriftenreihe des DafStb, Heft 420, Berlin 1991

Vogler, M.: Der Talübergang Schottwien. Beton- und Stahlbetonbau 84 (1989), H. 4, S. 91-96 und H. 5, S. 121-126

Walraven, J.: High strength concrete: A material for the future? Symposium „Utilization of high strength concrete", Lillehammer 1993, S. 17-27

Walraven, J.; Shkoukani, H.: Kriechen und Relaxation des Betons bei Temperatur-Zwangbeanspruchung. Beton- und Stahlbetonbau 88 (1993), H. 1, S. 10-15

Walther, R.; Maier, J.: Fugenlose Spannbetonbauten. Schweizer Ingenieur und Architekt, Nr. 46 (1990), S. 1333-1335

Wardlaw, R.L.: The improvement of aerodynamic performance. Proceedings of the International Symposium on Aerodynamics of Large Bridges, Copenhagen 1992

Weizsäcker, C.F.v.: Technik als Menschheitsproblem. Vortrag über Literatur im Industriezeitalter. Deutsche Schillergesellschaft, Marbach/Neckar 1987

Werwigk, M.: Der Einfluß des Herstellungsverfahrens auf die Lebensdauer von Stahlbetonbrücken. Universität Stuttgart, Diplomarbeit 1992

Wesche, K.: Baustoffe für tragende Bauteile. Band 2, Beton Bauverlag, Wiesbaden und Berlin 1981

White, K.H.: A performance approach to design. The Design Life of Structures, Blackie, Glasgow and London 1992

Wicke, M.: Die rasche Wiederherstellung der Innbrücken in Kufstein. Beton- und Stahlbetonbau 86 (1991), H. 12, S. 297-302

Wolde-Tinsae, A.M.; Greimann, L.; Yang, P.-S.: End-Bearing Piles in Jointless Bridges. Journal of Structural Engineering 113 (1987), No. 8, p. 1870-1885

9 Anhang

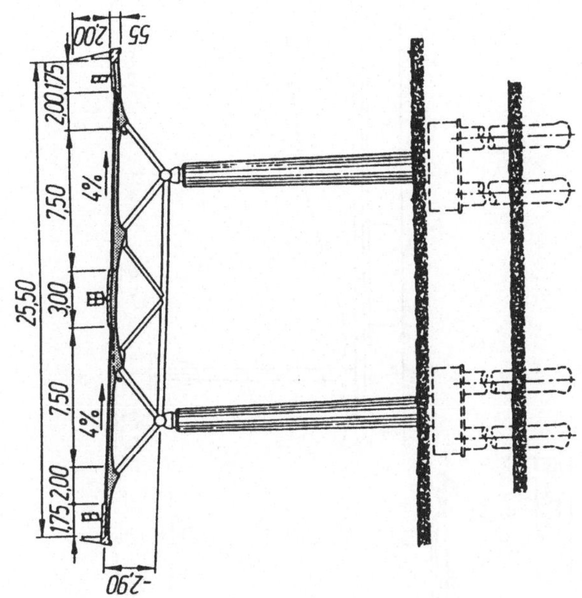

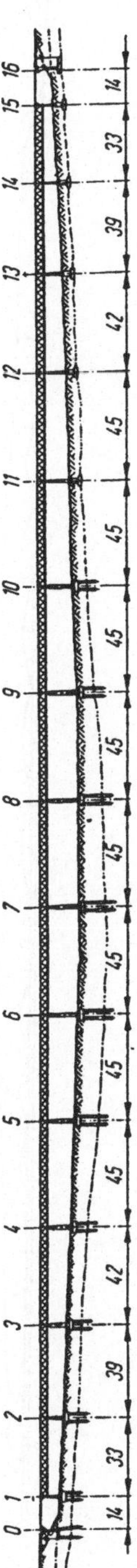

Bild A.1-1 Entwurf 1 [Sohn, 1989]

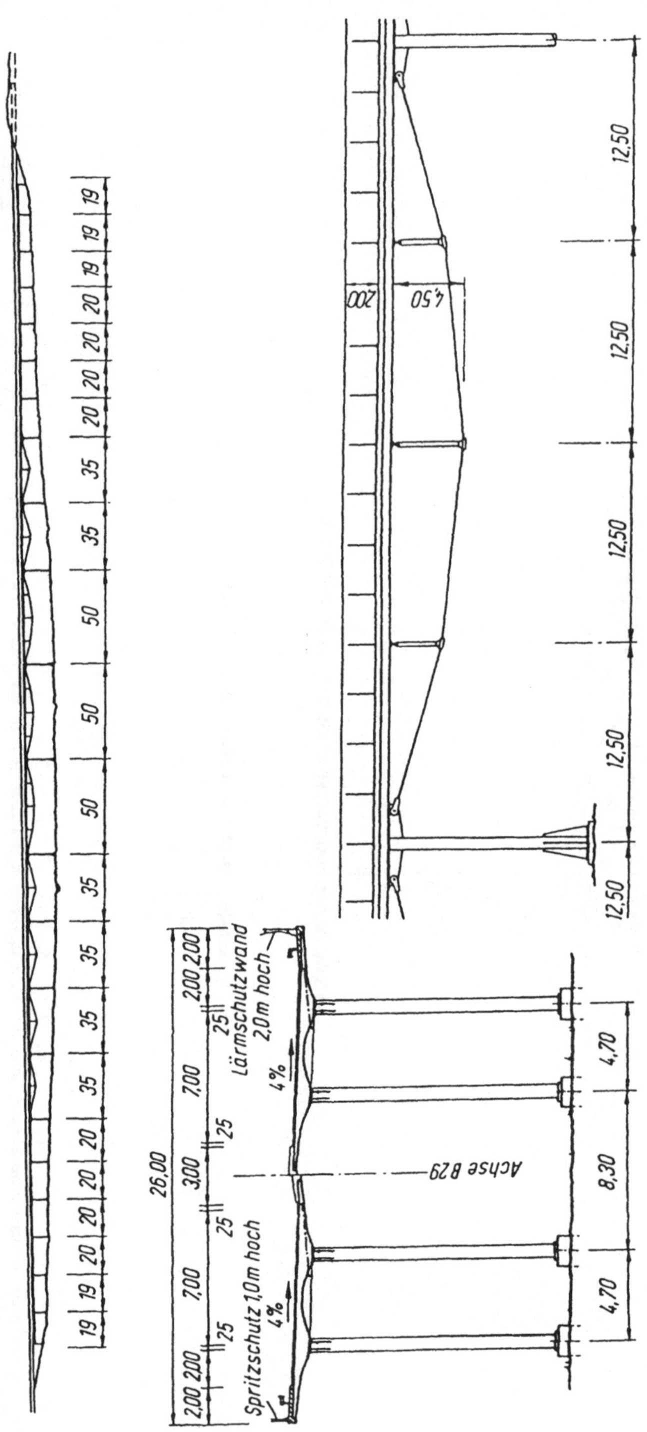

Bild A.1-2 Entwurf 2 [Sohn, 1989]

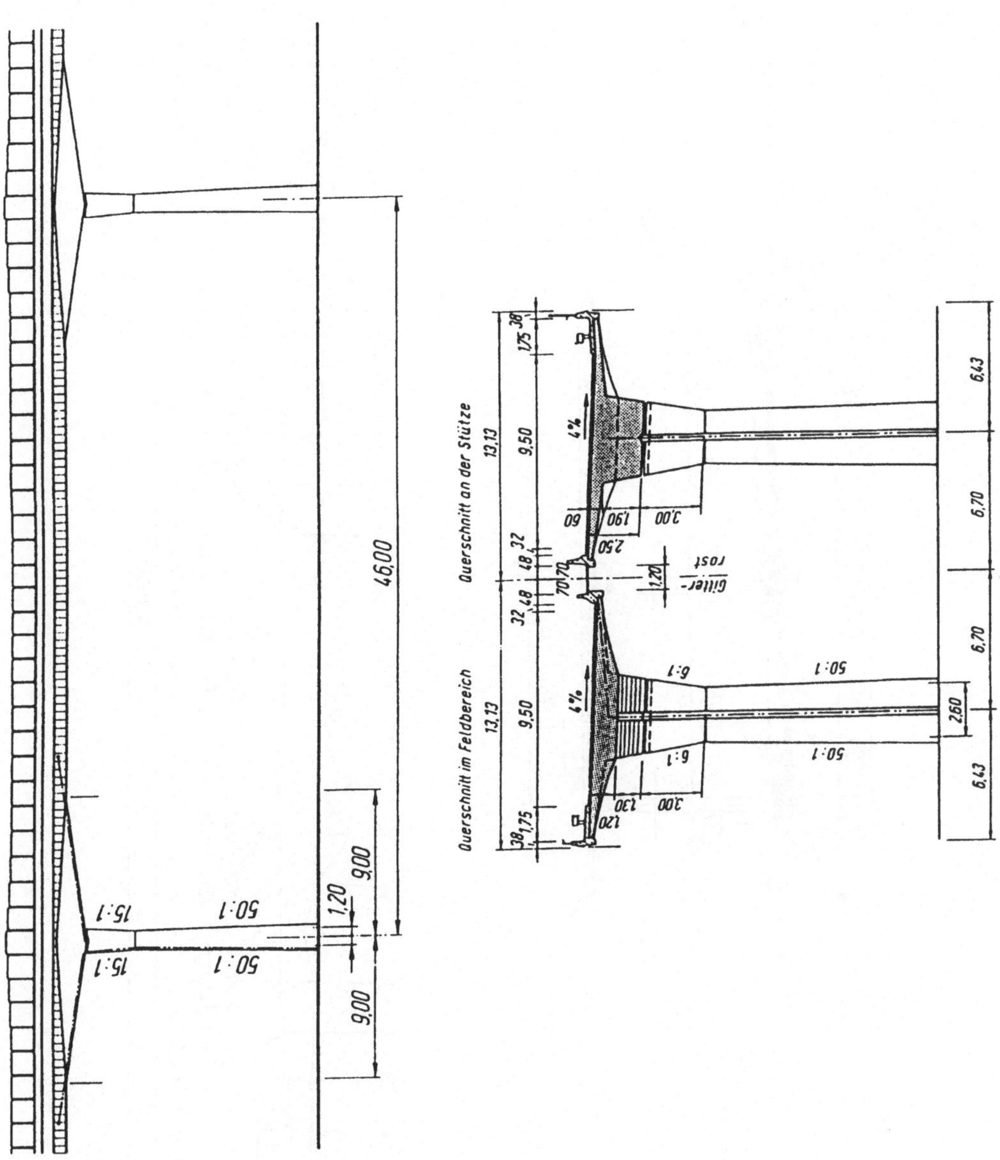

Bild A.1-3 Entwurf 3 [Sohn, 1989]

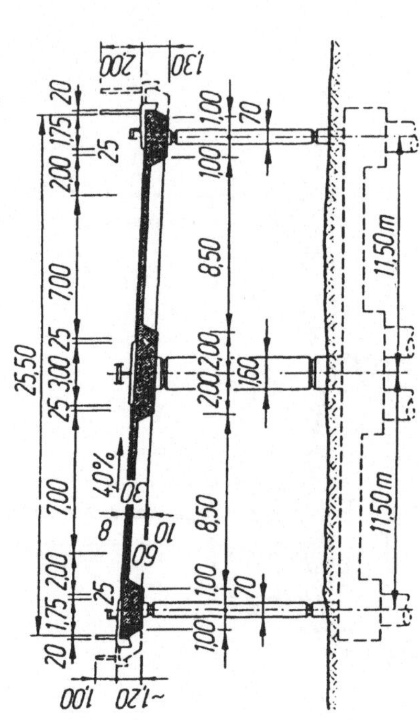

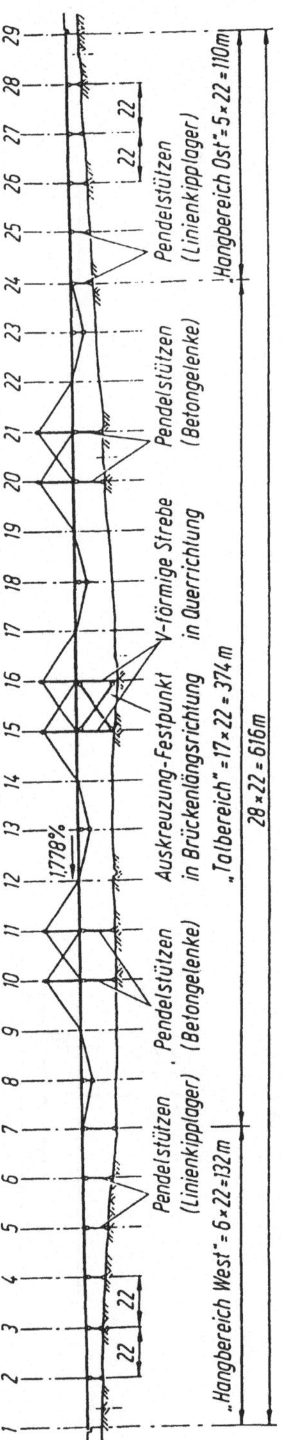

Bild A.1-4 Entwurf 4 [Sohn, 1989]

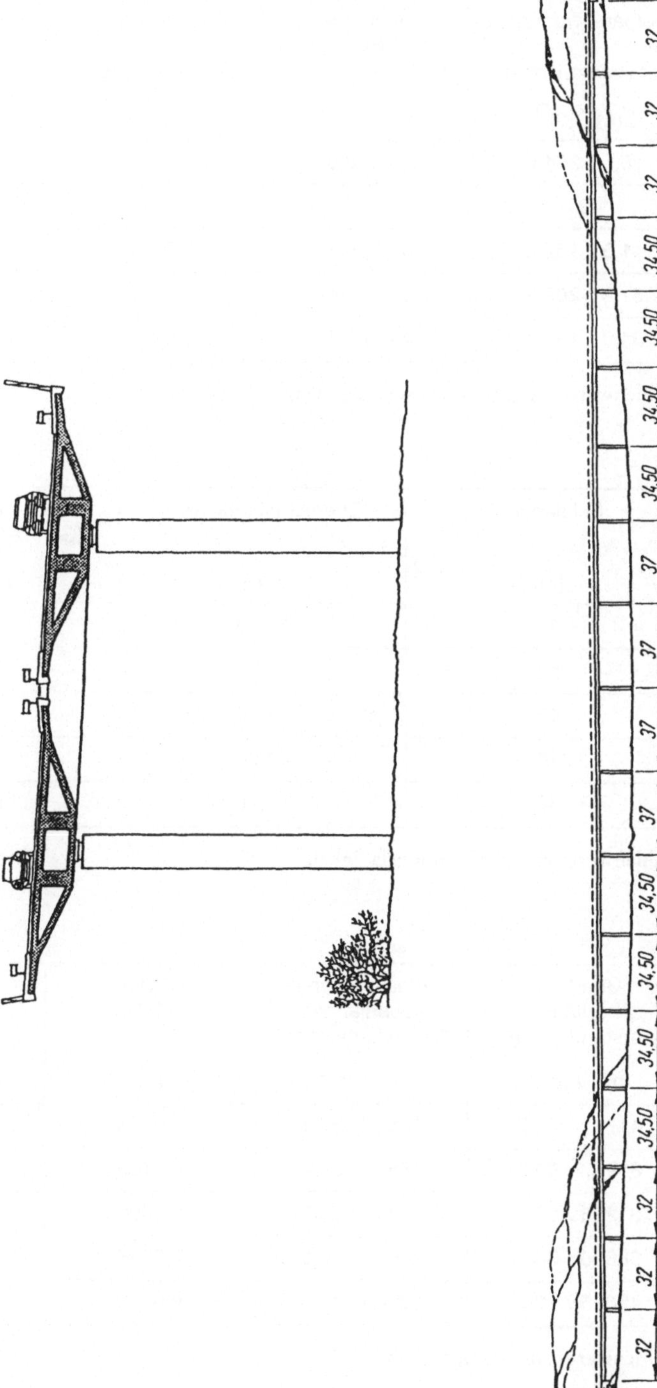

Bild A.1-5 Entwurf 5 [Sohn, 1989]

Entwurf Nr.	Fugenfläche Überbau-Widerlager vertikal/horizontal $[m^2]$ / $[m^2]$	Fugenfläche Überbau-Pfeiler vertikal/horizontal $[m^2]$ / $[m^2]$	Fugenfläche Dehnfuge vertikal/horizontal $[m^2]$ / $[m^2]$	ROB_5 (Gl. 3.2-56) $[1/m^2]$
1	25,5 / 204,0	0 / 36,9	0 / 0	0,0161
2	0	0	53,4 / 31,7	0,0293
3	41,3 / 137,6	0 / 299,5	0 / 0	0,0096
4	51,8 / 207,2	0 / 85,0	0 / 0	0,0126
5	54,0 / 135,2	0 / 87,7	0 / 0	0,0151

Tabelle A.1-1 Zahlenwerte zu „Monolithische Bauweise“

Entwurf Nr.	Feldlänge l [m]	Querschnittsfläche A $[m^2]$	ROB_6 (Gl. 3.2-58 bis 3.2-61) [m/MN]
1	45	12,75	1,812
2	50	13,80	3,390
3	46	5,36	0,186
4	88	14,94	1,781
5	37	7,20	0,585

Tabelle A.1-2 Zahlenwerte zu „Verformungsfähigkeit“

Entwurf Nr.	Überbau Oberfläche/ Widerstandsmoment $[m^2]$ / $[m^3]$	Pfeiler/Pylone Oberfläche/ Querschnittsfläche $[m^2]$ / $[m^2]$	$ROB_{8,N}$ (Gl. 3.2-69) [–]	$ROB_{8,M}$ $[m] \times 10^5$
1	41741 / 2,7	1254 / 53,1	0,0423	6,56
2	31957 / 20.9	1869 / 30,8	0,0165	65,5
3	31235 / 9,7	2045 / 100,9	0,0493	30,9
4	38030 / 54,5	2460 / 60,2	0,0245	143,3
5	42615 / 2,9	1370 / 43,8	0,0319	6,07

Tabelle A.1-3 Zahlenwerte zu „Kompaktheit“

Entwurf Nr.	Querfugen [–]	Fahrbahn-übergänge [–]	Lager [–]	Seile [–]	ROB_9 (Gl. 3.2-72) [–]
1	0	2	34	0	0,1313
2	4	0	0	36	0,1426
3	0	4	52	0	0,1200
4	0	2	39	60	0,0516
5	0	4	38	0	0,1139

Tabelle A.1-4 Zahlenwerte zu „Austauschbarkeit“

Entwurf Nr.	Abmessung (längs) [m]	Abmessung (quer) [m]	ROB_{11} (Gl. 3.2-75) [–]
1	0,6	0,6	0,60
2	0,8	0,8	0,80
3	2,5	0,6	1,55
4	1,2	0,3	0,75
5	1,6	0,3	0,95

Tabelle A.1-5 „Fehlerunanfällige Herstellbarkeit“

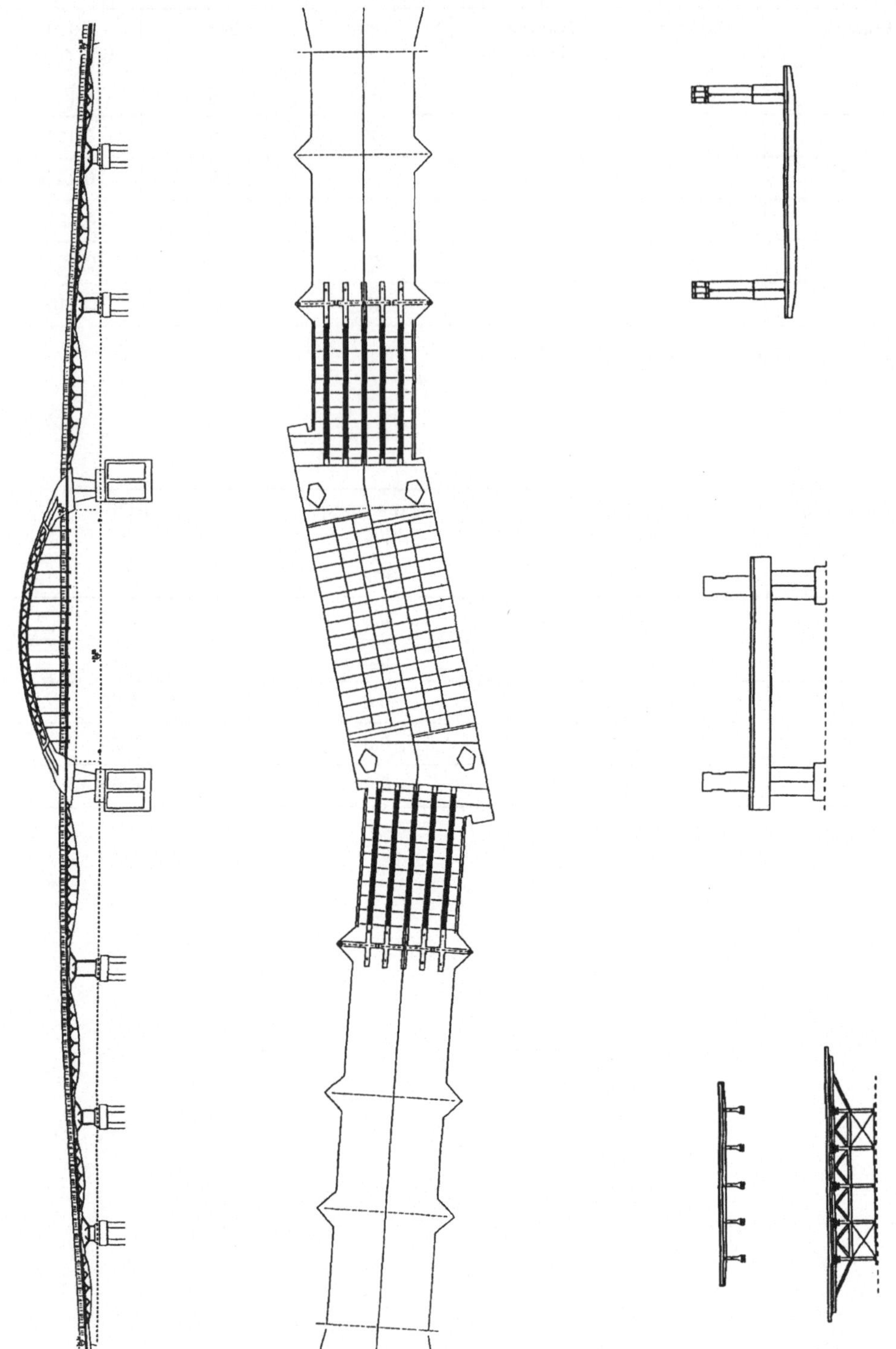

Bild A.2-1 Entwurf von Weischede/Wittforth

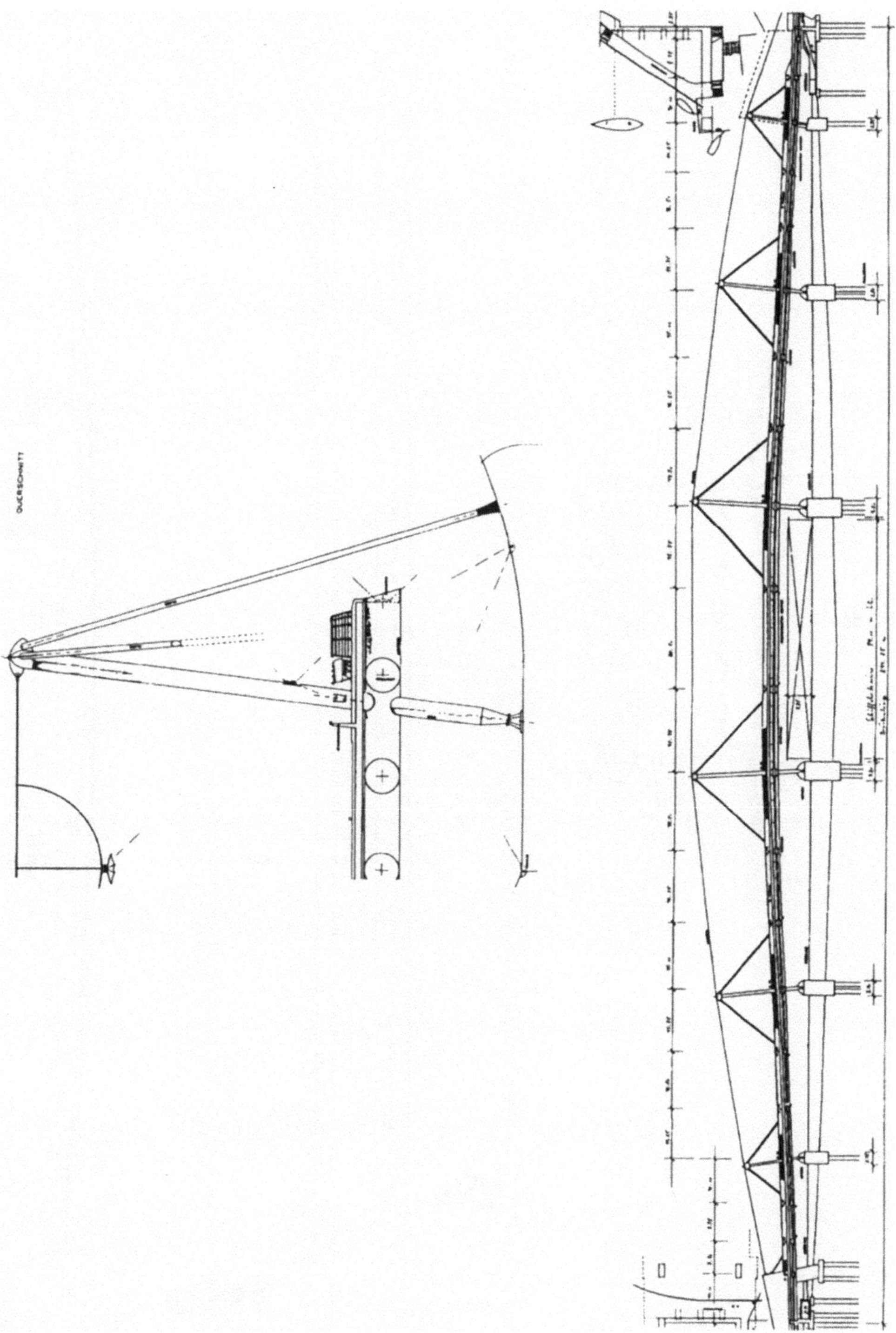

Bild A.2-2 Entwurf 2 von Müller et al.

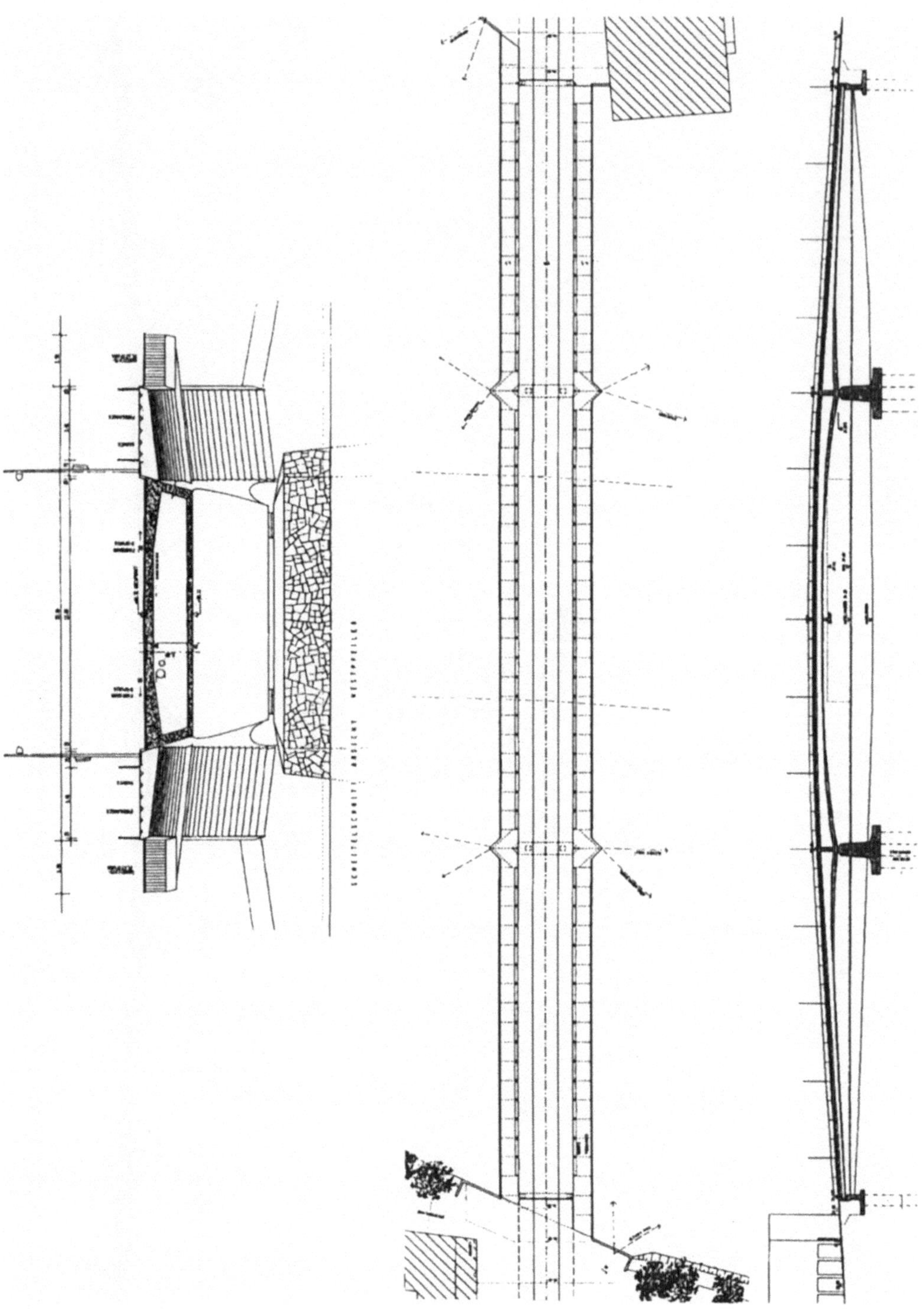

Bild A.2-3 Entwurf 3 von Duder et al.

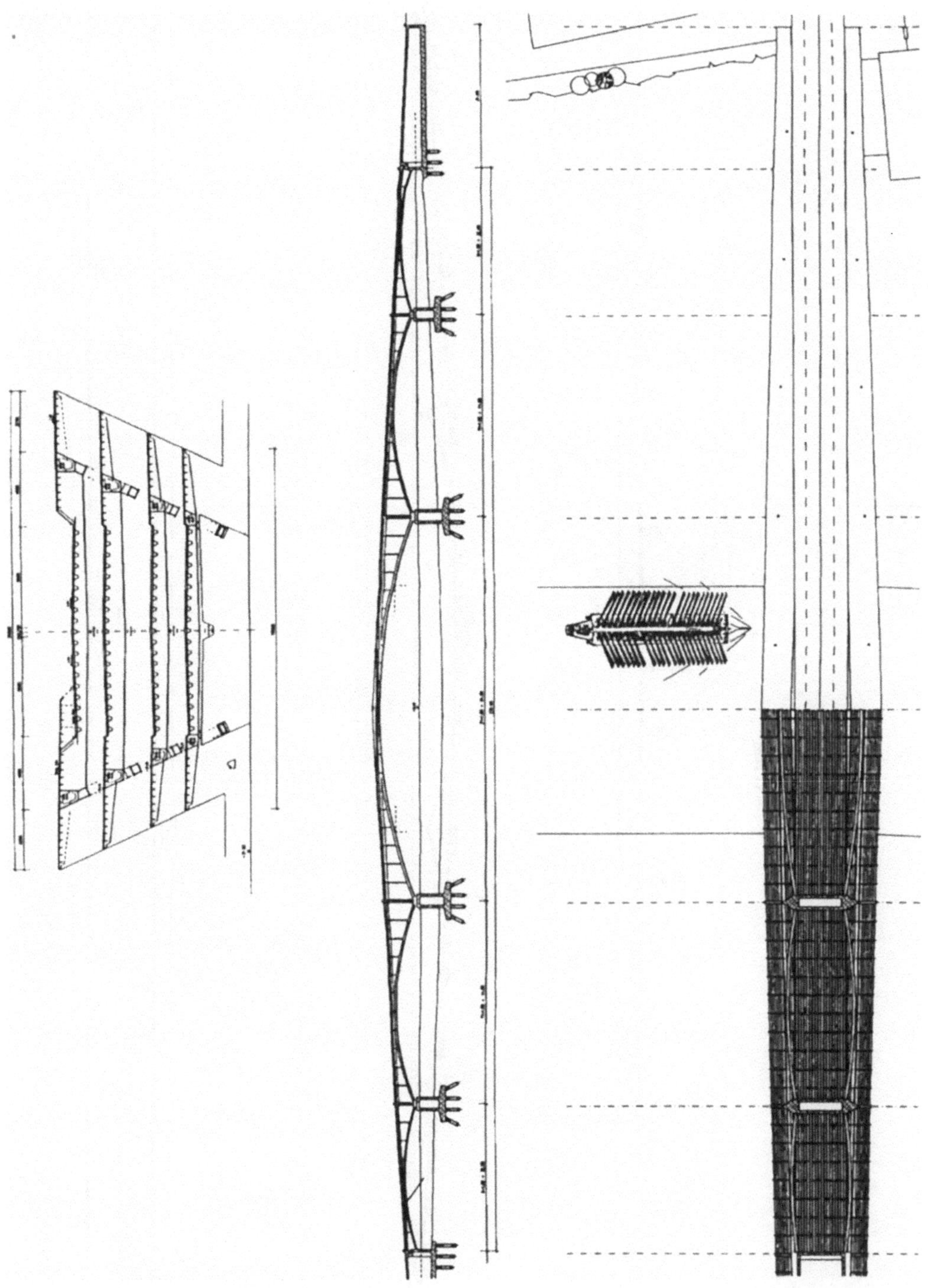

Bild A.2-4 Entwurf 4 von Ludescher/Wulf

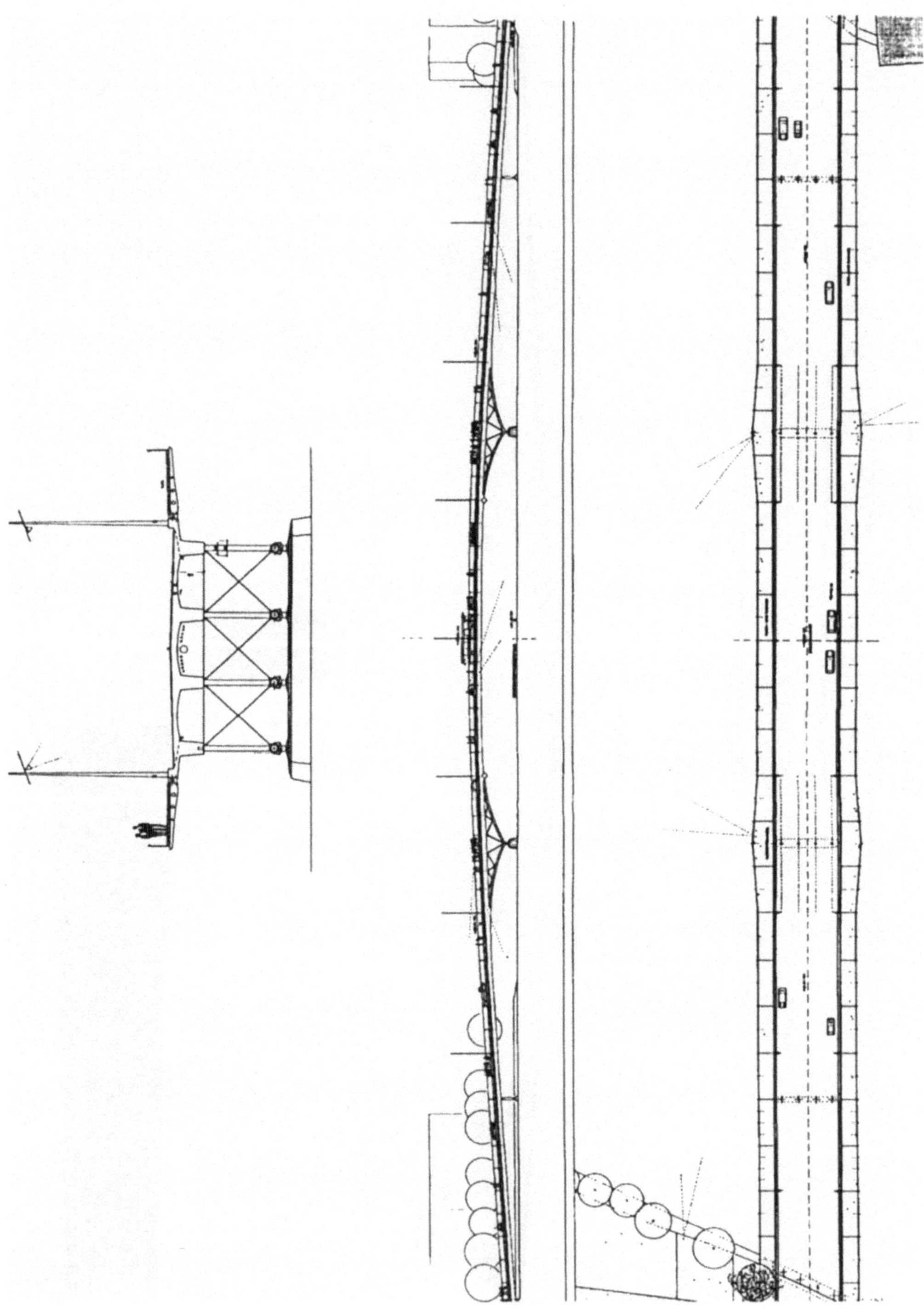

Bild A.2-5 Entwurf 5 von Al Bosta/Ruffing

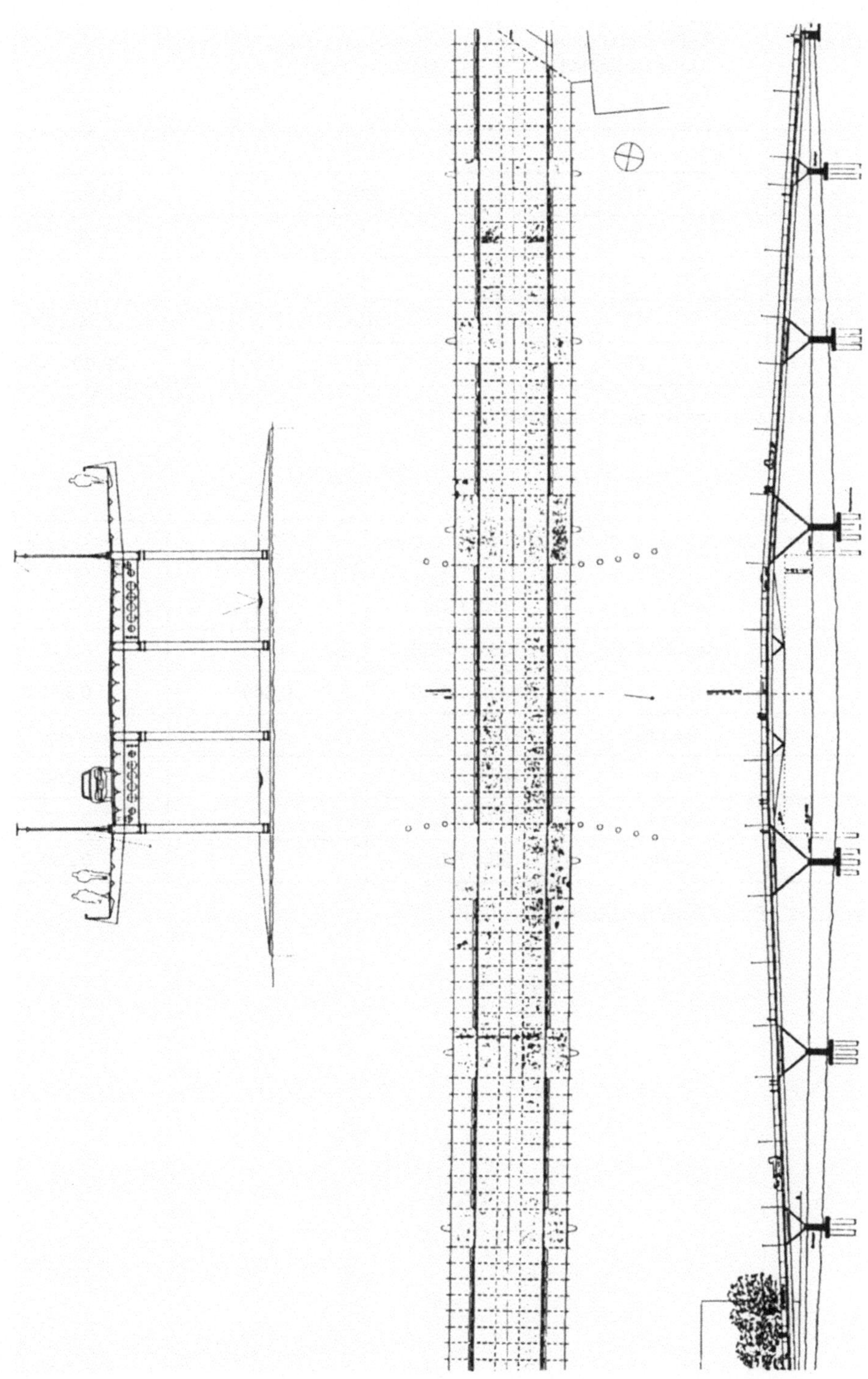

Bild A.2-6 Entwurf 6 von Wagner/Jokers

Entwurf Nr.	Äußere statische Unbestimmtheit [–]	Innere statische Unbestimmtheit [–]	ROB_1 [–]
1	6	67	22,75
2	12	26	18,50
3	4	3	4,75
4	8	86	29,50
5	16	40	26,00
6	28	4	29,00

Tabelle A.2-1 Zahlenwerte zu „Redundanz“

Entwurf Nr.	Gefahrenzone oben A_{eff}/l_E $[m^2]$ / [m]	Gefahrenzone unten A_{eff}/l_E $[m^2]$ / [m]	$ROB_{2,oben}$ (Gl. 3.2-45) [–]	$ROB_{2,unten}$ (Gl. 3.2-45) [–]
1	64,0 / 61,8	105,8 / 22,9	0,925	0,418
2	44,9 / 5,4	134,4 / 36,0	0,649	0,531
3	keine	178,0 / 22,0	1	0,703
4	keine	165,3 / 24,0	1	0,653
5	keine	180,3 / 11,0	1	0,712
6	keine	63,0 / 22,0	1	0,249

Tabelle A.2-2 Zahlenwerte zu „Ausfallsicherheit“